実戦で役立つ
C#プログラミングの
イディオム/
定石&パターン

レベルアップのために不可欠、
自分のものにしておくべき知識の数々

出井秀行【著】

技術評論社

本書に掲載されたプログラムの使用によって生じたいかなる損害についても、技術評論社および著者は一切の責任を負いませんので、あらかじめご了承ください。

- Microsoft、Visual Studio、Visual C#、Windows、Windows 10、.NET Framework は、米国 Microsoft Corporation の米国およびその他の国における登録商標または商標です。
- 本書に登場する製品名などは、一般に、各社の登録商標、または商標です。なお、本文中に ™、® マークなどは特に明記しておりません。

■はじめに

　「C#の基本的な文法はある程度理解したけど、覚えた文法をどうやって適用し、どうプログラムを組み立てたら良いのかよくわからない」――初級者プログラマーの多くはそんな悩みを抱えているのではないでしょうか？　この本は、そういったC#プログラマーになり立ての人のために書かれた本です。

　C#の文法を理解しただけでは、プログラムは作成できません。解こうとする問題の手順と利用するデータ構造を考え、それをC#のコードとして記述するスキルが必要になってきます。.NET Framework が用意しているさまざまなクラスの活用方法も身に付けなければなりませんし、メンテナンスしやすいC#らしいコードを書くための知識も必要です。

　これらのスキルを手に入れる近道は、現場で利用されている「イディオム」や「定石」といった「パターン」を学習することです。このパターンを自分の中に叩き込むことが上達の早道なのです。ちょっと英会話の勉強を考えてください。『日常英会話』という本があるとします。実際それは、日常英会話の「パターン集」にほかなりません。もう少し上級の本があったとしても、やはりそれは「機能」別の「パターン集」であったりします。まして、人工的に作られたプログラミング言語は、まずは「パターン」を組み合わせるように作られているのです。

　そのため、本書では、オブジェクト指向でのわかりにくい考え方の再確認から出発して、C#に備わっている便利な機能の使い方、データの扱い方、フレームワークの利用の仕方を、現場で使われる「イディオム／定石」を中心にわかりやすく平易な言葉で解説していき、読者がC#プログラミングの世界に入っていくお手伝いをします。なお、無味乾燥なパターン集、カタログ集とならないよう、覚えた文法をどうやって適用したら良いのか、どうプログラムを組み立てたら良いのか、なぜそのような記述にするのかといった点についても、できるだけ書き添えるようにしています。それが本書の大きな特徴となっていると思います。

　もう1つ、プログラミングを上達させるうえで重要なことは、小さなプログラムでよいので自分の力で書いてみることです。それも何回も何回も。それが似たようなプログラムであってもかまいません。とにかく数多くのコードを書くことが大切です。自分が完全に納得するまで先に進めない――そう思っている人は、なかなかプログラミングが上達しません。とにかく手を動かし、イディオムや定石を自分自身に叩き込む。これを繰り返すことです。そうすれば、魔法の呪文のように思えたコードが自分の中で消化され、それがどんな意味を持つのか、なぜそう書くのが良いのかがわかってくるはずです。

　「習うより慣れよ」まさに英会話と同じです。そうすれば、この場合はあのデータ構造を使おうとか、このイディオムを使おうとか、こういったクラスを作ろうといったことが、頭の中に思い浮かぶようになるはずです。そのため、本書では各章の最後に演習

はじめに

問題を載せています。ぜひ、本書で学習したイディオムや定石を活用して、自分の力で問題を解いてみてください。

＊＊＊

　本書を読み始めるに当たっては、C#のすべての文法を覚えている必要はありません。実際、C#の学習を始めたばかりで文法がすっかり頭に入っているなんて土台無理な話です。自分の知らない文法が出てきたらそのつど調べ、焦らず、少しずつ覚えていけばよいのです。初心者にとって理解が難しい、あるいはなじみの薄いと思われる文法については、可能な限りコラムや脚注で説明をしていますので、それも参考にしてください。

　なお、本書は、「現場」の視点で書かれています。内容的に妥協はしていないつもりですので、少し経験を積まれた方にも十分に参考になるものと自負しております。

　読者の皆さんが、本書を活用して、さらに実力を付け、プログラミングの楽しさ、C#のすばらしさを感じ取っていただければ、筆者にとってこれほどうれしいことはありません。

　2017年1月

出井 秀行

本書の対象読者、構成について

対象読者

C# の基本的な文法（代入、条件分岐、繰り返し、クラスなど）を理解しているプログラミング初級者の方を対象読者としています。

対象とする C# のバージョン

C# 3.0 から C# 6.0（C# 7.0 については、一部を脚注で説明しています）

本書の構成

以下の「準備編」、「基礎編」、「実践編」、「ステップアップ編」の 4 つの部から成っています。

- 準備編

オブジェクト指向プログラミングの基礎や LINQ の基礎を解説しています。

- 基礎編

文字列や配列、リスト、ディクショナリ、日付など、ほとんどのプログラムで利用される基本的なデータ / データ構造の扱い方について解説しています。

- 実践編

ファイル操作やデータベースの操作、XML、JSON の操作など、より実践的な内容を扱っています。

- ステップアップ編

さらに上のレベルを目指すために知っておいてほしい内容を扱っています。特に第 17 章は、オブジェクト指向プログラミングをより深く理解するためにぜひ理解してほしい内容になっています。

最後の 2 章は、読みやすくメンテナンスしやすいコードを書くためのさまざまな指針を示しています。これらも、より良いコードを書くためのイディオム / 定石やパターンといえます。

本書の読み進め方

最初から順に読んでいくことを想定しています。すでに知識がある箇所についても、さっと流す程度に読んでいただければと思います。何か新しい発見があるかもしれません。途中、難しいと感じる箇所があれば、その箇所を後回しにして先に読み進んでください。ある程度学習が進んだ段階で再度その箇所を読み返すと良いでしょう。

本書に掲載したサンプルコードについて

サンプルコードには、掲載したコードが良いコードなのか、それとも悪いコードなのかが視覚的に把握できるよう、✖印、▲印などの記号を付加しています。それぞれ、以下のような意味があります。

- ✖印：書いてはいけないコード、悪いコード
- ▲印：できるだけ書かないでほしいコード、さらに良い書き方が存在するコード
- 無印：筆者が推奨するコード

サンプルコード（リスト番号が付いているもの）は、以下のサイトからダウンロードすることができます。

http://gihyo.jp/book/2017/978-4-7741-8758-7/support

本書のコード中の太字、記号について

本書の説明で注目してほしい用語、説明などは太字、ゴシック体で示していますが、同時にサンプルのコード中でも該当箇所を太字で示すようにしています。

また、サンプルのコード中で「➡」で示した箇所は、本来は1行で記すべきところを、紙幅の都合で2行に分けた（本来は1行で続いている）ことを示しています。

演習問題の解答について

演習問題を自分の力で解いてほしいという思いから、本書には解答を掲載していません。演習問題の解答（プログラムコード）も上記のサイトからダウンロードすることができます。

本書が採用している改行スタイルとインデントについて

本書では、「{ は行末に配置する」というルールを採用しています。これは、C#で一般的な「行頭へ { を配置する」というルールとは異なりますが、筆者は、「{ は行末に配置する」ほうが、プログラムの構造が正しく反映されるスタイルだと考えています。また、見た目の行数を減らせますので、ディスプレイに多くの情報を表示できるというメリットも出てきます。スクロールする回数が減ればそれだけ効率的にプログラムを読むことができます。「{ は行末に配置する」というルールには、異論のある人もいると思いますが、本書では、一貫してこのスタイルを採用しています。

また、インデント幅は、一般的な半角空白4文字ではなく3文字を採用しています。これは単に紙面の都合によるものです。インデント幅は標準の4文字を採用することをお薦めします。

なお、こうしたスタイルについては、第18章で説明しています。

Contents

はじめに —— 3

Part 1 C#プログラミングのイディオム/定石&パターン ［準備編］

Chapter 1　オブジェクト指向プログラミングの基礎 —— 22

- **1.1** クラス —— 22
  - 1.1.1　クラスを定義する —— 22
  - 1.1.2　クラスのインスタンスを生成する —— 24
  - 1.1.3　オブジェクトを利用する —— 25
  - 1.1.4　インスタンスは複数作れる —— 25
- **1.2** 構造体 —— 27
- **1.3** 値型と参照型 —— 29
  - 1.3.1　値型の動き —— 30
  - 1.3.2　参照型の動き —— 31
  - 1.3.3　なぜ値型と参照型が必要なのか？ —— 33
- **1.4** 静的メンバーと静的クラス —— 33
  - 1.4.1　静的プロパティと静的メソッド —— 33
  - 1.4.2　静的クラス —— 35
- **1.5** 名前空間 —— 35
- **1.6** 継承 —— 38
  - 1.6.1　継承とは？ —— 38
  - 1.6.2　is a 関係 —— 39
- 第 1 章の演習問題 —— 42

Chapter 2　C#でプログラムを書いてみよう —— 45

- **2.1** 距離換算プログラム —— 45
  - 2.1.1　最初のバージョン —— 46
  - 2.1.2　計算ロジックをメソッドとして独立させる —— 47
  - 2.1.3　プログラムに機能を追加する —— 48
  - 2.1.4　メソッドを単機能にする —— 49
  - 2.1.5　クラスとして分離する —— 50
  - 2.1.6　クラスを利用する —— 51
  - 2.1.7　静的メソッドに変更する —— 53
  - 2.1.8　静的クラスにする —— 54
  - 2.1.9　定数を定義する —— 55

2.1.10 完成したソースコード── 56
2.2 売り上げ集計プログラム── 58
2.2.1 Sale クラスを定義する── 59
2.2.2 CSV ファイルを読み込む── 60
2.2.3 店舗別売り上げを求める── 63
2.2.4 集計結果を出力する── 66
2.2.5 初版の完成── 68
2.2.6 メソッドの移動── 70
2.2.7 新たなコンストラクタの追加── 70
2.2.8 クラスをインターフェイスに置き換える── 71
2.2.9 var による暗黙の型指定を使う── 75
2.2.10 完成したソースコード── 76
第 2 章の演習問題── 79

Chapter 3　ラムダ式と LINQ の基礎── 80
3.1 ラムダ式以前── 80
3.1.1 メソッドを引数に渡したい── 80
3.1.2 デリゲートによる実現── 82
3.1.3 匿名メソッドの利用── 83
3.2 ラムダ式── 84
3.2.1 ラムダ式とは？── 84
3.2.2 ラムダ式を使った例── 87
3.3 List<T> クラスとラムダ式の組み合わせ── 88
3.3.1 Exists メソッド── 88
3.3.2 Find メソッド── 88
3.3.3 FindIndex メソッド── 89
3.3.4 FindAll メソッド── 89
3.3.5 RemoveAll メソッド── 89
3.3.6 ForEach メソッド── 90
3.3.7 ConvertAll メソッド── 90
3.4 LINQ to Objects の基礎── 90
3.4.1 LINQ to Objects の簡単な例── 91
3.4.2 クエリ演算子── 93
3.4.3 シーケンス── 95
3.4.4 遅延実行── 95
第 3 章の演習問題── 99

Part 2 C#プログラミングのイディオム/定石＆パターン [基礎編]

Chapter 4 基本イディオム —— 102

4.1 初期化に関するイディオム —— 102
- 4.1.1 変数の初期化 —— 102
- 4.1.2 配列とリストの初期化 —— 103
- 4.1.3 Dictionary の初期化 —— 104
- 4.1.4 オブジェクトの初期化 —— 105

4.2 判定と分岐に関するイディオム —— 106
- 4.2.1 単純な比較 —— 106
- 4.2.2 数値がある範囲内にあるか調べる —— 106
- 4.2.3 else-if による多分岐処理 —— 106
- 4.2.4 ふるいにかけて残ったものだけ処理をする —— 107
- 4.2.5 bool 値の値が真かどうかを判断する —— 108
- 4.2.6 bool 値を返す —— 109

4.3 繰り返しのイディオム —— 110
- 4.3.1 指定した回数だけ繰り返す —— 110
- 4.3.2 コレクションの要素をすべて取り出す —— 111
- 4.3.3 List<T> のすべての要素に対して処理をする —— 112
- 4.3.4 最低 1 回は繰り返す —— 113
- 4.3.5 ループの途中で処理をやめたい —— 113

4.4 条件演算子、null 合体演算子によるイディオム —— 115
- 4.4.1 条件により代入する値を変更する —— 115
- 4.4.2 null 合体演算子 —— 116
- 4.4.3 null 条件演算子 —— 117

4.5 プロパティに関するイディオム —— 118
- 4.5.1 プロパティの初期化 —— 118
- 4.5.2 読み取り専用プロパティ —— 120
- 4.5.3 参照型の読み取り専用プロパティ —— 121

4.6 メソッドに関するイディオム —— 122
- 4.6.1 可変長引数 —— 122
- 4.6.2 オーバーロードよりオプション引数を使う —— 124

4.7 その他のイディオム —— 125
- 4.7.1 1を加える場合はインクリメント演算子 ++ を使う —— 125
- 4.7.2 ファイルパスには逐語的リテラル文字列を使う —— 125
- 4.7.3 2 つの要素を入れ替える —— 126
- 4.7.4 文字列を数値に変換する —— 126
- 4.7.5 参照型のキャスト —— 127
- 4.7.6 例外を再スローする —— 128

4.7.7 using を使ったリソースの破棄 —— 129
4.7.8 複数のコンストラクタを定義する —— 130

第 4 章の演習問題 —— 133

Chapter 5　文字列の操作 —— 135

5.1　文字列の比較 —— 135
5.1.1 文字列どうしを比較する —— 135
5.1.2 大文字 / 小文字の区別なく比較する —— 136
5.1.3 ひらがな / カタカナの区別なく比較する —— 136
5.1.4 全角 / 半角の区別なく比較する —— 137

5.2　文字列の判定 —— 138
5.2.1 null あるいは空文字列かを調べる —— 138
5.2.2 指定した部分文字列で始まっているか調べる —— 139
5.2.3 指定した部分文字列が含まれているか調べる —— 140
5.2.4 指定した文字が含まれているか調べる —— 140
5.2.5 条件を満たしている文字が含まれているか調べる —— 141
5.2.6 すべての文字がある条件を満たしているか調べる —— 142

5.3　文字列の検索と抽出 —— 142
5.3.1 部分文字列を検索し、その位置を求める —— 142
5.3.2 文字列の一部を取り出す —— 143

5.4　文字列の変換 —— 144
5.4.1 文字列の前後の空白を取り除く —— 144
5.4.2 指定した位置から任意の数の文字を削除する —— 145
5.4.3 文字列に別の文字列を挿入する —— 146
5.4.4 文字列の一部を別の文字列で置き換える —— 146
5.4.5 小文字を大文字に変換する / 大文字を小文字に変換する —— 146

5.5　文字列の連結と分割 —— 147
5.5.1 2 つの文字列を連結する —— 147
5.5.2 文字列を末尾に追加する —— 147
5.5.3 指定した区切り文字で文字列配列を連結する —— 148
5.5.4 文字列を指定した文字で分割する —— 148
5.5.5 StringBuilder を使った文字列の連結 —— 149

5.6　その他の文字列操作 —— 152
5.6.1 文字列から文字を 1 つずつ取り出す —— 152
5.6.2 文字配列から文字列を生成する —— 153
5.6.3 数値を文字列に変換する —— 154
5.6.4 指定した書式で文字列を整形する —— 155

第 5 章の演習問題 —— 158

Chapter 6 配列と List<T> の操作 —— 160

6.1 本章で共通に使用するコード —— 160
6.2 要素の設定 —— 161
- 6.2.1 配列あるいは List<T> を同じ値で埋める —— 161
- 6.2.2 配列あるいは List<T> に連続した値を設定する —— 163

6.3 コレクションの集計 —— 164
- 6.3.1 平均値を求める —— 164
- 6.3.2 最小値、最大値を得る —— 165
- 6.3.3 条件に一致する要素をカウントする —— 166

6.4 コレクションの判定 —— 168
- 6.4.1 条件に一致する要素があるか調べる —— 168
- 6.4.2 すべての要素が条件を満たしているか調べる —— 169
- 6.4.3 2つのコレクションが等しいか調べる —— 170

6.5 単一の要素の取得 —— 171
- 6.5.1 条件に一致する最初/最後の要素を取得する —— 171
- 6.5.2 条件に一致する最初/最後のインデックスを求める —— 173

6.6 複数の要素の取得 —— 174
- 6.6.1 条件を満たす要素を n 個取り出す —— 174
- 6.6.2 条件を満たしている間だけ要素を取り出す —— 175
- 6.6.3 条件を満たしている間は要素を読み飛ばす —— 176

6.7 その他の処理（変換、ソート、連結など）—— 177
- 6.7.1 コレクションから別のコレクションを生成する —— 177
- 6.7.2 重複を排除する —— 179
- 6.7.3 コレクションを並べ替える —— 180
- 6.7.4 2つのコレクションを連結する —— 181

第6章の演習問題 —— 183

Chapter 7 ディクショナリの操作 —— 186

7.1 Dictionary<TKey, TValue> の基本操作 —— 186
- 7.1.1 ディクショナリの初期化 —— 186
- 7.1.2 ユーザー定義型のオブジェクトを値に格納する —— 187
- 7.1.3 ディクショナリに要素を追加する —— 187
- 7.1.4 ディクショナリから要素を取り出す —— 188
- 7.1.5 ディクショナリから要素を削除する —— 189
- 7.1.6 ディクショナリからすべての要素を取り出す —— 189
- 7.1.7 ディクショナリからすべてのキーを取り出す —— 190

7.2 ディクショナリの応用 —— 190
- 7.2.1 ディクショナリに変換する —— 190
- 7.2.2 ディクショナリから別のディクショナリを作成する —— 191

- **7.2.3** カスタムクラスをキーにする —— 191
- **7.2.4** キーのみを格納する —— 193
- **7.2.5** キーの重複を許す —— 195

7.3 ディクショナリを使ったサンプルプログラム —— 197
- **7.3.1** Abbreviations クラス —— 197
- **7.3.2** Abbreviations を利用する —— 201

第 7 章の演習問題 —— 202

Chapter 8 日付、時刻の操作 —— 204

8.1 DateTime 構造体 —— 204
- **8.1.1** DateTime オブジェクトの生成 —— 204
- **8.1.2** DateTime のプロパティ —— 205
- **8.1.3** 指定した日付の曜日を求める —— 205
- **8.1.4** 閏年か判定する —— 206
- **8.1.5** 日付形式の文字列を DateTime オブジェクトに変換する —— 206

8.2 日時のフォーマット —— 207
- **8.2.1** 日時を文字列に変換する —— 207
- **8.2.2** 日付を和暦で表示する —— 208
- **8.2.3** 指定した日付の元号を得る —— 209
- **8.2.4** 指定した日付の曜日の文字列を得る —— 209

8.3 DateTime の比較 —— 210
- **8.3.1** 日時を比較する —— 210
- **8.3.2** 日付のみを比較する —— 210

8.4 日時の計算（基礎） —— 211
- **8.4.1** 指定した時分秒後を求める —— 211
- **8.4.2** n 日後、n 日前の日付を求める —— 212
- **8.4.3** n 年後、n カ月後を求める —— 212
- **8.4.4** 2 つの日時の差を求める —— 213
- **8.4.5** 2 つの日付の日数差を求める —— 213
- **8.4.6** 月末日を求める —— 214
- **8.4.7** 1 月 1 日からの通算日を求める —— 214

8.5 日時の計算（応用） —— 215
- **8.5.1** 次の指定曜日を求める —— 215
- **8.5.2** 年齢を求める —— 216
- **8.5.3** 指定した日が第何週か求める —— 216
- **8.5.4** 指定した月の第 n 回目の X 曜日の日付を求める —— 217

第 8 章の演習問題 —— 219

Part 3 C#プログラミングのイディオム/定石&パターン [実践編]

Chapter 9 ファイルの操作 —— 222

9.1 テキストファイルの入力 —— 222
- 9.1.1 テキストファイルを 1 行ずつ読み込む —— 222
- 9.1.2 テキストファイルを一気に読み込む —— 224
- 9.1.3 テキストファイルを IEnumerable<string> として扱う —— 224

9.2 テキストファイルへの出力 —— 227
- 9.2.1 テキストファイルに 1 行ずつ文字列を出力する —— 227
- 9.2.2 既存テキストファイルの末尾に行を追加する —— 228
- 9.2.3 文字列の配列を一気にファイルに出力する —— 229
- 9.2.4 既存テキストファイルの先頭に行を挿入する —— 230

9.3 ファイルの操作 —— 232
- 9.3.1 ファイルの有無を調べる —— 232
- 9.3.2 ファイルを削除する —— 233
- 9.3.3 ファイルをコピーする —— 234
- 9.3.4 ファイルを移動する —— 234
- 9.3.5 ファイル名を変更する —— 235
- 9.3.6 ファイルの最終更新日時 / 作成日時の取得 / 設定 —— 236
- 9.3.7 ファイルのサイズを得る —— 237
- 9.3.8 File と FileInfo、どちらを使うべきか? —— 237

9.4 ディレクトリの操作 —— 238
- 9.4.1 ディレクトリの有無を調べる —— 238
- 9.4.2 ディレクトリを作成する —— 239
- 9.4.3 ディレクトリを削除する —— 240
- 9.4.4 ディレクトリを移動する —— 241
- 9.4.5 ディレクトリ名を変更する —— 241
- 9.4.6 指定フォルダにあるディレクトリの一覧を一度に取得する —— 243
- 9.4.7 指定フォルダにあるディレクトリの一覧を列挙する —— 244
- 9.4.8 指定フォルダにあるファイルの一覧を一度に取得する —— 244
- 9.4.9 指定フォルダにあるファイルの一覧を列挙する —— 245
- 9.4.10 ディレクトリとファイルの一覧を一緒に取得する —— 245
- 9.4.11 ディレクトリとファイルの更新日時を変更する —— 247

9.5 パス名の操作 —— 247
- 9.5.1 パス名を構成要素に分割する —— 247
- 9.5.2 相対パスから絶対パスを得る —— 248
- 9.5.3 パスを組み立てる —— 249

9.6 その他のファイル操作 —— 249
- 9.6.1 一時ファイルを作成する —— 249

13

9.6.2　特殊フォルダのパスを得る —— 250
第 9 章の演習問題 —— 251

Chapter 10　正規表現を使った高度な文字列処理 —— 253

10.1　正規表現とは？ —— 253
10.2　文字列の判定 —— 255
10.2.1　指定したパターンに一致した部分文字列があるか判定する —— 255
10.2.2　指定したパターンで文字列が始まっているか判定する —— 257
10.2.3　指定したパターンで文字列が終わっているか判定する —— 257
10.2.4　指定したパターンに完全に一致しているか判定する —— 258
10.3　文字列の検索 —— 260
10.3.1　最初の部分文字列を見つける —— 260
10.3.2　一致する文字列をすべて見つける —— 261
10.3.3　Matches メソッドの結果に LINQ を適用する —— 262
10.3.4　一致した部分文字列の一部だけを取り出す —— 263
10.4　文字列の置換と分割 —— 266
10.4.1　Regex.Replace メソッドを使った簡単な置換処理 —— 266
10.4.2　グループ化を使った置換 —— 268
10.4.3　Regex.Split メソッドによる分割 —— 269
10.5　さらに高度な正規表現 —— 270
10.5.1　量指定子 —— 270
10.5.2　最長一致と最短一致 —— 271
10.5.3　前方参照構成体 —— 274
第 10 章の演習問題 —— 275

Chapter 11　XML ファイルの操作 —— 277

11.1　サンプル XML ファイル —— 277
11.2　XML ファイルの入力 —— 278
11.2.1　特定の要素を取り出す —— 278
11.2.2　特定の要素をキャストして取り出す —— 279
11.2.3　属性を取り出す —— 280
11.2.4　条件指定で XML 要素を取り出す —— 281
11.2.5　XML 要素を並べ替える —— 281
11.2.6　入れ子になった子要素を取り出す —— 282
11.2.7　子孫要素を取り出す —— 283
11.2.8　匿名クラスのオブジェクトとして要素を取り出す —— 284
11.2.9　カスタムクラスのオブジェクトとして要素を取り出す —— 284
11.3　XML オブジェクトの生成 —— 286
11.3.1　文字列から XDocument を生成する —— 286

11.3.2 文字列から XElement を生成する — 287
11.3.3 関数型構築で XDocument オブジェクトを組み立てる — 288
11.3.4 コレクションから XDocument を生成する — 289

11.4 XML の編集と保存 — 290
11.4.1 要素を追加する — 290
11.4.2 要素を削除する — 291
11.4.3 要素を置き換える — 292
11.4.4 XML ファイルへの保存 — 293

11.5 XML でペア情報を扱う — 294
11.5.1 ペア情報一覧を XML に変換する — 294
11.5.2 ペア情報を属性として保持する — 295
11.5.3 ペア情報を読み込む — 296
11.5.4 Dictionary オブジェクトを XML に変換する — 296
11.5.5 XML ファイルから Dictionary オブジェクトを生成する — 297

第 11 章の演習問題 — 299

Chapter 12 シリアル化、逆シリアル化 — 301
12.1 オブジェクトを XML データで保存、復元する — 301
12.1.1 オブジェクトの内容を XML 形式で保存する — 301
12.1.2 シリアル化した XML データを復元する — 303
12.1.3 コレクションオブジェクトのシリアル化と逆シリアル化 — 304

12.2 アプリケーション間で XML データの受け渡しをする — 305
12.2.1 XmlSerializer を使ったシリアル化 — 305
12.2.2 XmlSerializer を使った逆シリアル化 — 307
12.2.3 XmlIgnore 属性でシリアル化の対象から除外する — 307
12.2.4 属性で要素名(タグ名)を既定値から変更する — 308
12.2.5 XmlSerializer を使ったコレクションのシリアル化 — 309
12.2.6 XmlSerializer を使ったコレクションの逆シリアル化 — 312

12.3 JSON データのシリアル化と逆シリアル化 — 313
12.3.1 JSON データへのシリアル化 — 313
12.3.2 JSON データの逆シリアル化 — 314
12.3.3 Dictionary から JSON データへのシリアル化 — 315
12.3.4 JSON データから Dictionary への逆シリアル化 — 317

第 12 章の演習問題 — 319

Chapter 13 Entity Framework によるデータアクセス — 321
13.1 Entity Framework の Code First を利用する — 321
13.2 プロジェクトの作成 — 322
13.2.1 プロジェクトの新規作成 — 322

13.2.2 NuGet による Entity Framework のインストール —— 322
13.3 エンティティクラス（モデル）の作成 —— 324
13.4 DbContext クラスの作成 —— 326
13.4.1 BooksDbContext クラスの作成 —— 326
13.4.2 データベース接続文字列の確認 —— 327
13.5 データの追加 —— 328
13.5.1 データの追加 —— 328
13.5.2 作成された DB を確認する —— 329
13.6 データの読み取り —— 332
13.7 再度、データの追加 —— 333
13.7.1 Authors のみを追加する —— 333
13.7.2 登録済みの Author を使い書籍を追加する —— 334
13.8 データの変更 —— 336
13.9 データの削除 —— 336
13.10 高度なクエリ —— 337
13.11 関連エンティティの一括読み込み —— 338
13.12 データ注釈と自動マイグレーション —— 339
13.12.1 データ注釈 —— 339
13.12.2 自動マイグレーション —— 340
第 13 章の演習問題 —— 343

Chapter 14 その他のプログラミングの定石 —— 345
14.1 プロセスの起動 —— 345
14.1.1 プログラムの起動 —— 345
14.1.2 プロセスの終了を待つ —— 346
14.1.3 ProcessStartInfo クラスを用いて細かな制御をする —— 347
14.2 バージョン情報の取得 —— 348
14.2.1 アセンブリバージョンを得る —— 348
14.2.2 ファイルバージョンを得る —— 349
14.2.3 UWP でのパッケージバージョン（製品バージョン）を得る —— 349
14.3 アプリケーション構成ファイルの取得 —— 350
14.3.1 appSettings 情報の取得 —— 350
14.3.2 アプリケーション設定情報の列挙 —— 351
14.3.3 独自形式のアプリケーション設定情報の取得 —— 351
14.4 Http 通信 —— 354
14.4.1 DownloadString メソッドで Web ページを取得する —— 354
14.4.2 DownloadFile メソッドでファイルをダウンロードする —— 355
14.4.3 DownloadFileAsync メソッドによる非同期処理 —— 355
14.4.4 OpenRead メソッドで Web ページを取得する —— 356

- **14.4.5** RSS ファイルの取得 —— 357
- **14.4.6** パラメータを渡して情報を取得する —— 358

14.5 ZIP アーカイブファイルの操作 —— 359
- **14.5.1** アーカイブからすべてのファイルを抽出する —— 359
- **14.5.2** アーカイブに格納されているファイルの一覧を得る —— 360
- **14.5.3** アーカイブから任意のファイルを抽出する —— 360
- **14.5.4** 指定ディレクトリ内のファイルをアーカイブする —— 361

14.6 協定世界時とタイムゾーン —— 361
- **14.6.1** 現地時刻とそれに対応する UTC を得る —— 362
- **14.6.2** 文字列から DateTimeOffset に変換する —— 363
- **14.6.3** 指定した地域のタイムゾーンを得る —— 363
- **14.6.4** タイムゾーンの一覧を得る —— 364
- **14.6.5** 指定した地域の現在時刻を得る —— 364
- **14.6.6** 日本時間を指定した現地時間に変換する —— 365
- **14.6.7** A 地域の時刻を B 地域の時刻に変換する —— 366

第 14 章の演習問題 —— 367

Part 4 C# プログラミングのイディオム/定石＆パターン ［ステップアップ編］

Chapter 15 LINQ を使いこなす —— 370

15.1 本章で利用する書籍データなどについて —— 370

15.2 入力ソースが 1 つの場合の LINQ —— 372
- **15.2.1** ある条件の中の最大値を求める —— 372
- **15.2.2** 最小値の要素を 1 つだけ取り出す —— 372
- **15.2.3** 平均値以上の要素をすべて取り出す —— 373
- **15.2.4** 重複を取り除く —— 374
- **15.2.5** 複数のキーで並べ替える —— 374
- **15.2.6** 複数の要素のいずれかに該当するオブジェクトを取り出す —— 375
- **15.2.7** GroupBy メソッドでグルーピングする —— 375
- **15.2.8** ToLookup メソッドでグルーピングする —— 377

15.3 入力ソースが複数の場合の LINQ —— 378
- **15.3.1** 2 つのシーケンスを結合する —— 379
- **15.3.2** 2 つのシーケンスをグルーピングして結合する —— 380

第 15 章の演習問題 —— 384

Chapter 16 非同期 / 並列プログラミング —— 386

16.1 非同期処理、並列処理の必要性 —— 386

16.2 async / await 以前の非同期プログラミング —— 387
- **16.2.1** Thread を使った非同期処理 —— 388

Contents

- **16.2.2** BackgroundWorker クラスを使った非同期処理 —— 389
- **16.2.3** Task クラスを使った非同期処理 —— 391

16.3 async/await を使った非同期プログラミング —— 392
- **16.3.1** イベントハンドラを非同期にする —— 393
- **16.3.2** 非同期メソッドを定義する —— 394

16.4 HttpClient を使った非同期処理（async/await の応用例）—— 396
- **16.4.1** HttpClient の簡単な例 —— 396
- **16.4.2** HttpClient の応用 —— 396

16.5 UWP における非同期 IO 処理 —— 398
- **16.5.1** ファイルピッカーを使ってファイルにアクセスする —— 398
- **16.5.2** ローカルフォルダにテキストファイルを出力する —— 399
- **16.5.3** ローカルフォルダにあるテキストファイルを読み込む —— 400
- **16.5.4** アプリをインストールしたフォルダからファイルを読み込む —— 400

16.6 並列処理プログラミング —— 401
- **16.6.1** PLINQ による並列処理 —— 401
- **16.6.2** Task クラスを使った並列処理 —— 403
- **16.6.3** HttpClient での並列処理 —— 406

第 16 章の演習問題 —— 408

Chapter 17 実践オブジェクト指向プログラミング —— 410

17.1 ポリモーフィズムの基礎 —— 410
- **17.1.1** 継承を使ったポリモーフィズム —— 411
- **17.1.2** インターフェイスを使ったポリモーフィズム —— 413

17.2 Template Method パターン —— 414
- **17.2.1** ライブラリとフレームワーク —— 414
- **17.2.2** テキストファイルを処理するフレームワーク —— 415
- **17.2.3** テキストファイル処理のフレームワークの実装 —— 416
- **17.2.4** フレームワークの利用（アプリケーションの作成）—— 418
- **17.2.5** プログラムを実行する —— 420

17.3 Strategy パターン —— 421
- **17.3.1** 距離換算プログラムを再考する —— 421
- **17.3.2** Converter に共通するメソッド、プロパティを定義する —— 422
- **17.3.3** Converter の具象クラスを定義する —— 423
- **17.3.4** 距離の単位変換を担当するクラスを定義する —— 423
- **17.3.5** オブジェクト生成を一元管理する —— 425
- **17.3.6** プログラムを完成させる —— 428

第 17 章の演習問題 —— 430

Chapter 18 スタイル、ネーミング、コメント —— 432

18.1 スタイルに関する指針 —— 432
- 18.1.1 構造をインデントに反映させる —— 433
- 18.1.2 括弧を使ってわかりやすくする —— 435
- 18.1.3 空白の一貫性を保つ —— 435
- 18.1.4 1行に詰め込みすぎない —— 437

18.2 ネーミングに関する指針 —— 438
- 18.2.1 Pascal 形式と Camel 形式を適切に使う —— 438
- 18.2.2 それが何を表すものか説明する名前を付ける —— 441
- 18.2.3 正しいつづりを使う —— 441
- 18.2.4 ローカル変数の省略形は誤解のない範囲で利用する —— 442
- 18.2.5 ローカル変数の1文字変数は用途を絞る —— 442
- 18.2.6 変数名 / プロパティ名は名詞が良い —— 443
- 18.2.7 bool 型であることがわかる名前にする —— 443
- 18.2.8 メソッド名には動詞を割り当てる —— 444
- 18.2.9 好ましくない名前 —— 444

18.3 コメントに関する指針 —— 447
- 18.3.1 コメントにはわかりきったことは書かない —— 448
- 18.3.2 クラスやメソッドのコメントには概要を書く —— 448
- 18.3.3 コードから読み取れない情報をコメントに書く —— 449
- 18.3.4 ダメなコードにコメントを書くよりコードを書き換える —— 450
- 18.3.5 コメントは必要最低限にする —— 451
- 18.3.6 コードをコメントアウトしたままにしない —— 451
- 18.3.7 見た目を重視した形式のコメントは書かない —— 452

Chapter 19 良いコードを書くための指針 —— 454

19.1 変数に関する指針 —— 454
- 19.1.1 変数のスコープは狭くする —— 454
- 19.1.2 マジックナンバーは使わない —— 455
- 19.1.3 変数を使い回してはいけない —— 456
- 19.1.4 1つの変数に複数の値を詰め込まない —— 456
- 19.1.5 変数の宣言はできるだけ遅らせる —— 457
- 19.1.6 変数の数は少なくする —— 458

19.2 メソッドに関する指針 —— 460
- 19.2.1 ネストは浅くする —— 460
- 19.2.2 return 文を1つにしようと頑張ってはいけない —— 462
- 19.2.3 実行結果の状態を int 型で返してはいけない —— 464
- 19.2.4 メソッドは単機能にする —— 464
- 19.2.5 メソッドは短くする —— 465

- **19.2.6** 何でもできる万能メソッドは作らない —— 466
- **19.2.7** メソッドの引数はできるだけ少なくする —— 466
- **19.2.8** 引数に ref キーワードを付けたメソッドは定義しない —— 467
- **19.2.9** 引数に out キーワードを付けたメソッドは可能な限り定義しない —— 468

19.3 クラスに関する指針 —— 468
- **19.3.1** フィールドは非公開にする —— 468
- **19.3.2** 書き込み専用プロパティは定義しない —— 470
- **19.3.3** 連続して参照すると異なる値が返るプロパティを定義してはいけない —— 470
- **19.3.4** コストのかかる処理はプロパティではなくメソッドにする —— 471
- **19.3.5** オブジェクトが保持している別のオブジェクトを外にさらしてはいけない —— 471
- **19.3.6** 基底クラスをユーティリティメソッドの入れ物にしてはいけない —— 472
- **19.3.7** プロパティを引数代わりにしてはいけない —— 473
- **19.3.8** 巨大なクラスは作成しない —— 474
- **19.3.9** new 修飾子を使って継承元のメソッドを置き換えてはいけない —— 475

19.4 例外処理に関する指針 —— 479
- **19.4.1** 例外をひねりつぶしてはいけない —— 479
- **19.4.2** 例外を throw する際、InnerException を破棄してはいけない —— 481

19.5 その他の好ましくないプログラミング —— 483
- **19.5.1** const の誤用 —— 483
- **19.5.2** 重複したコード —— 484
- **19.5.3** コピー & ペーストプログラミング —— 485
- **19.5.4** Obsolete 属性の付いたクラス、メソッドを使い続ける —— 486
- **19.5.5** 不要なコードをそのまま残し続ける —— 486

Index —— 488

Part 1
C#プログラミングの イディオム/定石 &パターン
［準備編］

Chapter 1 オブジェクト指向プログラミングの基礎

　C#でプログラムを書くということは必然的に、クラスを定義し利用することになります。本書を読んでいるあなたは、すでにクラスについての学習が済んでいると思いますが、まだ十分にクラスというものになじんでいないかもしれません。そのため、本書の本題である「C#プログラミングのイディオム/定石&パターン」の説明に入る前に、まずは、クラスを定義、利用するうえで必ず理解しておかなければならない点や落とし穴になりそうなところを復習しておきましょう。

1.1 クラス

1.1.1 クラスを定義する

　「クラス」は、C#でプログラミングするうえで最も重要な概念の1つです。C#でオブジェクト指向プログラミングをするうえでの基礎となるものであり、クラスを正しく理解し使えるようになることが大切です。
　まずは、クラスの定義の仕方についてざっと概観していきます。

```
// 商品クラス
public class Product {
    // 商品コード
    public int Code { get; set; }      ◀ プロパティの定義
    // 商品名
    public string Name { get; set; }   ◀ プロパティの定義
    // 商品価格（税抜き）
    public int Price { get; set; }     ◀ プロパティの定義
}
```

上のコードは、商品を表す Product クラスの定義例です。Product クラスには、Code、Name、Price の 3 つの public プロパティ（公開プロパティ）[1] が存在しています。この Product クラスに 2 つの public メソッドを追加してみます。

```
public class Product {
    public int Code { get; set; }
    public string Name { get; set; }
    public int Price { get; set; }

    // 消費税額を求める（消費税率は8%）
    public int GetTax() {            ◀ 追加したメソッド
        return (int)(Price * 0.08);
    }

    // 税込価格を求める
    public int GetPriceIncludingTax() {   ◀ 追加したメソッド
        return Price + GetTax();
    }
}
```

クラスには、データのほかに振る舞いを表すメソッドを定義することができるのでしたね。GetTax はその商品の消費税額を求めるメソッド、GetPriceIncludingTax はその商品の税込価格を求めるメソッドです。

GetTax メソッドでは、税抜き価格に消費税 8% を掛け、消費税額を求めています。このとき、計算結果は double 型になりますので、int 型にキャスト（型変換）しています。

GetPriceIncludingTax メソッドでは、1.08 を掛けるのではなく、GetTax メソッドで求めた消費税額を Price に加えることで税込価格を求めています。

それでは次に、Product クラスにコンストラクタを定義しましょう（➡ リスト 1.1）。

リスト1.1 Product クラス

```
public class Product {
    public int Code { get; private set; }          ◀ setはprivateに変更
    public string Name { get; private set; }       ◀ setはprivateに変更
    public int Price { get; private set; }         ◀ setはprivateに変更

    // コンストラクタ
    public Product(int code, string name, int price) {   ◀ 追加したコンストラクタ
        this.Code = code;
        this.Name = name;
```

---

[1] C# 3.0 で導入された自動実装プロパティを使い、読み書き可能なプロパティを定義しています。詳しくは文法書などを参照してください。

```
        this.Price = price;
    }

    // 消費税額を求める
    public int GetTax() {
        return (int)(Price * 0.08);
    }

    // 税込価格を求める
    public int GetPriceIncludingTax() {
        return Price + GetTax();
    }
}
```

コンストラクタは、クラス名と同じ名前を持った特殊なメソッドです。ここでは、商品コード、商品名、商品価格（税抜き）の3つの引数を持つコンストラクタを定義しました。コンストラクタの定義に合わせ、Code、Name、Price のプロパティの set アクセサーのアクセスレベルを private（非公開）に変更しています。これで Product クラスの利用者が、コンストラクタ以外でプロパティの値を設定できなくしています。

1.1.2 クラスのインスタンスを生成する

Product クラスを定義できたので、今度は Product クラスを利用するコードを書いてみましょう。クラスを利用するには、まず、**new 演算子**を使い、クラスのインスタンスを生成します。インスタンスとは、コンピュータのメモリ上に確保されたクラスの実体のことだと考えてください。

```
Product karinto = new Product(123, "かりんとう", 180);
```

上の例では、インスタンスを生成する際に3つの引数を渡しています。左から、商品番号、商品名、商品価格です。new することで「**かりんとうオブジェクト**」がコンピュータのメモリ上に作成されます。このとき呼び出されるのが、先ほど定義したコンストラクタです。コンピュータのメモリの中の様子を模式化して示したのが図 1.1 です。

変数 karinto そのものに商品のデータが入るのではなく、商品のデータは別の場所に確保され、変数 karinto にはその参照（メモリ上に振られたアドレス）が格納されます。これで、変数 karinto を通して商品番号 123 番の「**かりんとうオブジェクト**」が利用できるようになりました。

図1.1　かりんとうオブジェクトのイメージ

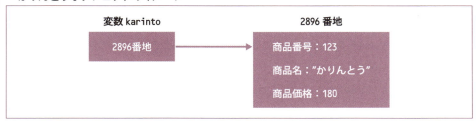

1.1.3 オブジェクトを利用する

「かりんとうオブジェクト」を生成したら、次にやることは「かりんとうオブジェクト」を利用することです。次のコードは、Product クラスに定義されている Price プロパティを使い、「かりんとうオブジェクト」の商品価格を取り出しているコードです。

```
int price = karinto.Price;
```

変数名の後にドットを付け、その後にプロパティ名を指定することで、商品価格を取り出しています。これで、変数 price には 180 が代入されます。

次に示すコードは、Product クラスに定義されている税込価格を求める GetPriceIncludingTax メソッドを呼び出している例です。

```
int taxIncluded = karinto.GetPriceIncludingTax();
```

GetPriceIncludingTax メソッドを呼び出すと、**かりんとう**の税込価格が計算され返ってきます。その結果を int 型の変数 taxIncluded に代入しています。taxIncluded には、194 が代入されることになります。

C# では、引数のないメソッドを呼び出す際も丸括弧が必要になります。C# のコードを読む人は、Product クラスの仕様を知らなくても、Price がプロパティで GetPriceIncludingTax がメソッドであることが丸括弧の有無により、すぐわかるわけです。

なお、プログラマーが独自に定義したクラス（**カスタムクラス**といいます）と、.NET Framework で定義されたクラスには機能の違いはあるものの、クラスとしては何の違いもありません。C# から見た場合は、どちらもクラスであり、まったく同じように扱うことができます。

1.1.4 インスタンスは複数作れる

1つのクラスから複数のインスタンスを作成できるという点もよく理解しておく必要があります。次のコードは、Product という1つのクラスから「**かりんとうオブジェクト**」と

「大福もちオブジェクト」の2つのオブジェクトを生成しているコードです（→図1.2）。

```
Product karinto = new Product(123, "かりんとう", 180);
Product daifuku = new Product(235, "大福もち", 160);
```

図1.2 かりんとうオブジェクトと大福もちオブジェクト

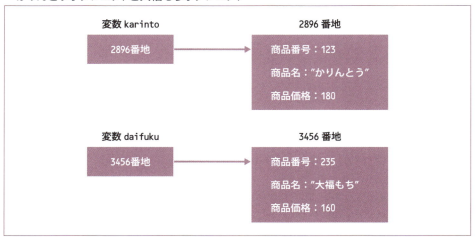

変数 karinto を通じて「かりんとうオブジェクト」に、変数 daifuku を通じて「大福もちオブジェクト」にアクセスできます。

```
int karintoTax = karinto.GetTax();
int daifukuTax = daifuku.GetTax();
```

もし、1つのクラスから1つのオブジェクトしか作成できないとすると、とても困ったことが起こることは、容易に想像できると思います。コンピュータのメモリの中に、1つの商品しか確保できないというのは、プログラミング言語として、どう考えても不便ですし、不都合ですよね。

Column　オブジェクトとインスタンス

　C# などのオブジェクト指向言語では、「オブジェクト」と「インスタンス」という用語が出てきますが、オブジェクトとインスタンスの違いは何でしょうか？
　一般的に、「オブジェクト指向」といった場合のオブジェクトは、「クラス」と「インスタンス」の両方を包含した概念を表していますが、プログラミングの世界では、オブジェクト＝インスタンスとして扱う場合がほとんどです。実際、Microsoft の MSDN ライブラリの「C# プロ

グラミングガイド」のオブジェクトを説明したページ[2]では、「オブジェクトはインスタンスとも呼ばれ、名前付き変数か、配列またはコレクションに格納できます。」と説明があります。

本書では、クラスから生成されたことを強調する場合は、インスタンスという用語を使いますが、それ以外ではオブジェクトという用語を使っていきます。

Column　コードスニペットでプロパティを楽々定義

Visual Studio のコードスニペットの機能を使うと、プロパティを簡単に定義することができます。使い方も簡単です。プロパティを定義したい箇所で、"prop" とタイプした後に、Tabキーを2回押します。そうすると、以下のように自動実装プロパティの雛型コードがエディターに挿入されます。

```
public int MyProperty { get; set; }
```

int のところに、カーソルがありますので、ここで、定義したいプロパティの型（たとえば string）をタイプし、Tab キーを2回押します。今度は、MyProperty のところにカーソルが移動しますので、プロパティ名（たとえば Name）をタイプし、Enter キーを押します。これで、以下のプロパティ定義が完成します。

```
public string Name { get; set; }
```

文章で表すと面倒な操作のようですが、実際にやってみるととても簡単で便利な機能であることがわかります。ぜひ使ってみてください。筆者は foreach 文やコンストラクタを書く際もコードスニペット機能を利用しています。foreach 文は、"fore" + Tab + Tab、コンストラクタは、"ctor" + Tab + Tab で雛型コードがエディターに挿入されます。

1.2　構造体

C# には、機能も書き方もクラスとよく似た**構造体**というものがあります。.NET Framework にも `System.DateTime` 構造体や `System.TimeSpan` 構造体、`System.Drawing.Color` 構造体など、いくつもの構造体が定義されています。

構造体も以下に示すように、new 演算子を使ってそのオブジェクトを生成します。

```
DateTime date = new DateTime(2015, 7, 29);
```

---

[2] https://msdn.microsoft.com/ja-jp/library/ms173110.aspx

使い方もクラスと大変よく似ています。構造体にも、プロパティやメソッドが存在しており、クラスと同じように利用することができます。

```
DateTime date = new DateTime(2015, 7, 29);
int year = date.Year;
// 10日後を求める
DateTime daysAfter10 = date.AddDays(10);
```

それでは、構造体とクラスはいったい何が違うのでしょうか？　その大きな違いはメモリ上のオブジェクトの持ち方にあります。次のリスト1.2のMyClassクラスとMyStruct構造体とで、どう違うか示したのが図1.3です。

リスト1.2　クラスと構造体

```
// クラス
class MyClass {
    public int X { get; set; }
    public int Y { get; set; }
}

// 構造体
struct MyStruct {
    public int X { get; set; }
    public int Y { get; set; }
}

MyClass myClass = new MyClass { X = 1, Y = 2 };

MyStruct myStruct = new MyStruct { X = 1, Y = 2 };
```

図1.3　クラスと構造体の違い

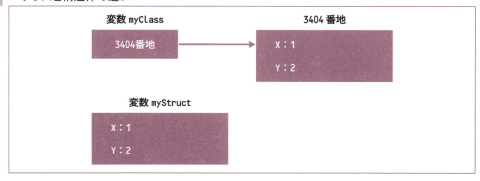

クラスの場合、変数とは別の場所にオブジェクトの領域が確保され、変数にはその参照が格納されますが、構造体の場合は、変数そのものにオブジェクトが格納されます[3]。これがクラスと構造体との大きな違いです[4]。

1.3 値型と参照型

C# が扱う型には、**値型**（*Value Type*）と**参照型**（*Reference Type*）の2つの型が存在します。C# の組み込み型である `int` や `string` だけではなく、.NET Framework に定義されたカスタムクラスや構造体も型として扱われます。もちろん、プログラマーが独自に定義したクラスや構造体も同様に型として扱われます。

C# の型は、必ず値型か参照型のどちらかに分類されます。構造体は値型、クラスは参照型です。C# の組み込み型では、`int` や `Long`、`decimal`、`char`、`byte` などが値型、`object` と `string` が参照型になります。これらを図示したのが図 1.4 です。

図1.4　参照型と値型

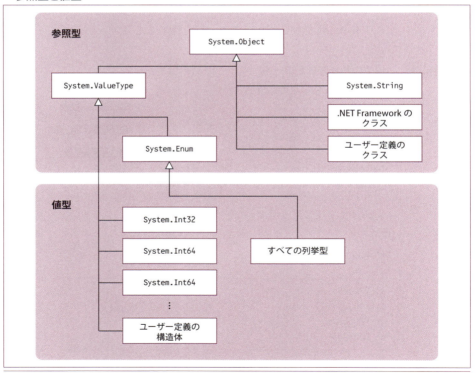

[3] 正確には、`MyClass` オブジェクトは、メモリの中の「ヒープ領域」と呼ばれる場所に割り当てられ、`MyStruct` オブジェクトは、「スタック領域」と呼ばれる場所に割り当てられます。

[4] そのほか、構造体は継承できないという制限があります。継承については、「1.6：継承」を参照してください。

1.3.1 値型の動き

　値型と参照型の2つの型がプログラミングにどう影響するのか、次のコードで説明しましょう。まずは構造体（値型）の例です。ここでは、説明のために `MyPoint` という構造体を定義しました。

リスト1.3　MyPoint 構造体の定義

```csharp
struct MyPoint {
    public int X { get; set; }
    public int Y { get; set; }

    // コンストラクタ
    public MyPoint(int x, int y) {
        this.X = x;
        this.Y = y;
    }
}
```

　この `MyPoint` を使った以下のコードを見てください。

リスト1.4　値型の動作確認用コード

```csharp
MyPoint a = new MyPoint(10, 20);
MyPoint b = a;                                    // bにaの値を代入
Console.WriteLine("a: ({0},{1})", a.X, a.Y);
Console.WriteLine("b: ({0},{1})", b.X, b.Y);      // aとbの内容を表示
a.X = 80;                                         // a.Xの値を変更
Console.WriteLine("a: ({0},{1})", a.X, a.Y);
Console.WriteLine("b: ({0},{1})", b.X, b.Y);      // aとbの内容を表示
```

　このリスト1.4のコードを実行すると、何が出力されるでしょうか？　考えてみてください。

　結果は以下のとおりです。

```
a: (10,20)
b: (10,20)
a: (80,20)
b: (10,20)
```

1.3.2 参照型の動き

では、クラス（参照型）ではどうでしょうか？　先ほどのリスト 1.3 の struct を class に変更します。

リスト1.5　MyPoint クラスの定義

```
class MyPoint {
  public int X { get; set; }
  public int Y { get; set; }

  // コンストラクタ
  public MyPoint(int x, int y) {
    this.X = x;
    this.Y = y;
  }
}
```

リスト 1.5 の MyPoint クラスを使って以下のコード（リスト 1.4 と同じ）を実行するとどうなるでしょうか？

リスト1.6　参照型の動作確認用コード

```
MyPoint a = new MyPoint(10, 20);
MyPoint b = a;                                      // bはaと同じオブジェクトを参照
Console.WriteLine("a: ({0},{1})", a.X, a.Y);        ┐
Console.WriteLine("b: ({0},{1})", b.X, b.Y);        ┘ aとbの内容を表示
a.X = 80;                                           // a.Xの値を変更
Console.WriteLine("a: ({0},{1})", a.X, a.Y);        ┐
Console.WriteLine("b: ({0},{1})", b.X, b.Y);        ┘ aとbの内容を表示
```

結果は以下のようになり、構造体のときと結果が異なっています。

```
a: (10,20)
b: (10,20)
a: (80,20)
b: (80,20)
```

リスト 1.6 のコードが実行される様子を順に見ていきましょう。

1. a に MyPoint のインスタンスが代入された時点では、以下のようになっています。この時点では、まだ b は存在していません（→次ページ図 1.5）。

図1.5 変数aのメモリの状態

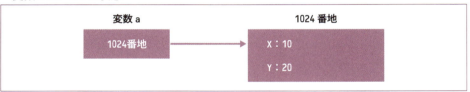

2. 変数aの値を変数bに代入することで、(10,20)の値を持つオブジェクトへの参照が、変数bに代入されます。aとbは同じオブジェクトを参照していることになります（→図1.6）。

図1.6 変数aと変数bのメモリの状態

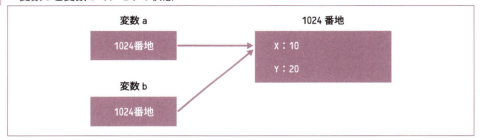

3. 次に、a.X = 80; の行が実行されると、変数aを通じ、(10,20)の値を持つオブジェクトが(80,20)に変更されます。変数bも同じ参照を保持していますので、b.Xを参照すると80が取得されることになります（→図1.7）。

図1.7 a.Xの変更後のメモリの状態

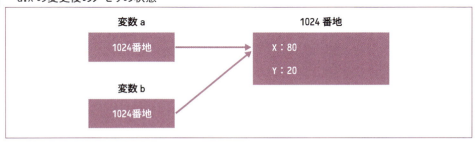

違いがわかったでしょうか？ 値型と参照型の動作の違いは、代入だけでなくオブジェクトをメソッドの引数に渡す場合も同様です。

構造体（値型）では、値（オブジェクト）そのものがコピーされメソッドに渡りますので、メソッドの中でオブジェクトの値を変更しても、呼び出し元はその変更の影響を受けることはありません。

一方、クラス（参照型）の場合は、参照型のオブジェクトを引数に指定すると、オブジェクトへ参照がコピーされメソッドに渡ります。そのため、メソッドの中で受け取ったオブジェクトの値を変更するコードを書くと、その参照を経由して呼び出し元のオブジェクトが変更されることになります。

1.3.3 なぜ値型と参照型が必要なのか？

なぜC#では、値型と参照型を用意しているのでしょうか？ それは実行効率とメモリ効率に大きくかかわっています。

まず、とても大きなサイズのオブジェクトを想像してみてください。大きなオブジェクトが値型だったらどうでしょうか？ 変数を代入するたびにオブジェクトの中身のコピー処理が行われることになります。一方、参照型の場合は参照（アドレス）をコピーするだけで済みますから、とても効率良く処理ができますよね。

それでは、とても小さなオブジェクトの場合はどうでしょう？ 参照型の場合は、参照（アドレス）を格納する領域と、オブジェクトそのものを格納する領域の2つが必要です。しかし、そもそも小さなオブジェクトですから、参照を格納する領域とオブジェクトを格納する2つの領域があるというのは、メモリ効率上好ましくありません。値型ならば、変数の領域そのものにオブジェクトを格納できますから、小さなオブジェクトの場合はメモリ効率が良くなります。

つまり、大きなサイズのオブジェクトでは、参照型が有利であり、サイズの小さいオブジェクトでは値型が有利になります。これが、値型と参照型の2つの型を用意している理由です。実際、.NET Frameworkで定義されている構造体（値型）は、どれもサイズの小さいものに限られています。

ただ、初心者である読者の皆さんが、構造体を定義することはまずないと思います。実際、筆者もここ数年、業務で構造体を定義した記憶がありません。構造体を定義する際の文法はクラスと微妙に異なる点がありますが、その些細な違いを覚えなくても大丈夫です。値型と参照型の動作の違いだけを理解しておけば十分でしょう。

1.4 静的メンバーと静的クラス

1.4.1 静的プロパティと静的メソッド

C#には、「静的プロパティ」、「静的メソッド」と呼ばれているものがあります。たとえば、以下のような`DateTime.Today`を利用しているコードを見たことがあるでしょう。

```
static void Main(string[] args) {
    DateTime today = DateTime.Today;
```

```
        Console.WriteLine("今日は{0}月{1}日です", today.Month, today.Day);
}
```

上のコードでは、インスタンスを生成せずに、Todayプロパティを参照したり、WriteLineメソッドを呼び出したりしています。このように、インスタンスを生成せずに利用できるプロパティやメソッドを**静的プロパティ**、**静的メソッド**と呼んでいます。静的メンバー[5]には、以下のようにstaticキーワードが付加されています。

```
public static DateTime Today {
    get { …… }
}
```

利用するときは、newする必要はなく、「型名.プロパティ名」、「型名.メソッド名」のように型名を使ってアクセスすることになっています。

「なんだ、だったらすべてが静的プロパティや静的メソッドになっていれば便利なのに」と思われるかもしれませんが、そうではありません。1つのクラスから複数のインスタンスを生成できることを思い出してください。

もし、Product.Priceという記述で商品価格を取得できるとしたら、それはいったいどの商品の価格なのでしょう？ 大福もちか、それともかりんとうか、区別をつけることができません。2つの商品のどちらの商品価格が高いのか比べたいとしても、それができなくなってしまいます。明らかに、Priceプロパティを静的プロパティにするのは不適切です。

では、DateTime.Todayに目を向けてみましょう。「今日」というのは、日付に関係していることは間違いありませんが、特定の日付と結び付いているものではありません。今日の日付は、どのようなDateTimeオブジェクトが生成されていようが、「今日の日付」ですよね。

そのため、もしTodayプロパティが静的プロパティでなかったとすると、以下のコードのように何かモヤモヤッとしたコードになってしまいます。

✗
```
// 2001/10/25は今日の日付を求めるための仮の日付（何でもよい）
// とりあえずインスタンス生成
DateTime date = new DateTime(2001, 10, 25);
DateTime today = date.Today;
```

つまり、Todayプロパティはインスタンスに結び付いているのではなく、DateTime構造体そのものに結び付いたプロパティなのです。

WriteLineメソッドも、Consoleクラスに定義された静的メソッドです。インスタンス

---

[5] 静的なフィールドも含め、静的プロパティ、静的メソッドを総称して「静的メンバー」といいます。

1.4.2 静的クラス

MSDNライブラリ[6]でConsoleクラスの説明を見てみると、以下のようにすべてのプロパティ、すべてのメソッドがstaticになっていて、クラスの定義もclassキーワードの前にstaticキーワードが付いています。

```
public static class Console {
```

staticキーワードが付いたクラスは**静的クラス**（staticクラス）と呼ばれます。静的クラスには、インスタンスプロパティやインスタンスメソッド[7]がありません。これはつまり、インスタンスを生成する意味がないということです。そのため、静的クラスではインスタンスの生成ができなくなっています。

試しに、以下のように書いてみると、ビルドエラーとなりインスタンス生成ができないことがわかります。

✗
```
Console con = new Console();
```

コンソールアプリケーションにおいて、標準入出力はシステム的に1つしか存在しないものです。そのため、Consoleクラスは、newしなくても、すべてのプロパティ、すべてのメソッドが使えるようになっているのです。感覚的には、newしなくても唯一のConsoleインスタンスが存在していると考えてもさしつかえありません。

1.5 名前空間

作成するプログラムの規模が大きくなると、自分たちが作成したクラスと、後から利用開始した他社製ライブラリとでクラス名が同じになってしまう可能性があります。.NET Frameworkの中でも同じ名前のクラスが複数存在していたりします。

このような状況で、どうやってクラスを特定したら良いのでしょうか？　そのためのものがC#の**名前空間**です。名前空間はたくさんあるクラスの中から、使用するクラスを特定する仕組みです。

以下のコンソールアプリケーションのコードを見てください。

```
class Program {
    static void Main(string[] args) {
```

---

[6] Microsoftのツール、サービス、テクノロジを解説したドキュメント群。開発者向け情報が多数公開されています。

[7] 通常のプロパティやメソッドを静的メンバーと明確に区別をするために、「インスタンスプロパティ」、「インスタンスメソッド」という場合があります。

```
      System.Console.WriteLine("Hello! C# world.");   ◀ 完全修飾名でConsoleクラスを指定している
    }
}
```

　この5行のプログラムは完全な C# プログラムであり、そのままビルド、実行ができます。このプログラムでは、`Console` クラスの `WriteLine` 静的メソッドを呼び出すのに、`Console` クラスが属している名前空間名（`System`）も含めた完全修飾名を書いています。

　上記のような小さなプログラムでは、すべてのクラスを完全修飾名で書いてもよいのですが、コード量が多いと、クラス名をいちいち完全修飾名で指定するのはとても面倒です。そのため C# では、`using` ディレクティブで名前空間を指定することで、型名だけでクラスを使用できるようになっています。

```
using System;   ◀ usingディレクティブ

class Program {
    static void Main(string[] args) {
        Console.WriteLine("Hello! C# world.");   ◀ 名前空間は省略されている
    }
}
```

　ところで、あなた自身が定義するクラスも名前空間を指定するのが普通です。以下のように、**namespace キーワード**を使い、その中にクラスを定義することになります。

```
using System;

namespace SampleApp {
    class Program {   ◀ Programクラスは、SampleApp名前空間に属することになる
        static void Main(string[] args) {
            Console.WriteLine("Hello! C# world.");
        }
    }
}
```

　`namespace` キーワードの右側に書かれている `SampleApp` が、あなたが定義するプログラムの名前空間です。Visual Studio で［クラスの追加］を行うと、作成されたソースファイルには、`namespace` が自動で付加されますので、通常はそのまま利用することになります。

　通常、1つのプログラムには複数のクラスを定義することになります。複数のクラスが同じ名前空間に属していた場合は、`using` ディレクティブは不要となります。以下は、`SampleApp` 名前空間に `Program` クラスと `Product` クラスが定義されていた場合の例です。

リスト1.7　using と namespace

```
using System;
// using SampleApp;     ← この行は不要

namespace SampleApp {
    class Program {
        static void Main(string[] args) {
            Product karinto = new Product(123, "かりんとう", 180);
            int taxIncluded = karinto.GetPriceIncludingTax();
            Console.WriteLine(taxIncluded);
        }
    }
}
```

Productクラスは、別ファイルに定義されている

Column **using ディレクティブを自動で挿入する**

　利用するクラスがどの名前空間に属しているか調べて、手動で **using** ディレクティブを記述するのはとても手間がかかります。Visual Studio の **using** ディレクティブの自動挿入機能を使えば、簡単に **using** ディレクティブを記述できます。以下にその手順を示します。

1. 図1.8 のように、クラス名の上にカーソルを移動し、表示された電球マークアイコンをクリックしてください。キーボードで操作する場合は Ctrl + . です。

図1.8　電球マークアイコンのクリック

2. 図1.9 の画面のように、解決策の一覧が表示されますので、[using System.Configuration;] を選択します。

図1.9　解決策の選択

これで、usingディレクティブが自動で挿入されます。

1.6 継承

1.6.1 継承とは？

継承とは、すでに定義されているクラスをもとに、その性質を受け継ぎ、拡張や変更を加えて、新しいクラスを作成することです。継承することを「派生する」ということもあります。

たとえば、以下のようなPersonクラスが定義されていたとします。

```
public class Person {
    public string Name { get; set; }
    public DateTime Birthday { get; set; }
    public int GetAge() {
        DateTime today = DateTime.Today;
        int age = today.Year - Birthday.Year;
        if (today < Birthday.AddYears(age))
            age--;
        return age;
    }
}
```

このPersonクラスを継承し、Employeeクラス（社員クラス）を定義してみます。名前と生年月日に加え、社員番号と所属部署名を扱いたいとします。継承を使えば、Employeeクラスをゼロから作るのではなく、Personクラスの実装を利用することが可能になります。Personクラスを継承したEmployeeクラスは以下のとおりです。

```
public class Employee : Person {
    public int Id { get; set; }
    public string DivisionName  { get; set; }
}
```

継承するには、クラス名（ここではEmployee）の後にコロン（:）を付け、その後に継承元であるクラスの名前（ここではPerson）を指定します。一般的には、継承元となるクラスを「スーパークラス」あるいは「基底クラス」、継承して新たに定義したクラスを「サブクラス」あるいは「派生クラス」と呼びます。

継承することで、Employeeクラスは、Personクラスの性質を受け継ぐことになりま

す。Name プロパティ、Birthday プロパティ、GetAge メソッドは、Employee クラスに記述していませんが、Employee クラスでも利用可能です。つまり、Person クラスとの違いだけを Employee クラスでは定義しているわけですね。

この Employee クラスを使った例を示します。

```
Employee employee = new Employee {
    Id = 100,
    Name = "山田太郎",
    Birthday = new DateTime(1992, 4, 5),
    DivisionName = "第一営業部",
};
Console.WriteLine("{0}({1})は、{2}に所属しています。",
    employee.Name, employee.GetAge(), employee.DivisionName);
```

この例では、Employee クラスには、メソッドを定義しませんでしたが、もちろん Employee クラスに新たなメソッドを定義することもできます。

1.6.2 is a 関係

継承は、一般的に、「is a 関係」が成り立つときに使うとされています。is a 関係とは、「○○は△△である」という関係です。今回の例では、「社員は人である」という関係が成り立っています。たとえば、「三角形は図形である」、「リストボックスはコントロールである」、「CD と DVD は商品である」などいろいろな is a 関係があります。これらの関係を、「kind of 関係」（～は～の一種である）という場合もあります。「三角形は、図形の一種である」、「リストボックスはコントロールの一種である」という関係ですね。このような場合に継承を使います。

is a 関係が成り立たないときには、継承を使ってはいけません。たとえば、「○○は△△からできている」という関係が成り立つときや「○○は△△を持っている」という関係が成り立つときは、継承は使いません。

このような is a 関係（つまり継承関係）がある場合、次のように派生クラス（Employee）のインスタンスを基底クラス（Person）の変数に代入することが可能です。

```
Person person = new Employee();
```

「社員」は「人」であるから、「人」として扱えると考えればよいでしょう。ただし、この person 変数からは、DivisionName など Employee クラス特有のプロパティを利用することはできません。

一方、次のような逆への代入はできません。人は社員とは限らない（顧客かもしれないし、株主かもしれない）ので、社員としては扱えないわけです。

```
Employee employee = new Person();
```

　C# ではあらゆる型の継承元クラスをたどっていくと最終的には `System.Object` クラス（`object` 型[8]）にたどり着きます。つまり、クラス階層の頂点にあるのが `Object` クラスです。クラスを定義する際、継承元を指定しなかったときには、その継承元である親クラスは、`Object` クラスとなります。
　以下の 2 つのコードは同じことを意味します。

```
class Person {
    ⋮
}
```

```
class Person : object {
    ⋮
}
```

　つまり、すべてのクラスは `object` である、ということですから、以下の代入が可能となります。

```
object person = new Person(……);
object employee = new Employee(……);
```

　これにより、複数の型のオブジェクトを保持する配列を定義したり、複数の型のオブジェクトを受け取るメソッドを定義することが可能になります。

　以上がオブジェクト指向プログラミングの基本です。クラスを利用するという立場からは、この章を学習したことで必要最低限の知識を得たことになります。次の章では、C# の理解をより深めるために、小さなプログラムを書いてみましょう。

Column　参照にアセンブリを追加する

　.NET Framework にある `ConfigurationManager` というクラスを利用したいとします。調べると、`System.Configuration` 名前空間に存在していることがわかりました。
　しかし、`using` ディレクティブで `System.Configuration` を指定しても、「**現在のコンテキストに 'ConfigurationManager' という名前は存在しません。**」というエラーが出てビルドできません。これは、`ConfigurationManager` クラスが定義されているアセンブリ[9]が、プロジェクト

---

[8]　C# の `object` は、.NET Framework の `System.Object` の別名です。

[9]　コンパイル済みの実行可能なコード。dll 形式と exe 形式の 2 種類があります。

の参照に追加されていないためです。「**現在のコンテキストに 'XXXXX' という名前は存在しません。**」というエラーが出た場合は、以下の手順で、アセンブリを参照に追加してください。

1. MSDN ライブラリの `ConfigurationManager` クラスのページに移動します。

Google や Bing で「ConfigurationManager MSDN」を検索すれば、該当ページを探すことができます。

図1.10 参照の追加の選択

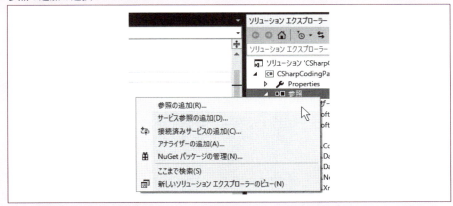

図1.11 ［参照マネージャー］ダイアログ

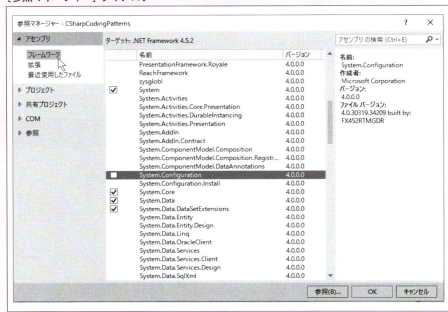

2. どのアセンブリに属しているか調べます。

    `ConfigurationManager` のページに、以下の記述があるので、`System.Configuration` アセンブリであることがわかります。

    アセンブリ：System.Configuration (System.Configuration.dll 内)

3. ［ソリューションエクスプローラー］の参照フォルダを右クリックし、［参照の追加］を選択します（→前ページ図 1.10）。

4. ［参照マネージャー］ダイアログの左側ペインで、［アセンブリ］－［フレームワーク］を選択します（→前ページ図 1.11）。

5. 一覧から［System.Configuration］にチェックをし、［OK］ボタンを押します。

Column: Visual Studio、C#、.NET Framework の関係

Visual Studio のバージョンによって、利用できる C# のバージョン、.NET Framework のバージョンに違いがあります。以下の表 1.1 にその対応をまとめました。

表1.1 Visual Studio と C# / .NET のバージョン対応表 [10]

Visual Studio	C#	主なターゲット Framework
Visual Studio 2008	3.0	3.5 4
Visual Studio 2010	4.0	3.5 4
Visual Studio 2012	5.0	3.5 4 4.5.2 4.6.x
Visual Studio 2013	5.0	3.5 4 4.5.2 4.6.x
Visual Studio 2015	6.0	3.5 4 4.5.2 4.6.x
Visual Studio 2017	7.0	3.5 4 4.5.2 4.6.x

Let's Try! 第 1 章の演習問題

問題 1.1

「1.1：クラス」で定義した `Product` クラスを使い、以下のコードを書いてください。

1. どら焼きオブジェクトを生成するコードを書いてください。このときの商品番号は "98"、商品価格は "210 円" としてください。

---

[10] Visual Studio 2012 / 2013 では、追加パッケージ（Developer Pack）を導入することで .NET Framework 4.6.2 までのアプリを開発可能です。追加パッケージは、`http://getdotnet.azurewebsites.net/target-dotnet-platforms.html` から入手できます。

2. どら焼きオブジェクトの消費税額を求め、コンソールに出力するコードを書いてください。

3. Product クラスが属する名前空間を別の名前空間に変更し、Main メソッドから呼び出すようにしてください。ただし、Main メソッドのある Program クラスの名前空間はそのままとしてください。

問題 1.2

「1.2：構造体」で定義した、MyClass と MyStruct の 2 つを使い、以下のコードを書いてください。

1. MyClass と MyStruct の 2 つの型を引数にとるメソッド PrintObjects を定義してください。PrintObjects メソッドでは、2 つのオブジェクトの内容（プロパティの値）をコンソールに表示するようにしてください。なお、PrintObjects メソッドは、Program クラスのメソッドとして定義してください。

2. Main メソッドで、PrintObjects メソッドを呼び出すコードを書いてください。MyClass、MyStruct オブジェクトの値は、自由に決めてかまいません。

3. PrintObjects メソッド内で、それぞれのプロパティの値を 2 倍に変更するコードを追加してください。Main メソッドでは PrintObjects 呼び出しの後に、MyClass、MyStruct オブジェクトのプロパティの値をコンソールに表示するコードを加えてください。

4. 上のコードを実行し、結果を確認してください。そして、どうしてそのような結果になったのか、理由を説明してください。

問題 1.3

「1.6: 継承」で示した Person クラスを使い、以下のコードを書いてください。

1. Person クラスを継承し、Student クラスを定義してください。Student には、2 つのプロパティ、Grade（学年）と ClassNumber（組）を追加してください。2 つのプロパティとも型は int とします。

2. Student クラスのインスタンスを生成するコードを書いてください。このとき、すべてのプロパティに値を設定してください。

3. 2.で生成したインスタンスの各プロパティの値をコンソールに出力するコードを書いてください。

4. 2.で生成したインスタンスを Person 型および object 型の変数に代入できることを確認してください。

Column : null キーワードと null 許容型

　参照型では、何も参照していない状態があります。C# では、null キーワードを使いこれを表します。null は「無」あるいは「空」を意味する定数で、参照型変数の既定値です。以下のように参照型の変数を初期化無しで宣言した場合は、変数は null で初期化されます。

```
Product item;     ◀ nullで初期化される
```

　次のようなコードで、変数の値が null かどうかを判断することができます。

```
if (item == null) {
    :    // item変数がnullのときの処理
}
```

　文字列も参照型ですので、null を持つことがあります。いわゆる長さが 0 の空文字 "" とは異なります（→「5.2：文字列の判定」）。
　なお、値型には通常 null を設定できません。値型に null を設定できるようにするには、**null 許容型**（**Nullable<T> 型**）を利用します。null 許容型の使用例を以下に示します。

```
int? num = null;     ◀ 型名に続けて?を付けるとnull許容型になる

if (num.HasValue) {     ◀ HasValueプロパティでnull以外の値が設定されているか調べることができる
    Console.WriteLine("num = {0}", num.Value);     ◀ Valueプロパティで値を取り出せる
} else {
    Console.WriteLine("num = null");
}
```

Chapter 2
C# でプログラムを書いてみよう

　プログラミングをマスターする最も確実な方法は、実際にプログラムを書いてみることです。トライアル＆エラーで学ぶのです。そうすれば、自分が何を理解していて何を理解していないかを知ることができますし、新しいことを学ぶこともできます。理解が不十分だった文法をより正しく理解できるようにもなります。これを繰り返すことで、単なる知識から実務で活用できる生きた知識へと昇華させることができるのです。

　第1章では、クラス、構造体、名前空間などC#でオブジェクト指向プログラミングをする際の基礎的な知識について復習しました。そこで本章では、それらの知識を使って実際に動作する小さなプログラムを書き、それを改良していく過程を見ながら学んでいきましょう。ここで説明するプログラムの分割や単機能化の考えは実務でも活用できるものです。

　また、第1章で触れることのできなかった、C# のいくつかの機能についても説明していますので、C# の理解をさらに深めることができるでしょう。

2.1　距離換算プログラム

　以下のような、フィート（ft）とメートル（m）との対応表を作成するコンソールアプリケーション `DistanceConverter.exe` を作成してみましょう。

```
1 ft = 0.3048 m
2 ft = 0.6096 m
3 ft = 0.9144 m
4 ft = 1.2192 m
5 ft = 1.5240 m
6 ft = 1.8288 m
7 ft = 2.1336 m
```

```
 8 ft = 2.4384 m
 9 ft = 2.7432 m
10 ft = 3.0480 m
```

これ以降を読む前に、ぜひ、ここで実際にプログラムを書いてみてください。いまはプログラムを書く環境がないという方は、頭の中でどういったコードを書くか想像してみてから、以降を読んでください。

2.1.1 最初のバージョン

まず、筆者が書いた最初のバージョンのコードを示します。

リスト2.1 DistanceConverter の最初のバージョン

```csharp
using System;

namespace DistanceConverter {
    class Program {
        static void Main(string[] args) {
            // フィートからメートルへの対応表を出力
            for (int feet = 1; feet <= 10; feet++) {
                double meter = feet * 0.3048;
                Console.WriteLine("{0} ft = {1:0.0000} m", feet, meter);
            }
        }
    }
}
```

for 文を使い繰り返し処理をしています。for 文の中で、feet * 0.3048 でフィートをメートルに変換し、meter 変数に代入しています。meter 変数は小数点を扱えるように double としました。そして、Console.WriteLine メソッドで、フィートとメートルの対応をコンソールに出力しています。

Console.WriteLine メソッドで利用している "0.0000" は、小数点4桁までを表示する書式設定です。この書式設定については、「第5章：文字列の操作」で解説しています。

これで「フィートとメートルとの対応表を作成する」という目的は達成できました。一度書いたら二度とメンテナンス[1]する必要がないプログラムならば、これで十分でしょう。しかし、多くのプログラムは何年にもわたってメンテナンスされ続けるものです。小さなプログラムだったものが少しずつ機能が追加されていき、大きなプログラムに発展することもあります。

1　運用 / 提供開始後に見つかった問題点や不具合を修正したり、ユーザーの要望にこたえるため機能追加や改善をすること。実際の業務では、他の人が作成したプログラムをメンテナンスすることも珍しいことではありません。

そういったことを考慮すると、このプログラムは改良の余地がありそうです。一番の問題は、`feet * 0.3048` というロジックが、その他のコードと渾然一体となっているため、簡単に再利用することができない点です。ソースコードの別のところでも、距離換算の計算が必要になった場合は、同じ計算ロジックを再度書く必要があります。そのため、このプログラムがこれからも発展していくと仮定して、もう少しコードに工夫を凝らしてみましょう。

2.1.2 計算ロジックをメソッドとして独立させる

距離換算しているロジックが、`Main` メソッドの中に埋もれてしまっている問題を解決する方法の1つが、距離換算している部分を**メソッドとして独立させる**ことです。ここでは、`FeetToMeter` メソッドを定義してみました。

リスト2.2　FeetToMeter メソッドを独立させたバージョン

```
class Program {
  static void Main(string[] args) {
      // フィートからメートルへの対応表を出力
      for (int feet = 1; feet <= 10; feet++) {
         double meter = FeetToMeter(feet);
         Console.WriteLine("{0} f = {1:0.0000} m", feet, meter);
      }
  }

  // フィートからメートルを求める
  static double FeetToMeter(int feet) {      ◀ メソッドとして独立させた
     return feet * 0.3048;
  }
}
```

`FeetToMeter` メソッドについて簡単に説明しておきましょう。

```
static double FeetToMeter(int feet) {
```

この行で、`FeetToMeter` メソッドのシグネチャ[2]を決定しています。引数は `int` 型でフィートを受け取ります。戻り値の型は `double` 型です。

メソッドの本体は、次の1行です。

```
return feet * 0.3048;
```

---

[2] メソッド名、戻り値の型、引数、アクセスレベルなどメソッドが持つ特徴をまとめて「シグネチャ」といいます。

引数で受け取った距離（フィート）をメートルに変換してその結果を返しています。

これで、距離換算しているロジックが FeetToMeter メソッドとして Main メソッドから切り離され、少し再利用がしやすくなりました。また、FeetToMeter メソッドには、Console アプリケーションに依存した部分がない（Console クラスを使っていない）ため、WindowsForms アプリケーションや WPF アプリケーションに書き換えたいといった場合でもそのまま利用することができます（メソッドをコピー＆ペーストしなければならないという課題は残りますが……[3]）。

静的メソッドからは自分自身のインスタンスメソッドは呼び出せない

C# の約束として、アプリケーション起動時に最初に呼び出される Main メソッドは静的メソッドとして定義することになっています。その Main メソッドから直接呼び出される FeetToMeter メソッドは静的メソッドとして定義する必要があります。

仮に、FeetToMeter メソッドがインスタンスメソッドだったとしましょう。インスタンスメソッドを呼び出すには、どのインスタンスなのか指定する必要がありますが、Main メソッドはインスタンスが存在しない状態で動作していますから、そのインスタンスを特定できません。つまり、静的メソッドである Main メソッドからは、インスタンスメソッド FeetToMeter を直接呼び出すことができないということです。

そのため、FeetToMeter メソッドは、インスタンスが不要な静的メソッドとして定義する必要があるのです。

2.1.3 プログラムに機能を追加する

さらに仕様が追加され、「フィートからメートルへの対応表」に加え、「メートルからフィートへの対応表」も出力したいという要求が出てきたとします。以下のようにコマンドライン引数で、どちらの表を出すか指定できるようにしてみましょう。

```
C:¥>DistanceConverter -tom

C:¥>DistanceConverter -tof
```

上のように、-tom でフィートからメートルへの対応表、-tof でメートルからフィートへの対応表を出力するものとします。

Program クラスをリスト 2.3 のように書き換えました。ここでは、簡略化のためにコマンドラインパラメータの指定をミスした場合は、「メートルからフィートへの対応表」

---

[3] 「2.1.5：クラスとして分離する」でその解決策を示しています。

を出力するようにしています。

リスト2.3 メートルからフィートへの対応表を追加したバージョン

```
class Program {
   static void Main(string[] args) {
      if (args.Length >= 1 && args[0] == "-tom") {
         // フィートからメートルへの対応表を出力
         for (int feet = 1; feet <= 10; feet++) {
            double meter = FeetToMeter(feet);
            Console.WriteLine("{0} ft = {1:0.0000} m", feet, meter);
         }
      } else {
         // メートルからフィートへの対応表を出力
         for (int meter = 1; meter <= 10; meter++) {
            double feet = MeterToFeet(meter);
            Console.WriteLine("{0} m = {1:0.0000} ft", meter, feet);
         }
      }
   }

   // フィートからメートルを求める
   static double FeetToMeter(int feet) {
      return feet * 0.3048;
   }

   // メートルからフィートを求める
   static double MeterToFeet(int meter) {
      return meter / 0.3048;
   }
}
```

　それにしても、Mainメソッドがずいぶんと複雑になってしまいました。**メソッドは単機能にする**というのがプログラミングの鉄則中の鉄則です。Mainメソッドは、「フィートからメートルへの対応表出力」、「メートルからフィートへの対応表出力」という2つのことをやっていますから、これは改善すべきです。

2.1.4 メソッドを単機能にする

　それでは、Mainメソッドから、2つの機能を独立させましょう。

リスト2.4 メソッドを単機能にしたバージョン

```
class Program {
```

```
        static void Main(string[] args) {
          if (args.Length >= 1 && args[0] == "-tom")
            PrintFeetToMeterList(1, 10);
          else
            PrintMeterToFeetList(1, 10);
        }

        // フィートからメートルへの対応表を出力
        static void PrintFeetToMeterList(int start, int stop) {
          for (int feet = start; feet <= stop; feet++) {
            double meter = FeetToMeter(feet);
            Console.WriteLine("{0} ft = {1:0.0000} m", feet, meter);
          }
        }

        // メートルからフィートへの対応表を出力
        static void PrintMeterToFeetList(int start, int stop) {
          for (int meter = start; meter <= stop; meter++) {
            double feet = MeterToFeet(meter);
            Console.WriteLine("{0} m = {1:0.0000} ft", meter, feet);
          }
        }
          :
      }
```

　`PrintFeetToMeterList`、`PrintMeterToFeetList` という2つのメソッドを定義し、`Main` メソッドから呼び出すようにしました。

　さらに、対応表の開始と終了を示す `start` と `stop` を引数で渡すようにしました。こうすれば、1から20まで表示したい場合でも、簡単に修正することができますし、ユーザーが入力した値によって範囲を変更することにも対応できます。

2.1.5 クラスとして分離する

　さて、この段階でメートルとフィートの距離換算が別のプログラムでも必要になったとしましょう。しかしこの状態のコードでは、使えそうなメソッドを選び出し、その部分のコードを切り貼りしないといけません。そういう意味では機能の分離がまだうまくできていないといえます。まだまだ改良の余地はありそうです。

　ここで、いよいよクラスの出番ですね。クラスとして独立させることで、距離換算ロジックはいろいろな場面でそのまま利用できるようになるはずです。`Main` メソッドがある `Program` クラスから独立させ、`FeetConverter` というクラスを別ファイルとして定義[4]

---

[4] C#では、1つのファイルに1つのクラスを定義するのが一般的です。ただし、結び付きの強い複数のクラスを1つのファイルに定義する場合もあります。

してみました。リスト 2.5 を見てください。

リスト2.5 FeetConverter.cs ファイル

```csharp
namespace DistanceConverter {
    // フィートとメートルの単位変換クラス
    public class FeetConverter {
        // メートルからフィートを求める
        public double FromMeter(double meter) {
            return meter / 0.3048;
        }

        // フィートからメートルを求める
        public double ToMeter(double feet) {
            return feet * 0.3048;
        }
    }
}
```

FeetConverter クラスには、メートルからフィートに変換する FromMeter メソッドと、フィートからメートルに変換する ToMeter メソッドを定義しています[5]。なお、それぞれの引数は、小数点以下も扱えるように double 型に変更しました。

見ていただければわかるように、このクラスはどこにもコンソールアプリケーションに依存した部分がありません。そのため、FeetConverter クラスを FeetConverter.cs として別ファイルとしておけば、WindowsForms アプリケーションでも、ASP.NET のアプリケーションでも、変更せずに利用することが可能になっています。

なお、ここではコードの再利用という側面を強調しましたが、クラスを定義する最大の目的は、複雑で巨大なプログラムを小さな単位に分割し、人が理解できるようなコードにすることです。

これから実戦に投入されると、いやというほどわかりますが、プログラミングとは複雑さとの戦いでもあります。きれいで整理整頓されたソースコードにするのには、クラスはなくてはならない存在です。大きなプログラムをクラスに分割して、それぞれに適切な役割を担わせることで、理解しやすく保守しやすいプログラムにすることができるのです。

2.1.6 クラスを利用する

先ほど定義した FeetConverter クラスの利用例を示します。

---

[5] メソッド名が、求める最終結果ではなくメーター中心になっているのは、第 17 章を参照していただければわかります。

```
FeetConverter converter = new FeetConverter();
double feet = converter.FromMeter(10);
```

上の例では、10 を FromMeter メソッドの引数として渡していますので、10 / 0.3048 が計算され、その結果 32.8084 が変数 feet に代入されます。

この FeetConverter クラスを利用するように、PrintFeetToMeterList メソッドと、PrintMeterToFeetList メソッドを書き換えたのがリスト 2.6 です。

リスト2.6 FeetConverter クラスを利用したバージョン

```csharp
// フィートからメートルへの対応表を出力
static void PrintFeetToMeterList(int start, int stop) {
    FeetConverter converter = new FeetConverter();
    for (int feet = start; feet <= stop; feet++) {
        double meter = converter.ToMeter(feet);
        Console.WriteLine("{0} ft = {1:0.0000} m", feet, meter);
    }
}

// メートルからフィートへの対応表を出力
static void PrintMeterToFeetList(int start, int stop) {
    FeetConverter converter = new FeetConverter();
    for (int meter = start; meter <= stop; meter++) {
        double feet = converter.FromMeter(meter);
        Console.WriteLine("{0} m = {1:0.0000} ft", meter, feet);
    }
}
```

ちなみに、以下のようにインスタンス生成を for 文の中に書くのは好ましくありません。なぜなら、一度だけ FeetConverter インスタンスを生成すればよいところを、ループのたびに FeetConverter インスタンスを生成しますので、リソースを無駄遣いするコードとなっています。

✗
```csharp
static void PrintMeterToFeetList(int start, int stop) {
    for (int meter = start; meter <= stop; meter++) {
        FeetConverter converter = new FeetConverter();  // ループの中で、インスタンスを生成
        double feet = converter.FromMeter(meter);
        Console.WriteLine("{0} m = {1:0.0000} ft", meter, feet);
    }
}
```

2.1.7 静的メソッドに変更する

FeetConverter クラスを再度見てみましょう。

```
public class FeetConverter {
    public double FromMeter(double meter) {
        return meter / 0.3048;
    }
    public double ToMeter(double feet) {
        return feet * 0.3048;
    }
}
```

FeetConverter クラスに定義した、FromMeter と ToMeter の2つのメソッドは、引数が同じならば戻り値はつねに一定です。つまり、引数の値によってのみ戻り値が決定されるということです。FeetConverter クラス内のインスタンスプロパティやインスタンスフィールドを利用していないから当然ですね。

このように、**インスタンスプロパティやインスタンスフィールドを利用していないメソッドは、静的メソッドにすることができます**。さっそく、static キーワードを使い、静的メソッドに変更しましょう。

リスト2.7 静的メソッドに変更した FeetConverter クラス

```
public class FeetConverter {
    public static double FromMeter(double meter) {     ◀ 静的メソッドとして定義
        return meter / 0.3048;
    }

    public static double ToMeter(double feet) {     ◀ 静的メソッドとして定義
        return feet * 0.3048;
    }
}
```

この静的メソッドを呼び出すよう、PrintMeterToFeetList メソッドを書き換えてみます。

リスト2.8 PrintMeterToFeetList メソッド

```
static void PrintMeterToFeetList(int start, int stop) {
    for (int meter = start; meter <= stop; meter++) {
        double feet = FeetConverter.FromMeter(meter);
        Console.WriteLine("{0} m = {1:0.0000} ft", meter, feet);
```

静的メソッドは、インスタンスを生成することなく呼び出すことができますから、FeetConverter クラスを new している行はなくなり、FromMeter メソッドの呼び出しは、

```
double feet = converter.FromMeter(meter);
```

から、以下に変更されました。

```
double feet = FeetConverter.FromMeter(meter);
```

PrintFeetToMeterList メソッドも同様に書き換えます。

2.1.8 静的クラスにする

さらに、クラス内のすべてのメンバーが静的メンバーの場合は、静的クラスにすることができます（⇒ p.35「1.4.2：静的クラス」）。FeetConverter クラスのメソッドもすべてが静的メソッドですので、class の前に static キーワードを付け、**静的クラス**に変更しましょう。

リスト2.9 静的クラスにした FeetConverter クラス

```csharp
public static class FeetConverter {    ◀静的クラスとして定義
    public static double FromMeter(double meter) {
        return meter / 0.3048;
    }
    public static double ToMeter(double feet) {
        return feet * 0.3048;
    }
}
```

静的クラスは、インスタンスを生成することができません。FeetConverter クラス内のすべてのメンバーが、インスタンスを生成せずに利用できるのですから、インスタンスを生成することに意味がないからです。

そのため、以下のように書くとビルドエラーになります。静的クラスにすれば、誤って無駄なインスタンスを生成してしまうことがなくなります。

✗ `FeetConverter converter = new FeetConverter();`   ◀静的クラスのためビルドエラー

C# が出た当初は、クラスに static キーワードを付加することができなかったため、以下のようにコンストラクタを private（非公開）にして、インスタンス生成をできなくするというテクニックが使われていました。

```
public class FeetConverter {
   private FeetConverter() {   ◀ コンストラクタをprivateにする
   }
      ⋮
}
```

しかし、静的クラスを定義できるようになったことで、いまではコンストラクタを private にするテクニックは使われなくなっています。

2.1.9 定数を定義する

FeetConverter クラスには、0.3048 というリテラル数値が 2 回出現しています。**const キーワードを使い定数を定義**[6]することで、0.3048 という数値を 1 カ所に集約[7]しましょう。これで、ratio を参照している部分は、ビルドしたときに 0.3048 に置き換えられコードの中に埋め込まれます。

リスト2.10 定数を導入した FeetConverter クラス

```
public static class FeetConverter {
   private const double ratio = 0.3048;   ◀ 定数ratioを定義

   public static double FromMeter(double meter) {
      return meter / ratio;
   }

   public static double ToMeter(double feet) {
      return feet * ratio;
   }
}
```

const は、とても便利な機能ですが、注意すべき点があります。それは、**const 指定した定数は、public にしないほうが良い**ということです。この例のようにアクセスレベルを private にした場合は問題ありませんが、public にして他のクラスから参照できるようにした場合は、バージョン管理問題[8]が発生する危険があります。

---

[6] const は自動的に static と解釈されますので、static を付ける必要はありません。
[7] コードの重複は、ソフトウェアの保守を困難にする要因の 1 つであり、これを排除することがプログラミングの原則の 1 つです。
[8] p.58 の「Column：const のバージョン管理問題」を参照してください。

そのため、publicにして他クラスからアクセスさせたい場合は、constの代わりに**static readonly**を使うようにしてください[9]。一応、static readonlyを使ったコードも示しておきましょう。

```
public class FeetConverter {
    public static readonly double Ratio = 0.3048;

    public double FromMeter(double meter) {
        return meter / Ratio;
    }

    public double ToMeter(double feet) {
        return feet * Ratio;
    }
}
```

> Ratioを公開する場合。今回のアプリケーションでは公開する必要性はない

以上で、距離換算プログラムは完成です。実行して動きを確認してみてください。

2.1.10 完成したソースコード

リスト2.11

```
Program.cs
using System;

namespace DistanceConverter {
    class Program {
        static void Main(string[] args) {
            if (args.Length >= 1 && args[0] == "-tom")
                PrintFeetToMeterList(1, 10);
            else
                PrintMeterToFeetList(1, 10);
        }

        // フィートからメートルへの対応表を出力
        static void PrintFeetToMeterList(int start, int stop) {
            for (int feet = start; feet <= stop; feet++) {
                double meter = FeetConverter.ToMeter(feet);
                Console.WriteLine("{0} ft = {1:0.0000} m", feet, meter);
            }
        }

        // メートルからフィートへの対応表を出力
```

---

[9] アプリケーション開発においては、実際は変更される可能性がない数値リテラルというのは、ほとんど存在しないでしょう。変更される可能性がある値の場合も、static readonly を使います（→ p.58）。

```
        static void PrintMeterToFeetList(int start, int stop) {
            for (int meter = start; meter <= stop; meter++) {
                double feet = FeetConverter.FromMeter(meter);
                Console.WriteLine("{0} m = {1:0.0000} ft", meter, feet);
            }
        }
    }
}
```

リスト2.12 FeetConverter.cs

```
using System;

namespace DistanceConverter {
   public static class FeetConverter {
      private const double ratio = 0.3048;

      // メートルからフィートを求める
      public static double FromMeter(double meter) {
         return meter / ratio;
      }

      // フィートからメートルを求める
      public static double ToMeter(double feet) {
         return feet * ratio;
      }
   }
}
```

Column プロジェクトに新しいクラスを追加する

　Visual Studio で、プロジェクトに新しいクラスを追加する手順を以下に示します。

1. ［ソリューションエクスプローラー］で、プロジェクト名を右クリックし、［追加］－［クラス］の順にクリックします。
　すると、［新しい項目の追加］ダイアログボックスが表示されます。このときダイアログは、C# の［クラス］アイコンが選択された状態となっています。
2. ［新しい項目の追加］ダイアログボックスで、［名前］フィールドにクラス名を入力し、［追加］ボタンをクリックします。プロジェクトに新しいクラスが追加されます。

Column const のバージョン管理問題

たとえば、クラスライブラリ `Sub.dll` には、`const` 指定をした `MyStyle.BorderWidth` が定義してあったとしましょう。

```
public class MyStyle {
    public const int  BorderWidth = 3;
        ⋮
}
```

この `Sub.dll` を参照して、アプリケーション `MyApp.exe` を作成したとします。

```
class Program {
    static void Main(string[] args) {
        ⋮
        ApplyStyle(MyStyle.BorderWidth);     ApplyStyle(3);と書いたのと同じ
        ⋮
    }
}
```

その後、`MyStyle.BorderWidth` の値を 3 から 2 に変更し、`Sub.dll` だけを差し替えました。しかし、`const` 定義した値は、ビルド時に値が決定されますので、`MyApp.exe` には、値 3 が埋め込まれています。そのため、`Sub.dll` を入れ替えても、`MyApp.exe` は古い値のまま動作し続けることになります。これを `const` のバージョン管理問題といいます。

一方、`MyStyle.BorderWidth` が `readonly` だった場合は、実行時に値が参照されます。そのため、`Sub.dll` を入れ替えるだけで、新しい値でプログラムが動作してくれるのです。

```
public class MyStyle {
    public static readonly int BorderWidth = 3;
        ⋮
}
```

つまり、これからいえることは、**ユーザーの要求、社会制度の変化、開発者の都合**などで**将来変更される可能性のある値を定数として公開する場合には、`const` キーワードではなく、`static readonly` を使うようにすべき**だということです。

2.2　売り上げ集計プログラム

1 カ月の店舗別カテゴリ別の売上金額が、カンマ区切りで記録されている CSV ファイルがあります。このファイルを読み込み、金額を集計するコンソールアプリケーション

を作成してみましょう。

CSV ファイル（sales.csv）は、以下のような内容だとします。

リスト2.13 sales.csv の内容

```
新宿店,カステラ,854880
新宿店,餅菓子,498750
新宿店,まんじゅう,412640
新宿店,羊羹,251450
浅草店,カステラ,412880
浅草店,餅菓子,685700
浅草店,まんじゅう,604620
浅草店,羊羹,432050
丸の内店,カステラ,932140
丸の内店,餅菓子,445760
丸の内店,まんじゅう,320020
丸の内店,羊羹,151400
横浜店,カステラ,624840
横浜店,餅菓子,513750
横浜店,まんじゅう,225680
横浜店,羊羹,598400
```

この CSV ファイルは、以下が保証されているものとします。

- 店舗数やカテゴリが増えたとしても、せいぜい数百行程度の小さなファイルである
- 店舗名、商品名、売上高には、カンマは含まれていない
- データには必ず 3 つの項目が含まれ、形式に誤りはない

2.2.1 Sale クラスを定義する

まず、店舗名、商品カテゴリ、売上高を表すクラスを定義します。

リスト2.14 Sale クラス

```csharp
// 売り上げクラス
public class Sale {
    // 店舗名
    public string ShopName { get; set; }

    // 商品カテゴリ
    public string ProductCategory { get; set; }

    // 売上高
```

```
        public int Amount { get; set; }
}
```

プロパティだけを持つクラスとしました。業務アプリケーションではこのようにメソッドのないプロパティだけのクラスを定義することもよくあることです。

2.2.2 CSV ファイルを読み込む

CSV ファイルは、何行あるかはファイルを読み込むまでわかりません。そのため、このケースでは、配列は、Sale オブジェクトを格納するのに適していません。

今回は配列ではなく、インスタンス生成後に要素を追加できる List<T> ジェネリッククラス[10]（以下、List<T> クラス）に格納することにしましょう。List<T> クラスを使うときは、<> の中に、格納する型を指定するのでしたね。配列ならば、Sale[] のように型を指定しますが、List<T> クラスの場合は、List<Sale> のように型を指定します。

Sale オブジェクトを List<Sale> に格納することが決まったので、次にやることは、CSV ファイルを読み込み、Sale オブジェクトに変換し、List<Sale> に格納するメソッドを書くことです。Program クラスに、リスト 2.15 のようなメソッドを追加しました。

リスト2.15 ReadSales メソッド

```
using System.IO;

    :
// 売り上げデータを読み込み、Saleオブジェクトのリストを返す
static List<Sale> ReadSales(string filePath) {
    List<Sale> sales = new List<Sale>();          ◀ 売り上げデータを入れるリストオブジェクトを生成
    string[] lines = File.ReadAllLines(filePath); ◀ ファイルから一気に読み込む
    foreach (string line in lines) {              ◀ 読み込んだ行の数だけ繰り返す
        string[] items = line.Split(',');
        Sale sale = new Sale {                    ◀ Saleオブジェクトを生成
            ShopName = items[0],
            ProductCategory = items[1],
            Amount = int.Parse(items[2])
        };
        sales.Add(sale);   ◀ Saleオブジェクトをリストに追加
    }
    return sales;
}
```

何をやっているのか順に見ていきましょう。

---

[10] List<T> クラスの利用方法については、「第 6 章：配列と List<T> の操作」でさらに詳しく解説しています。

1. メソッドを宣言する

```
static List<Sale> ReadSales(string filePath) {
```

ここで、ReadSales メソッドのシグネチャを決定しています。引数はファイルのパス、戻り値の型は、List<Sale> です。

メソッド名は複数の Sale が返ることを明確にするために、ReadSales と複数形にしています。初心者の方は、LoadFile や ReadCsv と付けてしまいがちですが、それだと、どういったデータが返るのかが明確ではありません。**戻り値のあるメソッドでは、何が返るのかが類推できるような名前を付ける**ことが大切です（⊃ p.441「18.2.2：それが何を表すものか説明する名前を付ける」）。

2. List<Sale> のインスタンスを生成する

```
List<Sale> sales = new List<Sale>();
```

List<Sale> のインスタンスを生成しています。この sales リストに Sale オブジェクトを追加していくこととします。変数が sales と複数形になっていることに注目してください。**変数名を付ける際は、単数か複数か、意識して命名する**と良いでしょう（⊃ p.443）。

3. ファイルを読み込む

```
string[] lines = File.ReadAllLines(filePath);
```

File クラス（System.IO 名前空間）の ReadAllLines 静的メソッドを使い、すべての行を読み込み、string の配列に格納しています。何十万行もの巨大なファイルでの利用には不向きですが、今回のような小さなファイルでは、この ReadAllLines メソッドはとても便利です（⊃ p.224「9.1.2：テキストファイルを一気に読み込む」）。

4. 1 行ごとに処理をする

```
foreach (string line in lines) {
```

読み込んだ行を 1 行ごと処理をするのに、foreach 文を使っています。for 文でも繰り返し処理はできますが、foreach を使えば、繰り返し回数の指定でバグを埋め込んでしまうこともありません。

5. 読み込んだ行を分解する

```
string[] items = line.Split(',');
```

String クラスの Split メソッドを使い、文字列をカンマで分割し配列に格納します。たとえば、line が "新宿店,カステラ,854880" だった場合、items の中身は以下のようになります。

```
items[0]:"新宿店"
items[1]:"カステラ"
items[2]:"854880"
```

6. 分割したデータから Sale オブジェクトを作成する

```
Sale sale = new Sale {
    ShopName = items[0],
    ProductCategory = items[1],
    Amount = int.Parse(items[2])
};
```

上では、C# 3.0 で導入されたオブジェクト初期化子を使っています。それより前の C# では以下のように書く必要がありました。

▲
```
Sale sale = new Sale();
sale.ShopName = items[0];
sale.ProductCategory = items[1];
sale.Amount = int.Parse(items[2]);
```

オブジェクト初期化子を使ったほうが、どのオブジェクトに対する初期化なのかが明確になります。オブジェクト初期化子を使わない書き方では、メンテナンスを繰り返すうちに、それぞれの行の間に別のコードが入り込んでしまうこともあり、可読性を落とす原因になります。

7. Sale オブジェクトをリストに追加する

```
sales.Add(sale);
```

作成した Sale オブジェクトを、List<T> クラスの Add メソッドを使い sales コレク

ション[11]に追加しています。

8. 結果を返す

```
return sales;
```

`return`文で、メソッド内で構築した`sales`オブジェクトを返しています。

2.2.3 店舗別売り上げを求める

これで、このプログラムの目的である店舗別売り上げを求めるコードを書く準備が整いました。

さて、その店舗別売り上げを求めるコードはどこに書いたら良いのでしょうか？ 先ほど定義した`Sale`クラスでしょうか？ `Sale`クラスは、読み込んだ1行に対応するクラスであり、複数の`Sale`オブジェクトを扱うクラスではありませんから適切とはいえません。

それとも、`Main`メソッドが定義してある`Program`クラスでしょうか？ ここに記述しても間違いではありません。しかし、店舗別売り上げを求めるという、このプログラムの最も重要な機能は、`Program`クラスの中に埋もれさせるのではなく、独立したクラスとして定義し、適切な役割を担わせたほうが良さそうです。そうしないとプログラムに機能を追加していくごとに、`Main`メソッド[12]が膨れ上がり、わかりにくいコードになってしまう危険性があります。

そのため、新たなクラスを定義することとします。クラス名は、`SalesCounter`としましょう。まずは、`SalesCounter`クラスを定義し、そこにコンストラクタを追加します。

リスト2.16 SalesCounter クラス

```
// 売り上げ集計クラス
public class SalesCounter {

    private List<Sale> _sales;

    // コンストラクタ
    public SalesCounter(List<Sale> sales) {
        _sales = sales;
    }
}
```

---

11 配列や`List<T>`など複数のデータを格納できるデータ構造を総称して、「コレクション」といいます。

12 WindowForms、WPF、ASP.NETのプログラムでは、この章で説明したコンソールアプリケーションとは違い、通常、`Main`メソッドにプログラマーがコードを書くことはありません。

コンストラクタでは List<Sale> オブジェクトを受け取り、private フィールド _sales[13] に代入しています。

次に、店舗別売上高を求めるメソッドを定義します。いくつかのやり方がありますが、今回は Dictionary<TKey, TValue> クラス（以下、Dictionary クラス[14]）を使いましょう。Dictionary クラスは、値にアクセスするためのキー（Key）とキーに対応する値（Value）を関連付けることができるデータ構造です。Dictionary クラスのインスタンスを生成するには、以下のようにキーと値の型を指定します。

```
Dictionary<string, string> dict = new Dictionary<string, string>();
```

上の例では、キー（Key）と値（Value）ともに string 型です。代入や参照の仕方は配列によく似ています。インデックスを使う代わりに、次のようにキーの値を [] 内で指定するだけです。

```
dict["ja"] = "日本語";
dict["en"] = "英語";
dict["de"] = "ドイツ語";

string lang = dict["ja"];
```
◀ langには"日本語"が代入される

話を本題に戻しましょう。店舗別売り上げを求めるために、店舗名を Dictionary クラスのキーとして、対応する売上高を値（Value）に加算していくことにします。

SalesCounter クラス内に、店舗別売り上げを求めるメソッドを GetPerStoreSales メソッドを追加しました。

リスト2.17 GetPerStoreSales メソッド

```
// 店舗別売り上げを求める
public Dictionary<string, int> GetPerStoreSales() {
  Dictionary<string, int> dict = new Dictionary<string, int>();
  foreach (Sale sale in _sales) {
    if (dict.ContainsKey(sale.ShopName))
      dict[sale.ShopName] += sale.Amount;
    else
      dict[sale.ShopName] = sale.Amount;
  }
  return dict;
}
```

---

[13] 本書では、フィールド変数名には、先頭にアンダースコアを付け、コードの断片を示したときでもメソッド内のローカル変数と区別がつくようにしています。命名の指針については、「第18章：スタイル、ネーミング、コメント」で詳しく扱っています。

[14] Dictionary クラスについては、「第7章：ディクショナリの操作」で詳しく解説しています。

このコードも順に説明をしていきましょう。

1. メソッドを宣言する

```
public Dictionary<string, int> GetPerStoreSales() {
```

戻り値の型は Dictionary<string, int>、引数は無し、メソッド名は GetPerStoreSales です。

2. Dictionary クラスのインスタンスを生成する

```
Dictionary<string, int> dict = new Dictionary<string, int>();
```

new 演算子を使い、Dictionary<string, int> のインスタンスを生成しています。キーが string 型、値が int 型です。

3. Sale オブジェクトを 1 つずつ取り出し処理をする

```
foreach (Sale sale in _sales) {
```

foreach 文を使い、_sales ディクショナリから Sale オブジェクトを 1 つずつ取り出して処理をします。

4. 集計する

```
if (dict.ContainsKey(sale.ShopName))
    dict[sale.ShopName] += sale.Amount;
else
    dict[sale.ShopName] = sale.Amount;
```

まず、ContainsKey メソッドを使い、指定した ShopName が dict 内に格納されているか調べています。格納されていなければ、次の行で最初の売上高を dict に格納します。

```
dict[sale.ShopName] = sale.Amount;
```

存在していれば、次に示す行で店舗別に売上高を加算しています。

```
dict[sale.ShopName] += sale.Amount;
```

この行を分解すると以下のようになります。ディクショナリに初めて触れた方は、3行に分けた書き方のほうがわかりやすいかもしれませんね。慣れれば1行の書き方のほうが自然に思えてくるはずです。

```
int amount = dict[sale.ShopName];
amount += sale.Amount;
dict[sale.ShopName] = amount;
```

5. 結果を返す

```
return dict;
```

集計結果が格納された `dict` オブジェクトを返します。

2.2.4 集計結果を出力する

最後に、`Main` メソッドでの処理を記述します。

リスト2.18 Main メソッド

```
static void Main(string[] args) {
    SalesCounter sales = new SalesCounter(ReadSales("sales.csv"));
    Dictionary<string, int> amountPerStore = sales.GetPerStoreSales();
    foreach (KeyValuePair<string, int> obj in amountPerStore) {
        Console.WriteLine("{0} {1}", obj.Key, obj.Value);
    }
}
```

`Main` メソッドでは、まず、`SalesCounter` クラスのインスタンスを生成しています。このとき、コンストラクタに渡すオブジェクトは、`ReadSales` メソッドから返ってくる `List<Sale>` オブジェクトです。"sales.csv" ファイルは、実行ファイルと同じディレクトリにあるものとしています。

次に、`SalesCounter` クラスの `GetPerStoreSales` メソッドを呼び出し、店舗別の売上高の集計を行います。

最後に、`foreach` 文でディクショナリに格納された要素（`KeyValuePair` 型）を1つずつ取り出し、その `Key`（店舗名）と `Value`（集計した売上高）を `Console.WriteLine` で出力しています。

ちなみに、以下のように書くのは誤りです。

✗
```
Dictionary<string, int> amountPerStore = new Dictionary<string, int>();
amountPerStore = sales.GetPerStoreSales();
```
ディクショナリオブジェクトを生成

　これは初心者がよくやる間違いです。「クラスを利用するには new しなければならない」という表面的な知識しかないと、このような間違ったコードを書くことになります。厄介なのは、文法上の誤りではないためコンパイルエラーにはならず、実際に動作させても意図どおりに動くので、その間違いに気がつかないということです。

　ではなぜ、このコードがダメなのでしょうか？　最初の new でオブジェクトが生成されますが、その直後に、GetPerStoreSales メソッドは、その中でオブジェクトを生成しその参照を返します。そして、この参照が amountPerStore に代入されます。これ以降、GetPerStoreSales メソッドが返したオブジェクトが使われることになります（→図2.1）。

図2.1　形式的なインスタンス生成が無駄を生む

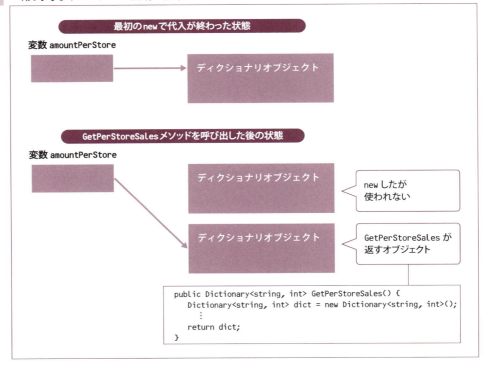

　つまり、最初に new で確保したオブジェクトは、まったく使われることがないので、最初の new は無意味な new ということなのです。

2.2.5 初版の完成

これで、実際に動くプログラムが完成しました。そのコードを掲載します。

リスト2.19

Program.cs

```
using System;
using System.Collections.Generic;
using System.IO;

namespace SalesCalculator {
  class Program {
    static void Main(string[] args) {
      SalesCounter sales = new SalesCounter(ReadSales("sales.csv"));
      Dictionary<string, int> amountPerStore = sales.GetPerStoreSales();
      foreach (KeyValuePair<string, int> obj in amountPerStore) {
        Console.WriteLine("{0} {1}", obj.Key, obj.Value);
      }
    }

    // 売り上げデータを読み込み、Saleオブジェクトのリストを返す
    static List<Sale> ReadSales(string filePath) {
      List<Sale> sales = new List<Sale>();
      string[] lines = File.ReadAllLines(filePath);
      foreach (string line in lines) {
        string[] items = line.Split(',');
        Sale sale = new Sale {
          ShopName = items[0],
          ProductCategory = items[1],
          Amount = int.Parse(items[2])
        };
        sales.Add(sale);
      }
      return sales;
    }
  }
}
```

リスト2.20

Sale.cs

```
using System;

namespace SalesCalculator {
```

```csharp
    // 売り上げクラス
    public class Sale {
        public string ShopName { get; set; }
        public string ProductCategory { get; set; }
        public int Amount { get; set; }
    }
}
```

リスト2.21　SalesCounter.cs

```csharp
using System;
using System.Collections.Generic;

namespace SalesCalculator {

    // 売り上げ集計クラス
    public class SalesCounter {
        private List<Sale> _sales;

        // コンストラクタ
        public SalesCounter(List<Sale> sales) {
            _sales = sales;
        }

        // 店舗別売り上げを求める
        public Dictionary<string, int> GetPerStoreSales() {
            Dictionary<string, int> dict = new Dictionary<string, int>();
            foreach (Sale sale in _sales) {
                if (dict.ContainsKey(sale.ShopName))
                    dict[sale.ShopName] += sale.Amount;
                else
                    dict[sale.ShopName] = sale.Amount;
            }
            return dict;
        }
    }
}
```

では、実行してみましょう。以下のような結果が出力されればOKです。

```
新宿店  2017720
浅草店  2135250
丸の内店 1849320
```

```
            横浜店  1962670
```

2.2.6 メソッドの移動

ここから、このプログラムに改良を加えていきたいと思います。

Program クラスに定義した ReadSales メソッドですが、本当に Program クラスの中の定義で良いのでしょうか？ もちろんこのままでも問題はないのですが、この ReadSales メソッドは、Program クラスよりは SalesCounter クラスのほうが、より結び付きが深いように思われます。また、コンソールアプリケーションに依存したコードも含まれていません。そのため、SalesCounter クラスに移動してみます。

```
public class SalesCounter {
    ⋮
    public static List<Sale> ReadSales(string filePath) {
        ⋮
    }
}
```

これに伴い、Main メソッドは、以下のように SalesCounter のインスタンスを生成するように変更します。

```
SalesCounter sales = new SalesCounter(SalesCounter.ReadSales("sales.csv"));
```

2.2.7 新たなコンストラクタの追加

ReadSales を SalesCounter クラスに移動しましたが、SalesCounter オブジェクトの生成時に、"SalesCounter" が、= の右側に 2 回現れ、しっくりきません。次のように書けたほうが自然ですよね。

```
SalesCounter sales = new SalesCounter("sales.csv");
```

それでは、SalesCounter クラスのコンストラクタを書き換え、ファイルパスを受け取るようにしましょう。

リスト2.22　改良した SalesCounter クラス

```
// 売り上げ集計クラス
```

```csharp
public class SalesCounter {
    ⋮
    // コンストラクタ
    public SalesCounter(string filePath) {    ◀ 書き換えたコンストラクタ
        _sales = ReadSales(filePath);
    }

    // 売り上げデータを読み込み、Saleオブジェクトのリストを返す
    private static List<Sale> ReadSales(string filePath) {    ◀ アクセスレベルをprivateに変更
        List<Sale> sales = new List<Sale>();
        string[] lines = File.ReadAllLines(filePath);
        foreach (string line in lines) {
            string[] items = line.Split(',');
            Sale sale = new Sale {
                ShopName = items[0],
                ProductCategory = items[1],
                Amount = int.Parse(items[2])
            };
            sales.Add(sale);
        }
        return sales;
    }
    ⋮
}
```

　新たに追加したコンストラクタでは、ReadSales メソッドを呼び出し、その結果を _sales フィールドに格納しています。

　以上でプログラムの改良は完了しました。

2.2.8 クラスをインターフェイスに置き換える

　さて、完成した売り上げ集計プログラムですが、インターフェイスについての知識を得るために、このプログラムに**インターフェイス**を導入してみます。ここでは、導入といっても独自のインターフェイスを新たに定義したり、あるインターフェイスを持ったクラスを実装したりするわけではありません。.NET Framework が用意しているインターフェイスを、メソッドの戻り値や引数の型で利用するだけです。

　実際に売り上げ集計プログラムにインターフェイスを導入する前に、C# のインターフェイスについて基本的な理解を得ておきましょう。

利用者側から見たインターフェイス

　C# のインターフェイスがどのようなものなのか、インターフェイスを利用する立場か

ら具体的な例で説明します。Visual Studio で、`List<Sale>` の箇所を右クリックし、[定義に移動] を選んでみてください。`List<T>` の定義が確認できます (→図 2.2)。

図2.2 List<T> の定義

```
namespace System.Collections.Generic {
    public class List<T> : IList<T>, ICollection<T>, IList, ICollection,
    IReadOnlyList<T>, IReadOnlyCollection<T>, IEnumerable<T>, IEnumerable {
        public List();
        public List(IEnumerable<T> collection);
        public List(int capacity);
```

次のような記述があるのを確認できます。

`public class List<T> : IList<T>, ICollection<T>, …… IEnumerable<T>, ……`

ここから、`List<T>` クラスは、`IList<T>` インターフェイスが定義しているメソッドやプロパティを持っているということがわかります。これを専門的な言い方では、「`List<T>` クラスは、`IList<T>` インターフェイスを実装している」といいます。`ICollection<T>` インターフェイス、`IEnumerable<T>` インターフェイスについても同様です。

コロン (:) に後ろに書かれている I で始まる `IList<T>`、`ICollection<T>` などがインターフェイスと呼ばれているもので、`List<T>` クラスは、`IList<T>`、`ICollection<T>` などのインターフェイスが定義しているメソッドやプロパティを実装していることを示しています。なお、.NET Framework が提供しているインターフェイスには必ずプリフィックス (接頭辞) I が付いています。

それでは、`ICollection<T>` インターフェイスがどんなプロパティやメソッドを持っているのか調べてみます。先ほどと同様、`ICollection<T>` の箇所を右クリックし、[定義に移動] を選びます。`ICollection<T>` が持つメソッド、プロパティを確認できます (→図 2.3)。

図2.3 ICollection<T> の定義

```
namespace System.Collections.Generic {
    public interface ICollection<T> : IEnumerable<T>,
    IEnumerable {
        int Count { get; }
        bool IsReadOnly { get; }

        void Add(T item);
        void Clear();
        bool Contains(T item);
        void CopyTo(T[] array, int arrayIndex);
        bool Remove(T item);
    }
}
```

プロパティには、Count や IsReadOnly が存在していることがわかります。また、Add、Clear などのメソッドもあることがわかります。

これらのことから、次のようなコードを書くことができます。

```
List<int> list = new List<int>() { 1, 2, 3, 4, 5 };   List<T>は、ICollection<T>の
ICollection<T> collection = list;                      インターフェイスを持っているので
                                                       ICollection<T>型の変数に代入できる
var count = collection.Count;    collectionは、ICollection<T>型なので、Countプロパティを使える
Console.WriteLine(count);
collection.Add(6);    collectionは、ICollection<T>型なので、Addメソッドを使える
```

現実世界でいえば、インターフェイスは工業製品の規格のようなものだと思ってください。音楽を聴くイヤフォンジャックを例にとると、PC やスマートフォンのイヤフォンジャックにイヤフォンを差せば、イヤフォンが A 社の製品でも B 社の製品でも音楽を聴くことができます。PC やスマートフォン側は、具体的な製造会社を認識しているわけではありません。イヤフォンジャックにつながれたものだという認識があるだけです。

プログラミングにこの概念を持ち込んだのがインターフェイスです。具体的な製品が List<int> オブジェクトであり、その規格が、ICollection<T> というわけです。上記コードの 2 行目以降は、具体的な製品である List<int> オブジェクトではなく、規格である ICollection<T> に対してプログラミングしていることになります。

List<T> クラスは IList<T> としての顔、ICollection<T> としての顔、IEnumerable<T> の顔などいろんな種類の顔を持っていて、ときには IList<T>、ときには IEnumerable<T> と、それぞれのインターフェイスに対してプログラミングすることができるのです。

プログラミングを始めたばかりの方は、インターフェイスの良さを実感として理解することは難しいかもしれませんが、いまの時点では以下の 3 点をしっかりと押さえておいてください。

- A クラスが IX インターフェイスを実装していると、A オブジェクトは IX 型の変数に代入できる
- IX 型の変数は、IX インターフェイスが定義するプロパティ、メソッドが使える
- プロパティやメソッドの具体的な動作は、IX インターフェイスではなく、A クラスに実装されている

売り上げ集計プログラムにインターフェイスを導入する

それでは、売り上げ集計プログラムにインターフェイスを導入してみます。具体的には、List<Sale> を IEnumerable<Sale> に、Dictionary<string, int> を IDictionary<string, int> に変更するだけです。

変更した SalesCounter クラスの一部を抜粋します。

リスト2.23 インターフェイスを導入した SalesCounter クラス（抜粋）

```csharp
public class SalesCounter {
  private IEnumerable<Sale> _sales;
    ⋮

  private static IEnumerable<Sale> ReadSales(string filePath) {
    List<Sale> sales = new List<Sale>();
      ⋮
    return sales;
  }

  public IDictionary<string, int> GetPerStoreSales() {
    Dictionary<string, int> dict = new Dictionary<string, int>();
      ⋮
    return dict;
  }
}
```

　メソッドの戻り値や引数にインターフェイスを指定すると何が良いのでしょうか？それは、プログラムの修正に強くなるということです。たとえば、`SalesCounter` のコンストラクタで、`List<Sale>` ではなく、`Sale` の配列も受け取りたいという要求が出てきても、`SalesCounter` クラスは変更する必要はありません。配列も `IEnumerable<T>` を実装しているからです。

　`IEnumerable<T>` にするもう1つのメリットは、`SalesCounter` コンストラクタ内で、`sales` オブジェクトが書き換えられる心配がなくなるということです。`IEnumerable<T>`には、`List<T>` クラスに定義されている `Add` や `Remove` などのメソッドがなく、順次要素を取り出すという操作しか行えません。

　`GetPerStoreSales` メソッドの戻り値の型も同様に、`IDictionary<string, int>` に変更しています。これに伴い、呼び出す側のコード（`Main` メソッド）も、`Dictionary<string, int>` から `IDictionary<string, int>` に変更します。

```csharp
IDictionary<string, int> amountPerStore = sales.GetPerStoreSales();
```

　さて、このプログラムのレベルアップ時に、以下のように、`GetPerStoreSales` の内部実装を `Dictionary` から `SortedDictionary`[15] に変更する必要が出てきたとしましょう。

```csharp
public IDictionary<string, int> GetPerStoreSales() {
  SortedDictionary<string, int> dict = new SortedDictionary<string, int>();
    ⋮
```

---

[15] `SortedDictionary` は、キーに基づいて並べ替えられた `Dictionary` クラスです。

```
        return dict;
}
```

　この場合でも、戻り値の型を IDictionary<string, int> インターフェイスにしておけば、GetPerStoreSales を呼び出している Program クラスには、何も変更を加える必要はありません。なぜなら、GetPerStoreSales を呼び出している側は、Dictionary<string, int> という具体的な型ではなく、IDictionary<string, int> インターフェイスに対してコードを書いているからです。
　戻り値の型を、Dictionary<string, int> と具体的な型にしていた場合はそうはいきません。戻り値の型を SortedDictionary<string, int> に変えたら、呼び出し側も変更しないといけないのです。
　以上で、インターフェイスの導入は完了です。
　本章の内容としては少々難しい話になりましたが、**具体的なクラスではなくインターフェイスに対してプログラミングする**、というのがオブジェクト指向プログラミングの定石となっています。
　しかし、経験を積んだプログラマーでもこの定石を実践できていなかったりします。プログラミングを始めたばかりの方にとっては、これを実践することはなかなか難しいでしょう。ですが、初めは難しくても、徐々に「インターフェイスに対してプログラミングする」ことに慣れるようにしてください。最低でも以下のように書けるということだけは、覚えておいてください。

```
List<int> list = new List<int>();
ICollection<int> collection = list;    ← List<T>は、ICollection<T>を実装しているから
IEnumerable<int> enumerable = list;    ← List<T>は、IEnumerable<T>を実装しているから
```

2.2.9 var による暗黙の型指定を使う

　最後の改良として、C# 3.0 から利用可能になった **var** による**暗黙の型指定**を使い、コードをもう少し簡潔にしてみましょう。今回作成したコードの中には、以下のように = の左辺右辺ともに同じクラス名が現れている箇所があります。

```
List<Sale> sales = new List<Sale>();

Dictionary<string, int> dict = new Dictionary<string, int>();
```

　これって無駄だと思いませんか？ var キーワードを使ってコードをすっきりとさせましょう。
　メソッド内のローカル変数を宣言する際に、型名の代わりに var を使うと、C# コン

パイラが自動で型を判断してくれるのです。型を明示したコードと var を使ったコードは、機能的にはまったく同じコードということになります。そのため、var を使うことでソフトウェアの品質が落ちる心配はありません。C# 3.0 で導入された var は、型を指定するという煩わしい作業からプログラマーを解放してくれるなかなか優れた機能なのです。

var を使って書き換えた GetPerStoreSales メソッドを以下に示します。

リスト2.24 var を導入した GetPerStoreSales メソッド

```
// 店舗別売り上げを求める
public IDictionary<string, int> GetPerStoreSales() {
    var dict = new Dictionary<string, int>();
    foreach (var sale in _sales) {
        if (dict.ContainsKey(sale.ShopName))
            dict[sale.ShopName] += sale.Amount;
        else
            dict[sale.ShopName] = sale.Amount;
    }
    return dict;
}
```

GetPerStoreSales メソッドを呼び出している Main メソッドも、リスト 2.25 のように var を使うように書き換えます。

リスト2.25 店舗別売り上げを求める Main メソッド

```
static void Main(string[] args) {
    var sales = new SalesCounter("sales.csv");
    var amountPerStore = sales.GetPerStoreSales();
    foreach (var obj in amountPerStore) {
        Console.WriteLine("{0} {1}", obj.Key, obj.Value);
    }
}
```

2.2.10 完成したソースコード

最後に、完成したソースコードを示します[16]。

---

[16] Sale.cs は、変更がないので、ここには載せていません。

2.2 売り上げ集計プログラム

リスト2.26 Program.cs（完成版）

```csharp
using System;

namespace SalesCalculator {
    class Program {
        static void Main(string[] args) {
            var sales = new SalesCounter("sales.csv");
            var amountPerStore = sales.GetPerStoreSales();
            foreach (var obj in amountPerStore) {
                Console.WriteLine("{0} {1}", obj.Key, obj.Value);
            }
        }
    }
}
```

リスト2.27 SalesCounter.cs（完成版）

```csharp
using System;
using System.Collections.Generic;
using System.IO;

namespace SalesCalculator {

    // 売り上げ集計クラス
    public class SalesCounter {
        private IEnumerable<Sale> _sales;

        // コンストラクタ
        public SalesCounter(string filePath) {
            _sales = ReadSales(filePath);
        }

        // 売り上げデータを読み込み、Saleオブジェクトのリストを返す
        private static IEnumerable<Sale> ReadSales(string filePath) {
            var sales = new List<Sale>();
            var lines = File.ReadAllLines(filePath);
            foreach (var line in lines) {
                var items = line.Split(',');
                var sale = new Sale {
                    ShopName = items[0],
                    ProductCategory = items[1],
                    Amount = int.Parse(items[2])
                };
```

```
            sales.Add(sale);
        }
        return sales;
    }

    // 店舗別売り上げを求める
    public IDictionary<string, int> GetPerStoreSales() {
        var dict = new Dictionary<string, int>();
        foreach (var sale in _sales) {
            if (dict.ContainsKey(sale.ShopName))
                dict[sale.ShopName] += sale.Amount;
            else
                dict[sale.ShopName] = sale.Amount;
        }
        return dict;
    }
}
```

Column: var 利用の指針

C# 3.0 が出た当初、var 利用の是非はいろいろなところで議論されていましたが、MSDN では以下のような指針が示されています[17]。

- 変数の型が代入の右側から明らかである場合、または厳密な型が重要でない場合は、ローカル変数の暗黙の型指定を使用します。
- 代入の右側から型が明らかではない場合は、var を使用しないでください。
- 変数の型を指定するときに変数名に頼らないでください。変数名が正しくない場合があります。
- dynamic の代わりに var を使用しないようにしてください。
- for ループおよび foreach ループでループ変数の型を決定するときは、暗黙の型指定を使用します。

3 番目の指針は、何をいっているのかわかりにくいですが、「var を使って型名がわからなくなったから、変数名に int などの型名を含めることにしよう」といった本末転倒なことをしてはいけないということをいっています。変数名に含まれた型名が正しいという保証はなく、読み手を混乱させることにつながります。

第 3 章以降では、int や string などの C# が用意した組み込み型も含め、上記の指針に従い積極的に var を利用しています（説明のために型を明示したい場合や C# 2.0 以前のコードを示す場合はこの限りではありません）。これも、コーディングを楽にするための 1 つの定石だと

[17] https://msdn.microsoft.com/ja-jp/library/ff926074.aspx

いえます。

とはいえ、この指針を杓子定規に適用する必要もありません。変数宣言時に int や string と書いても、なんの問題もないのですから。ただ世の中のトレンドは、明らかに var を使う方向に向かっています。

Let's Try! 第 2 章の演習問題

問題 2.1

1. 以下のプロパティを持つ、Song クラスを定義してください。

Title：string 型（歌のタイトル）
ArtistName：string 型（アーティスト名）
Length：int 型（演奏時間、単位は秒）

2. このとき、3 つの引数を持つコンストラクタも定義してください。

3. 作成した Song クラスのインスタンスを複数生成し、配列 songs に格納してください。

4. 配列に格納されたすべての Song オブジェクトの内容をコンソールに出力してください。演奏時間の表示は、「4:16」のような書式にしてください。ただし、演奏時間は必ず 60 分未満と仮定してかまいません。

問題 2.2

「2.1：距離換算プログラム」のコードを参考に、インチからメートルへの変換表を 1 インチ刻みでコンソールに出力するプログラムを書いてください。このときのインチの範囲は、1 インチから 10 インチまでとしてください。1 インチは 0.0254 メートルです。

問題 2.3

「2.2：売り上げ集計プログラム」で作成したプログラムを変更し、商品カテゴリ別の売上高を求めるプログラムを作成してください。

Chapter 3
ラムダ式とLINQの基礎

　C# 3.0 から導入されたラムダ式は、プログラミング言語としての表現力を大きく進化させました。このラムダ式とはどのようなものなのでしょうか？　初心者の方には少々とっつきにくい記法かもしれませんが、これを自分のものにできるとプログラミングの幅が大きく広がります。第2部以降に紹介するコードでは、このラムダ式がたくさん使われていますので、その前にしっかりと基礎を固めておきましょう。

3.1　ラムダ式以前

3.1.1　メソッドを引数に渡したい

　ラムダ式の説明を始める前に、まずは以下のコードを見てください。

リスト3.1　汎用性のない Count メソッド

```
public int Count(int num) {
    var numbers = new[] { 5, 3, 9, 6, 7, 5, 8, 1, 0, 5, 10, 4 };
    int count = 0;
    foreach (var n in numbers) {
        if (n == num)
            count++;
    }
    return count;
}
```

　このメソッドは、引数で与えた数と同じものが、配列の中にいくつあるのかカウントし、その結果を返すメソッドです。foreach 文で、配列の要素を1つずつ取り出し、

引数 num と一致していたら、カウントアップしています。特に難しいことはしていませんね。

次のように呼び出せば、変数 count には 3 が代入されます。

```
int count = Count(5);
```

ただ、このメソッドは、配列が固定されていますので、別の配列で同じようなことをしたいとしても、再利用ができません。もう少し再利用がしやすいように、配列も引数で受け取れるように変更してみましょう。

リスト3.2 配列を引数に受け取る Count メソッド

```
public int Count(int[] numbers, int num) {
    int count = 0;
    foreach (var n in numbers) {
        if (n == num)
            count++;
    }
    return count;
}
```

この Count メソッドを呼び出す側のコードは以下のようになります。

```
var numbers = new[] { 5, 3, 9, 6, 7, 5, 8, 1, 0, 5, 10, 4 };
var count = Count(numbers, 5);
Console.WriteLine(count);
```

Count メソッドは配列を受け取れるようにしたため、特定の配列に依存しなくなり汎用性が増しました。しかし、別の条件でカウントしたい場合には利用することができません。

もし、Count メソッドの if 文の式を引数で受け取ることができたら、もっと便利になると思いませんか？ たとえば、こんな感じです[1]。

```
public int Count(int[] numbers, Method judge) {
    int count = 0;
    foreach (var n in numbers) {
        if (judge(n) == true)    ◀ 引数で受け取ったメソッドを呼び出す
            count++;
    }
    return count;
```

---
[1] C#としては不完全なコードです。

Chapter 3 ラムダ式と LINQ の基礎

引数 judge にはメソッドが渡ってきます。そうすれば、この Count メソッドは、特定の値に一致する数を求めるだけではなく、さまざまな目的で利用できるようになります。たとえば、奇数をカウントしたり、5 の付く数（たとえば、15、54、153 など）をカウントしたりできます。

3.1.2 デリゲートによる実現

実は、これを実現する方法は、C# 1.0 の頃から存在していました。具体的にどんなコードなのか以下に示します。

リスト3.3 デリゲートを受け取る Count メソッド

```
public delegate bool Judgement(int value);     ◀ デリゲートの宣言
  ⋮
public int Count(int[] numbers, Judgement judge) {
   int count = 0;
   foreach (var n in numbers) {
      if (judge(n) == true)     ◀ 引数で受け取ったメソッドを呼び出す
         count++;
   }
   return count;
}
```

Judgement は**デリゲート**（「委託する、派遣する」といった意味）という特殊な型で、この型の変数には「int 型を受け取り、bool 値を返すメソッド」を代入することが可能です。つまり、Count メソッドの引数 judge には、「int 型を受け取り、bool 値を返すメソッド」を渡せるのです。

では、この Count メソッドを利用するコードがどうなるのか示しましょう。

リスト3.4 デリゲートを受け取る Count メソッドの利用例(1)

```
public void Do() {
   var numbers = new[] { 5, 3, 9, 6, 7, 5, 8, 1, 0, 5, 10, 4 };
   Judgement judge = IsEven;     ◀ IsEvenメソッドを代入
   var count = Count(numbers, judge);
   Console.WriteLine(count);
}

// nが偶数かどうかを調べる
public bool IsEven(int n) {
```

```
        return n % 2 == 0;
    }
```

なお、上記のコードを書けるようになる必要はありません。実際に読者の皆さんが業務でこのようなコードを書くことはないと思われます。ただし、既存のコードを読まないといけない場合もありますので、ここでは、以下の2点だけを押さえてください。

- `IsEven` メソッドを `Count` メソッドの引数として渡している
- `IsEven` メソッドは `Count` メソッドから呼び出される[2]

以下に示すように、`Count` メソッドの引数に直接メソッド名を記述することもできます。

リスト3.5　デリゲートを受け取る Count メソッドの利用例（2）

```
public void Do() {
    var numbers = new[] { 5, 3, 9, 6, 7, 5, 8, 1, 0, 5, 10, 4 };
    var count = Count(numbers, IsEven);      ◀ IsEvenを直接渡している
    Console.WriteLine(count);
}

// nが偶数かどうかを調べる
public bool IsEven(int n) {
    return n % 2 == 0;
}
```

`IsEven` を直接渡しているので多少コード量は減りますが、それでも書くのが面倒です。なんといっても、"n % 2 == 0" ということを `Count` メソッドへ伝えるためだけに `IsEven` メソッドを定義するのは、あまりにも冗長です。

3.1.3 匿名メソッドの利用

そのため、C# 2.0 では、`IsEven` メソッドを定義することなく、以下のように書けるようになりました。

リスト3.6　匿名メソッドを利用した例

```
public int Count(int[] numbers, Predicate<int> judge) {
    int count = 0;
    foreach (var n in numbers) {
        if (judge(n) == true)
            count++;
```

---

[2] `IsEven` のように呼び出し先から呼び戻される関数を「コールバック関数」といいます。

```
      }
      return count;
   }

   public void Do() {
      var numbers = new[] { 5, 3, 9, 6, 7, 5, 8, 1, 0, 5, 10, 4 };
      var count = Count(numbers, delegate(int n) { return n % 2 == 0; } );
      Console.WriteLine(count);
   }
```

（匿名メソッド）

まずは、Count メソッドを見てみましょう。Predicate<int> という記述があります。これは、.NET Framework 2.0 から利用可能になった、ジェネリック版のデリゲートです。

```
public delegate bool Predicate<in T>(T obj);
```

この Predicate デリゲートは、ある基準を満たしているかどうかを判断するメソッドを表し、配列や List<T> の複数のメソッドの引数で使用されています[3]。Predicate デリゲートを使えば、Judgement のようなデリゲート型を自分で定義する必要はありません。リスト 3.6 では、Predicate 型の**型引数**[4]に int を指定していますので、Count メソッドの引数 judge には、「int 型を受け取り、bool 値を返すメソッド」を渡すことができるわけです。

この Count メソッドを呼び出している Do メソッドのほうは、delegate キーワードを使って、直接メソッドを定義し Count メソッドに渡しています。この delegate キーワードを使って定義されたメソッドを、**匿名メソッド**（「名前のないメソッド」という意味）と呼んでいます。

しかし、"n % 2 == 0" という条件を Count へ伝えるだけなのに、まだまだ冗長ですし、delegate というなじみのない単語が初心者に対してハードルを上げているようにも思えます。

それでは次に、C# 3.0 では書き方がどう変わったのか見ていきましょう。

3.2 ラムダ式

3.2.1 ラムダ式とは？

先ほど示した、Count メソッドの呼び出し部分を、もっと簡単に書くことができれば、使うのが楽になると思いませんか？ C# 3.0 では、そういった要望にこたえるためにラ

---

[3] Find、FindIndex、Exists などの引数で使用されています。
[4] 山括弧 <> の中に記述する型を「型引数」といいます。

ムダ式が導入されました。

ラムダ式を使うと、`Count` メソッド呼び出しの行は、以下のように書くことができます。

```
var count = Count(numbers, n => n % 2 == 0);
```

ずいぶんとすっきりしましたね。でも、このコードを見て、とても奇異に感じた方も多いと思います。実際、筆者もこのようなコードを初めて見たときは、かなり面食らいました。「いきなり出てきた n って何？」、「いったい `Count` メソッドの引数に何が渡るの？」、「`'n % 2 == 0'` はいつ実行されるの？」といままでに見たことのないコードに拒否反応を示してしまいました。

皆さんの中にも、そういった拒否反応があった方もいるかと思いますが、そういった方の拒否反応を和らげるために、ラムダ式の冗長な書き方から始めて、上記の最も簡潔な書き方に変更していく様子をお見せしたいと思います。

Step 0（最も冗長なコード）

まずは、ラムダ式を使った最も冗長なコードをお見せします。

```
Predicate<int> judge =
    (int n) => {
        if (n % 2 == 0)
            return true;
        else
            return false;
    };
var count = Count(numbers, judge);
```

> これがラムダ式。judge 変数に代入

`judge` 変数に代入している右辺が**ラムダ式**といわれているものです。ラムダ式は一種のメソッドだと思ってもらえればよいでしょう。C# 2.0 のときの `delegate` キーワードがなくなり、代わりに **=>**（ラムダ演算子）が使われています。

`=>` の左側が、引数宣言をしている箇所です。この例では、`int` 型の引数 n を受け取っています。`=>` の右側がメソッドの本体です。`{}` の中では、通常のメソッドと同様の書き方ができます。このラムダ式が `judge` 変数に代入され、その `judge` 変数が `Count` メソッドに渡されています。

最初の代入では、式が `judge` 変数に代入されるだけで、`{}` 内の処理が実行されるわけではありません。

Step 1

変数 judge は、代入後すぐに Count の引数に渡していますから、この judge 変数を除去し、直接 Count メソッドの引数にしてしまいましょう。変数の型が int 型や string 型のときと同じですね。書き換えた結果を以下に示します。

```
var count = Count(numbers,
   (int n) => {
      if (n % 2 == 0)
         return true;
      else
         return false;
   }
);
```

Step 2

次の2つの事実から、if 文をなくすことができます。

- return の右側には、式を書くことができる
- "n % 2 == 0" は式であり、bool 型の値（式が成り立てば true、そうでなければ false）を持つ

つまり、return の右側に "n % 2 == 0" を書けば、偶数のときには true が返り、奇数のときには false が返ることになります。if 文をなくしたコードが以下になります。改行をやめて、すべて1行にしています。

```
var count = Count(numbers, (int n) => { return n % 2 == 0; });
```

Step 3

ラムダ式の {} の中が1つの文の場合は、{} と return を省略することができます。

```
var count = Count(numbers, (int n) => n % 2 == 0);
```

Step 4

ラムダ式では、引数の型を省略することができます。コンパイラが型を正しく推論してくれますので、型を明示しなくても大丈夫ということです。

```
var count = Count(numbers, (n) => n % 2 == 0);
```

Step 5

さらに引数が1つの場合は、()を省略することができます。

```
var count = Count(numbers, n => n % 2 == 0);
```

これがラムダ式を使った Count メソッド呼び出しの最終形となります。

3.2.2 ラムダ式を使った例

先ほどの Count メソッドに、いろいろラムダ式を渡してみましょう。

- **奇数の数をカウントする**

```
var count = Count(numbers, n => n % 2 == 1);
```

- **5 以上の数をカウントする**

```
var count = Count(numbers, n => n >= 5);
```

- **5 以上 10 未満の数をカウントする**

```
var count = Count(numbers, n => 5 <= n && n < 10);
```

- **数字の '1' が含まれている数をカウントする**

```
var count = Count(numbers, n => n.ToString().Contains('1') );
```

Count メソッドに、Predicate<int> という型を受け取れるようにしたことで、こんなにいろいろな用途で利用することができるようになりました。いちいち、ループを書くことなくやりたいことを実現できています。

そして、注目すべきは、「**どうやるか（How）**」ではなく「**何をやるか（What）**」という視点で、**コードを書けるようになった**ことです。プログラミングの世界では、これを「抽象度が上がった」といいます。抽象度を上げることは、プログラミングにとってとても良いことだと覚えておいてください。「どうやるか」はもちろん重要ですが、「どうやるか」ばかりにとらわれていると、良いプログラムを書くことはできません。

なお、ここで説明した Count メソッドは、あくまでもラムダ式を説明するために書いたメソッドです。この Count メソッドと同様の機能はすでに .NET Framework に用意されていますので、実務で定義する必要はありません。

3.3　List<T> クラスとラムダ式の組み合わせ

List<T> クラスには、デリゲートを引数に受け取る（つまり、ラムダ式を引数に受け取れる）メソッドがたくさん用意されています。たくさんの例を見ることで、ラムダ式のイメージがつかめると思いますので、List<T> とラムダ式の組み合わせも見ていきましょう。

まず、以下のような都市名が格納された List<string> オブジェクトがあるとします。

```
var list = new List<string> {
    "Tokyo", "New Delhi", "Bangkok", "London", "Paris", "Berlin", "Canberra",
                                                                    ➡"Hong Kong",
};
```

これに対し、ラムダ式を使ったメソッド呼び出しの例を以降で示します。

3.3.1　Exists メソッド

Exists メソッドは、引数で指定した条件に一致する要素が存在するかどうかを調べ、true / false のいずれかを返します。

```
var exists = list.Exists(s => s[0] == 'A');
Console.WriteLine(exists);
```

上の例では、リストの要素1つ1つが s に代入され、s[0] == 'A' の判定が行われているわけですね。つまり、最初の文字が 'A' である都市名がリストの中にあるかどうかを調べているのです。この場合、リストの中には 'A' で始まる都市名がありませんので、false が返ります。

3.3.2　Find メソッド

Find メソッドは、引数で指定した条件と一致する要素を検索し、最初に見つかった要素を返します。

```
var name = list.Find(s => s.Length == 6);
Console.WriteLine(name);
```

実行すると "London" が表示されます。

3.3.3 FindIndex メソッド

FindIndex メソッドは Find と似ていますが、見つかったインデックスを返します。

```
int index = list.FindIndex(s => s == "Berlin");
Console.WriteLine(index);
```

上の例では、文字列 "Berlin" が格納されているインデックスを調べています。実行すると、5 が表示されます。

3.3.4 FindAll メソッド

FindAll メソッドは、引数で指定した条件と一致するすべての要素を取得します。

```
var names = list.FindAll(s => s.Length <= 5);
foreach (var s in names)
    Console.WriteLine(s);
```

戻り値は List<T> 型です。この例では、List<string> です。実行すると、"Tokyo" と "Paris" が表示されます。

3.3.5 RemoveAll メソッド

RemoveAll メソッドは、引数で指定した条件に一致する要素をリストから削除します。戻り値は削除した要素数です。

```
var removedCount = list.RemoveAll(s => s.Contains("on"));
Console.WriteLine(removedCount);
```

上の例では、"London"、"Hong Kong" が削除されますので、"2" が表示されます。

3.3.6 ForEach メソッド

ForEach メソッドは、リストの各要素に対して、引数で指定した処理を実行します。
これまでの例は Predicate<T> デリゲートを引数で受け取るメソッドでしたが、この ForEach メソッドは Action<T> デリゲート[5] を引数に受け取ります。

```
list.ForEach(s => Console.WriteLine(s));
```

上記コードは以下のコードと同等です。

```
foreach (var s in list)
    Console.WriteLine(s);
```

ちなみに、1つ上に挙げた例は以下のように書くこともできますが、ラムダ式の説明であるため、そうしていません。

```
list.ForEach(Console.WriteLine);
```

3.3.7 ConvertAll メソッド

ConvertAll メソッドは、リスト内の要素を別の型に変換し、変換された要素が格納されたリストを返します。

```
var lowerList = list.ConvertAll(s => s.ToLower());
lowerList.ForEach(s => Console.WriteLine(s));
```

list 内のすべての要素を ToLower メソッドで小文字に変換し、その結果を lowerList に代入しています。list そのものは変化しません。

3.4 LINQ to Objects の基礎

LINQ とは「Language Integrated Query」の略で、日本語に訳せば「言語に統合されたクエリ[6]」といったところでしょうか？ ラムダ式と同じく、C# 3.0 から導入された機能です。

LINQ を使うと、オブジェクト、データベース、XML などさまざまなデータに対し

---
[5] Action<T> デリゲートは、戻り値が void で引数を1つ受け取るメソッドを表します。
[6] クエリとは、「質問、問い合わせ」を意味する言葉です。

3.4 LINQ to Objects の基礎

て、標準化された方法で問い合わせ処理が可能になります。

ここでは、複数のオブジェクトを入力データとして扱う **LINQ to Objects** について説明します。

3.4.1 LINQ to Objects の簡単な例

LINQ to Objects（以下、LINQ）がどんな感じなのかつかんでもらうために、簡単な例を示します。

リスト3.7 LINQ to Objects の簡単な例

```
using System;
using System.Collections.Generic;
using System.Linq;
    ⋮
    var names = new List<string> {
        "Tokyo", "New Delhi", "Bangkok", "London", "Paris", "Berlin", "Canberra",
                                                                ➡"Hong Kong",
    };

    IEnumerable<string> query = names.Where(s => s.Length <= 5);
    foreach (string s in query)
        Console.WriteLine(s);
```

このコードの要点を解説しておきましょう。

まず、LINQ を使うには、**using ディレクティブを使って名前空間 System.Linq を指定します**。これで、LINQ を使う準備ができました。

次の行が、LINQ の機能を利用している行です。

```
IEnumerable<string> query = names.Where(s => s.Length <= 5);
```

p.89 の「3.3.4：FindAll メソッド」に示した以下のコードと似ていますね。

```
var names = list.FindAll(s => s.Length <= 5);
```

Where メソッドは、シーケンス[7]から条件を満たしたものだけを抽出するメソッドです。FindAll メソッドと同様に、引数にラムダ式を記述することが可能です。動きも FindAll と似ていますが、大きく異なる点があります。それは、配列でも List<T> でも、Dictionary<TKey, TValue> でも、それ以外のオブジェクトであっても、**IEnumerable<T>**

---

[7] シーケンスについては、p.95 の「3.4.3：シーケンス」をご覧ください。

インターフェイスを実装している型[8]ならば、Whereメソッドはどんなものに対しても利用できるという点です。

一方、FindAllは、List<T>にだけしか利用できません。配列の場合もFindAllメソッドはありますが、次のように別の書き方が必要です。

```
Array.FindAll(arrayOfName, s => s.Length <= 5);
```

「複数の要素の中から条件に一致した要素を見つける」ということをするのに、コレクションの種類によって書き方が違うというのは、プログラマーにとって大きな負担です。LINQを使えば、別の型のコレクションであってもIEnumerable<T>インターフェイスを実装していれば、同じメソッドを利用できます。

もう1つ注目すべき点は、Whereメソッドの戻り値が、IEnumerable<T>であるという点です。たとえば、Whereメソッドで抽出した都市名をすべて小文字に変換したいとします。このときに、メソッドを連結させて次のように書くことができます。

```
IEnumerable<string> query = names.Where(s => s.Length <= 5)
                                 .Select(s => s.ToLower());
foreach (string s in query)
    Console.WriteLine(s);
```

SelectメソッドもIEnumerable<T>に対して利用できるメソッドだからです。このメソッドの連結を**メソッドチェーン**と呼びます。

Selectメソッドは、各要素に対しラムダ式で指定した変換処理[9]を実施します。Whereメソッドと同様に、Selectメソッドの戻り値の型は、IEnumerable<T>です。この要素の型Tは、Selectメソッドで指定するラムダ式によって決定されます。上の例だと、ラムダ式は s => s.ToLower() ですので、ToLowerメソッドの戻り値の型stringが、ラムダ式の返す型になります。つまり、Selectメソッドの戻り値は、IEnumerable<string>になります。

結果は、次のようになります。

```
tokyo
paris
```

なお、実際のコードでは、varキーワードを使い、以下のように書くのが一般的です。

---

[8] MSDNの.NET Frameworkクラスライブラリの該当クラスの構文を見ることで、IEnumerable<T>インターフェイスを実装しているかわかります。あるいは、Visual Studioの［定義をここに表示］機能を使い、そのクラスの定義を表示することでも知ることができます。

[9] この変換処理を正確には「射影」といいます。射影とは、コレクションの中から条件に一致した要素を（必要ならば加工して）取り出す処理のことです。

```
var query = names.Where(s => s.Length <= 5)
                 .Select(s => s.ToLower());
```

次は Select メソッドだけを使った例です。names に格納されている文字列の長さを列挙しています。

```
var query = names.Select(s => s.Length);
foreach (var n in query)
    Console.Write("{0} ", n);
```

このときの変数 query の型は、IEnumerable<int> です。ラムダ式 s => s.Length の型が int ですので、IEnumerable<int> になるのです。結果は以下のとおりです。

```
5 9 7 6 5 6 8 9
```

3.4.2 クエリ演算子

前項では、Where と Select という 2 つのメソッドを紹介しましたが、LINQ が用意しているこれらのメソッドを**クエリ演算子**といいます。クエリ演算子を使用すると、入力データに対して走査、フィルター、および射影の各操作（これらの操作をクエリともいいます）を実行できます。これらのクエリ演算子はすべて IEnumerable<T> に対する拡張メソッド[10]として定義されていて、表 3.1 に示すように多くのメソッドが用意されています。

この章では、これらのメソッドの中の、Select、Count、Where、ToArray、ToList の 5 つのメソッドについて取り上げています。それ以外のメソッドについては、第 5 章以降で必要に応じて取り上げています。

表3.1 クエリ演算子の一覧[11]

クエリ演算子	実行形態	説明
Where	遅延実行	条件に基づいて値のシーケンスをフィルター処理する
Skip	遅延実行	シーケンス内の指定された数の要素をバイパスし、残りの要素を返す
SkipWhile	遅延実行	指定された条件が満たされる限り、シーケンスの要素をバイパスした後、残りの要素を返す
Take	遅延実行	シーケンスの先頭から、指定された数の連続する要素を返す
TakeWhile	遅延実行	指定された条件が満たされる限り、シーケンスから要素を返す
DefaultIfEmpty	遅延実行	指定したシーケンスの要素を返す。シーケンスが空の場合は型パラメータの既定値を返す

[10] 拡張メソッドについては、p.98 の「Column：拡張メソッド」をご覧ください。
[11] 出典：https://msdn.microsoft.com/ja-jp/library/system.linq.enumerable_methods(v=vs.110).aspx、http://d.hatena.ne.jp/chiheisen/20111031/1320068429、http://yan-note.blogspot.jp/2015/11/netvb-clinq.html

メソッド	実行	説明
Select	遅延実行	シーケンスの各要素を新しい型に射影する
SelectMany	遅延実行	シーケンスの各要素を IEnumerable<T> に射影し、結果のシーケンスを 1 つのシーケンスに平坦化※※する
GroupBy	遅延実行	指定されたキーセレクター関数に従ってシーケンスの要素をグループ化する
GroupJoin	遅延実行	キーが等しいかどうかに基づいて 2 つのシーケンスの要素を相互に関連付け、その結果をグループ化する
Join	遅延実行	一致するキーに基づいて 2 つのシーケンスの要素を相互に関連付ける
Concat	遅延実行	2 つのシーケンスを連結する
Zip	遅延実行	2 つのシーケンスの対応する要素に対して、指定した関数を適用し、1 つのシーケンスを生成する
OrderBy	遅延実行	シーケンスの要素をキーに従って昇順に並べ替える
OrderByDescending	遅延実行	シーケンスの要素をキーに従って降順に並べ替える
ThenBy	遅延実行	ソートした結果を、さらに別のキーに従って昇順で配置する
ThenByDescending	遅延実行	ソートした結果を、さらに別のキーに従って降順で配置する
Reverse	遅延実行	シーケンスの要素の順序を反転させる
Cast	遅延実行	シーケンスの要素を、指定した型にキャストする
OfType	遅延実行	シーケンスから、指定した型のみを取り出し、キャストする
Distinct	遅延実行	シーケンスから一意の要素を返す
Except	遅延実行	2 つのシーケンスの差集合を生成する
Union	遅延実行	2 つのシーケンスの和集合を生成する
Intersect	遅延実行	2 つのシーケンスの積集合を生成する
First	即時実行	シーケンスの最初の要素を返す
FirstOrDefault	即時実行	シーケンスの最初の要素を返す。シーケンスに要素が含まれていない場合は既定値を返す
Last	即時実行	シーケンスの最後の要素を返す
LastOrDefault	即時実行	シーケンスの最後の要素を返す。シーケンスに要素が含まれていない場合は既定値を返す
ElementAt	即時実行	シーケンス内の指定されたインデックス位置にある要素を返す
ElementAtOrDefault	即時実行	シーケンス内の指定されたインデックス位置にある要素を返す。インデックスが範囲外の場合は既定値を返す
Single	即時実行	シーケンスの唯一の要素を返す
SingleOrDefault	即時実行	シーケンスの唯一の要素を返す。シーケンスが空の場合、既定値を返す
Count	即時実行	シーケンス内の要素数を返す
LongCount	即時実行	シーケンス内の要素数を long 型で返す
Average	即時実行	入力シーケンスの平均値を計算する
Max	即時実行	シーケンスの最大値を返す
Min	即時実行	シーケンスの最小値を返す
Sum	即時実行	シーケンスの合計値を計算する
Aggregate	即時実行	シーケンスにアキュムレータ関数を適用する
All	即時実行	シーケンスのすべての要素が条件を満たしているかどうかを判断する
Any	即時実行	シーケンスに要素が含まれているかどうかを判断する
Contains	即時実行	指定した要素がシーケンスに含まれているかどうかを判断する

SequenceEqual	即時実行	2つのシーケンスが等しいかどうかを判断する
ToArray	即時実行	シーケンスから配列を作成する
ToDictionary	即時実行	シーケンスから Dictionary<TKey, TValue> を作成する
ToList	即時実行	シーケンスから List<T> を作成する
ToLookup	即時実行	シーケンスから Lookup<TKey, TElement> を作成する

※ 表中の「実行形態」については、「3.4.4：遅延実行」で説明しています。
※※「平坦化」とは、シーケンスの各要素を IEnumerable<T> に射影し、結果の入れ子になったシーケンスを1つのフラットなシーケンスにすることです。

3.4.3 シーケンス

標準クエリ演算子の操作対象のデータを、**シーケンス**（「連続するもの」のという意味）と呼びます。シーケンスの最も身近なものは、配列や List<T> です。

シーケンスには、配列や List<T> 以外にもたくさんのものが存在します。IEnumerable<T> インターフェイス(T は任意の型)を実装するオブジェクトはすべてシーケンスと見なされます。たとえば、あなたが IEnumerable<string> を返すメソッドを定義したら[12]、それもシーケンスとなり、LINQ のクエリ演算子を使用し、さまざまな操作が実行できるようになります。

以降、「シーケンス」という用語が出てきたら、IEnumerable<T> 型のデータであると考えてください。

3.4.4 遅延実行

ちょっと面白い実験をしてみましょう。次のコードの実行結果がどうなるか想像してみてください。

リスト3.8 遅延実行を確認するコード

```
string[] names = {
    "Tokyo", "New Delhi", "Bangkok", "London", "Paris", "Berlin", "Canberra", };
var query = names.Where(s => s.Length <= 5);   ◁ query変数に代入
foreach (var item in query)
    Console.WriteLine(item);
Console.WriteLine("------");

names[0] = "Osaka";                            ◁ names[0]を変更
foreach (var item in query)                    ◁ 再度、queryの内容を取り出す
    Console.WriteLine(item);
```

---

[12] 「7.3：ディクショナリを使ったサンプルプログラム」で、yield キーワードを使った IEnumerable<T> を返すメソッドの例を載せています。

注目すべきは、コード後半にある "Osaka" を代入している行です。Where メソッドの戻り値を変数 query に代入後に、配列 names の要素を書き換えています。その後の foreach で、query の結果を順番に取り出しています。

結果は、次のとおりです。

```
Tokyo
Paris
------
Osaka
Paris
```

普通に考えると、同じ結果が出力されると思うのですが、なんと 2 つの結果が違っています。

もし Where メソッドを呼び出したときに検索処理が働き、その結果が query に格納されているのだとしたら、その後に、names の要素を差し替えても、query から取り出す結果は、前と変わらないはずです。しかし、結果は異なっています。

これからわかることは、この変数 query には、検索結果が代入されているわけではないということです。つまり、Where メソッドが呼び出されても検索はそのときには行われずに、実際に値が必要になったときに、クエリが実行されていることを示しています。

```csharp
var query = names.Where(s => s.Length <= 5);
```

これを**遅延実行**といいます。本当にデータが必要になったときに（ここでは、foreach で要素を取り出したときに）、クエリが実行されるのです。これが LINQ の大きな特徴となっています。

しかし、場合によっては、クエリを明示的に実行したい場合も出てきます。そんなときに利用できるのが、ToArray と ToList メソッドです。リスト 3.9 を見てください。

リスト3.9 ToArray メソッドを使った即時実行

```csharp
string[] names = {
    "Tokyo", "New Delhi", "Bangkok", "London", "Paris", "Berlin", "Canberra", };
var query = names.Where(s => s.Length <= 5)
                 .ToArray();    // ここで配列に変換
foreach (var item in query)
    Console.WriteLine(item);
Console.WriteLine("------");

names[0] = "Osaka";              // names[0]を変更
foreach (var item in query)      // 再度、queryの内容を取り出す
```

3.4 LINQ to Objects の基礎

```
        Console.WriteLine(item);
```

このようにすれば、ToArray メソッドが呼び出されたときにクエリが実行され、結果が配列に格納されます。これを**即時実行**といいます。

結果は、以下のようになり、同じ結果を得ることができます。ToArray メソッドを ToList メソッドに変えても同じ結果になります。

```
Tokyo
Paris
------
Tokyo
Paris
```

LINQ には、ToArray メソッド、ToList メソッド以外にも、即時実行するメソッドがあります。Count メソッドがその1つです。

```
string[] names = {
    "Tokyo", "New Delhi", "Bangkok", "London", "Paris", "Berlin", "Canberra", };
var count = names.Count(s => s.Length > 5);
Console.WriteLine(count);
```

上の例では、names の中に、文字列の長さが 5 より大きい文字列がいくつかあるかカウントし、その結果を返しています。LINQ には、Count メソッドのように単一の値を返すメソッドがありますが、それらはすべて即時実行のメソッドとなっています。p.93 の表 3.1 には、遅延実行と即時実行の区分も載せていますので、参考にしてください。

Column　クエリ構文

LINQ では、メソッド呼び出しのほかに、「クエリ構文」と呼ばれる SQL 文に似た構文も利用することができます。

```
var query = from s in names
            where s.Length >= 5
            select s.ToUpper();
foreach (string s in query)
   Console.WriteLine(s);
```

これをメソッド構文に書き直したのが以下のコードです。

```
var query = names.Where(s => s.Length >= 5)
                 .Select(s => s.ToUpper());
foreach (string s in query)
    Console.WriteLine(s);
```

C# 3.0 が発表された当時は、このクエリ構文に注目が集まりましたが、いまではメソッド呼び出しの書き方（メソッド構文）が主流となっているようです。一部の例外を除いて、クエリ構文はそれほど利用されていないのではないかと思われます。筆者も以下の理由より、現在ではほとんどクエリ構文を利用していません。

- クエリ構文は LINQ のすべての機能を利用できない
- ドットでつなげるメソッド構文ならば、思考を妨げることなく連続して処理を記述できる
- ドットでつなげるメソッド構文ならば、Visual Studio の強力なインテリセンスの恩恵にあずかれる

Column　拡張メソッド

拡張メソッドは C# 3.0 で導入された機能で、拡張メソッドを定義することで既存の型に新たなメソッドを追加することができます。既存の型のソースに手を入れたり、派生型を定義する必要はありません。

拡張メソッドを定義するには、静的クラス中に、第 1 引数に **this キーワード**を付けた静的メソッドを書きます。例を示しましょう。

リスト3.10 拡張メソッドの定義例

```
namespace CSharpPhrase.Extensions {

    public static class StringExtensions {    ← 拡張メソッドを定義するには、静的クラスにする

        public static string Reverse(this string str) {    ← 拡張メソッドは静的メソッドにし、
            if (string.IsNullOrWhiteSpace(str))               第1引数にはthisを付ける。string
                return string.Empty;                          にReverseメソッドが追加される
            char[] chars = str.ToCharArray();
            Array.Reverse(chars);
            return new String(chars);
        }
    }
}
```

このように書くと、**string** に **Reverse** メソッドが追加されます。利用するには、拡張メソッドを定義したクラスの名前空間を **using** ディレクティブで指定します。これで拡張メソッドを

呼び出せるようになります。

```
using CSharpPhrase.Extensions;
```

呼び出し方法は、通常の `string` のメソッドと変わりありません。

```
var word = "gateman";
var result = word.Reverse();
Console.WriteLine(result);
```

この `word` 変数が、`Reverse` メソッドの第1引数として渡ります。実行すると、`"gateman"` を反転させた `"nametag"` が出力されます。

拡張メソッドを定義する際に、第2引数以降を宣言した場合は、それが拡張メソッド呼び出し時の引数と見なされます。

第3章の演習問題

問題 3.1

以下のリストが定義してあります。

```
var numbers = new List<int> { 12, 87, 94, 14, 53, 20, 40, 35, 76, 91, 31, 17, 48 };
```

このリストに対して、ラムダ式を使い、次のコードを書いてください。

1. `List<T>` の `Exists` メソッドを使い、8か9で割り切れる数があるかどうかを調べ、その結果をコンソールに出力してください。

2. `List<T>` の `ForEach` メソッドを使い、各要素を 2.0 で割った値をコンソールに出力してください。

3. LINQ の `Where` メソッドを使い、値が50以上の要素を列挙し、その結果をコンソールに出力してください。

4. LINQ の `Select` メソッドを使い、それぞれの値を2倍にし、その結果を `List<int>` に格納してください。その後、`List<int>` の各要素をコンソールに出力してください。

問題 3.2

以下のリストが定義してあります。

```
var names = new List<string> {
    "Tokyo", "New Delhi", "Bangkok", "London", "Paris", "Berlin", "Canberra",
                                                                   ➥"Hong Kong",
};
```

このリストに対して、ラムダ式を使い、次のコードを書いてください。

1. コンソールから入力した都市名が何番目に格納されているか `List<T>` の `FindIndex` メソッドを使って調べ、その結果をコンソールに出力してください。見つからなかったら、-1 を出力してください。なお、コンソールからの入力には、`Console.ReadLine` メソッドを利用してください。

```
var line = Console.ReadLine();
```

2. LINQ の `Count` メソッドを使い、小文字の `'o'` が含まれている都市名がいくつあるかカウントし、その結果をコンソールに出力してください。

3. LINQ の `Where` メソッドを使い、小文字の `'o'` が含まれている都市名を抽出し、配列に格納してください。その後、配列の各要素をコンソールに出力してください。

4. LINQ の `Where` メソッドと `Select` メソッドを使い、`'B'` で始まる都市名の文字数を抽出し、その文字数をコンソールに出力してください。都市名を表示する必要はありません。

Part 2
C#プログラミングの イディオム/定石 &パターン
［基礎編］

Chapter 4
基本イディオム

　コーディングレベルでよく利用される慣用的なコードを**イディオム**といいます。プログラミングでは、同じことをやるのに複数の書き方が存在します。コードを書くたびに「今回はどの書き方を採用しようかな？」なんて悩んでいては時間も無駄ですし、そのつど違うタイプのコードができあがることになります。それではコードに統一性がなくなりますし、他の人が読んだときに、「なんで同じことをやるのに違うコードを書いているのだろうか？　何か意図があるのかな？」と余計なことを考えることになってしまいます。

　イディオムは、複数ある書き方の中から先人たちが選んだベストプラクティスです。そのため、これらのイディオムを学びそれを実践に生かすことが重要です。それが効率良くコードを書くうえでも品質を保つうえでも、スキルアップするうえでもとても大切なことなのです。この章では、よく利用されるC#の基本的なイディオムについて学習します。

　なお、本書では、C#の文法を理解していればあたりまえのコードも、初心者が複数の書き方からどれを使うか迷うことのないように基本イディオムとして扱っています。

4.1　初期化に関するイディオム

4.1.1　変数の初期化

変数を初期化する際に使うコードです[1]。

---

[1] varについては、「2.2.9：varによる暗黙の型指定を使う」を参照してください。

4.1 初期化に関するイディオム

リスト4.1 変数の初期化

```
var age = 25;
```

これってイディオムなの？という疑問を持たれた方もおられると思いますが、これは基本中の基本のイディオムです。上のコードは、以下のようにも書けますね。

リスト4.2 ✘ 変数の初期化の悪い例

```
int age;
age = 25;
```

しかし、この2行に分けたコードはメンテナンスを繰り返していくと、変数の宣言と初期化の間に別のコードが入り込むこともあり、コードの可読性が失われてしまう危険があります。また、初期値が何かも明確ではなくなってしまいますのでお勧めできません。**変数の宣言と初期化は同時に行う**のが大原則です。

4.1.2 配列とリストの初期化

コレクション[2]の初期化構文を使ったイディオムは、あらかじめ配列やリストに設定する値が決まっている場合に利用します。これも C# 3.0 で導入された機能です。

リスト4.3 配列とリストの初期化

```
var langs = new string[] { "C#", "VB", "C++", };
var nums = new List<int> { 10, 20, 30, 40, };
```

最後の要素 "C++" や 40 の後ろにカンマ（,）が付いていることに気がついたでしょうか？ 最後の要素のカンマは省略可能ですが、筆者はできるだけ最後のカンマを付けるようにしています。なぜなら、最後の要素にもカンマを付けておけば、要素の入れ替えや要素の追加がとても楽になるからです。実際にやってみるとその違いがわかるでしょう。

さて、上のリスト 4.3 を以下の配列の初期化構文を使わない場合と比べてみてください。

リスト4.4 ▲ 配列とリストの初期化（従来の書き方）

```
string[] langs = new string[3];
langs[0] = "C#";
langs[1] = "VB";
langs[2] = "C++";
```

---

[2] 配列やList<T>など複数のデータを格納できるデータ構造を総称して、「コレクション」といいます（→「第6章：配列とList<T>の操作」）。

```
List<int> nums = new List<int>();
nums.Add(10);
nums.Add(20);
nums.Add(30);
nums.Add(40);
```

特に配列の場合は、"VB" と "C++" の間に、"F#" を入れたくなった場合を想像してみれば、どちらが優れたコードかは説明するまでもないでしょう。

4.1.3 Dictionary の初期化

Dictionary<TKey, TValue>[3] の初期化も配列同様、初期化構文が使えます。

リスト4.5 Dictionary の初期化

```
var dict = new Dictionary<string, string>() {
    { "ja", "日本語" },
    { "en", "英語" },
    { "es", "スペイン語" },
    { "de", "ドイツ語" },
};
```

"ja"、"en" などがキーで、"日本語"、"英語" などがそれに対応する値です。

C# 6.0 以降では、以下のような書き方も可能です。こちらのほうが、Dictionary に値を設定しているという雰囲気が伝わりますね。

リスト4.6 Dictionary の初期化（C# 6.0 以降）

```
var dict = new Dictionary<string, string>() {
    ["ja"] = "日本語",
    ["en"] = "英語",
    ["es"] = "スペイン語",
    ["de"] = "ドイツ語",
};
```

前述の「4.1.2：配列とリストの初期化」でも説明したとおり、以下のようなコードを書くのはお勧めしません。

---

[3] Dictionary クラスについては、「第7章：ディクショナリの操作」で詳しく解説しています。

4.1 初期化に関するイディオム

リスト4.7 ▲ Dictionary の初期化（従来の書き方）

```
var dict = new Dictionary<string, string>();
dict["ja"] = "日本語";
dict["en"] = "英語";
  ⋮
```

4.1.4 オブジェクトの初期化

　オブジェクトの初期化構文を使うと、コンストラクタで指定できないプロパティの値を初期化することができます。すでに「第2章：C# でプログラムを書いてみよう」でも出てきましたね。このオブジェクトの初期化構文は、C# 3.0 から導入されたものです。プロパティの初期化は、インスタンスが生成された後に実行されます。

リスト4.8 オブジェクトの初期化

```
var person = new Person {
    Name = "新井遥菜",
    Birthday = new DateTime(1995, 11, 23),
    PhoneNumber = "012-3456-7890",
};
```

　これならば、Name、Birthday などが、Person オブジェクトのプロパティであることが明確です。また、Visual Studio のインテリセンスの助けで、まだ初期化できていないプロパティをタイプしているその場で判別することができます。

　以下のようにも書けますが、可読性という点でも上のコードに劣ります。

リスト4.9 ▲ オブジェクトの初期化（従来の書き方）

```
Person person = new Person();
person.Name = "新井遥菜";
person.Birthday = new DateTime(1995, 11, 23);
person.PhoneNumber = "012-3456-7890";
```

　このコードの場合、変数の初期化で示した悪い例と同様、不注意なプログラマーがこれらの行の間に無関係な別のコードを挟み込んでしまうかもしれません。そうなると可読性が失われ、メンテナンスしにくいコードになってしまいます。

　オブジェクトの初期化構文を使ったイディオムは、そういったことを防止するうえでも有効なコードとなっています。

4.2 判定と分岐に関するイディオム

4.2.1 単純な比較

　ある変数の値を判定する単純な比較においては、比較したい変数は比較演算子の左側に書くようにしてください。

リスト4.10 変数とリテラルの大小比較

```
if (age <= 10) { …… }
```

次のような書き方は、人の思考を無視した良くないコードです。

✗
```
if (10 >= age) { …… }
```

「年齢が10歳以下か」とはいいますが、「10歳が年齢以上か」とはいいませんよね。**コードも人の思考に合わせて書く**のが正しい書き方です。

4.2.2 数値がある範囲内にあるか調べる

　数値が指定した範囲内にあるかどうかを調べるときには、数値を数直線上に並べるようにします。比較対象の変数をつねに左側に書く書き方よりも、`num` が、`MinValue` と `maxValue` の間にあるかどうかを調べていることが視覚的かつ直感的にわかります。

リスト4.11 数直線上に並べた比較

```
if (MinValue <= num && num <= MaxValue) {
    ⋮
}
```

リスト4.12 ▲ 比較対象をつねに左側に置いた比較

```
if (num >= MinValue && num <= MaxValue) {
    ⋮
}
```

4.2.3 else-ifによる多分岐処理

　`switch`文ではうまく表現できない多分岐処理があります。そのときに使うのが、`if`文

を応用した else-if 配置です。else-if を使った例を示します。

リスト4.13　else-if を使った多分岐処理 [4]

```
var line = Console.ReadLine();
int num = int.Parse(line);
if (num > 80) {
    Console.WriteLine("Aランクです");
} else if (num > 60) {
    Console.WriteLine("Bランクです");
} else if (num > 40) {
    Console.WriteLine("Cランクです");
} else {
    Console.WriteLine("Dランクです");
}
```

最後の else 部は、それまでの条件いずれにも該当しないときの処理です。この最後の else 部は、必要がなければ省略することができます。

上のコードのインデント（字下げ）に注目してください。この多分岐の if 文を以下のように書いてはいけません。

リスト4.14　❌ インデントが不適切な else-if 多分岐処理

```
if (num > 80)
    Console.WriteLine("Aランクです");
else
    if (num > 60)
        Console.WriteLine("Bランクです");
    else
        if (num > 40)
            Console.WriteLine("Cランクです");
        else
            Console.WriteLine("Dランクです");
```

確かに文法上の構造から見れば正しいのですが、このインデントは、意味的な構造を正しく表していません。1つの変数の値によって処理を複数分岐させる場合には、リスト 4.13 に示したようなインデントをしてください。

4.2.4　ふるいにかけて残ったものだけ処理をする

return 文 [5] にはメソッドの実行を中断させ、呼び出し側に制御を戻す機能があります。

4　{} の中が、単一行の場合は、{} を省略できます。どちらを使ってもよいでしょう。
5　void が指定された戻り値のないメソッドでは、return の後の戻り値は不要です。

条件を満たさないケースを、return 文を使ってメソッドの先頭で取り除き、コードを読みやすくする書き方を示します。

リスト4.15 ふるいにかけて残ったものだけ処理をする

```
if (filePath == null)
    return;
if (GetOption() == Option.Skip)
    return;
if (targetType != originalType)
    return;
  :  // やりたい処理
```

このように、「ふるいにかけて残ったものだけ処理をする」というコードは、条件を忘れていくことが可能ですので、コードを追いかけるのが楽になります。

一方、ふるいにかけないコードは以下のようになります。

✗
```
if (filePath != null) {
    if (GetOption() != Option.Skip) {
        if (targetType == originalType) {
              :  // やりたい処理
        }
    }
}
```

このコードは、「奥に突き進んでいく」というコードであり、コードを読む際に3つの条件をすべて覚えておかなければなりません。インデントも深くなりますので、読みやすさが犠牲になっています。途中で新たな条件を加えるごとに、コードはさらに複雑さを増していきます。

メソッドの途中での return 文を嫌うプログラマーがいるようですが、return 文は、プログラムをわかりやすくするためのとても便利な機能ですから、有効に使ってください。

4.2.5 bool 値の値が真かどうかを判断する

bool 型のメソッドやプロパティが、真かどうかを判断したい場合に利用するイディオムです。

リスト4.16 bool 値が true か判定する

```
int? num = GetNumber();
if (num.HasValue) {
    :
```

```
}
```

if 文の括弧の中は、bool 値を持つ式を書くことができます。num.HasValue[6] も立派な式ですので、このような書き方が可能です。わざわざ以下のように書く必要はありません。

⚠️
```
if (num.HasValue == true) {
    ⋮
}
```

4.2.6 bool 値を返す

bool 値を返すメソッドでは、処理の最後に2つの値を比較し、その結果によって true か false を返したい場合がよくあります。そのような場合に利用するイディオムを紹介します。

リスト4.17 bool 値を返す
```
return a == b;
```

a == b という式は、評価した結果として true か false のいずれかの値を持っているのですから、a == b を直接返してやればよいのです。

上記のイディオムと同じことをやるコードを以下に4つほど示しておきます。どれも間違っているわけではありませんが、イディオムで示したコードに比べて冗長なコードになっています。なにより、イディオムで示したコードは、ひと目見て何をするかが明確にわかるという利点があります。

⚠️
```
if (a == b)
    return true;
else
    return false;

if (a == b)
    return true;
return false;

var result = a == b;
```

---

[6] HasValue プロパティは、Nullable 型（null 許容型）に用意されている bool 型のプロパティです。変数に null 以外の値が格納されていると true が設定されます。Nullable 型については、p.44「Column：null キーワードと null 許容型」を参照してください。

```
return result;

bool result = false;
if (a == b)
    result = true;
return result;
```

4.3 繰り返しのイディオム

4.3.1 指定した回数だけ繰り返す

指定した回数だけ繰り返すときには for 文を使います。ループ変数は特に理由がない限り 0 から始めます。配列やリストの要素にアクセスしたいときに、このイディオムはとても合理的です。

リスト4.18　指定した回数だけ繰り返す
```
var items = new [] { 1, 2, 3, 4, 5, 6, 7, 8, 9 };
for (var i = 0; i < 5; i++) {
    Console.WriteLine(items[i]);
}
```

配列のインデックスは 0 から始まりますから、ループ変数の値を 1 から始めてしまうと、以下のコードのように要素にアクセスするのにマイナス 1 しなければなりません。

✗
```
var items = new [] { 1, 2, 3, 4, 5, 6, 7, 8, 9 };
for (var i = 1; i <= 5; i++) {
    Console.WriteLine(items[i-1]);
}
```

もちろん例外もあります。たとえば、1月から12月までを繰り返したい場合は、次のように書いたほうが自然なコードになります。

```
for (var m = 1; m <= 12; m++) {
    :   // m月の処理
}
```

1から始めたほうが明らかに自然である場合を除き、n 回繰り返すときは、ループ変数を 0 から始めるようにしてください。

また、while 文を使っても同じことは書けますが、この場合、while を使うのは一般的ではありません。繰り返す回数がわかっている場合は、for 文を使い、繰り返し回数がわからない場合には while 文を利用すると覚えておいてください。

リスト4.19 ✗ while を使って指定した回数だけ繰り返す

```
int i = 0;
while (i < n) {
    ：
    i++;
}
```

4.3.2 コレクションの要素をすべて取り出す

配列やリストなどのコレクションから要素をすべて取り出し、何らかの処理をする場合は **foreach 文**を使います。

リスト4.20 要素をすべて取り出し処理をする

```
foreach (var item in Collection) {
    ：  // 取り出したitemに対して処理をする
}
```

この foreach 文があるため、前述の for 文を使う頻度はかなり低くなっています。foreach を使ってリスト 4.18 を書き換えると、以下のようにより簡潔に書けます。

```
var items = new [] { 1, 2, 3, 4, 5, 6, 7, 8, 9 };
foreach (var n in items) {
    Console.WriteLine(n);
}
```

foreach を使えば、インデックス指定が不要になりますし、繰り返し回数を間違えることもなくなりますので、コレクションからすべての要素を取り出す場合は、for 文ではなく foreach を使ってください。コレクション以外で繰り返し処理をしたい場合に、for 文を使うようにするのが良いでしょう。

なお、「第 3 章：ラムダ式と LINQ の基礎」で示した LINQ を使うと foreach よりもさらに簡潔でスマートにコードを書ける場面がたくさんあります。そのため、ループ処理を考える場合は、LINQ、foreach、for の順にイディオムを適用するのが良いでしょう。LINQ の具体的なコードは、次章以降に掲載しています。

4.3.3 List<T> のすべての要素に対して処理をする

List<T> クラスの場合だけは、**ForEach メソッド**を使うと foreach 文を使わずに繰り返し処理を書くこともできます。

リスト4.21 要素の数だけ繰り返す（List<T> 限定）

```
var nums = new List<int> { 1, 2, 3, 4, 5 };
nums.ForEach(n => Console.Write("[{0}] ", n));
```

結果は、次のようになります。

```
[1] [2] [3] [4] [5]
```

リスト 4.21 のコードは、以下のように書いたのと同じです。

```
var nums = new List<int> { 1, 2, 3, 4, 5 };
foreach (var n in nums)
    Console.Write("[{0}] ", n);
```

ForEach メソッドの引数には長いラムダ式も書けますが、**ForEach メソッドは 1 行で書ける短い処理で使う**とよいでしょう。ループ内の処理が複数行になるコードでは、先に説明した foreach 文を使うほうが一般的です。ForEach メソッドでは、break、continue、yield return が利用できません。後から break を使いたくなった場合、foreach への書き換えが必要になってしまいます。

✗
```
var nums = new List<int> { 1, 2, 3, 4, 5 };
nums.ForEach(n => {
    ⋮
    // ここに長いコード
    ⋮
});
```

なお、リストの要素がそのままメソッドの引数に渡せて、かつ戻り値のないメソッドの場合は、次のようにメソッド名だけを指定することもできます[7]。

```
var nums = new List<int> { 1, 2, 3, 4, 5 };
nums.ForEach(Console.WriteLine);
```

---

[7] ForEach メソッドの引数は、Action<T> デリゲート型です。第 3 章 p.90 の ForEach メソッドの説明を思い出してください。

4.3.4 最低1回は繰り返す

最低1回は繰り返し処理をしたいことがまれにあります。そのようなときは、do-while構文を使うと、その意図（最低1回は繰り返す）を読み手に伝えることができます。

リスト4.22 最低1回は繰り返したいループ処理をする

```
bool finish;
do {
    finish = DoSomething();    ◀ DoSomethingはユーザーが別途定義したメソッド。最低1回は実行する
} while (!finish);
```

do-while構文は、それほど頻繁には使うことはありませんが、覚えておくと便利です。ただし、以下に示すように通常のwhileループを使っても、それほど複雑になることなく、同様のコードを書くことができます。

```
var finish = false;
while (!finish) {
    finish = DoSomething();
}
```

次に示す例は、2回同じコードを記述することになるので、避けたいコードです。

```
var finish = DoSomething();
while (!finish) {
    finish = DoSomething();    ◀ DoSomethingメソッドを呼び出す
}
```

4.3.5 ループの途中で処理をやめたい

ループの途中で処理をやめたいときは、break文を利用します。

リスト4.23 ループの途中で処理をやめる

```
var items = new List<string> { …… };
var line = "";
foreach (var item in items) {
    if (line.Length + item.Length > 40)
        break;    ◀ lineが十分な長さに達したのでループを終わらせる
    line += item;
```

```
        }
        Console.WriteLine(line);
```

処理途中でのループ脱出を嫌って、break 文を使わないコードをときどき見かけますが、余計な一時変数を導入することになり、逆に複雑で読みにくいコードになってしまいます。

上のコードを、break 文を使わないコードに書き換えたのが次に示すコードです。foreach で繰り返しているため、items のすべての要素分繰り返すことになり、無駄なループが発生してしまっています。

✗
```
var items = new List<string> { …… };
var line = "";
foreach (var item in items) {
    if (line.Length + item.Length <= 40)
        line += item;
}
Console.WriteLine(line);
```

無駄なループを発生させないために、for 文を使って書き直したのが以下のコードです。かなり複雑なコードになってしまいました。一時変数の導入、インデックスの操作、ループ終了条件の複雑化など良いことがありません。

✗
```
var line = "";
var isContinue = true;          ◀──一時変数を導入
for (int i = 0; i < items.Count && isContinue; i++) {
    var item = items[i];
    if (line.Length + item.Length > 40)
        isContinue = false;
    else
        line += item;
}
Console.WriteLine(line);
```

ループから抜けると同時に呼び出し元のメソッドに戻りたい場合は、以下のようにループ内で return 文を使うことができます。

リスト4.24 ループ内で return 文を使う

```
var numbers = new int[] { 123, 98, 4653, 1234, 54, 9854 };
foreach (var n  in numbers) {
   if (n > 1000)
      return n;
```

}
        return -1;

　foreachなどのループ内でreturn文を記述した場合も、呼び出し元のメソッドに制御を戻しますので、break文でループから抜け出してからreturnする必要はありません。

　なお、ループ内でのreturnは、「メソッドを単機能にする」という原則が守られていることが大前提です。巨大なメソッドの中で利用すると、本来やるべきことをやらずにメソッドから抜けてしまいバグを埋め込んでしまう危険があります。

4.4 条件演算子、null 合体演算子によるイディオム

4.4.1 条件により代入する値を変更する

　条件を判断し、真と偽とでそれぞれ異なる値を変数に代入したいときは、**条件演算子**（三項演算子ともいいます）を利用します。

リスト4.25 条件演算子を使った値の代入

```
var num = list.Contains(key) ? 1 : 0;
```

　このコードは、本章の最初に示した変数初期化のイディオムにも合致していますね。このイディオムを利用しないコードは以下のようになります。

▲
```
int num;
if (list.Contains(key))
    num = 1;
else
    num = 0;
```

　条件演算子は読みにくいから使わないというプログラマーもいるようですが、慣れればそれほど読みにくいものではありません。なんといっても、簡潔に書けるのが魅力です。

　条件によって異なる値をメソッドの引数に渡す場合も、以下に示すように、余計なローカル変数を導入することなくメソッドに値を渡すことができます。

リスト4.26 条件演算子を使って得た結果をメソッドに渡す

```
DoSomething(list.Contains(key) ? 1 : 0);
```

「条件演算子を必ず使え」とはいえませんが、二者択一の場面で「ここは条件演算子が使えそうだぞ」とひらめいたら、ぜひ、条件演算子を使うようにしましょう。ただし、条件演算子は、if 文の代わりになるものではありません。条件演算子の利用は、コードが複雑になるのを防ぐために、? と : 記号の後に書くコードがリテラル値や変数などの単純な式のときだけに限定してください。

4.4.2 null 合体演算子

プログラムでは、null かどうかを判断し処理を分岐させたいケースがよくあります。特に多いのが、null の場合に既定値を使いたい場合です。以下のコードは、null 合体演算子を使わない典型的なコードです。

```
var message = GetMessage(code)
if (message == null)
    message = DefaultMessage();
```

上のコードでも悪くはありませんが、**null 合体演算子（??）** を使えば、次のように簡潔に書くことができます。

リスト4.27 null 合体演算子を使ったコード

```
var message = GetMessage(code) ?? DefaultMessage();
```

「いきなりこんな呪文のようなコードは書けないよ」と思う人も多いと思われます。でも、次のように考えれば、意外とすんなりと書けるようになるのではと思います。

1. GetMessage を呼び出して、戻り値を変数 message に入れたいから、以下のように書こう。

```
var message = GetMessage(code);
```

2. そういえば、GetMessage メソッドって null を返すこともあるんだよな。

3. null のときは、DefaultMessage メソッドの値を設定すればよいから、?? 演算子の出番だな。

```
var message = GetMessage(code) ?? DefaultMessage();
```

こんなふうに考えていけば、**??** 演算子は、それほど難しくはなく、便利な演算子だと感じるようになるのではないでしょうか？

4.4.3 null 条件演算子

null かどうかを判断するコードとしてもう 1 つ典型的なのが、以下のようなコードです。

```
if (sale == null)
    return null;
else
    return sale.Product;
```

このコードを C# 6.0 で機能追加された **null 条件演算子（?.）** を使うと、以下のように書くことができます。

リスト4.28 null 条件演算子を使った return 文（C# 6.0 以降）

```
return sale?.Product;
```

sale 変数が null でないときは、Product プロパティの値が返り、null のときには、Product プロパティにはアクセスせずに、null が返ります。

これまでの条件演算子を使った以下のコードよりも、さらに簡潔に書けますね。

リスト4.29 ▲ 条件演算子を使った return 文（C# 5.0 以前）

```
return sale == null ? null : sale.Product;
```

null 条件演算子は、配列に対しても利用できます。配列の場合は、ドット（.）は不要です。**?** の後に、**[** を続けます。

```
var first = customers?[0];
```

customers が null の場合は、first には null が代入されます。customers が null ではない場合は、customers[0] の値が、first に代入されます。以下のコードと同じです。しかし、以下のコードは長くて関係がひと目で見渡せません。C# 6.0 を使える環境では、ぜひ null 条件演算子を使ってください。

```
Customer first = (customers == null) ? null : customers[0];
```

null条件演算子を使った例をもう1つ載せましょう。

リスト4.30 null条件演算子とnull合体演算子を使った例

```
var product = GetProduct(id);
var name = product?.Name ?? DefaultName;
```

これは、null条件演算子とnull合体演算子の合わせ技です。productがnullのときには、DefaultNameがnumに代入されます。null条件演算子を使わないで書くと次のようになります。

```
var name = (product == null) ? DefaultName : product.Name;
```

=の右辺に、productが2回現れるため冗長なコードになっています。

Memo　なぜ条件演算子、null合体演算子、null条件演算子を使うのか?

条件演算子、null合体演算子、null条件演算子は、初心者には呪文のように感じる構文です。それではなぜ、このわかりにくい演算子を使うのでしょうか? それは、簡潔に書けることはもちろんですが、これら演算子を使ったコードには他のコードが入り込む余地がない、という点も大きな理由でしょう。

if文を使ったコードは、メンテナンスが繰り返されると、その中に余計なコードが入り込む可能性があります。そうなるとコードが複雑化し、ロジックを追うのが難しくなります。ロジックを追うのが難しくなれば、メンテナンス時にバグが入り込みやすくなります。

一見、わかりにくいこれらの構文も、正しく使いこなせれば、コードの品質向上に結び付けることが可能になるのです。

4.5 プロパティに関するイディオム

4.5.1 プロパティの初期化

これは、C# 6.0から利用できるプロパティ初期化のイディオムです。

リスト4.31 プロパティの初期化（C# 6.0 以降）

```
public int MinimumLength { get; set; } = 6;
```

この機能強化により、変数の初期化、フィールドの初期化、プロパティの初期化がほぼ同じように書けるようになりました。

それ以前は、以下のようにコンストラクタで書く必要がありましたが、C# 6.0 以降では、コンストラクタに書く手間がなくなりました。

```
class PasswordPolicy {
  public int MinimumLength { get; set; };
      :

  public PasswordPolicy() {
      MinimumLength = 6;
  }
}
```

C# 6.0 からは、次のように、メソッドを呼び出して初期化することも可能です。

リスト4.32 メソッド呼び出しでプロパティを初期化（C# 6.0 以降）

```
public string DefaultUrl { get; set; } = GetDefaultUrl();
```

---

memo　古い形式のプロパティの書き方

以下のような古いプロパティの書き方は、いくつかの例外を除きほとんどのケースで不要となります。

```
private string _name;

public string Name {
   get { return _name; }
   set { _name = value; }
}
```

このような書き方が依然として有効なのは、値の初期化を遅延させたいというケースでしょう。以下にそのコードを示します。

```csharp
private string _name;    参照型の初期値はnullが保証されている

public string Name {
   get {
      if (_name == null)
         _name = GetNameFromFile();
      return _name;
   }
   set { _name = value; }
}
```

4.5.2 読み取り専用プロパティ

プログラムを書いていると、値を変更できない読み取り専用のプロパティを定義したいときがあります。以下のクラスを見てください。

リスト4.33 読み取り専用プロパティの定義例

```csharp
public class Person {
   public string GivenName { get; private set; }

   public string FamilyName { get; private set; }

   public string Name {
      get { return FamilyName + " " + GivenName; }
   }

   // コンストラクタ
   public Person(string familyName, string givenName) {
      FamilyName = familyName;
      GivenName = givenName;
   }
}
```

ここでは、2種類の読み取り専用プロパティを定義しています。

1つは、set アクセサーのアクセスレベルを private にする方法です。これで、プロパティの変更をクラス内に限定し、クラスの外側からは変更できないようにしています。初心者の方は private にするのを忘れてしまいがちですが、安全性を高めるうえでも、自分自身のクラス内でしか値を設定しないプロパティは、set アクセサーのアクセスレベルを private にするようにしてください。

もう1つが、get アクセサーのみを使ったプロパティです。まったく変更する必要が

ない場合に使います。get アクセサーのみを使ったプロパティは、それが定義されているクラス内でも変更することはできなくなります。本当の意味での読み取り専用プロパティですね。

C# には、似たような機能に readonly キーワードがありますが、インスタンスメンバーとして利用したいのならば、readonly は使わずに、上記のように get のみのプロパティを定義すればよいでしょう。readonly は static とともに利用すると割り切ってしまってよいと思います[8]。

ところで、C# 6.0 が普及すると、get アクセサーのみの上記の書き方も過去のものになるかもしれません。というのは以下のように、より簡単に記すことが可能だからです。

リスト4.34 読み取り専用プロパティの定義例（C# 6.0 以降）

```
public class Person {
    public string GivenName { get; private set; }
    public string FamilyName { get; private set; }
    public string Name => FamilyName + " " + GivenName;
        ⋮
}
```

get アクセサーの本体が1つの式で表すことができる場合は、=> 演算子を使用した読み取り専用プロパティを定義することができます。

4.5.3 参照型の読み取り専用プロパティ

読み取り専用のプロパティが参照型の場合（string は除く）、変更不可なのは参照であって、プロパティが指しているオブジェクトではないことに注意してください。

つまり、List<int> のプロパティを読み取り専用プロパティにしても、List<int> のコレクションの中身は変更できてしまうということです。以下にその例を示します。

```
class Program {
    static void Main(string[] args) {
        var obj = new MySample();
        obj.MyList.Add(6);                  ◀ List<int>は自由に操作できる
        obj.MyList.RemoveAt(0);
        obj.MyList[0] = 10;
        foreach (var n in obj.MyList) {
            Console.WriteLine(n);
        }
```

---

[8] readonly フィールドと読み取り専用のプロパティを使い分けるといっても、その判断基準を明確に定めることができません。そのつど悩んでいては時間の無駄です。そのため、筆者は、readonly キーワードは静的なフィールドでのみ利用するようにしています。「19.3.1：フィールドは非公開にする」も参照してください。

```
            // obj.MyList = new List<int>();   ← 読み取り専用なので、これはビルドエラー
            Console.ReadLine();
        }
    }

    class MySample {
        public List<int> MyList { get; private set; }

        public MySample() {
            MyList = new List<int>() { 1, 2, 3, 4, 5 };
        }
    }
```

コレクションそのものを変更不可にしたいのならば、次のように、公開する型を IReadOnlyList<int>[9] や IEnumerable<int> にする必要があります。

リスト4.35 参照型プロパティを読み取り専用にする

```
class MySample {
    public IReadOnlyList<int> MyList { get; private set; }

    public MySample() {
        MyList = new List<int>() { 1, 2, 3, 4, 5 };
    }
}
```

4.6 メソッドに関するイディオム

4.6.1 可変長引数

次のコードのように、複数の引数を受け取るが、その数を限定したくない場合があります。

```
var median = Median(1.0, 2.0, 3.0);

var median = Median(1.0, 2.0, 3.0, 4.0, 5.0);
```

このような可変長引数を受け取るメソッドを定義する場合は、**params** キーワードを使

---

[9] IReadOnlyList<T> は .NET Framework 4.5 から追加されたインターフェイスです。

います。

リスト4.36 可変長引数を使ったメソッドの定義(1)

```
// 中央値を求めるメソッド
public double Median(params double[] args) {
   var sorted = args.OrderBy(n => n).ToArray();
   int index = sorted.Length / 2;
   if (sorted.Length % 2 == 0)
      return (sorted[index] + sorted[index - 1]) / 2;
    else
      return sorted[index];
}
```

メソッド内では、渡ってきた引数は、配列として扱うことができます。以下のように複数のメソッドを定義する必要はありません。

✗
```
public int Median(int arg1) {  return …… }

public int Median(int arg1, int arg2) {  return …… }

public int Median(int arg1, int arg2, int arg3) {  return …… }

public int Median(int arg1, int arg2, int arg3, int arg4) {  return …… }

   ︙
```

また、Console.WriteLineやString.Formatと同等の引数を指定できるログ出力メソッドを定義したい場合も、以下のように **params キーワード**が使えます。

リスト4.37 可変長引数を使ったメソッドの定義(2)

```
public void WriteLog(string format, params object[] args) {
   var s = String.Format(format, args);
   // ログファイルへ出力する
   WriteLine(s);
}
```

以下は、WriteLogメソッドの呼び出し例です。

```
logger.WriteLog("Time:{0} User:{1} Message:{2}", time, user, message);
```

4.6.2 オーバーロードよりオプション引数を使う

引数は異なるが同様の機能を有するメソッドを複数定義したい場合があります。そのような場合は、メソッドのオーバーロード機能を使い、同じ名前のメソッドを複数定義することで対応できます。

以下は、メソッドのオーバーロードの C# 3.0 以前の書き方です。やや定義が面倒です。

⚠ // 従来の書き方
```
public void DoSomething(int num, string message, int retryCount) { …… }

public void DoSomething(int num, string message) {     ← 第3引数にデフォルト値を
    DoSomething(num, message, 3);                        設定し、3つの引数を持つ
}                                                        DoSomethingを呼び出す

public void DoSomething(int num) {                     ← 第2、第3引数にデフォルト値
    DoSomething(num, "DefaultMessage", 3);               を設定し、3つの引数を持つ
}                                                        DoSomethingを呼び出す
```

しかし、上記のように引数の少ないメソッドから引数の多いメソッドを呼び出しているケースでは、C# 4.0 で導入されたオプション引数を使うことで、1つのメソッド定義で済ませることができます。

リスト4.38 オプション引数を使ったメソッドの定義（C# 4.0 以降）

```
public void DoSomething(int num, string message = "失敗しました",
                        ⮑int retryCount = 3) { …… }
```

引数を宣言する際に、初期値も一緒に指定しています。これが引数を省略したときの値となります。この1つのメソッド定義で以下のように3種類の呼び出しが可能になります。

```
DoSomething(100);

DoSomething(100, "エラーです");

DoSomething(100, "エラーです", 5);
```

オプション引数はコンストラクタ定義でも利用することが可能です。

4.7 その他のイディオム

4.7.1 1を加える場合はインクリメント演算子 ++ を使う

変数に1を加える場合は、次のようにせず、**++ 演算子**を使うのが定石です。

▲ `count += 1;`

リスト4.39 インクリメント演算子 ++

```
count++;
++count;
```

慣れれば、1を加えるということがひと目で理解できるようになります。単独で利用するには、前置 ++、後置 ++ どちらを使ってもかまいません。p.132 の「Column：前置 ++ と後置 ++ の違い」も参照してください。

4.7.2 ファイルパスには逐語的リテラル文字列を使う

ファイルパスの指定は、先頭に @ を付加した**逐語的リテラル文字列**を利用します。

リスト4.40 逐語的リテラル文字列の例

```
var path = @"C:\Example\Greeting.txt";
```

逐語的リテラル文字列を用いると、¥記号がエスケープ文字として認識されないため、ファイルパスをそのまま記述することが可能です。

一方、@ を付けない標準リテラル文字列の場合は、次のようにパス区切り文字である¥記号を2つ続けて書く必要があります。

リスト4.41 ✘ 標準リテラル文字列をパス指定に使う悪い例

```
var path = "C:\\Example\\Greeting.txt";
```

標準リテラル文字列をファイルパスに使うと記述ミスも起きやすく、また可読性も落ちますので、ファイルパスを記述する際は、逐語的リテラル文字列を使うようにしてく

ださい[10]。

4.7.3 2つの要素を入れ替える

ある2つの要素を入れ替えたいときに利用する古典的ともいえるイディオムです。

リスト4.42 2つの要素を入れ替える

```
var temp = a;
a = b;
b = temp;
```

これで、aとbの値が入れ替わります。初心者が素直に考えるように、以下のようにも書けますが、広く知れ渡った上記のイディオムは、簡単に慣れることができますし、使わない理由はどこにもありません[11]。

✗
```
var temp1 = a;
var temp2 = b;
a = temp2;
b = temp1;
```

4.7.4 文字列を数値に変換する

　文字列を数値に変換する場合は、エラーの有無がないか調べるために **TryParse メソッド**を使います。TryParse メソッドは、変換に成功すると **true** を、失敗すると **false** を返します。

　TryParseを使う場合には、変数の宣言を直前で行います[12]。このときの初期値は設定する必要はありません。

リスト4.43 文字列を数値(int)に変換する[13]

```
int height;
if (int.TryParse(str, out height)) {
    : // 変換に成功したときの処理     ◀ heightには変換された値が入っている
} else {
    : // 変換に失敗したときの処理
}
```

---

[10] 逐語的リテラル文字列の場合、" を表したいときには、"" とダブルクォーテーションを連続させる必要があります。
[11] C# 7.0 では、タプルを使い (b, a) = (a, b); のように書くこともできます。C# 7.0 ではこちらを推奨します。
[12] C# 7.0 では、int.TryParse(str, out var height) と書け、事前の height の変数宣言が不要になります。
[13] リスト中の out キーワードについては、p.468 第 19.2.9 項を参照してください。

以下のように、TryParse メソッドを使わずに、Parse メソッドを使って例外をキャッチするコードは書いてはいけません。イディオムとして示したものよりもかなり面倒なコードになっていますし、例外をキャッチするにはコストがかかりますので、処理速度の面でも不利になってしまいます。

✗
```
try {
    int retryCount = int.Parse(str);   ◀ 変換に失敗すると、例外が発生する
} catch (ArgumentNullException ex) {
    :
} catch (FormatException ex) {
    :
}
```

なお、文字列に数値文字列が入っていることが保証されていれば、以下のコードを使っても問題ありません。

```
int height = int.Parse(str);
```

4.7.5 参照型のキャスト

参照型のオブジェクトを別の型にキャストする場合には、**as 演算子**を使います。

リスト4.44 as 演算子を使った参照型のキャスト

```
var product = Session["MyProduct"] as Product;
if (product == null) {
    : // productが取得できなかったときの処理
} else {
    : // productが取得できたときの処理
}
```

Session プロパティが、object 型を返すプロパティと仮定した場合、Session["MyProduct"] で取り出すオブジェクトはそのままでは使えません。本来の型にキャストする必要があります。そのときに使うのが as 演算子です[14]。

is 演算子を使い、次のような書き方もできますが、上のコードに比べて冗長です。

---

[14] C# 7.0 では、is 演算子が拡張され、以下のようにさらに簡単に記述することができます。
```
if (Session["MyProduct"] is Product product) {
    : // product が取得できたときの処理。変数 product にキャストされた結果が格納される
} else {
    : // product が取得できなかったときの処理
}
```

Chapter 4 基本イディオム

⚠️
```
if (Session["MyProduct"] is Product) {
    var product = Session["MyProduct"] as Product;
        : // productが取得できたときの処理
} else {
        : // productが取得できなかったときの処理
}
```

　また、次のように例外をキャッチする方法もありますが、速度的に不利になりますし、通常起こりうる状況に対し例外を使うのは、良いやり方とはいえません。

❌
```
try {
    var product = (Product)Session["MyProduct"];   ← Product型にキャストする
        : // Product型にキャストできたときの処理
} catch (InvalidCastException e) {
        : // Product型にキャストできなかったときの処理
}
```

　ちなみに、as 演算子が使えるのは参照型だけです。**as 演算子は値型には使えない**ということを覚えておいてください[15]。

4.7.6 例外を再スローする

　例外をキャッチした後に、再度例外をスローしたい場合は、以下のように throw だけを記述します。

リスト4.45 例外を再スローする
```
try {
        :
} catch (FileNotFoundException ex) {   ← 変数exには、例外オブジェクトが格納されている。例外オブジェクトを参照することで、例外の詳細情報を知ることができる

    // 例外情報を使った何らかの処理
        :
    throw;   ← 例外の再スロー
}
```

　以下のように書いた場合は、例外のスタックトレース情報[16]が消えてしまい、デバッグに支障をきたすことになります。

---

[15] 値型の場合は、(int)obj、(DateTime)obj のように丸括弧のキャスト演算子を使います。
[16] スタックトレース情報を見ることで、プログラムがどのようなメソッドを呼び出して、例外が発生した箇所にたどり着いたか知ることができます。

✗
```
try {
    ：
} catch (FileNotFoundException ex) {
    // 例外情報を使った何らかの処理
    ：
    throw ex;      ◀ このように書いてはいけない
}
```

4.7.7 using を使ったリソースの破棄

　.NET Framework のクラスの中には、使い終わったら後始末をするために、`Dispose` メソッドを呼び出す必要があるクラスがあります。`IDisposable` インターフェイスを実装しているクラスがこれに該当します。ファイルやデータベース、ネットワークなどの外部の資源にアクセスするクラスがその代表格です。

　`Dispose` メソッドの呼び出しを忘れると、ファイルなどがオープンされたままで他から利用できなくなったり、メモリリークが発生したりするなどの問題が発生する危険があります。**using 文**を使い、確実に `Dispose` メソッドを呼ぶようにしてください。

リスト4.46 using を使ったリソースの破棄

```
using (var stream = new StreamReader(filePath)) {    ◀ StreamReaderは、IDisposable
    var texts = stream.ReadToEnd();                    インターフェイスを実装している
     ：// ここで、読み取ったデータの処理
}
```

　using を抜ける際に、自動的に `Dispose` メソッドが呼び出されます。`IDisposable` インターフェイスを実装しているクラスを使う際は、**using** 文を使い、確実にリソース（資源）を破棄するようにします。

　`IDisposable` インターフェイスを実装していないクラスに対しては、using 文は使えませんので注意してください。

　`try-finally` 構文を使った以下のコードでも同様のことが行えますが、using 文の簡潔さにはかないませんね。

リスト4.47 ▲ try-finally を使ったリソースの破棄（従来の書き方）

```
StreamReader stream = new StreamReader(filePath);
try {
    string texts = stream.ReadToEnd();
     ：// ここで、読み取ったデータの処理
} finally {
    stream.Dispose();    ◀ 最後にDisposeを呼び出し、後処理をする
```

4.7.8 複数のコンストラクタを定義する

引数の異なるコンストラクタを定義する場合は、**this キーワード**を使ってコードを共有できる場合があります（→ p.132「Memo：this キーワード」）。次のように、先頭2つのコンストラクタは、3つ目のコンストラクタの引数の一部を省略し、既定値を設定し、3つ目のコンストラクタを呼び出しています。このような場合に this キーワードが利用できます。コンストラクタの引数の閉じ括弧）に続けて **: this(……)** と記述することで、コンストラクタ本体の処理（{} 内の処理）に先立ち、オーバーロードされた別のコンストラクタを呼び出すことができます。

リスト4.48 this を使ってコンストラクタのコードを共有する

```
class AppVersion {
    ⋮
    public AppVersion(int major, int minor)
        : this(major, minor, 0, 0) {     ◀ 引数4つのコンストラクタを呼び出す
    }

    public AppVersion(int major, int minor, int revision)
        : this(major, minor, revision, 0) {     ◀ 引数4つのコンストラクタを呼び出す
    }

    public AppVersion(int major, int minor, int build, int revision) {     ◀ このコンストラクタは、上の2つのコンストラクタからも呼ばれる
        Major = major;
        Minor = minor;
        Build = build;
        Revision = revision;
    }
    ⋮
}
```

次のように書くとコードの重複が発生し、好ましくありません。コンストラクタ内に何かしらの新たなロジックを追加する場合も、以下のコードでは、3カ所に同じコードを書かなくてはなりません。this キーワードを使えば、1カ所を変更すれば対応が可能なコードを書くことができます。

✗
```
class AppVersion {
    ⋮
    public AppVersion(int major, int minor) {
        Major = major;
```

```csharp
        Minor = minor;
        Build = 0;
        Revision = 0;
    }

    public AppVersion(int major, int minor, int build) {
        Major = major;
        Minor = minor;
        Build = build;
        Revision = 0;
    }

    public AppVersion(int major, int minor, int build, int revision) {
        Major = major;
        Minor = minor;
        Build = build;
        Revision = revision;
    }
        ⋮
}
```

なお、C# 4.0 以降ではオプション引数を使い、以下のように書くこともできます。C# 4.0 以降では、こちらの書き方を推奨します。

リスト4.49 オプション引数を使ったコンストラクタ定義（C# 4.0 以降）

```csharp
class AppVersion {
        ⋮
    public AppVersion(int major, int minor, int build = 0, int revision = 0) {
        Major = major;
        Minor = minor;
        Build = build;
        Revision = revision;
    }
        ⋮
}
```

AppVersion を利用する立場から見ると、オプション引数を使った AppVersion も、複数のコンストラクタを定義した AppVersion も、同じように利用することができます。

Chapter 4 基本イディオム

> **Memo**
>
> ### this キーワード
>
> this キーワードは、以下の 4 つの場面で使用します。
>
> **1. 自分自身のインスタンスを参照する場合に使用する**
> **2. インデクサを定義する場合に使用する** [17]
> **3. 拡張メソッドの最初の引数の修飾子として使用する** [18]
> **4. 自身のクラスの別のコンストラクタを呼び出す場合に使用する**
>
> このような 4 つの使用方法があり、それぞれの意味が異なるため、初心者にはわかりにくいキーワードになっているようです。しかし、それぞれが違う this なのだとわかれば、理解も進むでしょう。

> **Column**
>
> ### 前置 ++ と後置 ++ の違い
>
> ++ 演算子には、以下の 2 つの書き方があります。
>
> ```
> ++num
> num++
> ```
>
> 前者を「前置インクリメント演算」、後者を「後置インクリメント演算」といいますが、この 2 つは微妙に動作が異なります。違いは次のとおりです。
>
> - **前置インクリメント**
>   ++num において、インクリメント後の num の値が、式の値となる
> - **後置インクリメント**
>   num++ において、インクリメントする前の num の値が、式の値となる
>
> 具体的なコードで見てみましょう。
>
> ```
> int num = 5;
> Console.WriteLine(num++);
> num = 5;
> Console.WriteLine(++num);
> ```
>
> 最初の num++ では、まず、num の値が評価され、5 が WriteLine メソッドの引数に渡り、その後、num の値がインクリメントされます。一方、2 つ目の ++num では、num の値がインクリメントされ、その後、num の値が評価され、WriteLine メソッドの引数に渡ります。結果を以下

---

[17] インデクサの定義例は、「7.3：ディクショナリを使ったサンプルプログラム」で掲載しています。
[18] 拡張メソッドの例は、第 3 章 p.98 の「Column：拡張メソッド」に掲載しています。

に示します。

```
5
6
```

-- 演算子でも同様に、「前置デクリメント演算」と「後置デクリメント演算」の 2 つがあり、同様の違いがあります。

第 4 章の演習問題

問題 4.1

以下の順に YearMonth クラスを定義してください。本章で学んだイディオムが使えるところでは、イディオムを使ってください。

1. 年（Year）と月（Month）の 2 つのプロパティを持つクラス YearMonth を定義してください。このとき、2 つのプロパティは読み取り専用にし、値はコンストラクタで指定できるようにしてください。なお、引数で渡される月の値は 1 から 12 の範囲にあるものと仮定してかまいません。

2. YearMonth クラスに、Is21Century プロパティを追加してください。2001 年から 2100 年までが 21 世紀です。この処理では加減乗除は行わないでください。

3. YearMonth クラスに、1 カ月後を求める AddOneMonth メソッドを追加してください。このとき、自分自身のプロパティは変更せずに、新たな YearMonth オブジェクトを生成しその値を返してください。12 月のときの処理に注意してください。

```
public YearMonth AddOneMonth() {
    :    ここを実装
}
```

4. ToString メソッドをオーバーライド[19]してください。結果は、"2017 年 8 月" といった形式にしてください。

---

[19] 継承元クラスで定義されたメソッドを継承したクラスで定義し直し、動作を上書きすること。詳細は文法解説書等を参照してください。

```
public override string ToString() {
    :   ここを実装
}
```

問題 4.2

　問題 4.1 で定義した YearMonth クラスを使って、次のコードを書いてください。本章で学んだイディオムが使えるところでは、イディオムを使ってください。

1.　YearMonth を要素に持つ配列を定義し、初期値として 5 つの YearMonth オブジェクトをセットしてください。

2.　この配列の要素（YearMonth オブジェクト）をすべて列挙し、その値をコンソールに出力してください。

3.　配列の中の最初に見つかった 21 世紀の YearMonth オブジェクトを返すメソッドを書いてください。見つからなかった場合は、null を返してください。foreach 文を使って実装してください。

4.　**3.**で作成したメソッドを呼び出し、最初に見つかった 21 世紀のデータの年を表示してください。見つからなければ、"21 世紀のデータはありません" を表示してください。

5.　配列に格納されているすべての YearMonth の 1 カ月後を求め、その結果を新たな配列に入れてください。その後、その配列の要素の内容（年月）を順に表示してください。LINQ を使えるところは LINQ を使って実装してみてください。

Chapter 5
文字列の操作

　文字列を扱わないプログラムはないと断言できるほど、文字列はよく利用されるデータ型です。C# の **string** 型は、.NET Framework の **String** クラスのエイリアス（別名）であり、文字列操作にはこの **String** クラスが用意しているメソッドの利用が欠かせません。本章では、**String** クラスの使用方法を中心に代表的な文字列操作について説明します。

5.1 文字列の比較

5.1.1 文字列どうしを比較する

　2つの文字列の内容が等しいかどうかを調べるには、== 演算子を使います。

リスト5.1　文字列どうしを比較する

```
if (str1 == str2)
    Console.WriteLine("一致しています");
```

　str1 と str2 が次ページ図 5.1 のように、別のオブジェクトを参照していても、文字列の内容が同じならば、等しいと判断してくれます。

図5.1 文字列の比較

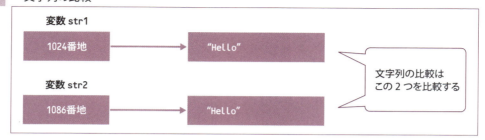

文字列の比較はこの2つを比較する

5.1.2 大文字/小文字の区別なく比較する

前述の、== 演算子による文字列の比較では、大文字と小文字が区別されます。大文字と小文字の区別をしたくない場合には、**String.Compare 静的メソッド**を使います。

リスト5.2 大文字/小文字の区別なく比較する

```
var str1 = "Windows";
var str2 = "WINDOWS";
if (String.Compare(str1, str2, true) == 0)
    Console.WriteLine("等しい");
else
    Console.WriteLine("等しくない");
```

第3引数を true にすることで、大文字/小文字の区別なく比較することができます。上記コードでは、"等しい" が表示されます。

C# 4.0 以降では、**名前付き引数**を使い、次のように書いたほうがわかりやすくなります。

リスト5.3 大文字/小文字の区別なく比較する(名前付き引数を使ったコード)

```
if (String.Compare(str1, str2, ignoreCase:true) == 0)
```

そうすれば、true の意味するところが何なのかが明確にわかるのでコードが読みやすくなりますし、コメントを書く必要もなくなります。

5.1.3 ひらがな/カタカナの区別なく比較する

String.Compare メソッドには、いくつかのオーバーロードされたメソッド[1]が存在

---

[1] 同じ名前で引数の型、引数の数が異なるメソッドを定義することができます。第4章で少し触れていますが、これをメソッドの「オーバーロード」(多重定義) といいます。

しますが、ひらがなとカタカナの区別なく文字列を比較するには、**CultureInfo**[2] と **CompareOptions を引数にとるメソッド**を利用します。

リスト5.4 ひらがな / カタカナの区別なく比較する

```
var str1 = "カステラ";
var str2 = "かすてら";
var cultureInfo = new CultureInfo("ja-JP");
if (String.Compare(str1, str2, cultureInfo, CompareOptions.IgnoreKanaType) == 0)
    Console.WriteLine("一致しています");
```
← "一致しています"がコンソールに出力される

第3引数の `CultureInfo` には `"ja-JP"` を指定して生成した `CultureInfo` オブジェクトを、第4引数には `CompareOptions.IgnoreKanaType` を指定します。`CultureInfo` クラスおよび `CompareOptions` 列挙型は、`System.Globalization` 名前空間に含まれています。

5.1.4 全角 / 半角の区別なく比較する

全角と半角[3] の区別なく文字列を比較する際も、**CultureInfo** と **CompareOptions を引数にとる Compare メソッド**を利用します。

リスト5.5 全角 / 半角の区別なく比較する

```
var str1 = "HTML5";
var str2 = "ＨＴＭＬ５";
var cultureInfo = new CultureInfo("ja-JP");
if (String.Compare(str1, str2, cultureInfo, CompareOptions.IgnoreWidth) == 0)
    Console.WriteLine("一致しています");
```

`CompareOptions.IgnoreWidth` を指定することで、全角と半角の区別なく比較することができます。上の例では、**"一致しています"** がコンソールに出力されます。

なお、大文字 / 小文字も同一視したい場合には、`CompareOptions.IgnoreWidth` と `CompareOptions.IgnoreCase` を論理 OR 演算子 | でつなげ、`Compare` メソッドに渡します。

リスト5.6 全角 / 半角、大文字 / 小文字の区別なく比較する

```
var str1 = "Ｃｏｍｐｕｔｅｒ";
var str2 = "COMPUTER";
var cultureInfo = new CultureInfo("ja-JP");
if (String.Compare(str1, str2, cultureInfo,
```

---

2 `CultureInfo` クラスは、言語、国、地域、暦などを情報を表すクラスです。
3 全角 / 半角は、パソコンの黎明期の文字の表示サイズからきた歴史的呼称です。

```
                    CompareOptions.IgnoreWidth | CompareOptions.IgnoreCase) == 0)
    Console.WriteLine("一致しています");
```

上記コードを実行すると、**"一致しています"** が表示されます。

5.2 文字列の判定

5.2.1 null あるいは空文字列かを調べる

文字列が null か空文字列かを調べるには、String クラスの **IsNullOrEmpty メソッド**を使います。

リスト5.7 null あるいは空文字列かを調べる

```
if (String.IsNullOrEmpty(str))
    Console.WriteLine("null あるいは 空文字列です");
```

以下のようなコードでも同じ結果が得られますが、普通は使いません。

リスト5.8 ✘ null あるいは空文字列かを調べる悪い例

```
if (str == null || str == "")
    Console.WriteLine("null あるいは 空文字列です");

if (str == null || str.Length == 0)
    Console.WriteLine("null あるいは 空文字列です");
```

特に、2番目のコードはとても回りくどい書き方でありお勧めできません。空文字列かどうか（What）を調べたいのであり、長さが0か（How）を調べたいのではないからです。How よりも What の視点でコードを書くようにしましょう。

では、以下のコードはどうでしょうか？

リスト5.9 空文字列か調べる

```
if (str == String.Empty)
    Console.WriteLine("空文字列です");
```

str が null でないことが確実であるならば、リスト 5.9 のように書いてもよいでしょう。もし、str 変数が null の場合は、System.NullReferenceException 例外が発生しますので注意が必要です。

`String.Empty` の代わりに、`""` を使ってもかまいません。`""` を使うか、`String.Empty` を使うかは好みの問題です[4]。

`""` と書くとその数だけインスタンスが作成されるのではと心配する人もいるようですが、`""` は、コード上にいくつ書いても、メモリ上に確保されるのは 1 つだけです。

なお、.NET Framework 4[5] 以降では、すべて空白文字から成る文字列もその対象に含めたい場合は、**IsNullOrWhiteSpace** メソッドを使い、以下のように書くことができます。

リスト5.10 null か空文字列か空白文字列かを調べる

```
if (String.IsNullOrWhiteSpace(str)) {     ← null、""、"　"すべてtrueになる
    ……
}
```

5.2.2 指定した部分文字列で始まっているか調べる

`StartsWith` メソッドを使えば、引数で指定した部分文字列で始まっているか調べることができます。

リスト5.11 指定した部分文字列で始まっているか調べる

```
if (str.StartsWith("Visual")) {
    Console.WriteLine("Visual で始まっています");
}
```

上の例では、文字列 `str` が `"Visual"` で始まっているか調べています。以下のように `IndexOf` メソッドを使って同様のことができますが、`StartsWith` を使ったほうが「何をしたいのか」がより明確なコードとなります。

リスト5.12 ✘ 部分文字列で始まっているか調べる悪い例

```
if (str.IndexOf("Visual") == 0) { …… }
```

`EndsWith` メソッドも用意されていますので、文字列が引数で指定した部分文字列で終わっているか調べることもできます。

リスト5.13 指定した部分文字列で終わっているか調べる

```
if (str.EndsWith("Exception")) {
    Console.WriteLine("Exception で終わっています");
}
```

---

[4] .NET Framework 3.5 SP1 以降では、`""` と `String.Empty` は、メモリ内の同一オブジェクトへの参照を表します。
[5] .NET Framework 4 / 4.5 / 4.5.1 は、すでにサポートが終了していますので、実質的には、.NET Framework 4.5.2 以降となります。

このコードは、str が "Exception" で終わっているか調べています。

5.2.3 指定した部分文字列が含まれているか調べる

文字列の中に引数で指定した部分文字列が含まれているかどうかを調べるには、**Contains** メソッドを使います。

リスト5.14 指定した部分文字列が含まれているか調べる

```
if (str.Contains("Program")) {
    Console.WriteLine("Program が含まれています");
}
```

文字列 str に "Program" という部分文字列が含まれているか調べています。IndexOf メソッドを使った以下のコードは一般的なやり方ではありません。

リスト5.15 ✘ 部分文字列が含まれているか調べる悪い例

```
if (str.IndexOf("Program") >= 0) { …… }
```

繰り返しになりますが、リスト 5.15 のコードは「何をやるか（What）」ではなく「どうやるか（How）」をコードにしています。「どうやるか（How）」の視点で書いたコードは、「何をやるか（What）」の視点で書いたコードに比べ、読みにくく理解しにくいコードになってしまいます。**良いコードを書くために、つねに「What」の視点を失わないようにすることが大切です。**

5.2.4 指定した文字が含まれているか調べる

先ほどは部分文字列が含まれるか調べるコードでしたが、今度は、指定した**文字**が含まれているか調べるコードです。String クラスは IEnumerable<char> インターフェイスを実装していますので、LINQ の **Contains** メソッドを使い、以下のように書くことができます。

リスト5.16 文字列の中に指定した文字があるか調べる

```
using System.Linq;
    ⋮
var target = "The quick brown fox jumps over the lazy dog.";
```

```
var contains = target.Contains('b');
```

LINQを使わない場合は、次のようなコードになりますが、直感的とはいえないコードになっています。

リスト5.17 ✖ 文字列の中に指定した文字があるか調べる悪い例

```
var target = "The quick brown fox jumps over the lazy dog.";
var contains = target.IndexOf('b') >= 0;
```

5.2.5 条件を満たしている文字が含まれているか調べる

LINQの **Any メソッド**を使うと、ある条件を満たしている文字が含まれているか調べることができます。

リスト5.18 条件に一致する文字が含まれているか調べる

```
var target = "C# Programming";
var isExists = target.Any(c => Char.IsLower(c));
```

Any メソッドの引数に渡したラムダ式が1つでも true を返せば、Any メソッドは true を返します。true を返した段階で文字列の走査は終了します。上の例では、文字列の中に小文字が含まれているか Char.IsLower メソッドを使って調べています。

LINQを使わない場合は、次のようなコードとなります。

リスト5.19 ⚠ 条件に一致する文字が含まれているか調べる（非推奨）

```
string target = "C# Programming";
bool isExists = false;
foreach (char c in target) {
    if (Char.IsLower(c)) {
        isExists = true;
        break;
    }
}
Console.WriteLine(isExists);
```

LINQを使わないコードは、コード量が多くなりバグが入り込む危険があるのがわかると思います。バグにならなくても、break 文を書くのを忘れると、不要な繰り返しが発生し、非効率的なコードになるかもしれません。

一方、LINQを使ったコードでは、ラムダ式の基本的な書き方さえマスターしていれ

5.2.6 すべての文字がある条件を満たしているか調べる

LINQ の **All** メソッドを使うと、すべての文字がある条件を満たしているか調べることができます。

リスト5.20 すべての文字がある条件を満たしているか調べる

```
var target = "141421356";
var isAllDigits = target.All(c => Char.IsDigit(c));
```

`Char` 構造体の `IsDigit` 静的メソッドを使い、数字かどうかを調べています。上の例では、`target` 文字列内の文字はすべて数字ですので、変数 `isAllDigits` には、`true` が代入されます。

次に示すのは、LINQ を使わないコードです。

リスト5.21 ▲ すべての文字がある条件を満たしているか調べる（非推奨）

```
string target = "141421356";
bool isAllDigits = true;
foreach (char c in target) {
    if (!Char.IsDigit(c)) {
        isAllDigits = false;
        break;
    }
}
Console.WriteLine(isAllDigits);
```

5.3 文字列の検索と抽出

5.3.1 部分文字列を検索し、その位置を求める

IndexOf メソッドは、引数で指定した部分文字列が文字列内で最初に見つかった位置（0 から始まるインデックス）を返します。

リスト5.22 部分文字列を検索し、その位置を求める

```
var target = "Novelist=谷崎潤一郎;BestWork=春琴抄";
var index = target.IndexOf("BestWork=");
```

この例では、"BestWork="の位置（0から始まる）を求めています。`index`には、`15`が代入されます。

なお、`IndexOf`メソッドは、後続の処理で、`SubString`や`Remove`、`Insert`など、引数にインデックスを使うメソッドを呼び出す場合に利用するメソッドだと考えてかまいません。「5.2：文字列の判定」で示したように、指定した部分文字列が存在しているかどうかを判定する場合は、そのための判定メソッド（`Contains`、`StartsWith`など）を使ってください。

5.3.2 文字列の一部を取り出す

開始位置と長さを指定して文字列の一部を取り出すコードを示します。

リスト5.23 文字列の一部を取り出す

```
var target = "Novelist=谷崎潤一郎;BestWork=春琴抄";
var value = "BestWork=";
var index = target.IndexOf("BestWork=") + value.Length;
var bestWork = target.Substring(index);
```

`SubString`メソッドを使い、部分文字列を取り出しています。指定した開始位置から最後までを部分文字列として取り出します。開始位置は、"BestWork="の'B'のインデックスに、`value.Length`で求めた"BestWork="の長さを加えることで、求めることができます。

上記コードを実行すると、`bestWork`には**"春琴抄"**が代入されます。

`Substring`メソッドには、先頭位置と取り出す長さを指定するメソッドも存在します。もし、`target`文字列が、以下のような文字列の場合は、先ほどのコードではうまくいきません。

```
"Novelist=谷崎潤一郎;BestWork=春琴抄;Born=1886";
```

次のように取り出す長さを指定する`Substring`メソッドを使えばうまく取り出せます。

リスト5.24 文字列の一部を長さを指定して取り出す

```
var target = "Novelist=谷崎潤一郎;BestWork=春琴抄;Born=1886";
var value = "BestWork=";
var startIndex = target.IndexOf("BestWork=") + value.Length;
var endIndex = target.IndexOf(";", startIndex);
var bestWork = target.Substring(startIndex, endIndex - startIndex);
```

なお、"谷崎潤一郎"、"1886" も併せて取得するような場面では、後述する Split メソッドを使ったコード（いったん文字列を分割してから、必要な部分文字列を取り出すコード）を書いたほうがすっきりと書けます[6]。

ところで、次のようにマジックナンバー（コード上に直接記述された意味がすぐにはわからない数値）を使った書き方はお勧めできません。

リスト5.25 ✗ マジックナンバーを使っているコード

```
var target = "Novelist=谷崎潤一郎;BestWork=春琴抄";
var index = target.IndexOf("BestWork=") + 9;
var bestWork = target.Substring(index);
```

マジックナンバーをどこまで禁止するか、あるいはどこまで許容するかという点は、なかなか難しい問題ですが、上記コードでは、検索文字列が変更され長さが変わったときに、9という数字を変更し忘れ、バグを生み出してしまうことも考えられますし、"BestWork=" の文字数を数え間違うこともありえます。そのため、文字列の長さを指定するこのようなケースでは、マジックナンバーを排除しておいたほうが安全です。

5.4 文字列の変換

5.4.1 文字列の前後の空白を取り除く

文字列の前後にある空白を除去するのには、**Trim メソッド**を使います。

リスト5.26 文字列の前後の空白を取り除く

```
var target = "   non-whitespace characters   ";
var replaced = target.Trim();
Console.WriteLine("[{0}]", replaced);
```

結果は、次のように表示されます。

```
[non-whitespace characters]
```

ちなみに、指定した文字列自身の空白を除去しようとした以下のコードは誤りです。

---

[6] Split を使ったコードは、本章の最後の演習問題で用いることができます。ご自身でコードを書いてみてください。

リスト5.27 ✘ 文字列の前後の空白を取り除く間違ったコード

```
var target = "   non-whitespace characters   ";
target.Trim();
```

target は変更されませんので注意してください。target そのものを変更したい場合は、次のように書く必要があります。この点に関しては、p.151 の「Column：文字列は不変オブジェクト」も併せてご覧ください。

```
var target = "   non-whitespace characters   ";
target = target.Trim();
```

TrimStart、**TrimEnd** メソッドを使えば、前後片方だけの空白を取り除くこともできます。

リスト5.28 文字列の前後片方だけの空白を取り除く

```
var target = "   non-whitespace characters   ";
var replaced1 = target.TrimStart();
var replaced2 = target.TrimEnd();
Console.WriteLine("[{0}]\n[{1}]", replaced1, replaced2);
```

結果は以下のように表示されます。

```
[non-whitespace characters   ]
[   non-whitespace characters]
```

5.4.2 指定した位置から任意の数の文字を削除する

Remove メソッドを使えば、指定した位置から任意の数の文字を削除できます。以下のコードは、5文字目（0始まり）から3文字分を削除する例です。

リスト5.29 指定した位置から任意の数の文字を削除する

```
var target = "01234ABC567";
var result = target.Remove(5, 3);
```

result には、"01234567" が代入されます。

5.4.3 文字列に別の文字列を挿入する

文字列に指定した部分文字列を挿入するには、**Insert メソッド**を使用します。

リスト5.30 指定した位置に文字列を挿入する

```
var target = "01234";
var result = target.Insert(2, "abc");
```

上のコードは、target の 2 文字目から "abc" を挿入する例です。result 変数には、"01abc234" が代入されます。

5.4.4 文字列の一部を別の文字列で置き換える

Replace メソッドを使うと、文字列の一部を別の文字列で置き換えることができます。

リスト5.31 文字列の一部を別の文字列で置き換える

```
var target = "I hope you could come with us.";
var replaced = target.Replace("hope", "wish");
```

"hope" を "wish" に変更する例です。他のメソッド同様、target そのものが変更されることはありません。

なお、Replace メソッドは、"hope" が複数箇所にあった場合は、そのすべてを "wish" に変更します。"hope" が見つからなかった場合は、変更する前の文字列をそのまま返します。

「第 10 章：正規表現を使った高度な文字列処理」では、さらに高度な文字列置換処理を説明しています。

5.4.5 小文字を大文字に変換する / 大文字を小文字に変換する

ToUpper メソッドを使うことで、小文字を大文字に変換することができます。

リスト5.32 小文字を大文字に変換する

```
var target = "The quick brown fox jumps over the lazy dog.";
var replaced = target.ToUpper();
```

replaced には、以下がセットされます。

```
"THE QUICK BROWN FOX JUMPS OVER THE LAZY DOG."
```

この例では半角文字だけの例でしたが、ToUpper メソッドは、全角小文字も全角大文字に変換します。

ToLower メソッドを使えば、大文字を小文字にすることができます。

5.5 文字列の連結と分割

5.5.1 2つの文字列を連結する

文字列を連結するには、**+演算子**を使います。

リスト5.33　2つの文字列を連結する
```
var name = "宮部" + "加奈子";
```

上のコードでは、name には、**"宮部加奈子"** が代入されます。= の右辺が文字列変数であっても同じです。

次の例は、+演算子をつなげることで3つ以上の文字列を連結しています。

リスト5.34　3つの文字列を連結する
```
var word1 = "Visual";
var word2 = "Studio";
var word3 = "Code";
var text = word1 + word2 + word3;
```

また、連結する片方がchar型（文字型）であっても、+演算子を利用できます。

リスト5.35　文字列と文字を連結する
```
var title = '様';    ◀ titleはchar型
var addressee = "山本" + title;
```

5.5.2 文字列を末尾に追加する

+= 演算子を使うことで、文字列の末尾に、指定した部分文字列を追加することができます。

Chapter 5 文字列の操作

リスト5.36 文字列を末尾に追加する

```
var name = "井上謙蔵";
name += "先生";
```

次のようにも書けますが、わざわざタイプ量の多いコードを書く必要はないでしょう。

リスト5.37 ⚠ 文字列を末尾に追加する（非推奨）

```
var name = "井上謙蔵";
name = name + "先生";
```

5.5.3 指定した区切り文字で文字列配列を連結する

Join 静的メソッドを使うと、指定した文字列配列の各要素を指定した区切り記号で連結し、単一の文字列を作成します。

リスト5.38 指定した区切り文字で文字配列を連結する

```
var languages = new [] { "C#", "Java", "VB", "Ruby", };
var separator = ", ";
var result = String.Join(separator, languages);
```

result には、文字列 "C#, Java, VB, Ruby" が代入されます。

📝memo .NET Framework にやりたい機能があるか調べよう

　リスト 5.38 で示したコードをループ処理で書こうとすると、最後にカンマ文字（,）を付加しないようにするのが意外と面倒な処理であることに気がつくと思います。Join メソッドの存在を知っているか知らないかで、大きく生産性が異なってきます。

　プログラミング初心者の方は、とにかく自分の持っている知識だけでプログラムを書こうとする傾向があるようです。まずは、自分のやりたい処理が .NET Framework に用意されているか調べる癖を付けてください。Google や Bing などで、**"C# 文字列 連結 区切り"** といったキーワードで検索すれば、Join メソッドが存在することがすぐにわかるはずです。

5.5.4 文字列を指定した文字で分割する

Split メソッドを使うと、指定した文字で文字列を分割することができます。

リスト5.39　文字列を指定した文字で分割する

```
var text = "The quick brown fox jumps over the lazy dog";
string[] words = text.Split(' ');
```

リスト 5.39 は、文字列 "The quick brown fox jumps over the lazy dog" を空白の箇所で区切って単語を抜き出す例です。以下のように単語に分割され、配列 words に格納されます。

```
{ "The", "quick", "brown", "fox", "jumps", "over", "the", "lazy", "dog" }
```

では、text の値が、"The quick brown fox jumps over the lazy dog." と最後にピリオドが付いていたらどうでしょうか？ 最後のピリオドをどう扱うかが問題です。上に示したコードだと、"dog." が、words[8] に格納されます。ピリオドを除いた "dog" にしたい場合は、オーバーロードされたもう 1 つの Split メソッドを使い、以下のように記述します。

リスト5.40　文字列を指定した文字で分割する（空文字列を除外する例）

```
var text = "The quick brown fox jumps over the lazy dog.";
var words = text.Split(new [] { ' ', '.' },
                       StringSplitOptions.RemoveEmptyEntries);
```

区切り文字に ' ' と '.' の 2 つを指定しています。ただし、セパレータだけの指定だと、words[9] に空の文字列が格納されてしまうため、StringSplitOptions.RemoveEmptyEntries を指定し、空の配列要素を含めないようにしています。

5.5.5 StringBuilder を使った文字列の連結

p.151 の「Column：文字列は不変オブジェクト」で説明しているとおり、**文字列は不変オブジェクト**です。つまり、いったん生成された文字列は二度と書き換えることができません。文字列が不変オブジェクトであることは、安全性が確保されるという面ではとても良いのですが、連結、文字挿入、文字削除といった操作では、そのつど新たなインスタンスが生成されるためパフォーマンスに影響が出るという問題があります。

たとえば、次のコードでは、s1 が示す "ABC" の後ろに、"XYZ" が連結されるのではなく、新たな 6 文字分のインスタンスが作成され、そこに "ABC" がコピーされ、その後ろに "XYZ" がコピーされます（→次ページ図 5.2）。

```
var s1 = "ABC";
s1 = s1 + "XYZ";
```

図5.2 文字列の連結の様子

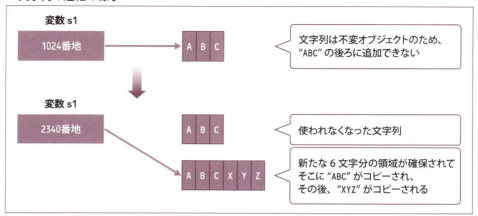

そのため、次のようなコードを書くと、インスタンスの生成が何回も行われることになり、CPU とメモリを無駄に使うことになってしまいます。

✗
```
var text = "";
for (var i = 0; i < 100; i++) {
    text += GetWord(i);    // GetWord()は、どこからか単語を取得する関数
}
```

この非効率を回避するために、.NET Framework には、**StringBuilder クラス**が用意されています。StringBuilder クラスを使えば、効率良く文字列を連結することが可能です。見方を変えれば、StringBuilder は、文字列のインスタンスを生成する特殊なインスタンス生成用クラスだといえます。

StringBuilder クラスを使った文字列を連結する典型的なコードは以下のようになります。

リスト5.41 StringBuilder を使った文字列の連結
```
using System.Text;
  ：
  var sb = new StringBuilder();        ◀ StringBuilderオブジェクトを生成
  foreach (var word in GetWords()) {
      sb.Append(word);                  ◀ 文字列を追加
  }
  var text = sb.ToString();             ◀ 文字列に変換
  Console.WriteLine(text);
```

まず、StringBuilder のインスタンスを生成します。その後、for / foreach などの繰

り返し文を使い、連結する文字列を 1 つずつ Append メソッドで末尾に追加していきます。最後に、ToString メソッドで string 型に変換しています。

StringBuilder を new する際には、引数にインスタンスの初期容量を指定しておくこともできます。

```
var sb = new StringBuilder(200);
```

上の例では、最初に 200 文字分の領域が確保されます。確保された領域を超えて文字を追加しようとした場合でも、自動的に容量が増えてくれます。もし、あらかじめ作成する文字列のだいたいのサイズがわかっている場合は、内部のメモリ確保のコストを下げるために、コンストラクタで容量を指定しておくのが良いでしょう。コンストラクタの引数を省略した場合は 16 文字分の領域が最初に確保されます。

コンストラクタでは、初期化する文字列を指定することや、最大のサイズを指定することもできます。また、Append メソッドのほかに、AppendLine、AppendFormat、Insert、Remove、Replace などのメソッドが用意されています。詳しくは、MSDN の StringBuilder の解説を参照してください。

Memo　StringBuilder と + 演算子の使い分け

StringBuilder が速度の点で有利であることはわかりましたが、そうなると + 演算子は必要ないのでしょうか？ そんなことはありません。StringBuilder はコード量が増えますし、可読性も落ちますので、使い過ぎには注意が必要です。一般的には、次の指針に従うのが良いでしょう。

- 繰り返し処理をしない場合は、+ 演算子で連結を行う
- foreach 文などで、繰り返し文字列の連結を行う場合は、StringBuilder を使う
- ただし、数回程度の繰り返しでは + 演算子を使う

Column　文字列は不変オブジェクト

C# の文字列は、一度インスタンスを生成すると、値を変更することができません。そのため、以下のようなコードはコンパイルすることができません。

```
var str = "ajax";
str[0] = 'A';
```

このように、一度インスタンスを生成したら値を変更できないオブジェクトを**不変オブジェクト**（イミュータブルオブジェクト）といいます。文字列から一部を削除したり、文字列を挿入したりするのに、以下のように書いていたのはそのためです。

```
var str1 = target.Remove(5, 3);
var str2 = target.Insert(2, "abc");
```

値が変更できないことは不便なようですが、プログラムの安全性を高めるうえでとても大切なことです。次のコードを見てください。

```
var target = "こんにちは";
DoSomething(target);
Console.WriteLine(target);
```

もし、文字列が変更可能なオブジェクトだとすると、DoSomething メソッドの呼び出しから戻ってきたときに、target の中身が書き換わっている可能性があるということです。DoSomething を呼び出したプログラマーは、target の値が "こんにちは" であると信じて、それ以降の処理を書いていたのに、DoSomething メソッドで書き換えられていたため、プログラムが正しく動かなかったなどということが起こりかねません。

しかし、文字列は不変オブジェクトですので、プログラマーはオブジェクトが変更されているかどうかを心配せずに安心してプログラムが書けるのです。

5.6 その他の文字列操作

5.6.1 文字列から文字を1つずつ取り出す

文字列から文字を1つずつ取り出し、何らかの処理をしたいときは、**foreach 文**を使います。

リスト5.42 文字列から文字を1つずつ取り出す

```
var str = "C#プログラミング";
foreach (var c in str)
    Console.Write("[{0}]", c);
Console.WriteLine();
```

結果は以下のとおりです。

5.6 その他の文字列操作

```
[C][#][プ][ロ][グ][ラ][ミ][ン][グ]
```

実行結果のように、全角半角の区別なく、1文字は1文字として扱えることが確認できます。

インデックスを使って文字列の各要素（文字）を取り出すこともできますが、コードが煩雑になりますのでお勧めできません。

リスト5.43 ✘ 文字列から文字を1つずつ取り出す悪い例

```
string str = "フレーズで学ぶC#";
for (int i = 0; i < str.Length; i++) {
    char c = str[i];
    Console.Write("[{0}]", c);     // 説明の都合上2行に分けている
}
Console.WriteLine();
```

上のコードでは、Length プロパティの数だけ繰り返すことで、すべての文字を取り出しています。**Length プロパティ**は、文字列の文字数（バイト数ではない）を取得するプロパティです。

5.6.2 文字配列から文字列を生成する

文字配列から文字列を作るには、文字配列を受け取る string のコンストラクタを使います。

リスト5.44 文字配列から文字列を生成する(1)

```
var chars = new char[] { 'P', 'r', 'o', 'g', 'r', 'a', 'm' };
var str = new string(chars);   ◀ 文字配列を受け取るコンストラクタで文字列を生成
```

上の例では、"Program" が変数 str に代入されます。

別の例も示しましょう。与えられた文字列の '=' の右側を取り出し、新たな文字列を組み立てる例です。このとき、空白、タブを取り除いています。

リスト5.45 文字配列から文字列を生成する(2)

```
var target = "Novelist\t=\t谷崎 潤一郎 ";
var chars = target.SkipWhile(c => c != '=')
                  .Skip(1)
                  .Where(c => !char.IsWhiteSpace(c))
                  .ToArray();   ◀ ToArrayでIEnumerable<char>を文字配列に変換
```

```
var str = new string(chars);
```

上のコードは、まずLINQの`SkipWhile`メソッドと`Skip`メソッドで`'='`の右側を取り出し、その後、`Where`メソッドで、タブを含めた空白を取り除いた文字のシーケンスを作り出しています。その後、`ToArray`メソッドで文字配列`chars`を作成しています。最後に、この`chars`文字配列を`string`のコンストラクタに渡すことで、新たな文字列を生成しています。

5.6.3 数値を文字列に変換する

`Int32`構造体や`Decimal`構造体[7]などの**ToStringメソッド**を使うことで、数値を文字列に変換することができます。`ToString`メソッドには、さまざまな書式を指定できますが、ここでは、代表的な例を示しています。結果はコメント行に示します。

リスト5.46 ToStringメソッドで数値を文字列に変換する

```
int number = 12345;
var s1 = number.ToString();              // "12345"
var s2 = number.ToString("#");           // "12345"
var s3 = number.ToString("0000000");     // "0012345"
var s4 = number.ToString("#,0");         // "12,345"

decimal distance = 9876.123m;
var s5 = distance.ToString();            // "9876.123"
var s6 = distance.ToString("#");         // "9876"
var s7 = distance.ToString("#,0.0");     // "9,876.1"
var s8 = distance.ToString("#,0.0000");  // "9,876.1230"
```

引数の中の`'0'`記号は、対応する数字で`'0'`記号を置き換えることを意味しています。対応する数字が存在しない場合は、`'0'`が埋められます。

一方、`'#'`記号は、対応する数字で`'#'`記号を置き換えることを意味しています。対応する数字が存在しない場合は、結果の文字列に数字は含まれません。

`number`、`distance`の値がゼロの場合は、次のように文字列に変換されます。

```
int number = 0;
var s1 = number.ToString();              // "0"
var s2 = number.ToString("#");           // ""
var s3 = number.ToString("0000000");     // "0000000"
var s4 = number.ToString("#,0");         // "0"
```

---

[7] C#の`int`は、.NET FrameworkのInt32構造体の別名です。同様にC#の`decimal`は、.NET FrameworkのDecimal構造体の別名です。これらの構造体には、`ToString`、`TryParse`などのメソッドが定義されています。

```
decimal distance = 0.0m;
var s5 = distance.ToString();            // "0"
var s6 = distance.ToString("#");         // ""
var s7 = distance.ToString("#,0.0");     // "0.0"
var s8 = distance.ToString("#,0.0000");  // "0.0000"
```

変換後の文字列の最小桁数を指定したい場合もあります。その際は、ToString メソッドではなく、String.Format メソッドを使います。

リスト5.47 String.Format メソッドで数値を文字列に変換する

```
var s1 = string.Format("{0,10}", number);        // "     12345"
var s2 = string.Format("{0,10:#,0}", number);    // "    12,345"

var s3 = string.Format("{0,10}", distance);      // "  9876.543"
var s4 = string.Format("{0,10:0.0}", distance);  // "    9876.5"
```

上の例は、変換後の最小桁数を 10 文字としています。最小桁数に満たない場合は、空白が左側に埋められます。: の後ろが書式指定で、ToString メソッドと同様です。

なお、ここでは ToString メソッドと Format メソッドを使い分けましたが、ToString には、以下の制限がありますので、すべて String.Format メソッドを使ってもよいでしょう。

- ToString では、複数の変数をまとめて書式化することができない
- ToString では、最小桁数を指定することはできない

また、C# 6.0 の文字列補間構文を使った例も載せておきます。

リスト5.48 文字列補間構文で数値を文字列に変換する（C# 6.0 以降）

```
var number = 12345;
var s1 = $"{number:#,0}";       // "12,345"
var s2 = $"{number:0000000}";   // "0012345"
var s3 = $"{number,8}";         // "   12345"
var s4 = $"{number,8:#,0}";     // "  12,345"
```

5.6.4 指定した書式で文字列を整形する

指定した書式で複数の変数を整形する場合も、String.Format メソッドを使うと便利です。たとえば、次に示す文字列を作りたいとしましょう。

```
"Novelist=谷崎潤一郎;BestWork=春琴抄"
```

変数 novelist と変数 bestWork には、それぞれ **"谷崎潤一郎"** と **"春琴抄"** が入っているとすると、String.Format メソッドを使って以下のように書けます。

リスト5.49 String.Format で書式を指定し整形する(1)

```
var bookline = String.Format("Novelist={0};BestWork={1}", novelist, bestWork);
```

こうすれば、+ 演算子を使うコードよりも最終的にどのような文字列が作成されるのかが予想しやすくなります。

リスト5.50 ⚠ + 演算子で文字列を整形する(非推奨)

```
var bookline = "Novelist=" + novelist + ";BestWork=" + bestWork;
```

もう 1 つ、例を示します。

リスト5.51 String.Format で書式を指定し整形する(2)

```
var article = 12;
var clause = 5;
var header = String.Format("第{0,2}条{1,2}項", article, clause);
```

最小桁数を指定した例です。**"第12条 5項"** が header に代入されます。
C# 6.0 では文字列補間構文を使い、以下のように書くことも可能です。

リスト5.52 文字列補間構文で文字列を整形する(C# 6.0 以降)

```
var bookline = $"Novelist={novelist};BestWork={bestWork}";

var header = $"第{article,2}条{clause,2}項";
```

String.Format メソッドでは、波括弧 {} 内の数字が、第 2 引数以降のどの変数と対応しているのかがわかりにくいという問題がありましたが、文字列補間式を使うとそういった問題がなくなり、可読性を上げることが可能になります。

Column オブジェクトどうしの比較

プログラミングでは等値演算子（`==` 演算子および `!=` 演算子）を使い 2 つのオブジェクトを比較する場面が多々あります。その際に注意しなければならないのが、値型と参照型とで、その「等しい」の意味が異なるという点です。値型の比較と参照型の比較でどう違うのか、ここで簡単に説明しておきましょう。これらのことも重要ですので頭に入れておいてください。

値型の等値演算子による比較

`int` や `double` などの値型の場合は、2 つのオブジェクトが同じ値を持つことを意味します。これは現実世界での比較と同じ概念ですね。

```
int a = GetCurrentValue();
int b = GetNextValue();
if (a == b) {
    // a と b は等しい
}

DateTime d1 = GetMyBirthday();
DateTime d2 = GetYourBirthday();
if (d1 == d2) {
    // d1 と d2 は同じ日付
}
```

参照型の等値演算子による比較

一方、参照型の比較では、2 つの変数が同じオブジェクトへの参照を持っているか比較します。そのため以下のコードは、オブジェクトが同じ値を持っていても等しいとは見なされません。

```
Sample a = new Sample { Num = 1, Str = "C#" };
Sample b = new Sample { Num = 1, Str = "C#" };
if (a == b) {
    // a と b は、メモリ上に別々に確保されたオブジェクトであるため、
    // ここに書かれたステートメントは実行されない
}
```

次のコードの場合は、同じ参照を保持しているため等しいと見なされます。

```
Sample a = new Sample { Num = 1, Str = "C#" };
Sample b = a;
if (a == b) {
    // a と b は、メモリ上の同じオブジェクトを参照しているため、
```

```
        // ここに書かれたステートメントが実行される
}
```

文字列どうしの比較

　string 型は参照型ですので、上の説明から判断すると == 演算子での比較は参照の比較が行われると思うかもしれませんが、string 型の場合、== 演算子、!= 演算子がオーバーロード[8] され、値の比較を行うように変更されています。そのため、C# で文字列の値を比較する場合は、== 演算子を使うことが可能になっています。

```
var str1 = GetCurrentWord();   // "Hello"が返る
var str2 = GetNextWord();      // 別の領域に確保された"Hello"が返る
if (str1 == str2) {
    // 参照型の比較ではなく、値の比較が行われるので、別々の"Hello"であっても
    // ここに書かれたステートメントが実行される
}
```

Let's Try! 第 5 章の演習問題

問題 5.1

　コンソールから入力した 2 つの文字列が等しいか調べるコードを書いてください。このとき、大文字、小文字の違いは無視するようにしてください。コンソールからの入力は、Console.ReadLine メソッドを利用してください。

問題 5.2

　コンソールから入力した数字文字列を int 型に変換した後、カンマ付きの数字文字列に変換してください。入力した文字列は、int.TryParse メソッドで数値に変換してください。

問題 5.3

　"Jackdaws love my big sphinx of quartz" という文字列があります。この文字列に対して、以下の問題を解いてください。

---

[8] 演算子のオーバーロード（多重定義）とは、演算子の既定の動作を変更すること。operator キーワードを使い、動作を変更することができます。

1. 空白が何文字あるかカウントしてください。

2. 文字列の中の "big" という部分文字列を "small" に置き換えてください。

3. 単語がいくつあるかカウントしてください。

4. 4文字以下の単語を列挙してください。

5. 空白で区切り、配列に格納した後、StringBuilder クラスを使い文字列を連結させ、元の文字列と同じものを作り出してください。元の文字列の中には連続した空白は存在しないものとします。

問題 5.4

"Novelist=谷崎潤一郎;BestWork=春琴抄;Born=1886" という文字列から以下の出力を得るコンソールアプリケーションを作成してください。

```
作家　：谷崎潤一郎
代表作：春琴抄
誕生年：1886
```

Chapter 6 配列と List<T> の操作

　配列と List<T> は、複数の要素をまとめて管理することができるデータ構造です。配列は「インスタンス生成時に格納できる要素数が決まり、後から変更できない」、List<T>は「インスタンス生成後に、要素を追加、挿入、削除が行える」という違いはあるものの、それ以外は、とてもよく似た特徴を持っています。

　その最大の共通点は、**配列、List<T> ともに、IEnumerable<T> インターフェイスを持っている**ことです。つまり、LINQ を使えば、配列でも List<T> でも、さまざまな処理を同じコードで記述できるということです。本章では、LINQ を使ったコードと LINQ を使わないコードの両方を載せていますので、ぜひ、両方のコードを理解できるようにしてください。

　当然、「どちらのコードを書くべきなのだろう？」という疑問が出てくると思いますが、一部の例外を除いて、ほとんどのケースで LINQ を使ったコードを書くべきだというのが筆者の考えです。明らかにコード量が少なくなりますし、何をやるのか（What）がコードから読み取りやすくなっているはずです。もちろん、過去に作成されたコードのメンテナンスのことも考えれば、LINQ を使わないコードも理解できるようにしておく必要があるのはいうまでもありません。

6.1 本章で共通に使用するコード

　本章で示すコード断片は、すべて以下の名前空間の using ディレクティブが書かれていることを前提としています。ご自身でコードを書いて動作を確かめる際は、これらの using ディレクティブを忘れないようにしてください。

```
using System;
using System.Collection.Generics;
```

```
using System.Linq;    ◀LINQの利用に必須
```

また一部のコードでは、複数の Book オブジェクトを格納した books 変数を利用しますが、Book クラスと books 変数は以下のように定義されているものとします。

リスト6.1　サンプルで利用する Book リスト
```
class Book {
    public string Title { get; set; }
    public int Price { get; set; }
    public int Pages { get; set; }
}
    :
    var books = new List<Book> {
        new Book { Title = "こころ", Price = 400, Pages = 378 },
        new Book { Title = "人間失格", Price = 281, Pages = 212 },
        new Book { Title = "伊豆の踊子", Price = 389, Pages = 201 },
        new Book { Title = "若草物語", Price = 637, Pages = 464 },
        new Book { Title = "銀河鉄道の夜", Price = 411, Pages = 276 },
        new Book { Title = "二都物語", Price = 961, Pages = 666 },
        new Book { Title = "遠野物語", Price = 514, Pages = 268 },
    };
```

以降の説明では、配列と List<T>（以降、単にリストと記す場合もあります）のオブジェクトの総称としてコレクション[1]という用語を使っています。

6.2　要素の設定

6.2.1　配列あるいは List<T> を同じ値で埋める

リストや配列を一律の値で埋めるコードを示します。

LINQ を使ったコード

System.Linq 名前空間に定義されている **Enumerable.Repeat メソッド**で同じ値を繰り返すシーケンス[2]を作り出し、それをリストに変換することで、同じ値で埋めることができます。以下にそのコード例を示します。

---
[1]　正確には、配列、リストは、コレクションの一部であり、ほかに、ディクショナリ（→「第7章：ディクショナリの操作」）、マップ、ツリー、スタックなどがあります。
[2]　IEnumerable<T> 型の連続したデータを「シーケンス」といいます。

Chapter 6 配列と List<T> の操作

リスト6.2 List<T> を同じ値で埋める

```
var numbers = Enumerable.Repeat(-1, 20)    ◀-1で埋める
                        .ToList();          ◀List<int>に変換
```

Enumerable.Repeat メソッドの第1引数には生成する値を、第2引数には生成する個数を渡すことで、同じ値を複数個生成しています。その後、**ToList メソッド**でリストに変換しています。ToList の代わりに **ToArray メソッド**を使えば配列に変換できます。
Repeat メソッドは、コレクションを特定の文字列で埋めたいときにも利用できます。

リスト6.3 配列を同じ値で埋める

```
var strings = Enumerable.Repeat("(unknown)", 12)    ◀"(unknown)"で埋める
                        .ToArray();
```

これで、配列（要素数 12 個）の要素をすべて "(unknown)" に設定することができます。

LINQ を使わないコード

for 文を使い配列の各要素に -1 を設定するコードを示します。

リスト6.4 ▲配列を同じ値で埋める（非推奨）

```
int[] numbers = new int[20];
for (int i = 0; i < numbers.Length; i++) {    ◀Lengthプロパティで配列の要素数を取得できる
    numbers[i] = -1;
}
```

上記コードでは、あらかじめ 20 個の分の要素が入る配列を用意し、for 文を使い配列の各要素に -1 を設定しています。ここで、n 回繰り返すイディオムを使ってはいますが、配列の確保、繰り返し回数の指定、インデックスの操作など、間違える可能性のある箇所がいくつもあります。一方、LINQ を使ったコードは、Visual Studio のインテリセンスの機能を使うことでとても簡単にコーディングすることができ、間違いが入り込みにくくなります。
List<int> の各要素に -1 を設定するコードも示しましょう。リストへの要素の追加は、Add メソッドを使っています。

リスト6.5 ▲リストを同じ値で埋める（非推奨）

```
List<int> numbers = new List<int>();
for (int i = 0; i < 20; i++) {
    numbers.Add(-1);
```

6.2.2 配列あるいは List<T> に連続した値を設定する

配列に 1、2、3……20 と連続した数値を設定する例を示します。

LINQ を使ったコード

Enumerable.Range メソッドを使うと、連続した数値を生成できます。生成した連続した数値を ToArray メソッドで配列に変換しています。

リスト6.6 　配列に連続した値を設定する
```
var array = Enumerable.Range(1, 20)
                      .ToArray();
```

Enumerable.Range メソッドの第 2 引数には、生成する個数を指定します。max 値ではないので注意してください。

実際のアプリケーションプログラムで、コレクションにこのような連続した数値を設定するコードを書くことは、それほど多くはありませんが、テストコードを書く際や、ちょっとした確認のためのコードを書く際は、Enumerable.Range メソッドは、有効に利用できると思います。

LINQ を使わないコード

for 文を使った n 回繰り返すイディオムを使って実装します。配列あるいは List<T> を同じ値で埋めるときのコードとほとんど同じです。「6.2.1：配列あるいは List<T> を同じ値で埋める」のところで説明したように、より簡単で間違いが入り込みにくい LINQ のコードを使うことを推奨します。

リスト6.7 　▲ 配列に連続した値を設定する（非推奨）
```
int[] numbers = new int[20];
for (int i = 0; i < numbers.Length; i++) {
    numbers[i] = i + 1;
}
```

リスト6.8 　▲ リストに連続した値を設定する（非推奨）
```
List<int> numbers = new List<int>();
```

```
for (int i = 0; i < 20; i++) {
    numbers.Add(i + 1);
}
```

以降、断りのない限り、LINQ を使ったコード、LINQ を使わないコードともに、List<T> に対するコードのみを示します。LINQ を使った場合は、配列に対しても同じコードを書けるということを頭に入れておいてください。

6.3 コレクションの集計

6.3.1 平均値を求める

コレクションの要素の平均値を求めるコードを示します。

LINQ を使ったコード

LINQ の **Average** メソッドを呼び出すことで、平均値を求めることができます。

リスト6.9 平均値を求める(1)

```
var numbers = new List<int> { 9, 7, 5, 4, 2, 5, 4, 0, 4, 1, 0, 4 };
var average = numbers.Average();
```

リストの要素の型がクラスの場合は、以下のように何の平均値を求めたいのかラムダ式で指定することで平均値を求めることができます。

リスト6.10 平均値を求める(2)

```
var average = books.Average(x => x.Price);
```

Price の平均値を求めるんだな、ということがひと目でわかるコードになっています。LINQ には、合計を求める **Sum** メソッドもあります。

リスト6.11 合計を求める

```
var sum = numbers.Sum();         ◀ numbersコレクションの要素の合計

var totalPrice = books.Sum(x => x.Price);    ◀ Priceプロパティ値の合計
```

LINQを使わないコード

LINQを使わないで平均値を求めるには、ループ処理を記述する必要があります。

リスト6.12 ⚠ 平均値を求める（非推奨）

```
List<int> numbers = new List<int> { 9, 7, 5, 4, 2, 5, 4, 0, 4, 1, 0, 4 };
int sum = 0;
foreach (int n in numbers) {
    sum += n;
}
double average = (double)sum / numbers.Count;
```

まず合計を求めて、それから要素数で割っています。リストの要素数は **Count プロパティ**で得ることができます。

繰り返しになりますが、配列、リストなどのコレクションの処理ではLINQを使ったコードがお勧めです。LINQを使わないコードも十分に簡潔ですが、それでも間違いが入り込む余地（ループの終了条件など）があります。簡単に（かつ品質を落とさずに）書ける方法があるのですから、そちらを選ばない理由はないというのが筆者の考えです。

6.3.2 最小値、最大値を得る

コレクションの中の要素の最大値、最小値を求めるコードを示します。

LINQを使ったコード

LINQでは、最小値は **Min メソッド**、最大値は **Max メソッド**を使うだけです。
ここでは、0より大きな数値の中で、一番小さな値を求めるコード例を示します。

リスト6.13 最小値を得る

```
var numbers = new List<int> { 9, 7, -5, 4, 2, 5, 4, 2, -4, 8, -1, 6, 4 };
var min = numbers.Where(n => n > 0)
                 .Min();
```

要素の型が Book オブジェクトであった場合は、どの値の最小値／最大値を求めるか、ラムダ式で指定する必要があります。次に示す例では最大のページ数を求めています。

Chapter 6 配列と List<T> の操作

リスト6.14 最大値を得る

```
var pages = books.Max(x => x.Pages);
```

LINQ を使わないコード

LINQ を使わない場合は、foreach 文を使って繰り返し処理を書く必要があります。

リスト6.15 ⚠ 最小値を得る(非推奨)

```
List<int> numbers = new List<int> { 9, 7, -5, 4, 2, 5, 4, 2, -4, 8, -1, 6, 4 };
int min = int.MaxValue;
foreach (int n in numbers) {
    if (n <= 0)
        continue;        ◁ 0以下ならば対象外なので次の処理へ
    if (n < min)
        min = n;
}                        ◁ ループから抜けるとminに最小値が入っている
```

min 変数の初期値として、int.MaxValue を設定しています。こうすることで、通常のケースだと最初のループ処理で最小値が置き換わります。仮にリスト内のすべての値が int.MaxValue だった場合でも、正しく最大値を求めることができます。

Math クラスの Min メソッドを使うと、foreach の中は以下のように書くこともできます。

```
if (n <= 0)
    continue;               ◁ 0以下ならば対象外なので次の処理へ
min = Math.Min(n, min);     ◁ 2つの引数のうち小さいほうを返す
```

ちなみに、このコードに中の continue 文は、第 4 章で説明した return 文を使った「ふるいにかけて残ったものだけ処理をする」イディオム(⮕ p.107)の派生形です。条件を満たさないケースをループの先頭で取り除き、コードを読みやすくします。インデントが深くなるのも防いでくれます。

6.3.3 条件に一致する要素をカウントする

コレクションの中に条件に一致する要素がいくつあるのか数えるコードです。

LINQ を使ったコード

LINQ の **Count** メソッドを使うことで、条件に一致する要素数をカウントすることが

できます。

リスト6.16 条件に一致する要素をカウントする(1)

```
var numbers = new List<int> { 9, 7, 5, 4, 2, 5, 4, 0, 4, 1, 0, 4 };
var count = numbers.Count(n => n == 0);
```

上の例では、要素が0の数をカウントしています。count 変数には2が代入されます。Where メソッドを使い以下のようにも書けますが、Where メソッドと Count メソッドで2回の走査が走ることになり、良いコードとはいえません。

```
var count = numbers.Where(n => n == 0)
                   .Count();
```

もし要素の型が前述の Book クラスであった場合も、ラムダ式の条件部を変えるだけですね。次のコードは、Title に "物語" が含まれる書籍の数をカウントする例です。

リスト6.17 条件に一致する要素をカウントする(2)

```
var count = books.Count(x => x.Title.Contains("物語"));
```

LINQ を使わないコード

LINQ を使わない場合のコードを示します。foreach 文を使い要素の数だけループさせ、条件に一致した要素数をカウントしています。

リスト6.18 ⚠条件に一致する要素をカウントする(1)(非推奨)

```
List<int> numbers = new List<int> { 9, 7, 5, 4, 2, 5, 4, 0, 4, 1, 0, 4 };
int count = 0;
foreach (int n in numbers) {
   if (n == 0)
      count++;
}
```

リスト6.19 ⚠条件に一致する要素をカウントする(2)(非推奨)

```
int count = 0;
foreach (Book book in books) {
   if (book.Title.Contains("物語"))
      count++;
```

}

6.4 コレクションの判定

6.4.1 条件に一致する要素があるか調べる

条件に一致する要素がコレクション内に存在するかどうか調べるコードを示します。

LINQ を使ったコード

Any メソッドを使うことで、条件に一致する要素の有無を調べることができます。Any メソッドは、条件に一致する要素が 1 つでも見つかれば、**true** を返します。見つからない場合は、**false** を返します。

リスト6.20　条件に一致する要素があるか調べる(1)
```
var numbers = new List<int> { 19, 17, 15, 24, 12, 25, 14, 20, 11, 30, 24 };
bool exists = numbers.Any(n => n % 7 == 0);
```

この例では、7 の倍数の数があるかどうかを調べていますので、true が変数 exists に代入されます。

Count メソッドを使って以下のようには書いてはいけません。

```
var numbers = new List<int> { 19, 17, 15, 24, 12, 25, 14, 20, 11, 30, 24 };
var count = numbers.Count(n => n % 7 == 0);
// 条件に一致する要素数が 0 より大きければ存在している
bool exists = count > 0;
```

Any メソッドは、条件に一致した要素が見つかった時点で、要素の取得を中止し、呼び出し元に戻りますが、Count メソッドは、コレクションの最後の要素まで調べるので、効率の面で不利になります。また、**How（どうやるか）の視点で書かれたコードは可読性を落とす**原因にもなります。

books を使ったコード例も載せておきましょう。1000 円以上の書籍があるかどうかを調べています。

リスト6.21　条件に一致する要素があるか調べる(2)
```
bool exists = books.Any(x => x.Price >= 1000);
```

LINQを使わないコード

LINQを使わない場合は、他のコードと同様、ループ処理を書く必要があります。やはりWhatの視点のコードであるLINQを使ったコードのほうが直感的に書けますし、簡単ですね。

リスト6.22 ▲条件に一致する要素があるか調べる(非推奨)

```
List<int> numbers = new List<int> { 19, 17, 15, 24, 12, 25, 14, 20, 11, 30, 24 };
bool exists = false;
foreach (int n in numbers) {
    if (n % 7 == 0) {
        exists = true;
        break;
    }
}
```

6.4.2 すべての要素が条件を満たしているか調べる

コレクション内のすべての要素が条件を満たしているかどうかを調べるコードを示します。

LINQを使ったコード

LINQの**All**メソッドを利用すると、コレクション内のすべての要素が条件を満たしているか調べることができます。次のコードは、すべての要素が0以上か調べています。変数 isAllPositive には true が設定されます。

リスト6.23 すべての要素が条件を満たしているか調べる(1)

```
var numbers = new List<int> { 9, 7, 5, 4, 2, 5, 4, 0, 4, 1, 0, 4 };
bool isAllPositive = numbers.All(n => n > 0);
```

要素の型が Book オブジェクトであった場合も、ラムダ式で条件を与えるだけですね。次のコードは、books コレクションに含まれる書籍の価格が、すべて1000円以下か調べています。

リスト6.24 すべての要素が条件を満たしているか調べる(2)

```
bool is1000rLess = books.All(x => x.Price <= 1000);
```

All メソッドで注意しなくてはいけないのは、シーケンスが空の場合です。空の場合はつねに true が返ります。この点には十分注意しなくてはいけません。

次に示す LINQ を使わないコードも、上と同じことを実現するために、リストの要素が空のときに true を返すようにしています。

LINQ を使わないコード

LINQ を使わない場合は、foreach でループ処理を書く必要があります。

リスト6.25　▲ すべての要素が条件を満たしているか調べる（非推奨）

```
List<int> numbers = new List<int> { 9, 7, 5, 4, 2, 5, 4, 0, 4, 1, 0, 4 };
bool isAllPositive = true;     ◀結果が入るbool型の変数
foreach (int n in numbers) {
  if (n < 0) {
    isAllPositive = false;
    break;     ◀条件を満たさないことがわかり、これ以上調べる意味がないのでループから抜ける
  }
}
```

List<T> クラスや Array クラスには TrueForAll メソッドがあり、以下のようにも書けますが、ほとんど利用されていないと思われます。ラムダ式と LINQ が利用できる環境[3]ならば、All メソッドを使ってください。

```
List<int> numbers = new List<int> { 9, 7, 5, 4, 2, 5, 4, 0, 4, 1, 0, 4 };
bool isAllPositive = numbers.TrueForAll(delegate (int n) { return n > 0; });
```

6.4.3　2 つのコレクションが等しいか調べる

2 つのコレクション（リストや配列など）の要素が等しいか調べるコードを示します。

LINQ を使ったコード

LINQ では、**SequenceEqual メソッド**を呼び出すだけです。

リスト6.26　2 つのコレクションが等しいか調べる

```
var numbers1 = new List<int> { 9, 7, 5, 4, 2, 4, 0, -4, -1, 0, 4 };
var numbers2 = new List<int> { 9, 7, 5, 4, 2, 4, 0, -4, -1, 0, 4 };
```

[3]　Visual Studio 2008 以降で、ラムダ式および LINQ が利用可能です。

```
bool equal = numbers1.SequenceEqual(numbers2);
```

LINQ を使わないコード

LINQ を使わないコードでは、事前に 2 つの要素数を比較し、異なっていたら不一致と見なしています。要素数が一致していたらループ処理で各要素を比較しています。一致しない要素が見つかった時点で、ループから抜け出しています。

リスト6.27 ▲ 2 つのコレクションが等しいか調べる（非推奨）

```
List<int> numbers1 = new List<int> { 9, 7, 5, 4, 2, 4, 0, -4, -1, 0, 4 };
List<int> numbers2 = new List<int> { 9, 7, 5, 4, 2, 4, 0, -4, -1, 0, 4 };
bool equal = true;
if (numbers1.Count != numbers2.Count) {
    equal = false;                    ◀ 要素数が異なるので不一致
} else {
    for (int i = 0; i < numbers1.Count; i++) {
        if (numbers1[i] != numbers2[i]) {
            equal = false;            異なる要素があったので不一致。
            break;                    これ以上比較する必要はないので
        }                             ループから抜ける
    }
}
```

6.5 単一の要素の取得

6.5.1 条件に一致する最初 / 最後の要素を取得する

コレクションを走査し、条件に一致する最初の要素を取得するコードを示します。

LINQ を使ったコード

`FirstOrDefault` メソッドを使うことで、簡単に書くことができます。次のコードは、文字列を単語に分割し、最初に見つかった長さが 4 の単語を取得しています。条件に一致しなかった場合は、`null` を設定しています。

リスト6.28 条件に一致する最初の要素を取得する

```
var text = "The quick brown fox jumps over the lazy dog";
```

```
var words = text.Split(' ');
var word = words.FirstOrDefault(x => x.Length == 4);
```

LINQ には、First メソッドもありますが、**First メソッドの場合は、条件を満たす要素が見つからない場合は、InvalidOperationException 例外が発生してしまいます。** FirstOrDefault メソッドの場合は、**default(T)** の値（参照型は null）[4] が返ります。

FirstOrDefault メソッドに引数を指定しなかった場合、コレクションの最初の要素を取得できます。そのことから以下のようなコードを書いてしまいがちですが、FirstOrDefault メソッドは、ラムダ式を引数に渡せば条件を満たす最初の要素を返しますので、わざわざ Where メソッドを使う必要はありません。

✗
```
var text = "The quick brown fox jumps over the lazy dog";
var words = text.Split(' ');
var word = words.Where(x => x.Length == 4).FirstOrDefault();
```

最後の要素を取得するには、First メソッド、FirstOrDefault の代わりに、Last メソッド、**LastOrDefault メソッド**を使います。

LINQ を使わないコード

LINQ を使わない場合は、foreach を使い以下のように記述します。

リスト6.29　▲ 条件に一致する最初の要素を取得する（非推奨）
```
string text = "The quick brown fox jumps over the lazy dog";
string[] words = text.Split(' ');
string word = null;
foreach (string w in words) {
   if (w.Length == 4) {
      word = w;
      break;
   }
}
```

foreach が始まる前に、見つからなかった場合の値を事前に word 変数セットしておきます。条件に一致する単語が見つかった場合は、word 変数にその単語をセットし、break でループから抜け出しています。

リスト 6.29 の break 文を取り去れば、最後の要素を求めるコードとなります。

---

[4] 数値型の default(T) はゼロ、構造体の default(T) は、各メンバーの値がその型に応じゼロか null が設定されたものです。

6.5.2 条件に一致する最初 / 最後のインデックスを求める

要素そのものを取り出すのではなく、何番目の要素か知りたい場面もよくあります。ここでは、ある条件に一致する最初の要素がコレクションの何番目かを求めるコードをお見せします。

LINQ を使ったコード

まずは、LINQ を使ったコードです。LINQ でもその要素が何番目か扱うことができますが、少々厄介です。

リスト6.30 ▲ 条件に一致する最初のインデックスを求める

```
var numbers = new List<int> { 9, 7, -5, -4, 2, 5, 4, 0, -4, 8, -1, 0, 4 };
var item = numbers.Select((n, ix) => new { Value = n, Index = ix })
                  .FirstOrDefault(o => o.Value < 0);
var index = item == null ? -1 : item.Index;
```

> プロパティ名を指定して匿名型オブジェクトを生成

Select メソッドには、第1引数にコレクションの要素が、第2引数に要素のインデックスが渡ってくるラムダ式を引数に受け取るオーバーロードメソッドがあります。この Select メソッドを利用することで、要素の値とインデックスを対にした**匿名型**[5]オブジェクトのシーケンスを生成しています。

次に、FirstOrDefault メソッドで条件を指定し、見つかった匿名型のオブジェクトを item 変数に格納しています。item オブジェクトの Index プロパティを見れば、そのインデックスを得ることができます。FirstOrDefault メソッドは、見つからなかった場合は null を返しますので、その場合は -1 を設定しています。

匿名型を作る際には、以下のようにプロパティ名を省略することもできます。プロパティ名を省略した場合は、変数名の n と ix がプロパティ名になります。

```
var numbers = new List<int> { 9, 7, -5, -4, 2, 5, 4, 0, -4, 8, -1, 0, 4 };
var item = numbers.Select((n, ix) => new { n, ix })
                  .FirstOrDefault(o => o.n < 0);
var index = item == null ? -1 : item.ix;
```

> nは要素、ixは要素に対応するインデックス

LINQ を使わないコード

まず、for 文を使った実装例です。

---

[5] その場で定義できる読み取り専用の名前のない型。プロパティ名は自由に決めることができます。

リスト6.31 ⚠ 条件に一致する最初のインデックスを求める（非推奨）

```
List<int> numbers = new List<int> { 9, 7, -5, -4, 2, 5, 4, 0, -4, 8, -1, 0, 4 };
int index = -1;
for (int i = 0; i < numbers.Count; i++) {
   if (numbers[i] < 0) {
      index = i;
      break;
   }
}
```

見つからなかったことを考慮し、index には初期値として -1 をセットしています。マイナス値が見つかった時点で、index に値をセットし、ループから抜け出しています。

もう1つのやり方として、List<T> クラスの FindIndex メソッドを使うという方法があります。

リスト6.32 条件に一致する最初のインデックスを求める

```
var numbers = new List<int> { 9, 7, -5, -4, 2, 5, 4, 0, -4, 8, -1, 0, 4 };
var index = numbers.FindIndex(n => n < 0);
```

LINQ はすばらしい機能ですが、この例では、明らかに FindIndex を使ったほうが簡潔なコードとなっています。今回のケースでは、LINQ を使ったコードはわかりやすいとはいえません。LINQ のすばらしさ書きやすさを理解すると、なんでもかんでも LINQ で書きたくなるという欲求が出てきます。しかし、今回のケースのように、条件に一致したインデックスを求めたい場合は、FindIndex メソッドを使ったほうが簡単であり、こちらを使うべきです。

条件に一致する最後のインデックスを求める場合も、FindLastIndex メソッドを使います。やはり、このメソッドのほうが簡単に書けます。

ただし、FindIndex や FindLastIndex メソッドが使えるのは、操作対象のコレクションが、配列や List<T> であるときだけです。IEnumerable<T> に対してコードを書かないといけない場合もありますので、LINQ を使ったコードも使えるようにしておきましょう。

6.6 複数の要素の取得

6.6.1 条件を満たす要素を n 個取り出す

配列などから、条件を満たす要素を指定した個数だけ取り出す例です。ここでは正の数を 5 個取り出しています。

LINQ を使ったコード

LINQ では **Where メソッド**と **Take メソッド**を使うことで実現できます。

リスト6.33 条件を満たす要素を n 個取り出す

```
var numbers = new List<int> { 9, 7, -5, -4, 2, 5, 4, 0, -4, 8, -1, 0, 4 };
var results = numbers.Where(n => n > 0)
                     .Take(5);
```

Take メソッドは、指定した個数分の要素がなかったときでもエラーにはならず、取得できるところまで要素を取得します。

LINQ を使わないコード

リスト6.34 ⚠ 条件を満たす要素を n 個取り出す（非推奨）

```
List<int> numbers = new List<int> { 9, 7, -5, -4, 2, 5, 4, 0, -4, 8, -1, 0, 4 };
List<int> results = new List<int>();
foreach (int n in numbers) {
   if (n > 0) {
      results.Add(n);
      if (results.Count >= 5)
         break;
   }
}
```

LINQ を使わないコードでは、結果を格納するリスト results を別途用意しています。初期値は空とします。その後、foreach で要素を1つずつ取り出し、取り出した要素を results に追加します。results の要素数を Count プロパティで調べ、5以上だったらループから抜け出しています。

6.6.2 条件を満たしている間だけ要素を取り出す

条件を満たしている間だけ、要素を取り出すコード例を示します。

LINQ を使ったコード

LINQ の **TakeWhile メソッド**を使うと、指定した条件を満たしている間だけ要素を取得することができます。条件を満たさない要素が見つかった時点で、列挙を終了します。

リスト6.35 条件を満たしている間だけ値を取り出す

```
var selected = books.TakeWhile(x => x.Price < 600);
foreach (var book in selected)
    Console.WriteLine("{0} {1}", book.Title, book.Price);
```

　books コレクションを先頭から調べ、書籍の価格が 600 円未満の間だけ書籍オブジェクトを取り出しています。書籍の価格が 600 円以上の書籍が見つかった時点で列挙は終了します。**foreach** 文や **if** 文を書かずに、こういった処理が書けるのも LINQ のすばらしいところですね。実際のアプリケーションでは、何らかのキーでソート済みのコレクションに対して **TakeWhile** を呼び出すケースが考えられます。

LINQ を使わないコード

リスト6.36 ⚠ 条件を満たしている間だけ値を取り出す（非推奨）

```
List<Book> selected = new List<Book>();
foreach (Book book in books) {
    if (book.Price >= 600)
        break;
    selected.Add(book);
}
foreach (Book book in selected)
    Console.WriteLine("{0} {1}", book.Title, book.Price);
```

　LINQ を使わないコードでは、**foreach** 文で要素を取り出しながら、**selected** に要素を追加しています、条件を満たさない要素が出てきたら、ループを抜けるようにしています。

6.6.3 条件を満たしている間は要素を読み飛ばす

　TakeWhile メソッドとは逆に、条件を満たしている間は要素を読み飛ばし、それ以降の要素を取り出す場合のコードを示します。

LINQ を使ったコード

　LINQ を使ったコードでは、**SkipWhile メソッド**を使っています。SkipWhile メソッドは、指定した条件を満たしている間は要素を読み飛ばすメソッドです。ここでは、0 以上の間はスキップし、それ以降の要素を取り出しています。

6.7 その他の処理（変換、ソート、連結など）

リスト6.37 条件を満たしている間は要素を読み飛ばす

```
var numbers = new List<int> { 9, 7, 5, 4, 2, 4, 0, -4, 7, 0, 4 };
var selected = numbers.SkipWhile(n => n >= 0)
                     .ToList();
selected.ForEach(Console.WriteLine);
```

`selected`には、`{ -4, 7, 0, 4 }`が格納されます。

LINQを使わないコード

リスト6.38 ❌ 条件を満たしている間は要素を読み飛ばす悪い例

```
List<int> numbers = new List<int> { 9, 7, 5, 4, 2, 4, 0, -4, -1, 0, 4 };
List<int> selected = new List<int>();
bool found = false;
for (int i = 0; i < numbers.Count; i++) {
    if (numbers[i] < 0)
        found = true;
    if (found)
        selected.Add(numbers[i]);
}
selected.ForEach(Console.WriteLine);
```

このコードはちょっと無理やり感が否めないですね。他の方法（たとえば、`FindIndex`メソッドで条件に一致しない最初のインデックスを求め、このインデックス以降を複写する）でも似たり寄ったりでしょう。

6.7 その他の処理（変換、ソート、連結など）

6.7.1 コレクションから別のコレクションを生成する

コレクションのすべての要素に対し、何らかの加工を施し新たなコレクションを作りたい場合があります。そんなときにもLINQが使えます。

LINQを使ったコード

文字列配列の各要素をすべて小文字にし、結果をリストにする例を示します。

リスト6.39 コレクションから別のコレクションを生成する(1)

```
var words = new List<string> { "Microsoft", "Apple", "Google", "Oracle", "Facebook", };
var lowers = words.Select(name => name.ToLower())
                  .ToArray();
```

LINQ の **Select** メソッドの引数で、小文字に変換する指定をしています。`lowers` には、`{ "microsoft", "apple", "google", "oracle", "facebook" }` が格納されます。

`Select` メソッドは、次のように数値を文字列化する際にも使えます。

```
var numbers = new List<int> { 8, 20, 15, 48, 2 };
var strings = numbers.Select(n => n.ToString("0000"))
                     .ToArray();
```

`strings` には、`{ "0008", "0020", "0015", "0042", "0002" }` が格納されます。
`books` コレクションに対する例も載せておきましょう。

リスト6.40 コレクションから別のコレクションを生成する(2)

```
var titles = books.Select(x => x.Title);
```

`books` コレクションから、書籍のタイトル名の一覧を作成しています。`titles` 変数の型は、`IEnumerable<string>` です。

上記の `Select` メソッドを使ったコードでは、ラムダ式で `ToLower` メソッドを呼び出したりプロパティを指定したりするだけの簡単な処理でしたが、もっと複雑な変換処理も LINQ で書くことができます。

LINQ を使わないコード

文字列配列の各要素をすべて小文字にするコードを、LINQ を使わずに書いたのが以下のコードとなります。やはり、ループ処理を記述する必要があります。

リスト6.41 ▲ コレクションから別のコレクションを生成する(非推奨)

```
List<string> words = new List<string> { "Microsoft", "Apple", "Google", "Oracle",
                                                                        ➡"Facebook", };
List<string> lowers = new List<string>();
foreach (string name in words) {
    lowers.Add(name.ToLower());
}
```

6.7 その他の処理（変換、ソート、連結など）

LINQ を使わない場合は、foreach で要素を 1 つずつ取り出し、ループ処理の中で変換処理をし、リストに格納しています。

6.7.2 重複を排除する

コレクションから重複を排除したいというのもよくある処理です。数値のリストから重複を排除した新たなリストを作成する例を示します。

LINQ を使ったコード

LINQ では、**Distinct メソッド**を使うだけです。

リスト6.42 重複を排除する

```
var numbers = new List<int> { 19, 17, 15, 24, 12, 25, 14, 20, 12, 28, 19, 30, 24 };
var results = numbers.Distinct();
```

とても簡単ですね。重複を排除した結果を List<T> として扱いたい場合は、さらに ToList メソッドを呼び出します。

```
var results = numbers.Distinct()
                     .ToList();
```

LINQ を使わないコード

他の処理同様、ループ処理を記述する必要があります。

リスト6.43 ⚠ 重複を排除する（非推奨）

```
List<int> numbers = new List<int> { 19, 17, 15, 24, 12, 17, 14, 20, 12, 28, 19,
                                                                    ➡30, 24 };
List<int> results = new List<int>();
foreach (int n in numbers) {
   if (!results.Contains(n))
       results.Add(n);
}
```

まず、結果を格納する空のリスト results を用意しています。その後、foreach で要素を 1 つずつ取り出し、取り出した要素 n が results の中に含まれているかどうかを Contains メソッドを使って調べています。含まれていなかった場合は、results に要素を追加しています。

6.7.3 コレクションを並べ替える

コレクションを並べ替える処理もよくあります。そのコードを紹介します。

LINQ を使ったコード

OrderBy メソッドを使うことで、並べ替えができます。以下の例では、books コレクションを価格の安い順に並べ替えています。

リスト6.44 コレクションを昇順にソートする

```
var sortedBooks = books.OrderBy(x => x.Price);
```

以下のようなコードは正しくありません。OrderBy メソッドを呼び出すだけでは、books そのものはソートされませんので、必ず OrderBy の結果を受け取るようにしてください。

✗ `books.OrderBy(x => x.Price);` ◀結果を受け取っていない！

books そのものがソートされないのは一見不便なように思えますが、オリジナルのコレクションが変更されないため、安全性が高いコードといえます。知らないうちに順番が変更されていたということがなくなります。どうしても、books コレクションそのものをソートしたい場合は、「LINQ を使わないコード」を利用してください。

ちなみに、価格の高い順にソートしたい場合には、**OrderByDescending メソッド**を使います。

リスト6.45 コレクションを降順にソートする

```
var sortedBooks = books.OrderByDescending(x => x.Price);
```

LINQ を使わないコード

List<T> の Sort メソッドで要素を並べ替えることができます。

リスト6.46 ▲ コレクションをソートする（非推奨）

```
books.Sort(BookCompare);   ◀List<Book>をソート
    ⋮
private int BookCompare(Book a, Book b) {
```

```
        return a.Price - b.Price;  ◀ 価格の安い順（昇順）に並べ替えるための指定
}
```

LINQのコードと異なり books そのものがソートされます。第2引数で指定する Comparison<T> デリゲートの結果によって昇順にソートが行われます。デリゲートでは2つの値の大小を比較し、表6.1に示した値を返すようにします。

表6.1 Comparison<T> デリゲートの戻り値の意味

戻り値	意味
0より小さい	x が y より小さい
0	x と y は等しい
0より大きい	x が y より大きい

BookCompare メソッドを以下のように書けば、価格の高い順（降順）に並べ替えることができます。

```
private int BookCompare(Book a, Book b) {
    return b.Price - a.Price;
}
```

6.7.4 2つのコレクションを連結する

2つのコレクションを連結する例として、2つのフォルダにあるファイルパスの一覧を連結しリストに格納するコードを示します。

LINQ を使ったコード

LINQ の **Concat メソッド**を使うと、2つのコレクションを連結させることができます。

リスト6.47 2つのコレクションを連結する

```
string[] files1 = Directory.GetFiles(@"C:\Temp");
string[] files2 = Directory.GetFiles(@"C:\Work");
var allfiles = files1.Concat(files2);   ◀ file1とfile2を連結
// 連結した結果を表示
allfiles.ToList().ForEach(Console.WriteLine);
```

System.IO.Directory クラス[6]の GetFiles メソッドを使い、指定フォルダのファイル一

---

[6] System.IO.Directory クラスの詳しい使い方は、「9.4：ディレクトリの操作」で説明しています。

覧を取り出しています。取得した2つの配列をLINQのConcatメソッドを使い、1つに連結しています。

他のLINQのメソッドと同様、files1そのものは変更されません。連結した結果は新たなシーケンスとして返されます。ここでは配列を例にとりましたが、ConcatメソッドはList<T>でも同じように利用できます。

LINQを使わないコード

AddRangeメソッドを使えば、foreachを使わなくても2つの配列を連結することができます。しかし、LINQを使ってより簡潔に書けるのですから、あえてこちらの書き方をする必要はないでしょう。

リスト6.48 ▲ 2つのコレクションを連結する（非推奨）

```
string[] files1 = Directory.GetFiles(@"C:\Temp");
string[] files2 = Directory.GetFiles(@"C:\Work");
List<string> allfiles = new List<string>(files1);   ◀ files1を複製してallfilesを作成
allfiles.AddRange(files2);   ◀ allfilesに、files2の要素を追加
// 連結した結果を表示
allfiles.ForEach(Console.WriteLine);
```

Column **foreachやforのループの中でリストの要素を削除してはいけない**

ループの中で、リストの要素を削除してはいけません。以下のコードは、Removeメソッドを呼び出したときに、InvalidOperationException例外が発生してしまいます。

```
✗ List<int> list = new List<int> { 1, 2, 3, 4, 5, 6, 7, 8, 9 };
foreach (int n in list) {
    if (n % 4 == 0)
        list.Remove(n);   ◀ foreachの中で、要素を削除
}
Console.WriteLine(list.Count);
```

また、以下のようなfor文を使ったコードも良くありません。

```
✗ List<int> list = new List<int> { 1, 2, 3, 4, 5, 5, 6, 7, 8, 9 };
for (int i = 0; i < list.Count; i++ ) {
    if (list[i] == 5)
        list.Remove(list[i]);   ◀ for文の中で、要素を削除
```

```
}
Console.WriteLine(list.Count);
```

listの中には、5が2つ存在していますから、8が表示されてほしいのですが、実際には、2つ目の5は削除されずに、9が表示されてしまいます。

この問題を回避するには、RemoveAllメソッドを利用するのが簡単です。

```
var list = new List<int> { 1, 2, 3, 4, 5, 5, 6, 7, 8, 9 };
list.RemoveAll(x => x == 5);
```

以下のように逆順からたどるコードを書くことでもこの問題に対処できますが、あえてこのような複雑なコードを書く必要はありません。

```
▲List<int> list = new List<int> { 1, 2, 3, 4, 5, 5, 6, 7, 8, 9 };
for (int i = list.Count-1; i >= 0; i--) {
    if (list[i] == 5)
        list.Remove(list[i]);
}
```

なお、リスト内の要素を削除したいという場合でも、本当にリストそのものを変更する必要があるのか、よく検討する必要があります。もし、リストそのものを変更しなくても目的を達することができるならば、以下のようなコードを書いてください。

```
var list = new List<int> { 1, 2, 3, 4, 5, 5, 6, 7, 8, 9 };
var newList = list.Where(x => x != 5);
```

Let's Try! 第6章の演習問題

問題 6.1

次のような配列が定義されています。

```
var numbers = new int[] { 5, 10, 17, 9, 3, 21, 10, 40, 21, 3, 35 }
```

この配列に対して、以下のコードを書いてください。

1. 最大値を求め、結果を表示してください。

2. 最後から 2 つの要素を取り出して表示してください。

3. それぞれの数値を文字列に変換し、結果を表示してください。

4. 数の小さい順に並べ、先頭から 3 つを取り出し、結果を表示してください。

5. 重複を排除した後、10 より大きい値がいくつあるのかカウントし、結果を表示してください。

問題 6.2

次のようなリストが定義されています。

```
var books = new List<Book> {
    new Book { Title = "C#プログラミングの新常識", Price = 3800, Pages = 378 },
    new Book { Title = "ラムダ式とLINQの極意", Price = 2500, Pages = 312 },
    new Book { Title = "ワンダフル・C#ライフ", Price = 2900, Pages = 385 },
    new Book { Title = "一人で学ぶ並列処理プログラミング", Price = 4800, Pages = 464 },
    new Book { Title = "フレーズで覚えるC#入門", Price = 5300, Pages = 604 },
    new Book { Title = "私でも分かったASP.NET MVC", Price = 3200, Pages = 453 },
    new Book { Title = "楽しいC#プログラミング教室", Price = 2540, Pages = 348 },
};
```

この books リストに対して、以下のコードを書いてください。

1. books の中で、タイトルが "ワンダフル・C# ライフ" である書籍の価格とページ数を表示するコードを書いてください。

2. books の中で、タイトルに "C#" が含まれている書籍が何冊あるかカウントするコードを書いてください。

3. books の中で、タイトルに "C#" が含まれている書籍の平均ページ数を求めるコードを書いてください。

4. books の中で、価格が 4000 円以上の本で最初に見つかった書籍のタイトルを表示するコードを書いてください。

5. books の中で、価格が 4000 円未満の本の中で最大のページ数を求めるコードを書いてください。

6. books の中で、ページ数が 400 ページ以上の書籍を、価格の高い順に表示（タイトルと価格を表示）するコードを書いてください。

7. books の中で、タイトルに "C#" が含まれていてかつ 500 ページ以下の本を見つけ、本のタイトルを表示するコードを書いてください。複数見つかった場合は、そのすべてを表示してください。

Column: typeof 演算子と GetType メソッド

.NET Framework が提供するクラスには、型情報を表す `System.Type` オブジェクトをメソッドの引数に受け取るものがあります。この `Type` オブジェクトは、以下の 2 つの方法で取得することができます。

typeof 演算子

以下のように、`typeof` 演算子にクラス名を指定して `Type` オブジェクトを取得できます。

```
Type type = typeof(Product);
```

GetType メソッド

`GetType` メソッドは、オブジェクトからその型情報を取得したい場合に利用します。

```
Person person = new Employee();
Type type = person.GetType();
```

上のコードの場合、`Employee` の型情報を得ることができます。変数 `person` は `Person` 型ですが、`person.GetType()` の戻り値は、実際のオブジェクトの型である `Employee` 型の `Type` オブジェクトとなります。

この `System.Type` オブジェクトは、C# のリフレクションという機能と密接に結び付いています。リフレクションの機能を使えば、型情報を使ってメソッドを呼び出したりプロパティを参照したりすることができます。詳しくは、「.NET Framework のリフレクション（https://msdn.microsoft.com/ja-jp/library/f7ykdhsy）」などを参照してください。

Chapter 7 ディクショナリの操作

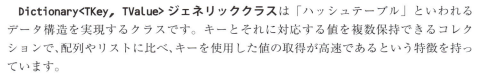

　Dictionary<TKey, TValue> ジェネリッククラスは「ハッシュテーブル」といわれるデータ構造を実現するクラスです。キーとそれに対応する値を複数保持できるコレクションで、配列やリストに比べ、キーを使用した値の取得が高速であるという特徴を持っています。

　すでに、第 2 章で Dictionary<TKey, TValue>（以降、ディクショナリとも）クラスを使ったコードをお見せしましたが、ほんの一部の機能を紹介しただけなので、本章でもう少し詳しく見ていくことにしましょう。また、「7.2：ディクショナリの応用」では、Dictionary<TKey, TValue> クラスとよく似たクラスである HashSet<T> クラスについても紹介しています。

7.1 Dictionary<TKey, TValue> の基本操作

7.1.1 ディクショナリの初期化

以下に、ディクショナリを初期化するコードを示します。
花の名前（string 型）と、対応する価格（int 型）を保持する例です。

リスト7.1 ディクショナリの初期化（C# 5.0 以前）

```
var flowerDict = new Dictionary<string, int>() {
    { "sunflower", 400 },
    { "pansy", 300 },
    { "tulip", 350 },
    { "rose", 500 },
    { "dahlia", 450 },
```

上では、C# 3.0 で導入されたコレクションの初期化機能を使っています。C# 6.0 では、以下のように書くこともできます。

リスト7.2 ディクショナリの初期化（C# 6.0 以降）

```
var flowerDict = new Dictionary<string, int>() {
    ["sunflower"] = 400,
    ["pansy"] = 300,
    ["tulip"] = 350,
    ["rose"] = 500,
    ["dahlia"] = 450,
};
```

7.1.2 ユーザー定義型のオブジェクトを値に格納する

ディクショナリの値（`Value`）には、ユーザーが定義したクラスのオブジェクトを格納することもできます。

リスト7.3 ユーザー定義型のオブジェクトを値に格納する

```
var employeeDict = new Dictionary<int, Employee> {
    { 100, new Employee(100, "清水遼久") },
    { 112, new Employee(112, "芹沢洋和") },
    { 125, new Employee(125, "岩瀬奈央子") },
};
```
従業員コードと氏名でインスタンスを生成

ディクショナリにしておけば、従業員コードをキーにして、簡単かつ高速に `Employee` オブジェクトを取り出すことができます。「7.2：ディクショナリの応用」では、`List<Employee>` を `Dictionary<int, Employee>` に変換する方法も紹介します。

7.1.3 ディクショナリに要素を追加する

ディクショナリに要素に追加するには、以下のように配列と同様の書き方をします。これで要素を代入することができます。`[]` の中にはキーを指定します。この記法の場合、すでにキーがディクショナリに存在していた場合は、値が置き換わり、以前の値は消えてしまいます。

リスト7.4 ディクショナリに要素を追加する

```
flowerDict["violet"] = 600;

employeeDict[126] = new Employee(126, "庄野遥花");
```

Add メソッドを使って要素を追加することも可能です。Add メソッドは、すでにディクショナリにキーが存在していた場合には、ArgumentException 例外が発生しますので注意が必要です。

リスト7.5 Add メソッドを使い、ディクショナリに要素を追加する

```
flowerDict.Add("violet", 600);

employeeDict.Add(126, new Employee(126, "庄野遥花"));
```

7.1.4 ディクショナリから要素を取り出す

ディクショナリから要素を取得する際も、配列と同様の記法を使います。[] の中でインデックスの代わりにキーを指定することで、キーに対応した値を取り出すことができます。

リスト7.6 ディクショナリから要素を取り出す

```
int price = flowerDict["rose"];

var employee = employeeDict[125];
```

指定したキーがにディクショナリに存在しない場合、KeyNotFoundException 例外が発生します。そのため、ディクショナリにキーが存在するかどうかを調べてから、要素を取り出すケースもよくあります。ContainsKey メソッドを使うことで、キーが存在するかどうかを調べることができます。

リスト7.7 ディクショナリにキーが存在するか確かめる

```
var key = "pansy";
if (flowerDict.ContainsKey(key)) {
    var price = flowerDict[key];
       :   // priceに対する処理
}
```

7.1.5 ディクショナリから要素を削除する

ディクショナリから要素を削除するには、**Remove メソッド**を使います。

リスト7.8 ディクショナリから要素を削除する
```
var result = flowerDict.Remove("pansy");
```

Remove メソッドの引数には、削除したい要素のキーを指定します。要素が見つかり、正常に削除された場合は true、指定した key がディクショナリに見つからない場合は false が返ります。

7.1.6 ディクショナリからすべての要素を取り出す

配列やリストと同様、foreach 文を使うことで、ディクショナリに格納されているすべての要素を取り出せます。foreach で取り出せる要素の型は、**KeyValuePair<TKey, TValue> 型**です。Key プロパティでキーの値を、Value プロパティで対応する値を参照することができます。このときの要素を取り出す順序は不定であり、登録した順である保証はありませんので注意してください。

```
foreach (KeyValuePair<string, int> item in flowerDict)
    Console.WriteLine("{0} = {1}", item.Key, item.Value);
```

上記コードでは要素 item の型がわかるように、あえて var を使わずに書きましたが、以下のように var を使うのが一般的です。

リスト7.9 ディクショナリからすべての要素を取り出す
```
foreach (var item in flowerDict)
    Console.WriteLine("{0} = {1}", item.Key, item.Value);
```

foreach が使えるということは LINQ が使えるということです。いくつかの例を載せておきます。まずは、ディクショナリに格納された Value の平均を求める例です。

```
var average = flowerDict.Average(x => x.Value);
```

Sum メソッドを使えば合計を求めることも簡単ですね。

```
int total = flowerDict.Sum(x => x.Value);
```

Whereメソッドで、要素をフィルタリングすることもできます。

```
var items = flowerDict.Where(x => x.Key.Length <= 5);
```

7.1.7 ディクショナリからすべてのキーを取り出す

ディクショナリに格納されたキーだけを取り出すこともできます。Dictionary<TKey, TValue>クラスのKeysプロパティを利用することで、ディクショナリに格納されているすべてのキーを列挙することができます。

リスト7.10 ディクショナリからすべてのキーを取り出す

```
foreach (var key in flowerDict.Keys)
    Console.WriteLine(key);
```

この場合も、取り出す順序は不定です。登録した順である保証はありませんので注意してください。

7.2 ディクショナリの応用

7.2.1 ディクショナリに変換する

LINQのToDictionaryメソッドを使うと、配列やリストをディクショナリに変換することができます。ディクショナリにすることで、キーを指定した高速アクセスが可能になります。以下のコードは、List<Employee>をDictionary<int, Employee>に変換する例です。

リスト7.11 リストをディクショナリに変換する

```
var employees = new List<Employee>();
    ⋮
var employeeDict = employees.ToDictionary(emp => emp.Code);
```

このコードでは、ToDictionaryメソッドの第1引数で、従業員コード（emp.Code）を表すラムダ式を与えています。こうすることで、従業員コードを「キー（Key）」に、Employeeオブジェクトを「値（Value）」にしてディクショナリを作成しています。値は自動的にEmployeeオブジェクトになります。LINQを使って取得したオブジェクトをToDictionaryでディクショナリに変換すれば、キーを指定して高速にアクセスすることが可能になります。

7.2.2 ディクショナリから別のディクショナリを作成する

ディクショナリからある条件に一致したものだけを抜き出し、新たなディクショナリを生成するコードを示します。リストをディクショナリに変換する方法とは異なり、第2引数でどのオブジェクトを値（Value）にするのか指定しています。

リスト7.12 ディクショナリから別のディクショナリを作成する

```
var flowerDict = new Dictionary<string, int>() {
    { "sunflower", 400 },
    { "pansy", 300 },
    { "tulip", 200 },
    { "rose", 500 },
    { "dahlia", 400 },
};
var newDict = flowerDict.Where(x => x.Value >= 400)
                        .ToDictionary(flower => flower.Key, flower =>
                                                            ➥flower.Value);
foreach (var item in newDict.Keys) {
    Console.WriteLine(item);
}
```

7.2.3 カスタムクラスをキーにする

文字列や数値ではなく、独自に作成したカスタムクラスをディクショナリのキーにしたい場合があります。たとえば、次のような月と日を扱う`MonthDay`というクラスを定義したとしましょう。

```
class MonthDay {
    public int Day { get; private set; }

    public int Month { get; private set; }

    public MonthDay(int month, int day) {
        this.Month = month;
        this.Day = day;
    }
}
```

この`MonthDay`オブジェクトをキーとする、次のようなコードを書きました。

Chapter 7 ディクショナリの操作

リスト7.13 カスタムクラスをキーにしたディクショナリの利用例

```
var dict = new Dictionary<MonthDay, string> {    ← MonthDayオブジェクトをキーに、
    { new MonthDay(3, 5), "珊瑚の日" },              対応する記念日を格納する
    { new MonthDay(8, 4), "箸の日" },
    { new MonthDay(10, 3), "登山の日" },
};
var md = new MonthDay(8, 4);
var s = dict[md];
Console.WriteLine(s);     ← "箸の日"が出力されるはずだが……リスト7.14がないと正しく動作しない
```

しかし、このコードを実行すると KeyNotFoundException 例外が発生してしまいます。正しく動作させるには、以下のように MonthDay クラスで **Equals メソッド**と **GetHashCode メソッド**をオーバーライド（override）[1]しなければなりません。こうすることで、MonthDay クラスをディクショナリのキーにすることが可能になります。

リスト7.14 カスタムクラスをキーにする場合のクラスの定義例

```
class MonthDay {
    public int Day { get; private set; }

    public int Month { get; private set; }

    public MonthDay(int month, int day) {
        this.Month = month;
        this.Day = day;
    }

    // MonthDayどうしの比較をする
    public override bool Equals(object obj) {    ← Equalsをオーバーライド
        var other = obj as MonthDay;
        if (other == null)
            throw new ArgumentException();
        return this.Day == other.Day && this.Month == other.Month;
    }

    // ハッシュコードを求める
    public override int GetHashCode() {    ← GetHashCodeをオーバーライド
        return Month.GetHashCode() * 31 + Day.GetHashCode();
    }
}
```

---

[1] 継承元クラスで定義されたメソッドを継承したクラスで定義し直し、動作を上書きすること。C# では、override キーワードを使います。詳細は文法解説書などを参照してください。

ハッシュコード（ハッシュ値）は、オブジェクトの値をもとに一定の計算を行って求められた`int`型の値で、ディクショナリの内部では、値を特定する際のインデックスとして使われます。同じオブジェクトからはつねに同じハッシュ値が生成される必要があります。なお、このハッシュ値から元のオブジェクトを復元することはできません。

異なるオブジェクトが、同じハッシュ値を生成しても問題はありません。しかし、同じ値が返る頻度が高いと、ディクショナリの高速性という特徴が失われてしまいます。異なるオブジェクトのハッシュ値は、できるだけ別の値が返るような実装にします。上記の`GetHashCode`メソッドで 31 という素数を掛けているのは、ハッシュ値をばらけさせる意味があります。31 という数字も定石の 1 つです。ハッシュ値が同じだった場合は、`Equals`メソッドでオブジェクトの同値性が判断されます。

7.2.4 キーのみを格納する

ディクショナリを使う際に、キーがディクショナリに格納されているかが重要であり、その値（`Value`）は利用しないというケースがあります。

たとえば、英文のテキストファイルから 10 文字以上の単語を切り出し、重複のない単語一覧を作成したいとします。単語の出現頻度を調べたいならば、値（`Value`）に出現回数を記憶することになりますが、出現した単語だけを記憶する場合は値は不要です。このようなケースでは、`List<string>`に格納していくことでも実現できますが、そのつど、リストの中を走査しなくてはならないため効率が良いとはいえません。こんなときに利用できるのが、ディクショナリの仲間である **HashSet<T> クラス**です。HashSet<T> クラスは、`Dictionary<TKey, TValue>`と似ていますが、保持するのはキー部だけであり、値は保持しません。重複を許さない要素の集合を表すクラスです。

この HashSet<T> クラスを使ったサンプルとして、英文のテキストファイルから 10 文字以上の単語一覧を表示するプログラムを示します。まず、`string`の配列の中から単語を抽出するクラス WordsExtractor を以下に示します。

リスト7.15 HashSet<T> を使った例

```
class WordsExtractor {
  private string[] _lines;

  // コンストラクタ
  // ファイル以外からも抽出できるようにstring[]を引数に取る
  public WordsExtractor(string[] lines) {
     _lines = lines;
  }

  // 10文字以上の単語を重複なくアルファベット順に列挙する
  public IEnumerable<string> Extract() {
```

```
            var hash = new HashSet<string>();        ◀ HashSetオブジェクトを生成
            foreach (var line in _Lines) {
                var words = GetWords(line);
                foreach (var word in words) {
                    if (word.Length >= 10)
                        hash.Add(word.ToLower());    ◀ HashSetに単語を登録
                }
            }
            return hash.OrderBy(s => s);             ◀ アルファベット順に並べ替えたものを返す
        }

        // 単語に分割する際のセパレータ
        // 文字配列を初期化するよりも、ToCharArrayメソッドのほうが簡単
        private char[] _separators = @" !?"",.".ToCharArray();

        // 1行から単語を取り出し列挙する
        private IEnumerable<string> GetWords(string line) {
            var items = line.Split(_separators, StringSplitOptions.RemoveEmptyEntries);
            foreach (var item in items) {
                // you're, it's, don't などのアポストロフィ以降を取り除く
                var index = item.IndexOf("'");
                var  word = index <= 0 ? item : item.Substring(0, index);
                // すべてがアルファベットだけが対象
                if (word.ToLower().All(c => 'a' <= c && c <= 'z'))
                    yield return word;
            }
        }
    }
```

　`Extract`メソッドの中で、`HashSet<T>`を使っています。使い方はどちらかというと`List<T>`に似ています。

　`HashSet<T>`の`Add`メソッドは、要素が`HashSet<T>`オブジェクトに追加された場合は`true`、要素がすでに存在していた場合は例外にはならず`false`を返します。そのため、要素が存在しているか気にすることなく、抽出した単語を追加することができます。

　なお、この例では文字列を格納しましたが、`HashSet<T>`にカスタムクラスのオブジェクトを格納することもできます。その場合は「7.2.3：カスタムクラスをキーにする」で示したのと同様、`GetHashCode`メソッドと`Equals`メソッドをオーバーライドする必要があります。

　`WordsExtractor`クラスを使ったコード例も示しておきましょう。

リスト7.16　WordsExtractorクラスの呼び出し例

```
class Program {
```

```
static void Main(string[] args) {
    var lines = File.ReadAllLines("sample.txt");
    var we = new WordsExtractor(lines);
    foreach (var word in we.Extract()) {
        Console.WriteLine(word);
    }
}
```

まず、`File` クラスの `ReadAllLines` 静的メソッドを使い、`sample.txt` ファイルのすべての行を読み込み、各行を要素として持つ配列 `lines` を作成します。次に、`WordsExtractor` クラスのコンストラクタに配列 `lines` を渡し、`WordsExtractor` オブジェクトを生成します。最後に、`WordsExtractor` オブジェクトの `Extract` メソッドを呼び出し、単語を列挙しています。

7.2.5 キーの重複を許す

ディクショナリはキーの重複を許していません。そのため、同じキーに複数のオブジェクトを関連付けることができません。たとえば、略語とその意味をディクショナリで管理したいとしましょう。このとき、以下のように同じ略語に複数の用語が対応している場合には、`Dictionary<string, string>` では対応することができません。

- PC：パーソナル コンピュータ
- PC：プログラム カウンタ
- CD：コンパクト ディスク
- CD：キャッシュ ディスペンサー

対応するには、値の型を `string` ではなく `List<string>` にします。そうすれば、1つのキーに対して複数の用語を格納することができるようになります。つまり、結果的にキーの重複を許すことになります（→図7.1）。

図7.1 　キーの重複を許すディクショナリのイメージ

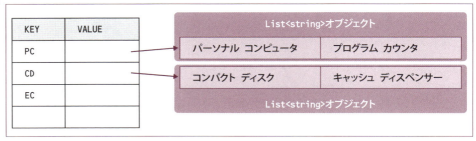

簡単な例を載せておきましょう。

リスト7.17 キーの重複を許す場合のサンプルコード

```
// ディクショナリの初期化
var dict = new Dictionary<string, List<string>>() {
   { "PC", new List<string> { "パーソナル コンピュータ", "プログラム カウンタ", } },
   { "CD", new List<string> { "コンパクト ディスク", "キャッシュ ディスペンサー ", } },
};

// ディクショナリに追加
var key = "EC";
var value = "電子商取引";
if (dict.ContainsKey(key)) {
   dict[key].Add(value);          ← "EC"は登録済み、"電子商取引"を追加
} else {
   dict[key] = new List<string> { value };   ← "EC"は未登録、"電子商取引"が格納された
}                                              リストオブジェクトを登録

// ディクショナリの内容を列挙
foreach (var item in dict) {
   foreach (var term in item.Value) {
      Console.WriteLine("{0} : {1}", item.Key, term);
   }
}
```

理解の助けになるように、if 文のところを複数行に分けて書いたコードも載せておきましょう。

```
if (dict.ContainsKey(key)) {
   List<string> list = dict[key];
   list.Add(value);
} else {
   List<string> list = new List<string>();
   list.Add(value);
   dict[key] = list;
}
```

リスト 7.17 のコードを実行すると、以下の結果が得られます。

```
PC : パーソナル コンピュータ
PC : プログラム カウンタ
CD : コンパクト ディスク
```

```
CD : キャッシュ ディスペンサー
EC : 電子商取引
```

7.3 ディクショナリを使ったサンプルプログラム

ディクショナリの理解を深めてもらうために、ディクショナリを使った簡単なプログラムを作成してみましょう。

以下のような、略語とそれに対応する日本語が記述されたテキストファイル "Abbreviations.txt" があります。このファイルを読み込み、省略語から日本語、日本語から省略語を求めるプログラムを作成します。

リスト7.18 Abbreviations.txt

```
APEC=アジア太平洋経済協力
ASEAN=東南アジア諸国連合
CTBT=包括的核実験禁止条約
EU=欧州連合
IAEA=国際原子力機関
ILO=国際労働機関
IMF=国際通貨基金
ISO=国際標準化機構
NATO=北大西洋条約機構
ODA=政府開発援助
OECD=経済協力開発機構
OPEC=石油輸出国機構
PKO=国連平和維持活動
TPP=環太平洋パートナーシップ
UNESCO=国連教育科学文化機関
UNICEF=国連児童基金
WHO=世界保健機関
WTO=世界貿易機関
```

7.3.1 Abbreviations クラス

まずは、省略語と対応する日本語を管理するクラス Abbreviations を定義します。

リスト7.19 省略語と対応する日本語を管理する Abbreviations クラス

```
// 略語と対応する日本語を管理するクラス
class Abbreviations {
    private Dictionary<string, string> _dict = new Dictionary<string, string>();
```

```
// コンストラクタ
public Abbreviations() {
   var lines = File.ReadAllLines("Abbreviations.txt");
   _dict = lines.Select(line => line.Split('='))
               .ToDictionary(x => x[0], x => x[1]);
}

// 要素を追加
public void Add(string abbr, string japanese) {
   _dict[abbr] = japanese;
}

// インデクサ - 省略語をキーに取る
public string this[string abbr] {
   get {
      return _dict.ContainsKey(abbr) ? _dict[abbr] : null;
   }
}

// 日本語から対応する省略語を取り出す
public string ToAbbreviation(string japanese) {
   return _dict.FirstOrDefault(x => x.Value == japanese).Key;
}

// 日本語の位置を引数に与え、それが含まれる要素（Key、Value）をすべて取り出す
public IEnumerable<KeyValuePair<string, string>> FindAll(string substring) {
   foreach (var item in _dict) {
      if (item.Value.Contains(substring))
         yield return item;
   }
}
```

Abbreviations クラスのそれぞれのメンバーについて説明します。

プライベートフィールド

```
private Dictionary<string, string> _dict = new Dictionary<string, string>();
```

Abbreviations クラスは、内部でディクショナリを保持し、ここで略語と日本語を記憶します。**内部で利用するデータ構造は公開しない**のが原則ですので、private キーワー

ドで非公開にしています。

コンストラクタ

```
public Abbreviations() {
   var lines = File.ReadAllLines("Abbreviations.txt");
   _dict = lines.Select(line => line.Split('='))
               .ToDictionary(x => x[0], x => x[1]);
}
```
←=の左側がキー、=の右側が値

コンストラクタでは、カレントフォルダにある `"Abbreviations.txt"` を読み込み、ディクショナリに登録しています。ファイル中に同名の略語は存在しないものと仮定しています。もし同名の略語があったら、`ArgumentException` 例外が発生します。

Add メソッド

```
public void Add(string abbr, string japanese) {
   _dict[abbr] = japanese;
}
```

Abbreviations オブジェクトを生成した後、用語を追加したいときに利用するメソッドです。

インデクサ

```
public string this[string abbr] {
   get {
      return _dict.ContainsKey(abbr) ? _dict[abbr] : null;
   }
}
```

`this` キーワードを使い**インデクサ**を定義しています。インデクサを定義すると、Abbreviations オブジェクトに配列のようにアクセスすることが可能になります。その際のキーを `[]` の中に指定します。このインデクサでは、略語を指定すると、対応する日本語が返ります。略語が登録されていない場合は、`null` を返します。

ToAbbreviation メソッド

```
public string ToAbbreviation(string japanese) {
    return _dict.FirstOrDefault(x => x.Value == japanese).Key;
}
```

日本語の用語から対応する略語を返すメソッドです。LINQ の `FirstOrDefault` メソッドを使っています。ラムダ式の引数 x の型および `FirstOrDefault` メソッドが返す型は、`KeyValuePair<string, string>` になります。

FindAll メソッド

```
public IEnumerable<KeyValuePair<string, string>> FindAll(string substring) {
    foreach (var item in _dict) {
        if (item.Value.Contains(substring))
            yield return item;
    }
}
```

`FindAll` メソッドは、引数で受け取った部分文字列を含む用語をすべて抽出しています。戻り値は、`IEnumerable<KeyValuePair<string, string>>` 型です。`IEnumerable<KeyValuePair<string, string>>` 型とすることで呼び出した側からは LINQ が使えるようになります。

`yield return` 文は、`IEnumerable<T>` 型を返す際のイディオムです。繰り返し文を使いリストに要素を追加しそのリストを返すメソッドがあった場合は、ほとんどのケースで `yield return` 文を使ったコードに書き換えることができます。`yield return` 文を使えば、リストに格納することなく、シーケンスとして要素を返すことができます。筆者はこのイディオムをかなりの頻度で利用しています。

`IEnumerable<T>` 型を返せば、その戻り値に対して、`foreach` 文を使ったり、LINQ を使ったりすることができます。

```
var abbrs = new Abbreviations();
foreach (var item in abbrs.FindAll("国際")) {
    Console.WriteLine("{0}={1}", item.Key, item.Value);
}
```

7.3.2 Abbreviations を利用する

Abbreviations クラスを使ったコードを書いてみましょう。コンストラクタで Abbreviations オブジェクトを生成した後、Abbreviations クラスに定義されている public メンバーを利用するコードを書いてみました。

リスト7.20　Abbreviations クラスの利用例

```
class Program {
   static void Main(string[] args) {
      // コンストラクタ呼び出し
      var abbrs = new Abbreviations();

      // Addメソッドの呼び出し例
      abbrs.Add("IOC", "国際オリンピック委員会");
      abbrs.Add("NPT", "核兵器不拡散条約");

      // インデクサの利用例
      var names = new[] { "WHO", "FIFA", "NPT", };
      foreach (var name in names) {
         var fullname = abbrs[name];
         if (fullname == null)
            Console.WriteLine("{0}は見つかりません", name);
         else
            Console.WriteLine("{0}={1}", name, fullname);
      }
      Console.WriteLine();

      // ToAbbreviationメソッドの利用例
      var japanese = "東南アジア諸国連合";
      var abbreviation = abbrs.ToAbbreviation(japanese);
      if (abbreviation == null)
         Console.WriteLine("{0} は見つかりません", japanese);
      else
         Console.WriteLine("「{0}」の略語は {1} です", japanese, abbreviation);
      Console.WriteLine();

      // FindAllメソッドの利用例
      foreach (var item in abbrs.FindAll("国際")) {
         Console.WriteLine("{0}={1}", item.Key, item.Value);
      }
      Console.WriteLine();
   }
}
```

プログラムの実行結果は、以下のとおりです。

```
WHO=世界保健機関
FIFAは見つかりません
NPT=核兵器不拡散条約

「東南アジア諸国連合」の略語は ASEAN です

IAEA=国際原子力機関
ILO=国際労働機関
IMF=国際通貨基金
ISO=国際標準化機構
IOC=国際オリンピック委員会
```

Let's Try! 第 7 章の演習問題

問題 7.1

"Cozy lummox gives smart squid who asks for job pen" という文字列があります。この文字列に対して、以下のコードを書いてください。

1. 各アルファベット文字（空白などアルファベット以外は除外）が何文字ずつ現れるかカウントするプログラムを書いてください。このときに、必ずディクショナリクラスを使ってください。大文字 / 小文字の区別はしないでください。以下の形式で出力してください。

```
'A': 2
'B': 1
'C': 1
'D': 1
  ⋮
```

※**ヒント 1**：半角アルファベット（大文字）かどうかを調べるには以下のコードで可能です。

```
if ('A' <= ch && ch <= 'Z') {    // chは文字列型
    ⋮
}
```

※**ヒント 2**：ディクショナリをキー順に並べ替えるには、`OrderBy` メソッドを使ってください。

2. 上記プログラムを、`SortedDictionary<TKey, TValue>` を使って書き換えてください。

問題 7.2

「7.3：ディクショナリを使ったサンプルプログラム」で作成したプログラムに、以下の機能を追加してください。

1. ディクショナリに登録されている用語の数を返す `Count` プロパティを `Abbreviations` クラスに追加してください。

2. 省略語を引数に受け取る `Remove` メソッドを `Abbreviations` クラスに追加してください。要素が見つからない場合は `false` を、削除できた場合は `true` を返してください。

3. `Count` プロパティと `Remove` メソッドを利用するコードを書いてください。

4. 3 文字の省略語だけを取り出し、以下の形式でコンソールに出力するコードを書いてください。必要なら `Abbreviations` クラスに新たなメソッドを追加してください。

```
ILO=国際労働機関
IMF=国際通貨基金
    ⋮
```

Chapter 8 日付、時刻の操作

　日付と時刻の操作（取得、計算、比較、整形など）は、プログラムを作成する際に、さまざまな場面で必要になってきます。本章では、DateTime 構造体を中心に日付と時刻の操作について学習します。

8.1　DateTime 構造体

8.1.1　DateTime オブジェクトの生成

　DateTime 構造体のインスタンス生成の主な方法は以下の2つです。コンストラクタの引数に、年、月、日を指定する方法と、時分秒も含めて指定する方法です。

リスト8.1　DateTime オブジェクトの生成

```
var dt1 = new DateTime(2016, 2, 15);
var dt2 = new DateTime(2016, 2, 15, 8, 45, 20);
```

　また、よく使われるのが **Today** プロパティと **Now** プロパティです。

リスト8.2　Today と Now プロパティ

```
var today = DateTime.Today;
var now = DateTime.Now;
Console.WriteLine("Today : {0}", today);
Console.WriteLine("Now : {0}", now);
```

　Today プロパティは現在の日付を返します。時刻情報は含みませんので日付のみを使

用する場面で使用するのに適しています。一方、Now プロパティは時刻情報（時、分、秒、1/100 秒）を含んだ現在の日時を返します。以下は実行例です。

```
Today : 2017/01/10 0:00:00
Now : 2017/01/10 21:24:46
```

8.1.2 DateTime のプロパティ

以下のように Year、Hour などのプロパティを参照することで、DateTime オブジェクトの日付および時刻の情報を取得することができます。

リスト8.3　DateTime のプロパティ

```
var now = DateTime.Now;
int year = now.Year;              // 年: Year
int month = now.Month;            // 月: Month
int day = now.Day;                // 日: Day
int hour = now.Hour;              // 時: Hour
int minute = now.Minute;          // 分: Minute
int second = now.Second;          // 秒: Second
int millisecond = now.Millisecond; // 1/100秒: Millisecond
```

これらのプロパティは読み取り専用です。string 型と同様、**DateTime 型は不変オブジェクト**となっていますので、以下のようにプロパティの値を変更するコードは書けません。

```
var date = new DateTime(2015, 7, 29);
date.Day = 30;      ◀ 変更できない。ビルドエラー
```

8.1.3 指定した日付の曜日を求める

曜日を得るには、DateTime 構造体の **DayOfWeek プロパティ**を参照します。次のコードは、Today プロパティで本日の日付を得て、その曜日を取り出しています。

リスト8.4　指定した日付の曜日を求める

```
var today = DateTime.Today;
DayOfWeek dayOfWeek = today.DayOfWeek;
if (dayOfWeek == DayOfWeek.Sunday)
    Console.WriteLine("今日は日曜日です");
```

DayOfWeek プロパティの型は **DayOfWeek 列挙型**です。System 名前空間で次のように定義されています。

リスト8.5　DayOfWeek 列挙型

```
public enum DayOfWeek {
    Sunday = 0,
    Monday = 1,
    Tuesday = 2,
    Wednesday = 3,
    Thursday = 4,
    Friday = 5,
    Saturday = 6
}
```

8.1.4　閏年か判定する

DateTime 構造体の **IsLeapYear 静的メソッド**を使うことで、閏年かどうかを調べることができます。

リスト8.6　閏年か判定する

```
var isLeapYear = DateTime.IsLeapYear(2016);
if (isLeapYear)
    Console.WriteLine("閏年です");
else
    Console.WriteLine("閏年ではありません");
```

IsLeapYear メソッドには西暦の年を渡します。閏年である場合は true、それ以外の場合は false が返ります。2016 年は閏年ですので、**"閏年です"** が出力されます。

8.1.5　日付形式の文字列を DateTime オブジェクトに変換する

日付形式の文字列を DateTime オブジェクトに変換するには、DateTime 構造体の **TryParse 静的メソッド**を使用します。TryParse メソッドは、第 1 引数に変換対象の日付文字列を渡します。第 2 引数には、**out キーワード**を付けた DateTime 型の変数を指定します。この変数に変換結果が格納されます。変換に成功すると true が返ります。変換に失敗すると false が返ります。

リスト8.7 文字列を DateTime オブジェクトに変換する(1)

```
DateTime dt1;    ◀初期化をしないで変数を宣言。varは使えない
if (DateTime.TryParse("2017/6/21", out dt1))
    Console.WriteLine(dt1);
DateTime dt2;
if (DateTime.TryParse("2017/6/21 10:41:38", out dt2))
    Console.WriteLine(dt2);
```

次のような結果が得られます。

```
2017/06/21 0:00:00
2017/06/21 10:41:38
```

DateTime.Parse メソッドでも変換ができますが、変換に失敗すると例外が発生しますので、利用する際はその点を考慮しておく必要があります。ちなみに、初期化をしていない変数宣言では var キーワードは使えません。コンパイラが変数の型を特定できないためです。

```
DateTime dt = DateTime.Parse("20170621");    ◀FormatException例外が発生
Console.WriteLine(dt);
```

次に示すように、和暦形式の日付文字列でも正しく変換してくれます[1]。

リスト8.8 文字列を DateTime オブジェクトに変換する(2)

```
DateTime dt;
if (DateTime.TryParse("平成28年3月15日", out dt))
    Console.WriteLine(dt);
```

8.2 日時のフォーマット

8.2.1 日時を文字列に変換する

ToString メソッドを使うことで、DateTime オブジェクトをさまざまな形式の文字列に変換することができます。次のリスト 8.9 に典型的な例を示します。

---

[1] 現在のカルチャ（言語、国、地域、暦、通貨単位などを情報を表す集合情報のこと）が "ja-JP" のときに変換可能です。日本語 OS ではカルチャは "ja-JP" に設定されています。CultureInfo クラスの CurrentCulture 静的プロパティを参照することで、現在のカルチャを知ることができます。

Chapter 8 日付、時刻の操作

リスト8.9 日時を文字列に変換する

```
var date = new DateTime(2016, 4, 7, 21, 6, 47);
var s1 = date.ToString("d");                              // 2016/04/07
var s2 = date.ToString("D");                              // 2016年4月7日
var s3 = date.ToString("yyyy-MM-dd");                     // 2016-04-07
var s4 = date.ToString("yyyy年M月d日(ddd)");               // 2016年4月7日(木)[2]
var s5 = date.ToString("yyyy年MM月dd日 HH時mm分ss秒");      // 2016年04月07日 21時06分47秒
var s6 = date.ToString("f");                              // 2016年4月7日 21:06
var s7 = date.ToString("F");                              // 2016年4月7日 21:06:47
var s8 = date.ToString("t");                              // 21:06
var s9 = date.ToString("T");                              // 21:06:47
var s10 = date.ToString("tt hh:mm");                      // 午後 09:06    hhは12時間制
var s11 = date.ToString("HH時mm分ss秒");                   // 21時06分47秒   HHは24時間制
```

変換の結果はコードのコメント部分を見てください。`String.Format` でも同様の書式を使うことができます。`DateTime` オブジェクトのプロパティを個別に書式指定する場合は、「月」は大文字の M、「分」は小文字の m を使います。この違いを忘れないようにしてください。

それでは、"2017年 3月 7日" のように、月、日を 2 桁固定でかつゼロサプレスして表示するにはどうしたら良いでしょうか？ 残念ながら既製の書式では対応できません。次のコードで実現できます。

リスト8.10 日付を "2017年 3月 7日" という形式で文字列化する

```
var today = DateTime.Today;
var str = string.Format("{0}年{1,2}月{2,2}日",
                        today.Year, today.Month, today.Day);
```

8.2.2 日付を和暦で表示する

日付を元号付きの和暦で表示するには、`DateTime` クラスに加え **CultureInfo クラス**と **JapaneseCalendar クラス**を使います[3]。`CultureInfo` クラスと `JapaneseCalendar` クラスは、`System.Globalization` 名前空間に定義されています。

リスト8.11 日付を和暦で表示する

```
using System.Globalization;
    ⋮

var date = new DateTime(2016, 8, 15);
```

---

[2] ddd と 3 つ重なっていると曜日の省略形、dddd と 4 つ重ねると曜日の名前が得られます。

[3] 元号情報はレジストリで管理されています。もし元号が変更になった場合は、Windows Update によりレジストリが更新されると予想されます。詳細は、https://msdn.microsoft.com/library/windows/desktop/ee923790 を参照してください。

```
var culture = new CultureInfo("ja-JP");
culture.DateTimeFormat.Calendar = new JapaneseCalendar();
var str = date.ToString("ggyy年M月d日", culture);
Console.WriteLine(str);
```

DateTime.ToString メソッドを呼び出す前に、CultureInfo オブジェクトの DateTimeFormat.Calendar に、JapaneseCalendar オブジェクトを設定しておきます。ToString メソッドの書式 **"gg"** が元号を示す書式になります。結果は以下のとおりです。

平成28年8月15日

8.2.3 指定した日付の元号を得る

ある日付の元号（"平成" や "昭和"）を取得するには、DateTimeFormatInfo クラスの **GetEraName メソッド**を使います。DateTimeFormatInfo オブジェクトは、CultureInfo クラスの DateTimeFormat プロパティで得ることができます。

リスト8.12 指定した日付の元号を得る

```
var date = new DateTime(1995, 8, 24);
var culture = new CultureInfo("ja-JP");
culture.DateTimeFormat.Calendar = new JapaneseCalendar();
var era = culture.DateTimeFormat.Calendar.GetEra(date);     ◁ 元号コードを得る
var eraName = culture.DateTimeFormat.GetEraName(era);       ◁ 元号コードから元号名を得る
Console.WriteLine(eraName);
```

実行すると "平成" が出力されます。GetEraName メソッドの代わりに、**GetAbbreviatedEraName メソッド**を使えば、元号の1文字目（"平" や "昭" など）を得ることもできます。

8.2.4 指定した日付の曜日の文字列を得る

日付の曜日（"月曜日"、"火曜日" といった文字列）を求めるには、DateTimeFormatInfo クラスの **GetDayName メソッド**を使います。

リスト8.13 指定した日付の曜日の文字列を得る

```
var date = new DateTime(1998, 6, 25);
var culture = new CultureInfo("ja-JP");
culture.DateTimeFormat.Calendar = new JapaneseCalendar();
var dayOfWeek = culture.DateTimeFormat.GetDayName(date.DayOfWeek);
```

```
Console.WriteLine(dayOfWeek);
```

このコードの出力は以下のとおりです。**GetDayName** メソッドの代わりに、**GetShortest DayName** メソッドを使えば、1 文字目の "**木**" が得られます。

```
木曜日
```

8.3 DateTime の比較

8.3.1 日時を比較する

DateTime どうしを比較するには、>=、<=、<、>、==、!= などの比較演算子がそのまま利用できます。時刻の情報も比較の対象となります。

リスト8.14　日時を比較する

```
var dt1 = new DateTime(2006, 10, 18, 1, 30, 21);
var dt2 = new DateTime(2006, 11, 2, 18, 5, 28);
if (dt1 < dt2)
    Console.WriteLine("dt2のほうが新しい日時です");
else if (dt1 == dt2)
    Console.WriteLine("dt1とdt2は同じ日時です");
```

以下の結果が得られます。

```
dt2のほうが新しい日時です
```

8.3.2 日付のみを比較する

時刻情報を含まない日付だけを比較したい場合は、**Date** プロパティを使い比較を行います。**Date** プロパティを使って比較をすれば日付どうしの比較が正しく行えます。

リスト8.15　日付のみを比較する

```
var dt1 = new DateTime(2001, 10, 25, 1, 30, 21);
var dt2 = new DateTime(2001, 10, 25, 18, 5, 28);
if (dt1.Date < dt2.Date)
    Console.WriteLine("dt2のほうが新しい日にちです");
```

```
else if (dt1.Date == dt2.Date)
    Console.WriteLine("dt1とdt2は、同じ日にちです");
```

Date プロパティどうしの比較では、時刻の情報は比較されませんので、上のコードを実行すると、"dt1とdt2は、同じ日にちです" が表示されます。

一方、Date プロパティを使わずに比較をした場合、正しく比較できない場合があります。次のコードを見てください。

✗
```
if (LogDateTime <= new DateTime(2016, 5, 31))
    Console.WriteLine("2015/12/31以前です。");
```
← LogDateTimeに時刻まで含まれていると、5月31日に処理されたログが正しく判断できない

このコードは、ログに記録された処理時刻が 2016/5/31 以前かどうか調べる意図で書いたコードです。しかし、変数 LogDateTime に '2016/5/31 15:31:28' という値が入っていたとすると、'2016/5/31 15:31:28' と '2016/5/31 00:00:00' を比較することになります。そのため、2016/5/31 に処理されたにもかかわらず、対象外になってしまいます。

8.4 日時の計算（基礎）

8.4.1 指定した時分秒後を求める

DateTime オブジェクトに **TimeSpan 構造体**の値を加えることで、h 時間 m 分 s 秒後を求めることができます。

リスト8.16 h 時間 m 分 s 秒後を求める

```
var now = DateTime.Now;
var future = now + new TimeSpan(1, 30, 0);   ← TimeSpanオブジェクトを加える
```

上のコードは、1 時間 30 分後を求めるコードです。同様に、1 時間 30 分前を求めるには、DateTime オブジェクトから TimeSpan オブジェクトを引くことで求めることができます。

リスト8.17 h 時間 m 分 s 秒前を求める

```
var now = DateTime.Now;
var past = now - new TimeSpan(1, 30, 0);   ← TimeSpanオブジェクトを引く
```

次の表 8.1 に TimeSpan 構造体のプロパティの一覧を示します。

表8.1　TimeSpan 構造体のプロパティ

プロパティ	意味
Days	時間間隔の日の部分を取得する
Hours	時間間隔の時間の部分を取得する
Minutes	時間間隔の分の部分を取得する
Seconds	時間間隔の秒の部分を取得する
Milliseconds	時間間隔のミリ秒の部分を取得する
Ticks	値を表すタイマー刻みの数を取得する
TotalDays	整数部と小数部から成る日数で表される値を取得する
TotalHours	整数部と小数部から成る時間数で表される値を取得する
TotalMinutes	整数部と小数部から成る分数で表される値を取得する
TotalSeconds	整数部と小数部から成る秒数で表される値を取得する
TotalMilliseconds	整数部と小数部から成るミリ秒数で表される値を取得する

8.4.2　n 日後、n 日前の日付を求める

n 日後、n 日前を求めるには、**AddDays メソッド**を使います。ここでは、20 日後、20 日前の日付を求めるコードを示します。マイナス値を与えることで過去の日付を求めることができます。

リスト8.18　n 日後、n 日前の日付を求める

```
var today = DateTime.Today;
var future = today.AddDays(20);
var past = today.AddDays(-20);
```

なお、日付の演算で注意しないといけないのは、DateTime は不変オブジェクトであるということです。以下のように書いても、date そのものは 20 日後の日付にはなりません。これは、初心者がよく間違えるところです。

✗　`date.AddDays(20);`

date そのものを 20 日後としたいのなら、以下のように記述しないといけません。

`date = date.AddDays(20);`

8.4.3　n 年後、n カ月後を求める

n 年後、n カ月後を求める場合は、**AddYears メソッド**と **AddMonths メソッド**を利用します。例として、2 年 5 カ月後を求めるコードを示します。

8.4 日時の計算（基礎）

リスト8.19 n 年後、n カ月後を求める

```
var date = new DateTime(2009, 10, 22);
var future = date.AddYears(2).AddMonths(5);
Console.WriteLine(future);
```

結果は以下のとおりです。

```
2012/03/22 0:00:00
```

8.4.4 2つの日時の差を求める

2つの日時の差を求めるには、マイナス演算子を使います。結果は、時間間隔を表す**TimeSpan型**になります。

リスト8.20 2つの日時の差を求める

```
var date1 = new DateTime(2009, 10, 22, 1, 30, 20);
var date2 = new DateTime(2009, 10, 22, 2, 40, 56);
TimeSpan diff = date2 - date1;   ◀ マイナスして2つの日時の差を求める
Console.WriteLine("差は、{0}日間{1}時間{2}分{3}秒です",
                  diff.Days, diff.Hours, diff.Minutes, diff.Seconds);
Console.WriteLine("トータルで{0}秒です", diff.TotalSeconds);
```

以下の結果が得られます。

```
差は、0日間1時間10分36秒です
トータルで4236秒です
```

8.4.5 2つの日付の日数差を求める

2つの日付の日数差を求めるには、**Date プロパティ**どうしの引き算を行います。

リスト8.21 2つの日付の日数差を求める

```
var dt1 = new DateTime(2016, 1, 20, 23, 0, 0);
var dt2 = new DateTime(2016, 1, 21, 1, 0, 0);
TimeSpan diff = dt2.Date - dt1.Date;
Console.WriteLine("{0}日間", diff.Days);
```

Date プロパティでは、時刻の情報は切り捨てられますので、上記コードを実行すると、

"1日間" が出力されます。

Date プロパティを使わない以下のコードでは、正しい日数差を求めることができません。

リスト8.22 ❌ 2つの日付の日数差を求める間違ったコード

```
var dt1 = new DateTime(2016, 1, 20, 23, 0, 0);
var dt2 = new DateTime(2016, 1, 21, 1, 30, 0);
TimeSpan diff = dt2 - dt1;
Console.WriteLine("{0}日間", diff.Days);
```

リスト8.22のコードでは "0日間" と表示されてしまいます。2つの日時の差が24時間に満たないためです。"1日間" と表示させたい場合は、リスト8.21で示したように、Date プロパティを使って、2つの日付の差を求めないといけません。

8.4.6 月末日を求める

DaysInMonth 静的メソッドを使うことで、当該月が何日あるかがわかります。そのため、DaysInMonth メソッドで求めた値を使えば月末日を求めることができます。

リスト8.23 月末日を求める

```
var today = DateTime.Today;
// 当該月が何日あるか求める
int day = DateTime.DaysInMonth(today.Year, today.Month);
// このdayを使って、DateTimeオブジェクトを生成する。endOfMonthが月末日
var endOfMonth = new DateTime(today.Year, today.Month, day);
Console.WriteLine(endOfMonth);
```

8.4.7 1月1日からの通算日を求める

DayOfYear プロパティを使えば簡単に1月1日からの通算日がわかります。

リスト8.24 1月1日からの通算日を求める

```
var today = DateTime.Today;
int dayOfYear = today.DayOfYear;
Console.WriteLine(dayOfYear);
```

わざわざ次のように計算して通算日を求める必要はありません。

リスト8.25 ❌ 1月1日からの通算日を求める悪いコード

```
var today = DateTime.Today;
var baseDate = new DateTime(today.Year, 1, 1).AddDays(-1);
TimeSpan ts = today - baseDate;
Console.WriteLine(ts.Days);
```

8.5 日時の計算（応用）

8.5.1 次の指定曜日を求める

「次の木曜日を求めたい」——そんなときに使えるメソッド NextDay を紹介します。

リスト8.26 次の指定曜日を求める

```
public static DateTime NextDay(DateTime date, DayOfWeek dayOfWeek) {
    var days = (int)dayOfWeek - (int)(date.DayOfWeek);
    if (days <= 0)
        days += 7;
    return date.AddDays(days);
}
```

第2引数に DayOfWeek.Thursday（木曜日）を指定した場合、基準日 date が月曜日ならば同じ週の木曜日の、基準日が土曜日ならば次の週の木曜日の DateTime が求まります。次のように使います。

```
var today = DateTime.Today;
DateTime nextWednesday = NextDay(today, DayOfWeek.Wednesday);
```
→ 本日を起点に次の水曜日を求める

NextDay メソッドがどんな計算をしているのが、具体的な例で考えてみましょう。引数 dayOfWeek に DayOfWeek.Thursday（木曜日）が渡ってきた場合、DayOfWeek プロパティの値の範囲は 0（DayOfWeek.Sunday）～ 6（DayOfWeek.Saturday）ですから、date が月曜日ならば、以下では、4 - 1 が計算されて、3 が days に代入されます。

```
var days = (int)dayOfWeek - (int)(date.DayOfWeek);
```

つまり、月曜日を基準にした場合は木曜日は3日後ということです。この days の値 3 を date に加えれば次の木曜日の日付が求まります。

ところが、date が土曜日の場合は、4 - 6 が計算され days には -2 と負の数が入りま

す。-2 を date に加算したら過去の木曜日が求まってしまいます。求めたいのはその次の週の木曜日ですから、days が 0 以下の場合は、-2 に 7（1 週間の日数）を加えた 5 を date に加える必要があります。つまり、days に 7 を加えた値で date.AddDays(days) を実行すればよいことになります。

8.5.2 年齢を求める

一般的な年齢（誕生日に年齢が 1 歳上がる）を求めるメソッド GetAge を示します。このメソッドは、誕生日が 2 月 29 日の人は、閏年以外では 3 月 1 日に年齢が上がるものとして計算しています。なお、GetAge の引数は、birthday <= targetDay であることを前提としています。

リスト8.27　年齢を求める

```
public static int GetAge(DateTime birthday, DateTime targetDay) {
    var age = targetDay.Year - birthday.Year;
    if (targetDay < birthday.AddYears(age)) {
        age--;
    }
    return age;
}
```

年齢を求めるロジックはいくつか考えられますが、リスト 8.27 は比較的短いコードで実現できるロジックです。

次のように使います。

```
var birthday = new DateTime(1992, 4, 5);
var today = DateTime.Today;
int age = GetAge(birthday, today);   ◀ 1992年4月5日生まれの人が、今日何歳かを求める
```

たとえば、2000 年 5 月 18 日生まれの人が、2017 年 3 月 5 日に何歳か求める例で考えてみましょう。まず、targetDay の年から誕生日の年を引き、その年に何歳になるか求めます。最初の引き算で、2017 年には 17 歳になることがわかります。しかし、3 月 5 日時点ではまだ誕生日を迎えていません。targetDay（2017/3/5）と 17 年後の誕生日（2017/5/18）を比較すれば、誕生日前かどうかがわかります。まだ誕生日前なので age-- が実行され、2017 年 3 月 5 日時点の年齢は 16 歳となります。

8.5.3 指定した日が第何週か求める

指定した日が第何週の日なのか求めるメソッドを示します。月別カレンダーの 1 行目

を第1週、2行目を第2週ということとします。また、1週間は日曜日から始まるものとします。

リスト8.28 指定した日が第何週か求める

```
public static int NthWeek(DateTime date) {
    var firstDay = new DateTime(date.Year, date.Month, 1);
    var firstDayOfWeek = (int)(firstDay.DayOfWeek);
    return (date.Day + firstDayOfWeek - 1) / 7 + 1;
}
```

月別カレンダーの一番左上（1日が日曜日でなければ、前月の最後の日曜日）を起点として、何日目か求めて、それを7で割ることで、何週目か求めています。カレンダーの一番左上（日曜日）の日が0日目です。

まず、その月の最初の日を求め、次にそれが何曜日か求め int に変換します。日曜日が0で土曜日が6です。変換した int の値を該当する日に加え、そこから1を引いた値が、カレンダーの一番左上を起点として何日目かを表しています。この値を7で割れば、何週目かがわかります。最初の週を1週目とするため最後に1を加えています。実際にカレンダーを見ながら、具体的な日付を使って計算してみれば理解できると思います。

NthWeek メソッドを使ったコードを示します。

```
var date = DateTime.Today;
var nth = NthWeek(date);    ◀今日が第何週目か求める
Console.WriteLine("第{0}週", nth);
```

8.5.4 指定した月の第 n 回目の X 曜日の日付を求める

2017年10月の3回目の日曜日（第3日曜日）の日付を求めたいといった場合に利用できるメソッドを示します。先ほどとは異なり、第n週ではなく、第n回目ということになります。

リスト8.29 指定した月の第 n 回目の X 曜日を求める(1)

```
public static DateTime DayOfNthWeek(int year, int month, DayOfWeek dayOfWeek,
                                                                  ➡int nth) {
    // LINQを使い、第1回目のX曜日が何日か求める
    var firstDay = Enumerable.Range(1, 7)
                        .Select(d => new DateTime(year, month, d))
                        .First(d => d.DayOfWeek == dayOfWeek)
                        .Day;
```

```
        // 第1X曜日の日にちに7の倍数を加えることで、第n回目のX曜日が求まる
        var day = firstDay + (nth - 1) * 7;
        return new DateTime(year, month, day);
    }
```

DayOfNthWeek メソッドには、第1引数と第2引数で年月を指定します。そして、第3引数 dayOfWeek には求める曜日を、第4引数 nth には何番目の週かを指定します。

何をやっているのか簡単に説明します。LINQ の式では、指定した月の1日から7日までの DateTime のシーケンスを作り出し、指定した曜日に一致する日付を取り出しています。これで、第1回目の X 曜日の日にち firstDay が求まります。この firstDay を使って以下の計算すれば、nth 回目の日が求められます。

```
firstDay + (nth - 1) * 7
```

次のように使います。

```
DateTime day = DayOfNthWeek(2016, 9, DayOfWeek.Sunday, 3);
```
◀ 2016年9月の第3日曜日を得る

DayOfNthWeek メソッドの実装にはほかにもいくつかのやり方が考えられます。リスト8.29 も十分に速いですが、以下のコードはわかりやすさを犠牲にし、さらに速度向上を図っています。

リスト8.30 指定した月の第 n 回目の X 曜日を求める(2)

```
public static DateTime DayOfNthWeek2(int year, int month, DayOfWeek dayOfWeek,
                                                                      int nth) {
    // その月の1日が何曜日か求める
    var firstDayOfWeek = (int)(new DateTime(year, month, 1)).DayOfWeek;
    // 求めたfirstDayOfWeekを使い、第1回目のX曜日が何日か求める
    var firstDay = 1 + ((int)dayOfWeek - firstDayOfWeek);
    // 0より小さい値ならば7を加えることで、第1回目のX曜日が何日かがわかる
    if (firstDay <= 0)
        firstDay += 7;
    // 第1X曜日の日にちに7の倍数を加えることで、第n回目のX曜日が求まる
    var day = firstDay + (nth - 1) * 7;
    return new DateTime(year, month, day);
}
```

プログラミングというものは、唯一の正解というものはありません。わかりやすさと効率のバランスをとることが大切です。筆者は、まずはわかりやすさを優先してコードを書き、速度的な問題が出たら、最適化を図り速度を向上させたバージョンを書くよう

にしています。またこのとき、最初の版と次の版とで動作を比較するテストコードを書くようにします。そうすることで、安心して速度向上版に差し替えることができます。

第 8 章の演習問題

問題 8.1

現在の日時を以下のような 3 種類の書式でコンソールに出力してください。

```
2019/1/15  19:48
2019年01月15日  19時48分32秒
平成31年  1月15日（火曜日）
```

問題 8.2

p.215「8.5.1：次の指定曜日を求める」のメソッドを参考に、次の週の指定曜日を求めるメソッドを定義してください。

問題 8.3

ある処理時間を計測する `TimeWatch` クラス[4] を定義してください。`TimeWatch` の使い方を以下に示します。

```
var tw = new TimeWatch();
tw.Start();
    :  // 処理
TimeSpan duration = tw.Stop();
Console.WriteLine("処理時間は{0}ミリ秒でした", duration.TotalMilliseconds);
```

---

4 .NET Framework には、**StopWatch** というクラスがあり、実際の業務ではわざわざ **TimeWatch** のようなクラスを作成することは「車輪の再発明」となり歓迎されるものではありません。しかし、プログラミングの能力を高めるためには、なかなか良い手段だと思っています。そのため、この演習問題では、車輪の再発明をしてもらっています。
車輪の再発明とは、「広く受け入れられ確立されている技術や解決法を知らずに（または意図的に無視して）、同様のものを再び一から作ること」です（Wikipedia「車輪の再発明」のページから引用）。

Column Visual Studio のデバッグの基本

Visual Studio には高度なデバッグ機能が備わっています。最低限覚えてほしいデバッグ機能について紹介します。

デバッグ開始 / 再開：F5 キー

Visual Studio のデバッグ機能を使い、デバッグを開始します。実行が停止しているときに F5 キーを押すと実行が再開されます。

ステップオーバー：F10 キー

現在のステートメントを実行し、次のステートメントで処理を停止します。現在の行がメソッドの場合は、現在行のメソッドが実行され、復帰後、次のステートメントで実行が停止します。

ステップイン：F11 キー

現在の行を実行し、次の行で処理を停止します。現在の行がメソッドの場合は、そのメソッド内に実行が移り、メソッドの最初の行で停止します。

ステップアウト：Shift ＋ F11 キー

実行を再開し、呼び出し元のメソッドに戻って実行を停止します。ステップインでメソッドの中に実行が移動した場合に利用します。

ブレークポイントの設定 / 解除：F9 キー

ブレークポイントを指定した行で、実行を一時的に止めることができます。調査したい箇所まで一気に処理を進めることができるので、効率的にデバッグすることができます。なお、ブレークポイントが設定された行には、行の左側に赤い●印が表示されます。

実行が停止しているときには、［ローカル］ウィンドウもしくは［自動変数］ウィンドウで、変数の値を確認することができます。［ローカル］ウィンドウもしくは［自動変数］ウィンドウを表示させるには、［デバッグ］メニューの［ウィンドウ］を選択し、［ローカル］もしくは［自動変数］をクリックします。

Part 3
C#プログラミングの イディオム/定石 &パターン
［実践編］

Chapter 9 ファイルの操作

　System.IO 名前空間にはファイル操作に関するさまざまなクラスが用意されており、これらを使うことで簡単にファイルを扱うことが可能になります。
　本章では、ファイルの入出力、ファイルシステム上の操作、ファイルパスの操作などについて解説します[1]。ファイルの入出力については、プログラマーにとって最も身近なテキストファイルの入出力に絞り解説をしています。バイナリファイルを扱う機会はかなり限定的であるため、本書では取り扱っていません。

9.1 テキストファイルの入力

9.1.1 テキストファイルを 1 行ずつ読み込む

StreamReader クラスを使い、テキストファイルを 1 行ずつ読み込む例を示します。

リスト9.1 テキストファイルを 1 行ずつ読み込む

```csharp
using System.IO;
    ⋮

var filePath = @"C:\Example\Greeting.txt";
if (File.Exists(filePath)) {
    using (var reader = new StreamReader(filePath, Encoding.UTF8)) {
        while (!reader.EndOfStream) {
            var line = reader.ReadLine();
            Console.WriteLine(line);
```

---

[1] UWP（Universal Windows Platform）アプリでのファイル操作は、「第 16 章：非同期 / 並列プログラミング」で扱っています。UWP アプリは、すべての Windows 10 デバイス（PC、タブレット、Phone など）で動作するアプリケーションです。

```
        }
    }
}
```

　`File.Exists` 静的メソッドでファイルが存在しているか事前に確認し、存在していたときだけ読み込み処理をしています。

　ファイルを読み込むには、まずファイルをオープンする必要があります。その操作を行っているのが、`StreamReader` のインスタンス生成です。ファイルのパスと文字エンコーディングの指定をしてファイルを開いています。

　`StreamReader` のコンストラクタの第 2 引数を省略した場合は、UTF-8 が指定されたものと見なされます。何らかの事情で、Shift_JIS 形式で保存されているテキストファイルを読む場合は、`Encoding.GetEncoding("shift_jis")` を指定します。

　`while` 文の中が、テキストを 1 行ずつ読み込みながら処理をしている箇所です。**EndOfStream** プロパティを見て、ファイルの最後まで読み込んだかどうかを調べています。`EndOfStream` が `false` ならば、まだ読み込む行が残っているので、**ReadLine メソッド**で 1 行を読み込み、`line` 変数に代入しています。

　リスト 9.2 に示すように、`ReadLine` メソッドの戻り値を見て、繰り返すかどうかを判断する方法もありますが、直感的ではありませんので、`EndOfStream` プロパティを使う方法をお勧めします。

リスト9.2 ▲ ReadLine メソッドの戻り値で繰り返しを判断する例（非推奨）

```
var filePath = @"C:\Example\Greeting.txt";
if (File.Exists(filePath)) {
    using (var reader = new StreamReader(filePath, Encoding.UTF8)) {
        string line = null;
        while ((line = reader.ReadLine()) != null) {   ← ReadLineメソッドの戻り値を見てループ
            Console.WriteLine(line);                      を続けるかを判断。直感的ではない
        }
    }
}
```

　なお、第 4 章のイディオムで説明したとおり、`using` 文はリソースの解放（ここではファイルのクローズ）を確実に行うためのものです（→ p.129「4.7.7：using を使ったリソースの破棄」）。`using` 文が導入される前の初期の C# では、以下のように `try-finally` 構文が使われていましたが、いまでは `using` 文を使うのが一般的です。

リスト9.3 ▲ try-finally を使ったファイルの後処理（非推奨）

```
string filePath = @"C:\Example\Greeting.txt";
```

Chapter 9 ファイルの操作

```
StreamReader reader = new StreamReader(filePath, Encoding.UTF8);
try {
   while (!reader.EndOfStream) {
      string line = reader.ReadLine();
      Console.WriteLine(line);
   }
} finally {
   reader.Dispose();    ◁ StreamReaderオブジェクトの後処理をする
}
```

9.1.2 テキストファイルを一気に読み込む

先ほどの例はテキストファイルを1行ずつ読み込むものでしたが、比較的小さいファイルの場合は、File クラスの **ReadAllLines 静的メソッド**を使って一気にメモリに読み込んでしまうのが簡単です。すでに第2章（→ p.60 リスト 2.15）と第7章（→ p.194 リスト 7.16）で出てきましたね。

リスト9.4 テキストファイルを一気に読み込む

```
var filePath = @"C:\Example\Greeting.txt";
var lines = File.ReadAllLines(filePath, Encoding.UTF8);
foreach (var line in lines) {
   Console.WriteLine(line);
}
```

ReadAllLines メソッドはすべての行を読み込み、結果を string[] として返してくれます。巨大なテキストファイルの場合には、読み終わるまで処理待ちが発生しますし、メモリも圧迫しますので注意が必要です。ReadAllLines メソッドは、小さいファイル専用といってよいでしょう。

9.1.3 テキストファイルを IEnumerable<string> として扱う

.NET Framework 4 以上の環境では、IEnumerable<string> を返す **ReadLines 静的メソッド**を利用できます。ReadLines メソッドを使ってテキストファイルを読み込むコードを以下に示します。

リスト9.5 テキストファイルを IEnumerable<string> として扱う

```
var filePath = @"C:\Example\Greeting.txt";
var lines = File.ReadLines(filePath, Encoding.UTF8);
foreach (var line in lines) {
```

```
        Console.WriteLine(line);
}
```

　リスト 9.5 は、リスト 9.4 の "ReadAllLines" を "ReadLines" に変えただけのコードです。この 2 つのメソッドの違いは行の読み込み方法にあります。ReadAllLines メソッドは、すべての行を読み込んで配列に変換します。一方、ReadLines メソッドは呼び出した時点ではファイルの読み込みは行われません。実際に行が必要になった時点で読み込みが行われます。コードの見た目は、ReadAllLines にそっくりですが、内部の処理は StreamReader クラスの ReadLine メソッドを使った例に近いといえます。

　なお、IEnumerable<string> を返す ReadLines メソッドは、LINQ を組み合わせることで多彩な処理をエレガントに書けるようになります。ReadLines メソッドは、ReadAllLines メソッドを置き換えるメソッドだといってもよいでしょう。.NET Framework 4 以上の環境では、ReadLines メソッドを使うようにしてください。

　ReadLines メソッドと LINQ を組み合わせた例をいくつかお見せします。

先頭の n 行を取り出す

リスト9.6　先頭の n 行を取り出す

```
var lines = File.ReadLines(filePath, Encoding.UTF8)
              .Take(10)
              .ToArray();
```

　最初の 10 行だけが読み込まれます。ReadAllLines メソッドとは異なり、ファイルの最後まで読み込むことはしません。

条件に一致した行数をカウントする

リスト9.7　条件に一致した行数をカウントする

```
var count = File.ReadLines(filePath, Encoding.UTF8)
              .Count(s => s.Contains("Windows"));
```

　"Windows" が含まれる行数をカウントしています。

条件に一致した行だけを取り出す

リスト9.8　条件に一致した行だけを取り出す

```
var lines = File.ReadLines(filePath, Encoding.UTF8)
```

```
            .Where(s => !String.IsNullOrWhiteSpace(s))
            .ToArray();
```

　上のコードは、空文字列や空白行以外を取り出すことができます。IsNullOrWhiteSpace メソッドは、.NET Framework 4 以降で利用できるメソッドです。

条件に一致した行が存在しているか調べる

リスト9.9 条件に一致した行が存在しているか調べる

```
var exists = File.ReadLines(filePath, Encoding.UTF8)
               .Where(s => !String.IsNullOrEmpty(s))
               .Any(s => s.All(c => Char.IsDigit(c)));
```

　数字だけから成る行が存在しているか調べています。空の行が存在した場合、条件に一致していると判断されないように、事前に Where メソッドで空の行を取り除いてから、Any メソッドを呼び出しています。

　Where メソッドを記述しなかった場合、空の行に対して、s.All(c => Char.IsDigit(c)) が呼び出されます。All メソッドは、空のシーケンスに対して true を返しますから、数字だけから成る行が存在していなくても、空の行があれば、exists 変数には、true が代入されてしまいます。

重複行を取り除き並べ替える

リスト9.10 重複行を取り除き並べ替える

```
var lines = File.ReadLines(filePath, Encoding.UTF8)
              .Distinct()
              .OrderBy(s => s.Length)
              .ToArray();
```

　重複行を取り除き、行の長さが短い順にソートしてから配列に格納しています。

行ごとに何らかの変換処理をする

　読み込んだ行に対して何らかの変換処理をする例として、テキストファイルから読み込んだ各行に行番号を振るコードを示します。

リスト9.11 行ごとに何らかの変換処理をする

```
var lines = File.ReadLines(filePath)
               .Select((s, ix) => String.Format("{0,4}: {1}", ix+1, s))
               .ToArray();
foreach (var line in lines) {
    Console.WriteLine(line);
}
```

Select メソッドを使い各行の先頭に行番号を付加しています。C#のソースファイルを入力ファイルとしてリスト9.11のコードを実行すると、以下のような結果が得られます。

```
   1: using System;
   2: using System.Collections.Generic;
   3: using System.Linq;
   4:
   5: namespace CSharpPhrase.Example {
   6:     class Program {
   7:         static void Main(string[] args) {
   8:             Console.WriteLine("Hello world.");
   9:         }
  10:     }
  11: }
```

9.2 テキストファイルへの出力

9.2.1 テキストファイルに1行ずつ文字列を出力する

System.IO 名前空間にある **StreamWriter クラス**を使うことで、テキストをファイルに出力することができます。まずは、テキストを1行ずつファイルに出力する例をお見せします。

リスト9.12 テキストファイルに1行ずつ文字列を出力する

```
var filePath = @"C:\Example\Greeting.txt";
using (var writer = new StreamWriter(filePath)) {
    writer.WriteLine("色はにほへど　散りぬるを");
    writer.WriteLine("我が世たれぞ　常ならむ");
    writer.WriteLine("有為の奥山　今日越えて");
    writer.WriteLine("浅き夢見じ　酔ひもせず");
```

}

StreamWriter のコンストラクタでファイルパスを指定します。文字エンコードは、デフォルトの文字エンコード（UTF-8）が指定されたものと見なされます[2]。コンストラクタが呼び出されたときに、指定したファイルが存在しないときには、新規にファイルが作成されます。すでにファイルが存在していた場合は、上書きモードでファイルがオープンされます。

行を出力するには、**WriteLine メソッド**を使います。引数で指定した文字列の行末に改行コードが付加され、ファイルに出力されます。上の例では4行のデータがファイルに出力されます。

9.2.2 既存テキストファイルの末尾に行を追加する

既存ファイルの末尾に行を追加するには、StreamWriter のコンストラクタの第2引数の append フラグに true を指定します。false を指定すると上書きになります。ファイルが存在しない場合は、新規にファイルが作成されます。

リスト9.13 既存テキストファイルの末尾に行を追加する

```
var lines = new[] { "====", "京の夢", "大坂の夢", };
var filePath = @"C:\Example\Greeting.txt";
using (var writer = new StreamWriter(filePath, append:true)) {
    foreach (var line in lines)
        writer.WriteLine(line);
}
```

リスト 9.12 のコードを実行した後に、リスト 9.13 を実行すると、Greeting.txt の内容は、次のようになります。

```
色はにほへど　散りぬるを
我が世たれぞ　常ならむ
有為の奥山　今日越えて
浅き夢見じ　酔ひもせず
====
京の夢
大坂の夢
```

ちなみに、"Greeting.txt" ファイルが存在しない状況で、リスト 9.13 のコードを実

---

[2] 文字エンコーディングを指定してファイルに出力する方法は、p.232「Column：文字エンコーディングを指定したファイル出力」で解説しています。

行すると、"Greeting.txt" ファイルが作成され、その内容は以下のようになります。

```
====
京の夢
大坂の夢
```

C# 4.0 以降では、StreamWriter の生成は次のように書くことができます。

```
var writer = new StreamWriter(filePath, append:true);
```

上では**名前付き引数**（→ p.136）を使っています。このように書いたほうがわかりやすいですね、true の意味するところが何なのかがわかるのでコードが読みやすくなりますし、コメントを書く必要もなくなります。手間を惜しまずに読みやすいコードを書く姿勢が大切だと筆者は考えています。これ以降、bool 型をメソッドに渡す場合は、可能な限り名前付き引数を使った書き方を採用することとします。

9.2.3 文字列の配列を一気にファイルに出力する

配列に格納された文字列を一気に書き出す場合は、File クラスの **WriteAllLines 静的メソッド**を利用すると便利です。

リスト9.14 文字列の配列を一気にファイルに出力する

```
var lines = new[] { "Tokyo", "New Delhi", "Bangkok", "London", "Paris", };
var filePath = @"C:\Example\Cities.txt";
File.WriteAllLines(filePath, lines);
```

.NET Framework 4 以降では、IEnumerable<string> を引数で受け取れる WriteAllLines 静的メソッドも用意されていますので、以下のように LINQ クエリの結果を簡単にファイルに出力することが可能です。

リスト9.15 LINQ クエリの結果をファイルに出力する

```
var names = new List<string> {
    "Tokyo", "New Delhi", "Bangkok", "London", "Paris", "Berlin", "Canberra",
        ➡"Hong Kong",
};
var filePath = @"C:\Example\Cities.txt";
File.WriteAllLines(filePath, names.Where(s => s.Length > 5));
```

上のコードは、文字列の長さが5文字より長いものだけがファイルに出力されます。
AppendAllLines 静的メソッドも用意されていて、行をファイルの末尾に追記することも
可能です。

9.2.4 既存テキストファイルの先頭に行を挿入する

ファイルの先頭に行を挿入する機能は StreamWriter クラスには存在しません。そのた
め、ファイルの先頭に行を挿入するには、いくつかの機能を組み合わせる必要がありま
す。以下、そのサンプルコードです。

リスト9.16 ファイルの先頭に行を挿入する

```
var filePath = @"C:¥Example¥Greeting.txt";
using (var stream = new FileStream(filePath, FileMode.Open, FileAccess.ReadWrite,
                                                            ➡FileShare.None)) {
    using (var reader = new StreamReader(stream))
    using (var writer = new StreamWriter(stream)) {
        string texts = reader.ReadToEnd();
        stream.Position = 0;
        writer.WriteLine("挿入する新しい行1");
        writer.WriteLine("挿入する新しい行2");
        writer.Write(texts);
    }
}
```

上記コードを順に説明しましょう。

1. FileStream クラス[3]を使い、テキストファイルをオープンします。FileStream コン
ストラクタの引数は以下のとおりです。

- **FileMode.Open**：既存ファイルをオープン
- **FileAccess.ReadWrite**：読み込みと書き込みの両方を行えるようにする
- **FileShare.None**：他からのアクセスを拒否する

2. **1.** で得た stream オブジェクトを引数として、**StreamReader** と **StreamWriter** のオブ
ジェクトを生成します。

3. ReadToEnd メソッド[4]で、一気にすべての行を読み込んでいます。ReadAllLines メ

---

[3] FileStream クラスは、データをストリームとして扱うファイル入出力用クラスです。ストリームとは「小川や流れ」を意味し、データを**連続したバイトの流れ**として扱うことができます。ファイルのほかに、ネットワークを流れるデータやメモリ上のデータをストリームとして扱うこともできます。なお、これまで見てきた StreamReader、StreamWriter は、このファイルストリームをテキストとして読み書きすることのできるクラスです。

[4] 1行ずつ処理をする必要がない場合は、ReadToEnd メソッドが利用できます。リスト9.16のように読み込んだデータをそのまま出力したい場合や、複数行をまとめて処理したい場合に利用します。たとえば、ファイルにある文字列が含まれているか調べるには、ReadToEnd メソッドで1つの文字列として扱ったほうが、短いコードで処理を書けます。

ソッドとは異なり、戻り値の型は string 型です。texts 変数にすべての行が読み込まれます。改行コードもそのまま読み込みます。

4. この時点でファイルを最後まで読んでいるので、ファイル内のポジションはファイル末尾を指しています。そのため、FileStream クラスの Position プロパティに 0 を設定し、ポジションをファイル先頭に戻します。

5. WriteLine メソッドで行を出力します。ポジションをファイル先頭に戻しているので、テキストはファイルの先頭に出力されます。

6. 3.で読み込んだ全テキストを Write メソッドで一気に書き出します。結果的に 5.で出力した行が挿入されたことになります。

7. using 文から抜け FileStream をクローズします。

よくやりがちな好ましくない例も示しておきましょう。

リスト9.17 ⚠ ファイルの先頭に行を挿入する（非推奨）

```
var filePath = @"C:\Example\Greeting.txt";
string texts = "";
// ファイルをすべて読み込む
using (var reader = new StreamReader(filePath)) {
    texts = reader.ReadToEnd();
}
// いったん、クローズ
        ⋮      ◁ この間で、他プロセス/他スレッドからファイルが書き換えられる可能性がある
// 再度ファイルを開き出力処理をする
using (var writer = new StreamWriter(filePath)) {
    writer.WriteLine("挿入する新しい行1");
    writer.WriteLine("挿入する新しい行2");
    writer.Write(texts);   ◁ 他から書き換た内容が消えてしまう
}
```

上のコードは、入力専用としてファイルをオープンしすべての行を読み込んでから、いったんファイルをクローズし、再度ファイルを書き込み専用でオープンして行を挿入しています。ほとんどのケースでこの方法はうまく働きますが、対象のファイルに複数のプロセスでアクセスするようなケースでは、クローズとオープンの間に別のプロセスがファイルを変更してしまうこともありうるため、再現性のないバグに悩まされる可能性があります。

Column 文字エンコーディングを指定したファイル出力

テキストファイルの文字エンコーディング方式は UTF-8 で統一するのが望ましいのですが、どうしても UTF-8 以外の文字エンコーディングでテキストファイルを作成しなくてはならない場合もあります。そのような場合には、`StreamWriter` のコンストラクタの第 3 引数に文字エンコードを指定します。

```
var filePath = @"C:\Example\Greeting.txt";
var sjis = Encoding.GetEncoding("shift_jis");
using (var writer = new StreamWriter(filePath, append:false, encoding: sjis)) {
   writer.WriteLine("色はにほへど　散りぬるを");
      ⋮
}
```

`append` フラグに `true` を指定する（既存ファイルに追加する）場合は、既存ファイルの文字エンコーディングを正しく指定しなければなりません。異なる文字エンコーディングでデータを追加すると、読み込んだ際に文字化けが発生します。

9.3 ファイルの操作

　ファイルの存在確認、ファイルの削除、ファイルの移動、ファイルサイズの取得などの操作には、**System.IO 名前空間**にある File クラスや FileInfo クラスを使います。これら 2 つのクラスには似たようなメソッドが用意されていますので、両方のクラスで実現できるものは両方をコードを示しています。片方のクラスでしかできない場合は、その旨を記してあります。

9.3.1 ファイルの有無を調べる

File クラスを使った場合

　File.Exists 静的メソッドを使うことで、指定したファイルがあるかどうかを調べることができます。ファイルが存在していれば `true` が返ります。存在していなければ `false` が返ります。

リスト9.18　File クラスを使ったファイルの存在確認

```
if (File.Exists(@"C:\Example\Greeting.txt")) {
```

```
    Console.WriteLine("すでに存在しています。");
}
```

FileInfo クラスを使った場合

FileInfo クラスの **Exists** プロパティを使うことでも、ファイルの存在を確認できます。FileInfo クラスに用意されているファイル操作のプロパティやメソッドは、すべてインスタンスメンバーとなっています。そのため、FileInfo のインスタンスを生成してから、目的のメソッドを呼び出します。

リスト9.19 FileInfo クラスを使ったファイルの存在確認

```
var fi = new FileInfo(@"C:\Example\Greeting.txt");
if (fi.Exists)
    Console.WriteLine("すでに存在しています。");
}
```

9.3.2 ファイルを削除する

File クラスを使った場合

指定したファイルを削除するには、**File.Delete 静的メソッド**を使います。指定したファイルが存在しない場合でも、例外はスローされず何もせずに戻ってきます。

リスト9.20 File クラスを使ったファイルの削除

```
File.Delete(@"C:\Example\Greeting.txt");
```

FileInfo クラスを使った場合

FileInfo クラスにも **Delete** メソッドが用意されています。指定したファイルが存在しない場合は、例外はスローされず何もせずに戻ってきます。

リスト9.21 FileInfo クラスを使ったファイルの削除

```
var fi = new FileInfo(@"C:\Example\Greeting.txt");
fi.Delete();
```

9.3.3 ファイルをコピーする

File クラスを使った場合

File.Copy 静的メソッドを使うことで、ファイルのコピーが行えます。

リスト9.22 File クラスを使ったファイルのコピー

```
File.Copy(@"C:\Example\source.txt", @"C:\Example\target.txt");
```

第1引数で指定したファイルを、第2引数で指定したファイルにコピーします。すでに、コピー先のファイルが存在している場合は、IOException 例外が発生します。

既存ファイルを上書きしてよい場合は、第3引数 overwrite に true を指定します。

```
File.Copy(@"C:\Example\source.txt", @"C:\Example\target.txt", overwrite:true);
```

FileInfo クラスを使った場合

FileInfo クラスを使いファイルをコピーする場合は、**CopyTo メソッド**を使います。

リスト9.23 FileInfo クラスを使ったファイルのコピー

```
var fi = new FileInfo(@"C:\Example\source.txt");
FileInfo dup = fi.CopyTo(@"C:\Example\target.txt", overwrite:true);
```

CopyTo の第2引数が true の場合、コピー先のファイルが存在しているとファイルが上書きされます。上書きしたくない場合は false を指定します。戻り値は、コピー先ファイルの FileInfo オブジェクトになりますので、戻ってきたオブジェクトを使い、引き続きコピー先のファイルの操作が可能になっています。

9.3.4 ファイルを移動する

File クラスを使った場合

ファイルの移動をするには、**File.Move 静的メソッド**を使います。第1引数で指定したファイルを、第2引数で指定したパスに移動します。移動先に同名のファイルがすでに存在する場合には、IOException 例外が発生します。また、コピー先のディレクトリが存在しない場合も DirectoryNotFoundException 例外が発生します。

リスト9.24 File クラスを使ったファイルの移動

```
File.Move(@"C:¥Example¥src¥Greeting.txt", @"C:¥Example¥dest¥Greeting.txt");
```

`File.Move` メソッドは、異なるドライブ間の移動はサポートしていません。異なるドライブを指定した場合は、コピー処理となってしまいます。移動にはならないので注意してください。

FileInfo クラスを使った場合

`FileInfo` クラスを利用する場合は、**MoveTo メソッド**を利用してファイルの移動を行います。

リスト9.25 FileInfo クラスを使ったファイルの移動

```
var fi = new FileInfo(@"C:¥Example¥src¥Greeting.txt");
fi.MoveTo(@"C:¥Example¥dest¥Greeting.txt");
```

上のコードは、"C:¥Example¥src¥Greeting.txt" を "C:¥Example¥dest¥Greeting.txt" に移動する例です。

`FileInfo` クラスの `MoveTo` メソッドは、異なるドライブ間の移動もサポートしています。一方、`File.Move` メソッドは、異なるドライブ間の移動をサポートしていません。そのため、異なるドライブに移動させる場合は、`FileInfo` クラスを使ってください。

9.3.5 ファイル名を変更する

File クラスを使った場合

ファイルのリネームは、移動と同じ **File.Move 静的メソッド**を使います。移動先のパスに移動元と同じディレクトリを指定することで、リネームすることが可能です。

リスト9.26 File クラスを使ったファイルのリネーム

```
File.Move(@"C:¥Example¥src¥oldfile.txt", @"C:¥Example¥src¥newfile.txt");
```

"C:¥Example¥src" フォルダにある "oldfile.txt" を "newfile.txt" にリネームしています。

FileInfo クラスを使った場合

FileInfo クラスも同様に、移動用メソッドである **MoveTo メソッド**を使います。移動先のパスに移動元と同じディレクトリを指定することで、リネームすることが可能です。

リスト9.27　FileInfo クラスを使ったファイルのリネーム

```
var fi = new FileInfo(@"C:\Example\src\oldfile.txt");
fi.MoveTo(@"C:\Example\src\newfile.txt");
```

9.3.6　ファイルの最終更新日時 / 作成日時の取得 / 設定

File クラスを使った場合

ファイルの最終更新日時を得るには、**File.GetLastWriteTime 静的メソッド**を用います。

リスト9.28　File クラスを使ったファイルの最終更新日時の取得

```
var lastWriteTime = File.GetLastWriteTime(@"C:\Example\Greeting.txt");
```

ファイルの最終更新日時を設定するには、**File.SetLastWriteTime 静的メソッド**を用います。

リスト9.29　File クラスを使ったファイルの最終更新日時の設定

```
File.SetLastWriteTime(@"C:\Example\Greeting.txt", DateTime.Now);
```

また、**File.GetCreationTime メソッド**、**File.SetCreationTime メソッド**で、ファイル作成日時の取得 / 設定も行えます。

FileInfo クラスを使った場合

FileInfo クラスを使いファイルの最終更新日時を得る場合は、**LastWriteTime プロパティ**を使います。

リスト9.30　FileInfo クラスを使ったファイルの最終更新日時の取得

```
var fi = new FileInfo(@"C:\Example\Greeting.txt");
DateTime lastWriteTime = fi.LastWriteTime;
```

2行目のLastWriteTimeプロパティで、最終の更新日時を取得しています。
LastWriteTimeに値をセットすることで、最後に書き込みが行われた日時を変更することもできます。

リスト9.31 FileInfoクラスを使ったファイルの最終更新日時の設定

```
var fi = new FileInfo(@"C:\Example\Greeting.txt");
fi.LastWriteTime = DateTime.Now;
```

また、**CreationTime プロパティ**を参照すれば、ファイルの作成日時も取得／設定ができます。

リスト9.32 FileInfoクラスを使ったファイルの作成日時の取得

```
var finfo = new FileInfo(@"C:\Example\Greeting.txt");
DateTime LastCreationTime = finfo.CreationTime;
```

9.3.7 ファイルのサイズを得る

ファイルのサイズを得るには、**FileInfo.Length プロパティ**を使います。戻り値の型はlong型となります。Fileクラスを使ってファイルサイズを求めることはできません。

リスト9.33 FileInfoクラスを使ったファイルサイズの取得

```
var fi = new FileInfo(@"C:\Example\Greeting.txt");
long size = fi.Length;
```

9.3.8 FileとFileInfo、どちらを使うべきか？

これまで見てきたように、ファイル操作の多くはFileクラスでもFileInfoクラスでも、どちらを使っても実現できることがわかりましたが、どちらを使ったほうが良いのでしょうか？ 通常はインスタンス生成の必要がないFileクラスを使えば良いでしょう。筆者もコードが短くなるFileクラスを好んで使っています。しかし、いつでもFileクラスを使えば良いのかといえば、そうでもありません。たとえば、ファイルサイズが0バイトのファイルを削除したいとします。そのような場合は、次のように書くほうが自然です。

```
var fi = new FileInfo(@"C:\Example\Greeting.txt");
if (fi.Length == 0)
```

```
    fi.Delete();
```

File.Delete を使った場合、次に示すように、FileInfo のコンストラクタと File.Delete メソッドの 2 カ所でファイル名を指定することになり、冗長なコードになってしまいます。

✗
```
var fi = new FileInfo(@"C:\Example\Greeting.txt");
if (fi.Length == 0)
    File.Delete(@"C:\Example\Greeting.txt");
```

あるファイル操作をする前に、事前に FileInfo オブジェクトが求まっている場合は、FileInfo クラスのメソッドを利用すると良いでしょう。

9.4 ディレクトリの操作

Directory クラスや DirectoryInfo クラスを使うと、ディレクトリの作成、削除、およびファイルの列挙などの操作が可能です。Directory クラスと DirectoryInfo クラスは System.IO 名前空間に属しています。

ディレクトリに関するほとんどの操作は Directory クラス、DirectoryInfo クラスのどちらを使っても実現できます。この Directory クラスと DirectoryInfo クラスの 2 つのクラスの関係は、File クラスと FileInfo と同様な関係になっています。そのため、通常はインスタンス生成の必要がない Directory クラスを利用し、事前に DirectoryInfo オブジェクトが求まっている場合は、DirectoryInfo クラスのメソッドを利用すると良いでしょう。

9.4.1 ディレクトリの有無を調べる

ディレクトリが存在しているか調べるには、**Directory.Exists 静的メソッド**を使います。

リスト9.34　ディレクトリが存在するか調べる
```
if (Directory.Exists(@"C:\Example")) {
    Console.WriteLine("存在しています");
} else {
    Console.WriteLine("存在していません");
}
```

9.4.2 ディレクトリを作成する

Directory クラスを使った場合

`Directory.CreateDirectory` **静的メソッド**を使うことで、ディレクトリを作成することができます。

リスト9.35 ディレクトリの作成

```
DirectoryInfo di = Directory.CreateDirectory(@"C:\Example");
```

アクセス権がない場合や無効なパス名を指定した場合は、例外が発生します。戻り値は、作成されたディレクトリの情報を示す `DirectoryInfo` オブジェクト[5]です。

サブディレクトリまで作成したい場合は、リスト 9.36 のように書きます。

リスト9.36 サブディレクトリまで作成

```
DirectoryInfo di = Directory.CreateDirectory(@"C:\Example\temp");
```

戻り値は、作成されたディレクトリの情報を示す `DirectoryInfo` オブジェクトです。すでに指定したディレクトリが存在する場合は、何もせずにそのディレクトリの `DirectoryInfo` オブジェクトが返ります。

DirectoryInfo クラスを使った場合

`DirectoryInfo` クラスを使って、ディレクトリを作成する場合は、`Create` メソッドを使います。

リスト9.37 ディレクトリの作成（`DirectoryInfo` クラス利用）

```
var di = new DirectoryInfo(@"C:\Example");
di.Create();
```

`DirectoryInfo` クラスを使い、サブディレクトリを作成するには、**CreateSubdirectory メソッド**を使います。このメソッドを呼び出すことで、`DirectoryInfo` オブジェクトが示すディレクトリの下にサブディレクトリを作成することができます。

---

[5] 後述しますが、`DirectoryInfo` オブジェクトを使うことで、ディレクトリの移動や削除、ファイルの列挙などの操作が行えます。

```
DirectoryInfo di = Directory.CreateDirectory(@"C:¥Example");
// DirectoryInfoオブジェクトdiは生成済み
DirectoryInfo sdi = di.CreateSubdirectory("temp");
```

上記コードでは、`C:¥Example` ディレクトリの下に、`temp` ディレクトリが作成されます。

9.4.3 ディレクトリを削除する

Directory クラスを使った場合

Directory.Delete 静的メソッドを使えば、ディレクトリを削除することができます。

リスト9.38 ディレクトリの削除

```
Directory.Delete(@"C:¥Example¥temp");
```

上のコードでは、`temp` ディレクトリが削除されます。ディレクトリ `Example` は削除されません。ただし、ディレクトリを削除できるのは、指定したディレクトリが空のときだけです。ファイルあるいはサブディレクトリがある場合には、`IOException` 例外が発生しディレクトリを削除することはできません。

サブディレクトリをそのファイルも含めて削除するには、第2引数 recursive[6] に true を設定してください。

リスト9.39 ディレクトリの削除（サブディレクトリを含む）

```
Directory.Delete(@"C:¥Example¥temp", recursive:true);
```

DirectoryInfo クラスを使った場合

`DirectoryInfo` クラスを使ったディレクトリの削除処理は、リスト 9.40 のように書けます。`Directory.Delete` メソッドと同様、recursive 引数に true を指定することで、サブディレクトリをファイルも含めて削除できます。

リスト9.40 ディレクトリの削除（DirectoryInfo 利用）

```
var di = new DirectoryInfo(@"C:¥Example¥temp");
di.Delete(recursive:true);
```

---

[6] recursive は、「再帰的」という意味です。

9.4.4 ディレクトリを移動する

Directory クラスを使った場合

ディレクトリを移動するには、**Directory.Move 静的メソッド**を使います。

リスト9.41 ディレクトリの移動

```
Directory.Move(@"C:¥Example¥temp", @"C:¥MyWork");
```

この例では、`C:¥Example¥temp` ディレクトリ内のすべてのファイルおよびディレクトリを `C:¥MyWork` の下に移動します。ただし、`C:¥MyWork` ディレクトリの下に temp ディレクトリが作成されるわけではありません。temp ディレクトリが MyWork ディレクトリに名前が変わると考えると理解しやすいと思います。もちろん、`C:¥Example` ディレクトリの下の temp ディレクトリはなくなります。すでに、移動先の `C:¥MyWork` ディレクトリが存在している場合は `IOException` 例外が発生します。

DirectoryInfo クラスを使った場合

`DirectoryInfo` クラスを使いディレクトリの移動を行うには、**MoveTo メソッド**を使い、次のように書きます。

リスト9.42 ディレクトリの移動（DirectoryInfo 利用）

```
var di = new DirectoryInfo(@"C:¥Example¥temp");
di.MoveTo(@"C:¥MyWork");
```

9.4.5 ディレクトリ名を変更する

Directory クラスを使った場合

ディレクトリの名前を変えるには、**Directory.Move 静的メソッド**を使います。Rename というメソッドは存在しません。たとえば、`C:¥Example¥temp` の temp ディレクトリの名前を save に変更したい場合は、以下のように記述します。

リスト9.43 ディレクトリ名の変更

```
Directory.Move(@"C:¥Example¥temp", @"C:¥Example¥save");
```

見方によっては、C:¥Example¥temp 配下のファイルとフォルダを C:¥Example¥save に移動したとも考えられますから、Move メソッドにリネームの機能があることは、それほど不思議なことではありません。とはいえ、次のように書いてしまうと、カレントディレクトリの場所によって「移動」になったり「リネーム」になったり動作が変わってしまいますのでこのようなコードは書かないほうが良いでしょう。

```
Directory.Move(@"C:¥Example¥temp", @"save");
```

DirectoryInfo クラスを使った場合

DirectoryInfo クラスを使い、ディレクトリ名を変更するには、**MoveTo メソッド**を使います。Directory クラスと同様、Rename というメソッドは存在しません。

リスト9.44 ディレクトリ名の変更（DirectoryInfo 利用）

```
var di = new DirectoryInfo(@"C:¥Example¥temp");
di.MoveTo(@"C:¥Example¥save");
```

Memo　カレントディレクトリ

カレントディレクトリとは、現在作業をしているディレクトリのことで、作業フォルダともいわれます。

エクスプローラーから exe ファイルをダブルクリックしてプログラムを起動した場合は、exe ファイルが存在しているフォルダがカレントディレクトリになります。ショートカットファイルから起動する場合は、ショートカットファイルのプロパティの［作業フォルダー］欄でカレントディレクトリを変更することができます。

プログラムからカレントディレクトリを取得するには、Directory.GetCurrentDirectory 静的メソッドを呼び出します。カレントディレクトリを変更するには、Directory.SetCurrentDirectory 静的メソッドを使います。

```
// カレントディレクトリを取得
var workdir = Directory.GetCurrentDirectory();
Console.WriteLine(workdir);

// カレントディレクトリを変更
Directory.SetCurrentDirectory(@"C:¥TEMP");

// 再度カレントディレクトリを取得し、コンソールに出力して確認
var newWorkdir = Directory.GetCurrentDirectory();
```

```
Console.WriteLine(newWorkdir);
```

9.4.6 指定フォルダにあるディレクトリの一覧を一度に取得する

指定したディレクトリの下にあるサブディレクトリの一覧を一度に取得するには、`DirectoryInfo`クラスの**GetDirectories メソッド**を使います。

リスト9.45 ディレクトリ一覧を一度に取得

```
var di = new DirectoryInfo(@"C:\Example");
DirectoryInfo[] directories = di.GetDirectories();
foreach (var dinfo in directories) {
    Console.WriteLine(dinfo.FullName);
}
```

上のコードは、`C:\Example`直下にあるサブディレクトリのフルパスをコンソールに出力するコードです。GetDirectoriesメソッドで、サブディレクトリの`DirectoryInfo`の配列が返りますので、`foreach`で1つずつ取り出しています。

なお、`GetDirectories`メソッド呼び出し時に、次のように検索パターン（ワイルドカード[7]）を指定することもできます。

リスト9.46 ディレクトリ一覧を一度に取得（ワイルドカード指定）

```
DirectoryInfo[] directories = di.GetDirectories("P*");
```
◀ 名前がPで始まるディレクトリだけを取得

`GetDirectories`メソッドの第2引数に、**SearchOption.AllDirectories**を指定すると、すべてのサブディレクトリを対象に検索することができます。リスト9.47では、フィルタリングの指定（第1引数）で`"*"`を指定していますので、すべてのサブディレクトリがヒットします。

リスト9.47 ディレクトリ一覧をサブディレクトリも含め一度に取得

```
var di = new DirectoryInfo(@"C:\Example");
DirectoryInfo[] directories = di.GetDirectories("*", SearchOption.AllDirectories);
foreach (var item in directories) {
    Console.WriteLine(item.FullName);
}
```
"*"はすべてに一致する

---

[7] ワイルドカード文字として有効なのは、* と ?。* は0個以上の任意の文字、? は、任意の1文字を表します。第10章で説明する正規表現とは別のものです。

9.4.7 指定フォルダにあるディレクトリの一覧を列挙する

.NET Framework 4 以降を利用する場合は、DirectoryInfo クラスの **EnumerateDirectories** を利用し、ディレクトリの一覧を列挙することができます。

前述の GetDirectories メソッドでは、一度にすべてのサブディレクトリを取得し配列にしているので、条件に一致するディレクトリが見つかったところでディレクトリの取得を中止するということができません。一方、DirectoryInfo クラスの EnumerateDirectories メソッド[8]を使えば、全体を一度に取得するのではなく、順に列挙することができるため、途中で列挙をやめることもできます。そのため、パフォーマンスの点で有利になる場合があります。LINQ のメソッドとの相性が良いのも利点です。

リスト9.48 ディレクトリの一覧を列挙

```
var di = new DirectoryInfo(@"C:\Example");
var directories = di.EnumerateDirectories()
                    .Where(d => d.Name.Length >= 10);
foreach (var item in directories) {
   Console.WriteLine("{0} {1}", item.FullName, item.CreationTime);
}
```

上のコードでは、LINQ の Where メソッドを使いディレクトリ名の長さが 10 文字以上のものだけを抽出しています。EnumerateDirectories メソッドの返す型は、IEnumerable<DirectoryInfo> です。

次のように SearchOption.AllDirectories を指定すれば、サブディレクトリも含めたディレクトリの抽出ができます。第 2 引数は GetDirectories メソッドと同様、検索パターンとしてワイルドカードを指定できます。

```
var directories = di.EnumerateDirectories("*", SearchOption.AllDirectories))
```

9.4.8 指定フォルダにあるファイルの一覧を一度に取得する

現在のディレクトリの下にあるファイルの一覧を求めるには、**GetFiles** メソッドを使います。戻り値の型は、FileInfo クラスの配列です。

リスト9.49 ファイル一覧を一度に取得

```
var di = new DirectoryInfo(@"C:\Windows");
FileInfo[] files = di.GetFiles();
```

---

8 ここでは DirectoryInfo クラスの EnumerateDirectories メソッドを紹介しましたが、Directory クラスにも同名のメソッドがあります。戻り値は IEnumerable<string> です。

```
foreach (var item in files) {
    Console.WriteLine("{0} {1}", item.Name, item.CreationTime);
}
```

上記コードを見てもらえばわかるように、使い方は、GetDirectories とほとんど同じです。以下のように "test" で始まるファイルだけを取得することも可能です。

```
FileInfo[] files = di.GetFiles("test*");

FileInfo[] files = di.GetFiles("test*", SearchOption.AllDirectories);
```

9.4.9 指定フォルダにあるファイルの一覧を列挙する

.NET Framework 4 以降では、**EnumerateFiles メソッド**[9] を使いファイルの一覧を列挙することができます。戻り値の型は、IEnumerable<FileInfo> です。

リスト9.50　ファイルの一覧を列挙
```
var di = new DirectoryInfo(@"C:¥Example");
var files = di.EnumerateFiles("*.txt", SearchOption.AllDirectories)
              .Take(20);
foreach (var item in files) {
    Console.WriteLine("{0} {1}", item.Name, item.CreationTime);
}
```

上のコードは、拡張子が txt であるファイルを 20 個取得しています。EnumerateFiles メソッドの第 2 引数に SearchOption.AllDirectories を指定することで、すべてのサブディレクトリを対象としています。20 個のファイルが見つかった時点で、ディレクトリの探索が終了します。

9.4.10 ディレクトリとファイルの一覧を一緒に取得する

あるディレクトリ配下のサブディレクトリとファイルを一緒に取得したい場合もあります。そのような場合は、DirectoryInfo クラスの **GetFileSystemInfos メソッド**を使います。

戻り値は、FileSystemInfo 型の配列です。FileSystemInfo は、FileInfo と DirectoryInfo の継承元クラスです。

---

[9] Directory クラスにも同名のメソッドがあり、ファイルの一覧を列挙できます。戻り値は IEnumerable<string> です。

リスト9.51 ディレクトリとファイルの一覧を一緒に取得する

```
var di = new DirectoryInfo(@"C:¥Example");
FileSystemInfo[] fileSystems = di.GetFileSystemInfos();
foreach (var item in fileSystems) {
   if ((item.Attributes & FileAttributes.Directory) == FileAttributes.Directory)
                                                          ディレクトリかどうかを判定
      Console.WriteLine("ディレクトリ:{0} {1}", item.Name, item.CreationTime);
   else
      Console.WriteLine("ファイル:{0} {1}", item.Name, item.CreationTime);
}
```

上記コードは、C:¥Example ディレクトリ直下のディレクトリとファイルのすべてを取得しています。

.NET Framework 4 以降では、DirectoryInfo クラスの **EnumerateFileSystemInfos** メソッドを使うこともできます。戻り値の型は、IEnumerable<FileSystemInfo> です。

リスト9.52 ディレクトリとファイルの一覧を列挙する

```
var di = new DirectoryInfo(@"C:¥Example");
var fileSystems = di.EnumerateFileSystemInfos();
foreach (var item in fileSystems) {
   if ((item.Attributes & FileAttributes.Directory) == FileAttributes.Directory)
      Console.WriteLine("ディレクトリ:{0} {1}", item.Name, item.CreationTime);
   else
      Console.WriteLine("ファイル:{0} {1}", item.Name, item.CreationTime);
}
```

FileAttributes 列挙型

FileSystemInfo、FileInfo、DirectoryInfo には、ファイルまたはディレクトリの属性を表す Attributes プロパティがあります。この Attributes プロパティの型は FileAttributes 列挙型です。次のようにビット AND 演算子（&）を使い、ファイルまたはディレクトリの属性に何が設定されているか調べることができます。

```
var fi = new FileInfo(@"C:¥Example¥Greeting.txt");
if ((fi.Attributes & FileAttributes.ReadOnly) == FileAttributes.ReadOnly) {
   Console.WriteLine("ReadOnlyファイルです");
}
if ((fi.Attributes & FileAttributes.System) == FileAttributes.System) {
   Console.WriteLine("Systemファイルです");
}
```

9.4.11 ディレクトリとファイルの更新日時を変更する

ディレクトリ操作の最後の例として、ファイルの最終更新時刻をサブディレクトリも含め、すべてを同じ時刻にセットするコードをお見せします。

リスト9.53 ディレクトリとファイルの更新時刻をセットする

```
var di = new DirectoryInfo(@"C:\Example");
FileSystemInfo[] fileSystems = di.GetFileSystemInfos();
foreach (var item in fileSystems) {
    item.LastWriteTime = new DateTime(2016, 6, 4, 10, 10, 10);  ◀最終更新日時を変更
}
```

`FileSystemInfo` オブジェクトの **LastWriteTime プロパティ**に `DateTime` オブジェクトを代入することで、更新時刻をセットすることができます。

9.5 パス名の操作

9.5.1 パス名を構成要素に分割する

Path クラスが提供する静的メソッドを使うことで、ファイル名を構成要素に分割することができます。

リスト9.54 パス名を構成要素に分割する

```
var path = @"C:\Program Files\Microsoft Office\Office16\EXCEL.EXE";
var directoryName = Path.GetDirectoryName(path);
var fileName = Path.GetFileName(path);
var extension = Path.GetExtension(path);
var filenameWithoutExtension = Path.GetFileNameWithoutExtension(path);
var pathRoot = Path.GetPathRoot(path);

Console.WriteLine("DirectoryName : {0}", directoryName);
Console.WriteLine("FileName : {0}", fileName);
Console.WriteLine("Extension : {0}", extension);
Console.WriteLine("FilenameWithoutExtension : {0}", filenameWithoutExtension);
Console.WriteLine("PathRoot : {0}", pathRoot);
```

上記コードを実行すると以下の出力が得られます。

```
DirectoryName : C:\Program Files\Microsoft Office\Office16
```

```
FileName : EXCEL.EXE
Extension : .EXE
FilenameWithoutExtension : EXCEL
PathRoot : C:¥
```

リスト 9.54 で利用しているメソッドについて説明しましょう。

- **GetDirectoryName メソッド**
  指定したパス文字列のディレクトリ情報を返す。返されるパスには、パスの最後の¥は含まれない
- **GetFileName メソッド**
  指定したパス文字列のファイル名と拡張子を返す
- **GetExtension メソッド**
  指定したパス文字列の拡張子を返す。返されるパスの拡張子には、ピリオド（.）を含む
- **GetFileNameWithoutExtension メソッド**
  指定したパス文字列のファイル名を拡張子を付けずに返す
- **GetPathRoot メソッド**
  指定したパスのルートディレクトリ情報（"C:¥" など）を取得する

9.5.2 相対パスから絶対パスを得る

相対パス[10] から絶対パス（フルパス）を得るには、Path クラスの **GetFullPath 静的メソッド**を使います。

リスト9.55 相対パスから絶対パスを得る

```
var fullPath = Path.GetFullPath(@"..¥Greeting.txt");
```

たとえば、**C:¥Example¥Temp** がカレントディレクトリの場合は、fullPath には以下の文字列が代入されます。

```
"C:¥Example¥Greeting.txt"
```

なお、引数で指定する相対パスが実際に存在している必要はありません。たとえば、"Greeting.txt" が存在していなくても、絶対パス "C:¥Example¥Greeting.txt" が求まります。

---
[10] カレントディレクトリからの経路を示すパスで、'..' は1つ上の階層のディレクトリを、'.' は現在のディレクトリを指します。

9.5.3 パスを組み立てる

ディレクトリ名とファイル名を結合してパスを得るには、Path クラスの **Combine 静的メソッド**を使います。

リスト9.56 パスを組み立てる

```
var dir = @"C:¥Example¥Temp";
var fname = "Greeting.txt";
var path = Path.Combine(dir, fname);
```

Path には以下の文字列が代入されます。

```
"C:¥Example¥Temp¥Greeting.txt"
```

リスト 9.57 のように書いてはいけません。というのは、ディレクトリ名の最後はコードの書き方によってパス区切り記号である ¥ がある場合とない場合があるからです。Path.Combine メソッドを使えば、ディレクトリ名の最後が ¥ で終わっていてもいなくても、適切にパスを組み立ててくれます。

リスト9.57 ✘ パスを組み立てる悪い例

```
var dir = @"C:¥Example¥Temp";
var fname = "Greeting.txt";
var path = dir + @"¥" + fname;
```

複数の引数を指定して、パスを組み立てることも可能です。

リスト9.58 複数の要素からパスを組み立てる

```
var topdir = @"C:¥Example¥";
var subdir = @"Temp";
var fname = "Greeting.txt";
var path = Path.Combine(topdir, subdir, fname);
```

9.6 その他のファイル操作

9.6.1 一時ファイルを作成する

一時ファイル（テンポラリファイル）を作成するには、Path クラスの **GetTempFileName**

静的メソッドを使います。GetTempFileName メソッドは、.tmp という拡張子を持つ一意な名前を持つ 0 バイトの一時ファイルを作成し、そのファイルの完全パスを返します。

リスト9.59　一時ファイル名を作成する

```
var tempFileName = Path.GetTempFileName();
```

筆者の環境では次の文字列が得られます。

```
"C:\Users\hideyuki\AppData\Local\Temp\tmp5105.tmp"
```

一時フォルダのパスを返す GetTempPath メソッドも存在します。

リスト9.60　一時フォルダのパスを取得する

```
var tempPath = Path.GetTempPath();
```

9.6.2 特殊フォルダのパスを得る

Environment.GetFolderPath 静的メソッドを利用することで、デスクトップなどの特殊フォルダのパスを取得することができます。ここでは、いくつかの代表的な特殊フォルダを取得するコードをお見せします。

リスト9.61　特殊フォルダのパスを得る

```
// デスクトップフォルダの取得
var desktopPath = Environment.GetFolderPath(Environment.SpecialFolder.Desktop);
Console.WriteLine(desktopPath);

// マイドキュメントフォルダの取得
var myDocumentsPath =
            ➡Environment.GetFolderPath(Environment.SpecialFolder.MyDocuments);
Console.WriteLine(myDocumentsPath);

// プログラムファイルフォルダの取得
var programFilesPath =
            ➡Environment.GetFolderPath(Environment.SpecialFolder.ProgramFiles);
Console.WriteLine(programFilesPath);

// Windowsフォルダの取得
var windowsPath = Environment.GetFolderPath(Environment.SpecialFolder.Windows);
```

```
Console.WriteLine(windowsPath);

// システムフォルダの取得
var systemPath = Environment.GetFolderPath(Environment.SpecialFolder.System);
Console.WriteLine(systemPath);
```

リスト 9.61 のように、コメントに記したようなフォルダのパスを取得することができます。`Environment.SpecialFolder` は列挙型です。この `SpecialFolder` 列挙型には、ほかにもたくさんの列挙定数が定義してあります。具体的にどのような列挙定数が定義されているのかは、MSDN ライブラリをご覧ください [11]。

筆者の環境では以下の出力が得られます。

```
C:¥Users¥hideyuki¥Desktop
C:¥Users¥hideyuki¥Documents
C:¥Program Files (x86)
C:¥windows
C:¥windows¥system32
```

Let's Try! 第 9 章の演習問題

問題 9.1

以下の問題を解いてください。

1. 指定した C# のソースファイルを読み込み、キーワード "class" が含まれている行数をカウントするコンソールアプリケーション `CountClass` を作成してください。このとき、`StreamReader` クラスを使い 1 行ずつ読み込む処理にしてください。なお、以下の 2 点を前提としてかまいません。

- class キーワードの前後には、必ず空白文字がある
- リテラル文字列やコメントの中には、"class" という単語は含まれていない

2. このプログラムを `File.ReadAllLines` メソッドを利用して書き換えてください。

3. このプログラムを `File.ReadLines` メソッドを利用して書き換えてください。

---

[11] http://msdn.microsoft.com/ja-jp/library/system.environment.specialfolder.aspx

問題 9.2

テキストファイルを読み込み、行の先頭に行番号を振り、その結果を別のテキストファイルに出力するプログラムを書いてください。書式と出力先のファイル名は自由に決めてかまいません。出力するファイル名と同名のファイルがあった場合は、上書きしてください。

問題 9.3

あるテキストファイルの最後に別のテキストファイルの内容を追加するコンソールアプリケーションを書いてください。コマンドラインで 2 つのテキストファイルのパス名を指定できるようにしてください。

問題 9.4

指定したディレクトリ直下にあるファイルを別のディレクトリにコピーするプログラムを作成してください。その際、コピーするファイル名は、拡張子を含まないファイル名の後ろに、_bak を付加してください。つまり、元のファイル名が Greeting.txt ならば、コピー先のファイル名は Greeting_bak.txt という名前にします。コピー先に同名のファイルがある場合は置き換えてください。

問題 9.5

指定したディレクトリおよびそのサブディレクトリの配下にあるファイルからファイルサイズが 1M バイト（1,048,576 バイト）以上のファイル名の一覧を表示するプログラムを書いてください。

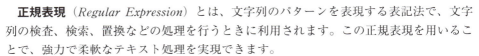

Chapter 10 正規表現を使った高度な文字列処理

　正規表現（*Regular Expression*）とは、文字列のパターンを表現する表記法で、文字列の検査、検索、置換などの処理を行うときに利用されます。この正規表現を用いることで、強力で柔軟なテキスト処理を実現できます。

　この章では、正規表現クラス（**Regex クラス**）を使った文字列操作について説明します。

10.1　正規表現とは？

　ある文字列から「平成 XX 年」という文字列を検索したい場合、あなたならどうしますか？ String クラスの FindIndex メソッドで **"平成"** を探し、その後に数字が続いているか調べ、さらにその後に **'年'** があるか調べるというコードを書くこともできますが、とても面倒なコードを書かなくてはなりません。そんなときに正規表現を使えば、もっと簡単に検索処理を書くことができます。

　まずは、正規表現（検索パターン）がどんなものか、その雰囲気を知ってもらうために、いくつか正規表現の例をお見せしましょう。

- **[Tt]ime**
　"Time" または "time" を表す正規表現

　[] は、文字グループを示します。**[]** の中に複数の文字を指定することができます。この場合、**'T'** と **'t'** のいずれかと一致することになります。

- **Button|ボタン**
　"Button" か "ボタン" のどちらかを表す正規表現

　縦棒（**|**）は、「OR」を表します。"Button" か "ボタン" のどちらかと一致します。最初の正規表現 **[Tt]ime** を **|** を使って書き直すと **Time|time** となります。

- **back.+**

    "back"の後に任意の文字が1文字以上続いていることを表す正規表現

　ピリオド'.'は、改行文字以外の任意の1文字と一致します。'+'は、直前の文字の1回以上の繰り返しに一致します。つまり、".+"で任意の文字が1文字以上連続していることを表しますので、"backslash"や"backup"、"back door"などと一致します。'+'の代わりに'*'を使うと、「直前の文字の0回以上の繰り返し」という意味になり、"back"そのものにも一致します。

- **[0-9]+秒**

    "8秒"、"24秒"といった秒数を表す正規表現

　[]の中で'-'を用いると、それは文字範囲を示します。[0-9]は[0123456789]と同じです。その後に'+'がありますので数字が1文字以上連続し、その後に'秒'がある文字列と一致します。ちなみに、[a-z]は、[abcdefghijklmnopqrstuvwxyz]と同じになります。たとえば、半角の英数字を表したいのならば、[0-9a-zA-Z]と書けます。

- **平成¥d+年**

    "平成29年"といった平成の年を表す正規表現

　'¥d'は数字1文字を表します。'+'は1回以上の繰り返しになりますので、"平成29年"や"平成100年"といった文字列と一致します。また、'¥d'には全角数字も含まれますので、"平成２９年"とも一致することになります。

　気をつけなくてはいけないのは、不用意に正規表現を書いてしまうと、意図した部分文字列とは別の部分文字列に一致してしまう危険があるということです。たとえば、ある文章の中で[Tt]imeという正規表現で検索をかけると、"Timer"や"timetable"などの文字列とも一致することになります。そのため、文章の中にtimeという単語があるかどうかを調べたいとしたら、[Tt]imeという正規表現は適切ではありません。具体的にどのような正規表現を書いたら良いのかは、本章を順に読んでいくことでわかるようになるでしょう。

　表10.1には、本章で扱う正規表現の特殊記号の一覧を掲載しています。これ以降のサンプルコードを読む際の参考にしてください。

表10.1 本章で扱う正規表現の特殊記号[1]

特殊記号	意味
^	行頭を表す
$	行末を表す
¥b	英数字とそれ以外の文字の境界を表す
.	任意の1文字を表す

[1] 出典:「正規表現言語 - クイックリファレンス」https://msdn.microsoft.com/ja-jp/library/az24scfc(v=vs.110).aspx

¥d	0 から 9 までの数字 1 文字と一致する
¥s	空白文字、タブコード、改行コード 1 文字と一致する
¥S	空白以外の文字 1 文字と一致する
¥w	単語※に使用される任意の文字 1 文字と一致する
		縦棒（|）文字で区切られた要素のいずれかと一致する
[ ]	[] 内の任意の 1 文字と一致する。ハイフン（-）は範囲を表す
[^]	[] 内で指定した文字以外の文字と一致する
*	直前の要素の 0 回以上の繰り返しと一致する
+	直前の要素の 1 回以上の繰り返しと一致する
?	直前の要素が 1 個、あるいは 0 個と一致する
{n}	直前の要素の n 回の繰り返しに一致する
{n,}	直前の要素の n 回以上の繰り返しに一致する
{n,m}	直前の要素の n 回以上 m 回以下の繰り返しに一致する
¥p{IsKatakana}	カタカナ（U+30A0 〜 U+30FF）を表す
¥p{IsHiragana}	ひらがな（U+3040 〜 U+309F）を表す
( )	( ) 内を 1 つの固まりとしてグループ化する。1 から順番に付番。Groups プロパティで参照可
¥n	前方参照構成体※※。n は数字。前方で付番されたグループ化文字列と一致する
*?	できるだけ少ない繰り返しを処理する最初の一致を表す
+?	1 回以上で、できるだけ少ない繰り返しを表す

※　単語に使用される任意の文字として、[a-zA-Z_0-9]のほかに、漢字、ひらがな、カタカナ、全角英字、全角数字、全角アンダースコア（＿）が含まれます。.や%などの記号は含まれません。

※※前方参照構成体については、p.274 の「10.5.3：前方参照構成体」を参照してください。

　それでは、次から具体的な正規表現を使った文字列操作について見ていくことにしましょう。

10.2 文字列の判定

10.2.1 指定したパターンに一致した部分文字列があるか判定する

　指定したパターンに一致した部分文字列があるか調べたいときには、**Regex クラス**の **IsMatch メソッド**を使います。Regex クラスは、System.Text.RegularExpressions 名前空間に定義されています。

リスト10.1　指定したパターンに一致した文字列があるか判定する

```
using System.Text.RegularExpressions;
    :
var text = "private List<string> results = new List<string>();";
bool isMatch = Regex.IsMatch(text, @"List<¥w+>");
```

```
    if (isMatch)
        Console.WriteLine("見つかりました");
    else
        Console.WriteLine("見つかりません");
```

上のコードは、text 文字列の中に正規表現パターン @"List<\w+>" と一致する部分文字列があるか調べています。ある場合は "見つかりました" が出力されます。

Regex クラスにはインスタンスメソッドも存在しており、以下のようにも記述できます。

リスト10.2 IsMatch インスタンスメソッドを使った例

```
var text = "private List<string> results = new List<string>();";
var regex = new Regex(@"List<\w+>");
bool isMatch = regex.IsMatch(text);
if (isMatch)
    Console.WriteLine("見つかりました");
else
    Console.WriteLine("見つかりません");
```

繰り返し処理の中で同じ正規表現パターンを利用する場合には、ループの外側で Regex のインスタンスを生成し、ループの中ではインスタンスメソッドを使うようにしてください。そうすればパフォーマンスを向上させることができます。本章のサンプルでは、静的メソッドを中心に使っていますが、一部のコードではインスタンスメソッドを使っています。実際の業務においても必要に応じて使い分けをしてください。

これまで示してきたコード例では、正規表現パターンには、@付きの文字列（逐語的リテラル文字列）を使っています。これは、@無しの標準リテラル文字列だと、¥記号がエスケープ文字[2]として認識されるため、¥記号の多い読みにくいコードになってしまうからです。表10.2 にいくつか例を示します。

表10.2 逐語的リテラル文字列と標準リテラル文字列での例

逐語的リテラル文字列	標準リテラル文字列	掲載箇所
@"List<\w+>"	"List<\\w+>"	リスト 10.1
@"^[-+]?(\d+)(\.\d+)?$"	"^[-+]?(\\d+)(\\.\\d+)?$"	リスト 10.7
@"\b(\w)\w\1\b"	"\\b(\\w)\\w\\1\\b"	リスト 10.28

そのため、**正規表現のパターンを記述する際は、読みやすく書きやすい@を付けた逐語的リテラル文字列を使ってください。**

---

[2] 文字列の中に印字できない文字（改行やタブ）や二重引用符そのものを表すために定義された、¥記号（エスケープ文字）とそれに続く一連の文字を「エスケープシーケンス」といいます。代表的なものに、¥n、¥t、¥"、¥¥ などがあります。詳細は、https://msdn.microsoft.com/ja-jp/library/h21280bw.aspx を参照してください。

Column 正規表現のキャッシュ

　.NET Framework の正規表現エンジンは、静的メソッド（`static` メソッド）呼び出しで渡された正規表現を内部表現に変換（コンパイル）後、メモリにキャッシュします。一方、インスタンスメソッドからの呼び出しでは、正規表現はキャッシュされませんので、インスタンスメソッドの場合はコードの書き方によっては、同じ正規表現が何回もコンパイルされる可能性があります。

　そのため、いくつか固定的な正規表現を利用するアプリケーションでは、正規表現がキャッシュされる静的メソッドを使うことをお勧めします。

　正規表現のキャッシュサイズは、既定で 15 個となっています。このキャッシュサイズを変更する場合は、`Regex.CacheSize` プロパティで値を変更できます。キャッシュサイズが自動で拡張されることはありません。

10.2.2 指定したパターンで文字列が始まっているか判定する

　正規表現の `^` 記号は、行頭を表す特殊記号ですので、以下のようなコードで文字列の先頭で一致するかどうかを調べられます。このサンプルでは "using" で始まるかどうかを調べています。

リスト10.3　指定したパターンで文字列が始まっているかを判定する

```
var text = "using System.Text.RegularExpressions;";
bool isMatch = Regex.IsMatch(text, @"^using");
if (isMatch)
    Console.WriteLine("'using'で始まっています");
else
    Console.WriteLine("'using'で始まっていません");
```

10.2.3 指定したパターンで文字列が終わっているか判定する

　`$` 記号は行末を示す特殊記号です。以下のコードは、文字列が "ます。" で終わっているか調べています。

リスト10.4　指定したパターンで文字列が終わっているか判定する

```
var text = "Regexクラスを使った文字列操作について説明します。";
bool isMatch = Regex.IsMatch(text, @"ます。$");
if (isMatch)
    Console.WriteLine("'ます。'で終わっています");
```

```
else
    Console.WriteLine("'ます。'で終わっていません");
```

10.2.4 指定したパターンに完全に一致しているか判定する

前述の行頭（`^`）、行末（`$`）を示す2つの特殊記号を使えば、文字列が指定パターンと完全に一致するか調べることができます[3]。次のコードは、文字列 "Windows" あるいは "windows" に完全に一致する文字列が strings 配列の中にいくつかあるかカウントしているコードです。

リスト10.5 指定したパターンに完全に一致しているか判定する

```
var strings = new[] { "Microsoft Windows", "Windows Server", "Windows", };
var regex = new Regex(@"^(W|w)indows$");
var count = strings.Count(s => regex.IsMatch(s));
Console.WriteLine("{0}行と一致", count);
```

正規表現パターン `@"^(W|w)indows$"` は、`@"^[Ww]indows$"` と書いても同じ結果になります。カウントには、LINQ の `Count` メソッドを使っています。`Count` メソッドの中で、ラムダ式が何回も呼び出されることになりますので、事前に `Regex` インスタンスを生成しておき、インスタンスメソッドである `IsMatch` メソッドを呼び出すようにしています。実行すると以下の結果が得られます。

```
1行と一致
```

以下のように書いてはいけません。

リスト10.6 ❌ 指定したパターンに完全に一致しているか判定する間違った例

```
var strings = new[] { "Microsoft Windows", "Windows Server", "Windows", };
var regex = new Regex(@"(W|w)indows");
var count = strings.Count(s => regex.IsMatch(s));
Console.WriteLine("{0}行と一致", count);
```

行頭、行末を示す特殊記号がないため、すべての行に一致してしまいます。そのため、**"3行と一致"** と出力されてしまいます。

もう1つ例を載せましょう。これは、配列に格納された文字列から数値文字列だけを

---

[3] 既定では、1行単位で処理することを想定し、行頭、行末は文字列の先頭と末尾を表します。そのため、途中に改行が含まれている文字列であっても、文字列の先頭および末尾と一致します。このモードを「単一行モード」といいます。既定のモードを変更し、「複数行モード」にすることも可能です。p.265 の「Column：行頭、行末の意味を変更し、複数行モードにする」も参照してください。

取り出すコードです。

リスト10.7 指定したパターンに完全に一致しているか判定する(2)

```
var strings = new[] { "13000", "-50.6", "0.123", "+180.00",
            "10.2.5", "320-0851", " 123", "$1200", "500円", };
var regex = new Regex(@"^[-+]?(\d+)(\.\d+)?$");
foreach (var s in strings) {
    var isMatch = regex.IsMatch(s);
    if (isMatch)
        Console.WriteLine(s);
}
```

上記のコードを実行した結果を示します。

```
13000
-50.6
0.123
+180.00
```

正規表現パターン @"^[-+]?(\d+)(\.\d+)?$" について簡単に説明しておきましょう。

• ^記号と$記号
行頭と行末を示す^と$とで括っていますから、完全な一致を意味します。

• [-+]?[4]
先頭の符号を表しています。?は直前のパターンと0回または1回の一致を意味しますから、-か+どちらかが1文字ある場合、あるいは符合がない場合に一致します。

• (\d+)
整数部を表しています。\dは数字文字を意味します。+は1回以上の繰り返しです。丸括弧はグルーピングの記号で、この例に関しては深い意味はありません。整数部であることを強調しているだけです。整数部は、"9"、"120"、"098"などと一致します。先頭が"0"で始まる整数部を認めたくない場合は、"([1-9]\d*)"と記述します。なお、+記号を使っていますから、".001"のような整数部がない表現は認めていません。

• (\.\d+)?
小数部を表しています。\.はピリオドそのものを表しています。.だけだと任意の1文字を意味しますので不適切です。最後の?は小数部がない場合にも対応するためのもので

---
[4] []の中であっても-記号の前後に文字がない場合は、-は範囲を表す特殊記号ではなく、-文字そのものを表します。

す。小数部が 0 回または 1 回の出現で一致と見なされます。つまり、小数部は、""、".5"、".002" などと一致します。

10.3 文字列の検索

10.3.1 最初の部分文字列を見つける

Regex クラスの **Match メソッド**を利用すると、文字列の中から指定したパターンに一致する最初の部分文字列を見つけることができます。

リスト10.8 最初の部分文字列を見つける

```
var text = "RegexクラスのMatchメソッドを使います";
Match match = Regex.Match(text, @"\p{IsKatakana}+");
if (match.Success)     ◀ trueならマッチした
    Console.WriteLine("{0} {1}", match.Index, match.Value);
```

@"\p{IsKatakana}" は、カタカナを表す正規表現です。その後ろに + を付けていますから、1 文字以上のカタカナと一致します。結果は以下のとおりです。

```
5 クラス
```

Match メソッドの戻り値の型は、System.Text.RegularExpressions.Match クラスです。Match クラスの Success プロパティを参照することで、パターンに一致したかがわかります。Index プロパティには一致した位置が、Value プロパティには一致した文字列が格納されています。Match クラスには、そのほか表 10.3 に示すようなプロパティがあります。

表10.3 Match クラスのプロパティ

プロパティ	意味
Success	正規表現パターンに一致すれば true、それ以外なら false
Index	一致した部分文字列の先頭位置（検索対象の文字列内の位置）
Length	一致した部分文字列の長さ
Value	一致した部分文字列
Groups	正規表現に一致したグループのコレクション

リスト 10.8 の例のように、特定の文字種だけから成る部分と一致させたいという場面はよくあります。表 10.4 にいくつか例を載せておきます。

10.3 文字列の検索

表10.4 特定の文字種だけから成る部分文字列と一致させる正規表現の例

正規表現	説明
[0-9]+	半角数字から成る部分文字列と一致する
[a-zA-Z]+	半角英字から成る部分文字列と一致する
[a-zA-Z0-9]+	半角英数字から成る部分文字列と一致する
[!-/:-@¥[-`{-~]+	半角記号から成る部分文字列と一致する
¥S+	空白（全角空白を含む）以外の任意の文字から成る部分文字列と一致する
¥p{IsHiragana}+	ひらがな（U+3040 ～ U+309F）から成る部分文字列と一致する
¥p{IsKatakana}+	カタカナ（U+30A0 ～ U+30FF）から成る部分文字列と一致する

10.3.2 一致する文字列をすべて見つける

Regex クラスの **Matches メソッド**を使うと、パターンに一致するすべての文字列を見つけることができます。

リスト10.9 Matches メソッドで一致する文字列をすべて見つける

```csharp
var text = "private List<string> results = new List<string>();";
var matches = Regex.Matches(text, @"List<¥w+>");
foreach(Match match in matches) {    ◀ Match型を明示する必要がある
    Console.WriteLine("Index={0}, Length={1}, Value={2}",
                match.Index, match.Length, match.Value);
}
```

Matches メソッドの戻り値は、`MatchCollection` 型です。このコレクションは配列やリスト同様、foreach 文で要素を取り出せますが、取り出せる要素の型が本来の型ではなく、object 型となっています。そのため、foreach で取り出す要素の型に var が使えません。**Match 型**を明示する必要があります。結果を以下に示します。

```
Index=8, Length=12, Value=List<string>
Index=35, Length=12, Value=List<string>
```

リスト 10.10 で示すように、Regex クラスの Match メソッドと **NextMatch メソッド**を使い同様のことが行えます。どちらを利用してもよいでしょう。本書では、Matches メソッドで統一しています。

リスト10.10 NextMatch メソッドで一致する文字列をすべて見つける

```csharp
var text = "private List<string> results = new List<string>();";
```

```
Match match = Regex.Match(text, @"List<\w+>");
while (match.Success) {
   Console.WriteLine("Index={0}, Length={1}, Value={2}",
                     match.Index, match.Length, match.Value);
   match = match.NextMatch();
}
```

10.3.3 Matches メソッドの結果に LINQ を適用する

Matches メソッドの結果に対して、LINQ のメソッドを適用したい場合はどうしたら良いでしょうか？ Matches メソッドの戻り値の型である MatchCollection 型は、IEnumerable<T> のインターフェイスを持っていないため、そのままでは LINQ を使えません。

使えるようにするには、**Cast<T> メソッド**を使い IEnumerable<Match> に変換する必要があります。Cast<T> メソッドは、<> 内に具体的な型（ここでは Match）を指定することで、コレクションを IEnumerable<T>（ここでは IEnumerable<Match>）に変換することができます。MatchCollection の各要素は、Match 型であることが保証されていますから、キャストに失敗することはありません。

リスト10.11 Matches メソッドの結果に LINQ を適用する

```
var text = "private List<string> results = new List<string>();";
var matches = Regex.Matches(text, @"\b[a-z]+\b")
                   .Cast<Match>()
                   .OrderBy(x => x.Length);
foreach (Match match in matches) {
   Console.WriteLine("Index={0}, Length={1}, Value={2}",
                     match.Index, match.Length, match.Value);
}
```

結果を以下に示します。

```
Index=31, Length=3, Value=new
Index=13, Length=6, Value=string
Index=40, Length=6, Value=string
Index=0, Length=7, Value=private
Index=21, Length=7, Value=results
```

このサンプルでは、小文字だけから成る単語を取り出し、長さの短い順に並べ替えて

います。正規表現文字列の中の ¥b は、単語[5]の境界を表しています。@"[a-z]+" という指定だと、"List" の "ist" とも一致してしまいますので、意図どおりの動作にはなりません。

10.3.4 一致した部分文字列の一部だけを取り出す

以下に示す文字列の中から《》で括られた "値型" と "参照型" という文字列を取り出したいとします。

"C#には、《値型》と《参照型》の2つの型が存在します"

この処理で面倒なのが、一致させたいのは、"《値型》" や "《参照型》" なのですが、取り出したいのは、"値型" と "参照型" だということです。検索してから、前後の《》を取り去るといったコードを書けば希望の処理を実現できますが、正規表現のグループ化の機能を使えば、そのような余計なコードを書かなくても《》で括られた文字列を取り出すことが可能になります。以下にそのコードを示します。

リスト10.12 一致した部分文字列の一部だけを取り出す

```
var text = "C#には、《値型》と《参照型》の2つの型が存在します";
var matches = Regex.Matches(text, @"《([^《》]+)》");
foreach(Match match in matches) {
    Console.WriteLine("<{0}>", match.Groups[1]);
}
```

結果は以下のとおりです。

```
<値型>
<参照型>
```

ここで使われている正規表現 @"《([^《》]+)》"[6] について説明しましょう。不正確な正規表現から正しい結果が得られる正規表現に順に書き換えていきます。

Step 1

1文字以上の任意の文字が、《》で囲まれていることを表現したのが以下の正規表現です。

---

[5] 英数字（全半角を含む）、アンダースコア（全半角を含む）、漢字、ひらがな、カタカナから成る文字列です。

[6] 実は、@"《.+?》" とさらに短く書くことも可能です。p.271「10.5.2：最長一致と最短一致」の最短一致の量指定子の説明を参照してください。

```
a"《.+》"
```

これで一見正しそうですが、正規表現はできるだけ長い文字列と一致させようとするので、"《値型》と《参照型》"という文字列が一致してしまいます。任意の文字列を表すドット（.）が、'《'や'》'とも一致してしまうからです。

Step 2

'《'や'》'と一致しないようにドット（.）の箇所を《》以外を表す "[^《》]" に置き換えます。

```
a"《[^《》]+》"
```

これで、"《値型》"といった文字列と一致するようになります。

Step 3

取り出したいのは、'《'や'》'を取り除いた **"値型"** という文字列です。これを可能にするのが、グループ化という機能です。取り出したい文字列を丸括弧 () で括りグループ化すると、一致した文字列の中から () 内の文字列を取り出すことができます。

```
a"《([^《》]+)》"
```

これで、正規表現が完成しました。Match オブジェクトの **Groups** プロパティを参照することで、グループ化した文字列を取り出すことができます。インデックスは **1** を指定します。正規表現の中に、複数のグループ化があった場合は、Groups[1]、Groups[2]、Groups[3] と記述することで、それぞれの一致文字列を取り出すことができます。

Column　大文字 / 小文字を区別せずマッチさせる

大文字 / 小文字を区別しないで検索したいときがあります。それを正規表現だけで記述するのは意外と面倒です。たとえば、**"jpn"** という 3 文字の単語を大文字 / 小文字を区別しないように正規表現で書くとすると、次のようになるでしょうか。

```
"¥b[Jj][Pp][Nn]¥b"
```

3文字ならいいですが、これがもっと長い単語だと正規表現を書くのが面倒です。そんなときに使えるのが、RegexOptions 列挙型です。Match および Matches メソッドの最後の引数として、RegexOptions 列挙型の **IgnoreCase オプション**を指定することで、大文字 / 小文字を区別しないで検索することができるようになります。

リスト10.13　大文字 / 小文字を区別せずマッチさせる

```
var text = "jpn, JPN, Jpn";
var mc = Regex.Matches(text, @"\bjpn\b", RegexOptions.IgnoreCase);
foreach (Match m in mc) {
    Console.WriteLine(m.Value);
}
```

大文字 / 小文字を区別しませんから、次の結果が得られます。

```
jpn
JPN
Jpn
```

Column　行頭、行末の意味を変更し、複数行モードにする

既定では、^ と $ は、文字列全体の先頭と末尾を示しますが、改行コード（\n）を含んだ文字列を検索対象とし、それぞれの行の先頭と末尾に一致させたい場合は、Regex メソッドに RegexOptions.Multiline オプションを指定します。RegexOptions.Multiline オプションを指定し、複数行モードにした場合は、行頭（^）および行末（$）は、文字列全体ではなく、各行の先頭と末尾を示します。

以下のコードでは、アルファベット 5 文字から 7 文字から成る行を抜き出しています。

リスト10.14　改行コードを含んだ文字列を対象にする

```
var text = "Word\nExcel\nPowerPoint\nOutlook\nOneNote\n";
var pattern = @"^[a-zA-Z]{5,7}$";
var matches = Regex.Matches(text, pattern, RegexOptions.Multiline);
foreach (Match m in matches) {
    Console.WriteLine("{0} {1}", m.Index, m.Value);
}
```

次の出力が得られます。

```
5 Excel
22 Outlook
30 OneNote
```

10.4 文字列の置換と分割

10.4.1 Regex.Replace メソッドを使った簡単な置換処理

正規表現で力を発揮するのは、マッチング処理だけではありません。正規表現を使った置換処理はとても強力です。String.Replace メソッドでは実現できない柔軟性のある置換処理ができます。

正規表現を使った置換処理を行うには、Regex クラスの **Replace メソッド**を使います。3つの例を示しましょう。

Regex.Replace を使った置換処理の例（1）

"少しづつ"、"すこしづつ"、"すこしずつ" といった表記の揺れをすべて "少しずつ" に修正する例です。

リスト10.15 Regex.Replace を使った置換処理の例（1）

```
var text = "C#の学習をすこしずつ進めていこう。";
var pattern = @"少しづつ|すこしづつ|すこしずつ";
var replaced = Regex.Replace(text, pattern, "少しずつ");
Console.WriteLine(replaced);
```

Regex.Replace メソッドは、指定した入力文字列内（第1引数）で、正規表現（第2引数）に一致するすべての部分文字列を、第3引数で指定した置換文字列で置換します。上記コードを実行すると以下の結果が得られます。

```
C#の学習を少しずつ進めていこう。
```

Regex.Replace を使った置換処理の例（2）

カンマの後ろにつねに1つの空白を置くようにする例です。たとえば、以下のように ',' の前後の空白の数が揃っていない文字列があるとします。

```
"Word, Excel ,PowerPoint , Outlook,OneNote"
```

このカンマの前後を整える例を示します。

リスト10.16 Regex.Replace を使った置換処理の例(2)
```
var text = "Word, Excel ,PowerPoint , Outlook,OneNote";
var pattern = @"\s*,\s*";
var replaced = Regex.Replace(text, pattern, ", ");
Console.WriteLine(replaced);
```

¥sは空白文字[7]、*は直前の要素の0個以上の繰り返しを表しますから、正規表現@"¥s*,¥s*" は、以下のような文字列と一致します。

```
","
", "
" ,"
" , "
```

結果は以下のとおりです。

```
Word, Excel, PowerPoint, Outlook, OneNote
```

これを Replace メソッドで ", " に置換しています。String クラスの Replace メソッドでは固定的な文字列置換しかできませんが、正規表現を使った文字列置換は非常に柔軟性に富んだ置換が可能となっています。

Regex.Replace を使った置換処理の例(3)

3つ目は、".htm" を ".html" にする例です。すでに "html" という部分文字列があったときには、"htmll" と 'l' が連続しないようにします。

リスト10.17 Regex.Replace を使った置換処理の例(3)
```
var text = "foo.htm bar.html baz.htm";
var pattern = @"\.(htm)\b";
var replaced = Regex.Replace(text, pattern, ".html");
Console.WriteLine(replaced);
```

この例では、'¥b' は単語の境界を表します。つまり、対象文字列の中の "bar.html"

---
[7] 正確には、¥sは空白を意味する特殊記号で、半角空白文字以外に、¥t、¥n、¥r などとも一致します。

は、マッチしませんので、置換の対象外です。最終的に置換対象となるのは、"foo.htm" と "baz.htm" の2つの ".htm" です。次の出力が得られます。

```
foo.html bar.html baz.html
```

10.4.2 グループ化を使った置換

グループ化を使った置換の例(1)

数字の直後にある "バイト" を "byte" に変更する例を示します。正規表現で表すと、@"¥d+バイト" のときだけ "バイト" という文字列を "byte" に変換したいということです。これを実現するコードを以下に示します。

リスト10.18 グループ化を使った置換(1)

```
var text = "1024バイト、8バイト文字、バイト、キロバイト";
var pattern = @"(¥d+)バイト";
var replaced = Regex.Replace(text, pattern, "$1byte");
Console.WriteLine(replaced);
```

置換文字列の中の、$1 という部分がこのプログラムの肝となります。$1、$2……は、正規表現のグループ化の () と対応していて、$1 と書くと "(¥d+)" に一致した部分文字列と置き換わります。上記例では、最初の一致では "1024" が、2回目の一致では "8" が、$1 と置き換えられます。以下の結果が得られます。

```
1024byte、8byte文字、バイト、キロバイト
```

グループ化を使った置換の例(2)

次のような16桁の数字文字列を4桁ごとにハイフン（-）で区切るコードを書いてみましょう。

```
"1234567890123456"
```

リスト10.19 グループ化を使った置換(2)

```
var text = "1234567890123456";
```

```
var pattern = @"(¥d{4})(¥d{4})(¥d{4})(¥d{4})";
var replaced = Regex.Replace(text, pattern, "$1-$2-$3-$4");
Console.WriteLine(replaced);
```

{4}という指定は、「直前の要素とちょうど 4 回一致する」ことを示します。つまり、この場合は ¥d{4} で数字が 4 桁連続することを表しています。結果を以下に示します。

```
1234-5678-9012-3456
```

10.4.3 Regex.Split メソッドによる分割

次のような文字列から、"Word" などの英単語を抜き出したいとします。単語間はカンマ（,）で区切られていますが、カンマの前後には空白がある可能性があります。

```
"Word, Excel ,PowerPoint , Outlook,OneNote"
```

Regex クラスの **Split メソッド**を使うと、正規表現で一致した部分で区切ることができますので、String クラスの Split メソッドよりも柔軟な対応が可能です。

リスト10.20 Regex.Split メソッドによる分割

```
var text = "Word, Excel ,PowerPoint , Outlook,OneNote";
var pattern = @"¥s*,¥s*";

string[] substrings = Regex.Split(text, pattern);
foreach (var match in substrings) {
    Console.WriteLine("'{0}'", match);
}
```

リスト 10.16 でも出てきましたが、@"¥s*,¥s*" は、","、" ,"、" , " などの文字列と一致します。結果は次のとおりです。

```
'Word'
'Excel'
'PowerPoint'
'Outlook'
'OneNote'
```

10.5 さらに高度な正規表現

10.5.1 量指定子

正規表現を書いていると、以下のような要求が出てくる場合があります。

- 3回以上の繰り返しとマッチさせたい
- 4文字か、5文字のいずれかにマッチさせたい

@"¥d¥d¥d+" と書くことで数字が3文字以上を表現することもできますが、スマートなやり方とはいえません。繰り返し回数の範囲を表現することもできません。そのようなときに、**量指定子**が使えます。表 10.1 にも載せてありますが、量指定子には表 10.5 の 3つの書き方があります。

表10.5 量指定子

特殊記号	意味
{n}	直前の要素の n 回の繰り返しに一致する
{n,}	直前の要素の n 回以上の繰り返しに一致する
{n,m}	直前の要素の n 回以上 m 回以下の繰り返しに一致する

これまでの *、+、? も量指定子の一種で、表 10.6 のように対応しています。

表10.6 特殊記号と量指定子の関係

特殊記号	別の書き方	意味
*	{0,}	直前の要素の 0 回以上の繰り返しと一致する
+	{1,}	直前の要素の 1 回以上の繰り返しと一致する
?	{0,1}	直前の要素が 0 個、あるいは 1 個と一致する

すでに「10.4.2：グループ化を使った置換」で量指定子 {n} を使いましたので、ここでは、{n,} と {n,m} を使った例を示します。

量指定子 {n,} を使った例

英字で始まりその後数字が 5 文字以上連続する部分文字列と一致させる例です。

リスト10.21 量指定子 {n,} を使った例

```
var text = "a123456 b123 Z12345 AX98765";
var pattern = @"¥b[a-zA-Z][0-9]{5,}¥b";
```

```
var matches = Regex.Matches(text, pattern);
foreach (Match m in matches)
    Console.WriteLine("'{0}'", m.Value);
```

結果は以下のとおりです。

```
'a123456'
'Z12345'
```

量指定子 {n,m} を使った例

1文字のカタカナの後に長音（ー）、さらにその後に2文字あるいは3文字のカタカナが続くカタカナ語と一致させる例です。

リスト10.22 量指定子 {n,m} を使った例

```
var text = "シーズン、ゴールド、シーソー、ゴールデンなどと一致します。スウェーデン
            ➡やノートなどとは一致しません。";
var pattern = @"(\b|[^\p{IsKatakana}])(\p{IsKatakana}ー\p{IsKatakana}{2,3})
            ➡(\b|[^\p{IsKatakana}])";
var matches = Regex.Matches(text, pattern);
foreach (Match m in matches)
    Console.WriteLine("'{0}'", m.Groups[2]);
```

正規表現は3つのグループを定義しています。1つ目は "(\b|[^\p{IsKatakana}])" で、単語境界かカタカナ以外の1文字と一致します。2つ目は "(\p{IsKatakana}ー\p{IsKatakana}{2,3})" で、"○ー○○" や "○ー○○○" というカタカナ語と一致します。これが求めたい文字列となります。3つ目のグループは1つ目と同じです。次の出力が得られます。

```
'シーズン'
'ゴールド'
'シーソー'
'ゴールデン'
```

10.5.2 最長一致と最短一致

最長一致の原則

正規表現には、**最長一致の原則**があります。「最長一致」とは、「パターンにマッチす

る中で最も長いものを一致させる」ことです。次のコードを例にとって説明しましょう。

リスト10.23 最長一致の原則の例

```
var text = "<person><name>栗原利伸</name><age>22</age></person>";
var pattern = @"<.+>";
var matches = Regex.Matches(text, pattern);
foreach (Match m in matches)
    Console.WriteLine("'{0}'", m.Value);
```

ここでは "<.+>" という正規表現を利用していますが、最長一致の原則が働き、

```
"<person>"
```

ではなく、以下のように文字列全体が一致します。

```
"<person><name>栗原利伸</name><age>22</age></person>"
```

これは、正規表現を書く際に注意しなければならない点の1つです。安易な正規表現を書いてしまうと思わぬバグを埋め込んでしまうことになります。

正規表現を工夫し最短一致させる

もし、先ほどの文字列に対して、"person"、"name"、"age" という3つの単語を抜き出したいならば、正規表現を工夫し次のようなコードを書く必要があります。

リスト10.24 正規表現を工夫して最短一致させる例

```
var text = "<person><name>栗原利伸</name><age>22</age></person>";
var pattern = @"<(\w[^>]+)>";
var matches = Regex.Matches(text, pattern);
foreach (Match m in matches)
    Console.WriteLine("'{0}'", m.Groups[1].Value);
```

上のコードの正規表現 "<(\w[^>]+)>" について簡単に説明しましょう。

- \w

単語に使用される任意の文字と一致します。この指定で "</name>" とか "<!--コメント-->" などの文字列を除外しています。

- **[^>]+**

2文字目以降の文字クラスを指定しています。[^>]は、>以外の文字を表します。こうすることで、"<person><name>"のような途中に>が含まれる部分文字列に一致しないようにしています。

- **(……)**

丸括弧でグループ化をしています。()自体は検索対象の文字ではなく、()の中に書かれた文字が検索対象となります。Matchオブジェクトの Groups プロパティを参照することで、このグループ化した部分に一致した結果を参照することが可能になります。

最短一致の量指定子を使い最短一致させる

正規表現を工夫することで、目的の部分文字列と一致させることができることを示しましたが、**最短一致の量指定子**を使う方法もあります。通常の量指定子の後ろに?を付けることで、最短一致の指定になります。代表的な2つの最短一致の量指定子を表10.7に示します。

表10.7 最短一致の量指定子

特殊記号	意味
*?	できるだけ少ない繰り返しを指定する
+?	1回以上で、できるだけ少ない繰り返しを指定する

最短一致の量指定子を使うと、正規表現は

```
@"<(\w[^>]+)>"
```

から

```
@"<(\w+?)>"
```

と書き換えることができます。

リスト10.25 最短一致の量指定子を使い最短一致させる例(1)

```
var text = "<person><name>栗原利伸</name><age>22</age></person>";
var pattern = @"<(\w+?)>";
var matches = Regex.Matches(text, pattern);
foreach (Match m in matches)
    Console.WriteLine("'{0}'", m.Groups[1].Value);
```

273

最短一致の量指定子を使っていますので、結果は以下のとおりです。

```
'person'
'name'
'age'
```

もう1つ例をお見せします。次に示す文字列から、最短一致量指定子を使い `<p>` と `</p>` で囲まれた部分を抜き出す例です。

"<p>あいうえお</p><p>かきくけこ</p>"

リスト10.26 最短一致の量指定子を使い最短一致させる例(2)

```
var text = "<p>あいうえお</p><p>かきくけこ</p>";
var pattern = @"<p>(.*?)</p>";
var matches = Regex.Matches(text, pattern);
foreach (Match m in matches)
    Console.WriteLine("'{0}'", m.Groups[1].Value);
```

結果を以下に示します。

```
'あいうえお'
'かきくけこ'
```

10.5.3 前方参照構成体

前方参照構成体を使うと、グループ化した文字列を正規表現内で参照することが可能になります。次のコードは、同じ文字が2回連続する文字列を取り出すコードです。

リスト10.27 前方参照構成体の例(1)

```
var text = "僕はパンのミミをちぎり、ペットのももに分け与えた";
var pattern = @"(\w)\1";    ◀ \1が前方参照構成体
var matches = Regex.Matches(text, pattern);
foreach (Match m in matches)
    Console.WriteLine("'{0}'", m.Value);
```

¥n（nは数字）でグループ化した文字列を参照できます。@"(\w)\1" という正規表現で、最初の (\w) で、「は」が一致したとすれば、\1 は一致した「は」を表します。つまり、同じ文字が2つ続いているとき、@"(\w)\1" と一致します。

```
'ミミ'
'もも'
```

次のコードは、単語が空白で区切られた文字列から、3文字の回文を抜き出すコードです。

リスト10.28 前方参照構成体の例(2)

```
var text = "しるし こもじ しんぶんし きもの トマト pops push pop";
var pattern = @"\b(\w)\w\1\b";
var matches = Regex.Matches(text, pattern);
foreach (Match m in matches)
    Console.WriteLine("'{0}'", m.Value);
```

結果は以下のとおりです。

```
'しるし'
'トマト'
'pop'
```

前方参照構成体を使って「両端が同じ文字」を表現しています。先ほどと同様、(\w)と\1を使います。この2つの文字の間に単語を構成する文字が1つあれば、3文字の回文となりますね。つまり、次の正規表現で、長さが3で両端が同じ文字での単語を表すことができます。

```
@"(\w)\w\1"
```

これを、さらに\bで括っています。\bは、\wと\Wとの境界位置と一致しますので、"pops"とは一致しません。\bの代わりに\sを使った場合は、行頭と行末にある単語が一致しないので注意が必要です。

Let's Try! 第10章の演習問題

問題 10.1

指定された文字列が携帯電話の電話番号かどうかを判定するメソッドを定義してください。電話番号は必ずハイフン（-）で区切られていなければなりません。また、先

頭 3 文字は "090"、"080"、"070" のいずれかとします。

問題 10.2

　テキストファイルを読み込み、3 文字以上の数字だけから成る部分文字列をすべて抜き出すコードを書いてください。

問題 10.3

　以下の文字列配列から、単語 "time" が含まれる文字列を取り出し、time の開始位置をすべて出力してください。大文字 / 小文字の区別なく検索してください。

```
var texts = new[] {
    "Time is money.",
    "What time is it?",
    "It will take time.",
    "We reorganized the timetable.",
};
```

問題 10.4

　テキストファイルを読み込み、version="v4.0" と書かれた箇所を、version="v5.0" に置き換え、同じファイルに保存してください。なお、入力ファイルの = の前後には任意の数の空白文字が入っていることもあります。出力時には、= の前後の空白は削除してください。"version" は、"Version" である可能性もあります。

問題 10.5

　HTML ファイルを読み込み、<DIV> や <P> などのタグ名が大文字になっているものを <div>、<p> などと小文字のタグに変換してください。可能ならば、<DIV class="myBox" id="myId"> のように属性が記述されている場合にも対応してください。属性の中には '<'、'>' は含まれていないものとします。

問題 10.6

　5 文字の回文とマッチする正規表現を書いてください。数字や記号だけから成る回文を除外するにはどうしたら良いかも考えてください。

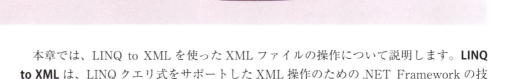

Chapter 11
XML ファイルの操作

本章では、LINQ to XML を使った XML ファイルの操作について説明します。**LINQ to XML** は、LINQ クエリ式をサポートした XML 操作のための .NET Framework の技術で、簡潔なコードで XML を操作できるのが特徴です。LINQ to Objects を理解していれば、LINQ to XML を短時間で習得することができます。

11.1 サンプル XML ファイル

本章で扱う XML ファイル（novelists.xml）を示します。この XML は、日本の小説家に関するデータを保持しています。

リスト11.1　サンプル XML ファイル（novelists.xml）

```xml
<?xml version="1.0" encoding="utf-8" ?>
<novelists>
  <novelist>
    <name kana="なつめ そうせき">夏目 漱石</name>
    <birth>1867-02-09</birth>
    <death>1916-12-09</death>
    <masterpieces>
      <title>吾輩は猫である</title>
      <title>坊っちゃん</title>
      <title>こゝろ</title>
    </masterpieces>
  </novelist>
  <novelist>
    <name kana="かわばた やすなり">川端 康成</name>
    <birth>1899-06-14</birth>
```

```xml
      <death>1972-04-16</death>
      <masterpieces>
        <title>雪国</title>
        <title>伊豆の踊子</title>
      </masterpieces>
    </novelist>
    <novelist>
      <name kana="だざい おさむ">太宰 治</name>
      <birth>1909-06-19</birth>
      <death>1948-06-13</death>
      <masterpieces>
        <title>斜陽</title>
        <title>人間失格</title>
      </masterpieces>
    </novelist>
    <novelist>
      <name kana="みやざわ けんじ">宮沢 賢治</name>
      <birth>1896-08-27</birth>
      <death>1933-09-21</death>
      <masterpieces>
        <title>銀河鉄道の夜</title>
        <title>風の又三郎</title>
      </masterpieces>
    </novelist>
</novelists>
```

11.2 XMLファイルの入力

11.2.1 特定の要素を取り出す

まずは、XMLファイルから特定の要素を取り出す例として、小説家の名前の一覧を表示するコードを示します。

リスト11.2 特定の要素を取り出す

```csharp
using System.Linq;
using System.Xml.Linq;
    :
    var xdoc = XDocument.Load("novelists.xml");
    var xelements = xdoc.Root.Elements();
    foreach (var xnovelist in xelements) {
```

```
        XElement xname = xnovelist.Element("name");
        Console.WriteLine(xname.Value);
}
```

　LINQ to XMLを利用するには、**System.Linq**および**System.Xml.Linq名前空間**をusingする必要があります。**XDocument クラス**は、LINQ to XML で利用する XML ドキュメントを表すクラスです。XML ファイルを読み込むには、この XDocument クラスの **Load 静的メソッド**を使います。戻り値の型は XDocument です。

　XDocument オブジェクトを生成したら、Root.Elements() で、ルート直下にある要素をすべて取得しています。ここが、LINQ to XML を使う際のポイントです。Elements メソッドの戻り値は、**IEnumerable<XElement>** です。この例では、<novelist> 要素の一覧が取得できます。

　foreach では、<novelist> 要素（XElement 型）を１つずつ取り出し、**Element メソッド**を使い、name 要素を取得しています。実際の文字列の要素を得るには、**Value プロパティ**を使います。

　LINQ to Objects と決定的に違うのは、各要素をプロパティ名で指定できない点でしょう。Element("xxxxx") のように、タグ名を文字列で指定しなければなりません。なお、LINQ to XML においても遅延実行（→ p.95）が行われますので、Root.Elements メソッド呼び出し時に、XDocument オブジェクトが保持する XML ツリーの中から、すべての要素が取り出されるわけではありません。実際に小説家の名前が取得されるのは、foreach 文の中ということになります。

　以下は実行結果です。

```
夏目 漱石
川端 康成
太宰 治
宮沢 賢治
```

11.2.2 特定の要素をキャストして取り出す

　リスト 11.2 で示したように、XElement の Value プロパティで要素の値を取り出す場合、取り出せる型は string 型となります。文字列以外の型として取り出すには、Element メソッドで取り出した XElement オブジェクトをキャストします。

　たとえば、birth 要素の値を DateTime 型として取得するには、次のリスト 11.3 のようなコードを書きます。

リスト11.3 特定の要素をキャストして取り出す

```
var xdoc = XDocument.Load("novelists.xml");
foreach (var xnovelist in xdoc.Root.Elements()) {
    var xname = xnovelist.Element("name");       ◀ name要素を取り出す
    var birth = (DateTime)xnovelist.Element("birth");   ◀ DateTimeに変換
    Console.WriteLine("{0} {1}", xname.Value, birth.ToShortDateString());
}
```

XElement オブジェクトは、bool、int、long、double、Decimal、DateTime、DateTimeOffset、TimeSpan などにキャストできるようになっています。以下に実行結果を示します。

```
夏目 漱石 1867/02/09
川端 康成 1899/06/14
太宰 治 1909/06/19
宮沢 賢治 1896/08/27
```

11.2.3 属性を取り出す

XML の属性を取り出すには、XElement クラスの **Attribute メソッド**を使います。以下に示した XML 要素の kana="なつめ そうせき" の部分が XML の属性です。

```
<name kana="なつめ そうせき">夏目 漱石</name>
```

この小説家の読みを取り出すコードを以下に示します。kana 属性が存在しない場合もあると仮定し、null 条件演算子を使っています。

リスト11.4 属性を取り出す

```
var xdoc = XDocument.Load("novelists.xml");
foreach (var xnovelist in xdoc.Root.Elements()) {
    var xname = xnovelist.Element("name");
    XAttribute xkana = xname.Attribute("kana");     ◀ kana属性を取り出す
    Console.WriteLine("{0} {1}", xname.Value, xkana?.Value);
}
```

このコードを実行すると以下の結果が得られます。

```
夏目 漱石 なつめ そうせき
```

```
川端 康成 かわばた やすなり
太宰 治 だざい おさむ
宮沢 賢治 みやざわ けんじ
```

Attributeメソッドの戻り値はXAttribute型です。属性の値を文字列として取得するには、Valueプロパティを使います。キャストを使って以下のように書くこともできます。

```
string kana = (string)xname.Attribute("kana");   ◀文字列として取得する
```

11.2.4 条件指定でXML要素を取り出す

条件を指定してXML要素を取り出すには、LINQ to Objectsと同様、**Whereメソッド**を利用します。以下に1900年以降に生まれた小説家を抽出するコードを示します。

リスト11.5 条件指定でXML要素を取り出す

```
var xdoc = XDocument.Load("novelists.xml");
var xnovelists = xdoc.Root.Elements()
                    .Where(x => ((DateTime)x.Element("birth")).Year >= 1900);
foreach (var xnovelist in xnovelists) {
   var xname = xnovelist.Element("name");
   var birth = (DateTime)xnovelist.Element("birth");
   Console.WriteLine("{0} {1}", xname.Value, birth.ToShortDateString());
}
```

Whereメソッドの引数が少し複雑になっていますが、本質的な部分は、LINQ to Objectsと変わりありません。リスト11.5を実行すると、以下の結果が得られます。

```
太宰 治 1909/06/19
```

11.2.5 XML要素を並べ替える

要素を並べ替えるには、**OrderByメソッド**を使います。これもLINQ to Objectsと同じですね。リスト11.6は、「よみがな」で並べ替えるコード例です。

リスト11.6 XML要素を並べ替える

```
var xdoc = XDocument.Load("novelists.xml");
var xnovelists = xdoc.Root.Elements()
                    .OrderBy(x => (string)(x.Element("name").Attribute("kana")));
foreach (var xnovelist in xnovelists) {
```

```
    var xname = xnovelist.Element("name");
    var birth = (DateTime)xnovelist.Element("birth");
    Console.WriteLine("{0} {1}", xname.Value, birth.ToShortDateString());
}
```

以下に、実行結果を示します。

```
川端 康成 1899/06/14
太宰 治 1909/06/19
夏目 漱石 1867/02/09
宮沢 賢治 1896/08/27
```

11.2.6 入れ子になった子要素を取り出す

XMLは階層構造になっています。その入れ子になった子要素を取得するにはどうすれば良いでしょうか？ たとえば、代表作を表す masterpieces 要素には、次のように子要素 title が存在します。

```
    ⋮
<masterpieces>
  <title>吾輩は猫である</title>
  <title>坊っちゃん</title>
  <title>こゝろ</title>
</masterpieces>
    ⋮
<masterpieces>
  <title>雪国</title>
  <title>伊豆の踊子</title>
</masterpieces>
```

リスト11.7は、title要素を取り出すコード例です。

リスト11.7 入れ子になった子要素を取り出す

```
var xdoc = XDocument.Load("novelists.xml");
foreach (var xnovelist in xdoc.Root.Elements()) {
    var xname = xnovelist.Element("name");
    var works = xnovelist.Element("masterpieces")
                        .Elements("title")
                        .Select(x => x.Value);
    Console.WriteLine("{0} - {1}", xname.Value, string.Join(", ", works));
}
```

```
}
```

以下に示す部分が、代表作を取得している部分です。

```
var works = xnovelist.Element("masterpieces")
                    .Elements("title")
                    .Select(x => x.Value);
```

最初の Element メソッドで masterpieces 要素を取得しています。2 行目の Elements メソッドでその子要素の title 要素をすべて取得し、3 行目の Select メソッドでその文字列部分を取り出しています。変数 works の型は IEnumerable<string> です。結果は次のとおりです。

```
夏目 漱石 - 吾輩は猫である，坊っちゃん，こゝろ
川端 康成 - 雪国，伊豆の踊子
太宰 治 - 斜陽，人間失格
宮沢 賢治 - 銀河鉄道の夜，風の又三郎
```

11.2.7 子孫要素を取り出す

前項の「11.2.6：入れ子になった子要素を取り出す」では、Element メソッドと Elements メソッドの組み合わせで title 要素を取得しましたが、複数の要素にまたがった子孫要素を取り出すには、XElement クラスの **Descendants メソッド**を使います。こうすることでさらに簡単に取り出すことが可能です。

すべての title 要素を取得するコードを以下に示します。

リスト11.8　子孫要素を取り出す

```
var xdoc = XDocument.Load("novelists.xml");
var xtitles = xdoc.Root.Descendants("title");
foreach (var xtitle in xtitles) {
   Console.WriteLine(xtitle.Value);
}
```

このコードを実行したときの結果の一部を示します。

```
吾輩は猫である
坊っちゃん
こゝろ
```

```
雪国
伊豆の踊子
   ⋮
```

なお、取得した title が誰の作品か把握したいならば、Parent プロパティを使い、親要素をたどっていく必要があります。

11.2.8 匿名クラスのオブジェクトとして要素を取り出す

Select メソッドを利用すれば、XML データを C# のクラスとして取り出すことができます。ここでは、name、birth、death の 3 つの要素を匿名クラスのオブジェクトとして取り出してみましょう。

リスト11.9 匿名クラスのオブジェクトとして要素を取り出す

```csharp
var xdoc = XDocument.Load("novelists.xml");
var novelists = xdoc.Root.Elements()
                .Select(x => new {      ← クラス名を指定せずにオブジェクトを生成している
                  Name = (string)x.Element("name"),
                  Birth = (DateTime)x.Element("birth"),
                  Death = (DateTime)x.Element("death")
                });
foreach (var novelist in novelists) {
   Console.WriteLine("{0} ({1}-{2})",
                  novelist.Name, novelist.Birth.Year, novelist.Death.Year);
}                           ← プロパティを使ってデータにアクセスできる
```

Select メソッドを利用して、匿名クラスのオブジェクトとして要素を取り出しています。メソッドの中だけで完結する処理で、複数の要素を扱いたいときには、このように匿名クラスを使えば、以降のコードを通常のオブジェクトと同じように扱うことが可能になります。実行すると以下の結果が得られます。

```
夏目 漱石（1867-1916）
川端 康成（1899-1972）
太宰 治（1909-1948）
宮沢 賢治（1896-1933）
```

11.2.9 カスタムクラスのオブジェクトとして要素を取り出す

匿名クラスではなく、カスタムクラスのオブジェクトとして取り出すことも可能です。

XML の要素に対応したカスタムクラスを定義し、Select メソッドのオブジェクトの生成時に、このカスタムクラスを指定するだけです。たとえば、カスタムクラス Novelist を以下のように定義したとします。

```
class Novelist {
   public string Name { get; set; }
   public string KanaName { get; set; }
   public DateTime Birth { get; set; }
   public DateTime Death { get; set; }
   public IEnumerable<string> Masterpieces { get; set; }
}
```

この Novelist クラスのオブジェクトに、XML の novelist 要素の内容を設定するコードを示します。

リスト11.10　カスタムクラスのオブジェクトとして要素を取り出す

```
public IEnumerable<Novelist> ReadNovelists() {
   var xdoc = XDocument.Load("novelists.xml");
   var novelists = xdoc.Root.Elements()
                     .Select(x => new Novelist {
                        Name = (string)x.Element("name"),
                        KanaName = (string)(x.Element("name").Attribute("kana")),
                        Birth = (DateTime)x.Element("birth"),
                        Death = (DateTime)x.Element("death"),
                        Masterpieces = x.Element("masterpieces")
                                       .Elements("title")
                                       .Select(title => title.Value)
                                       .ToArray()
                     });
   return novelists.ToArray();
}
    ⋮
   var novelist = ReadNovelists();
   foreach (var novelist in novelists) {
      Console.WriteLine("{0} ({1}-{2}) - {3}",
         novelist.Name, novelist.Birth.Year, novelist.Death.Year,
         string.Join(", ", novelist.Masterpieces));
   }
```

このようにカスタムクラスを使えば、読み取った結果をメソッドの外側でも利用することが可能になりますので、通常の C# のオブジェクトとして小説家のデータを扱えるようになります。

なお、このメソッドでは、Novelist オブジェクトの配列を返していますが、Masterpieces プロパティも、ToArray メソッドを使い配列に変換していることに注目してください。最後の以下に示したコードだけでは、完全な配列に変換することはできません。

```
return novelists.ToArray();
```

もし Masterpieces プロパティの設定部分で、以下のように ToArray が抜けていると、Masterpieces に代入されるのはクエリ式ですので、クエリはすぐには実行されません。

```
Masterpieces = x.Element("masterpieces")
               .Elements("title")
               .Select(title => title.Value)
```

そのため、Masterpieces の要素を参照するたびに、LINQ to XML のクエリ処理が走ることになります。Masterpieces に対する ToArray メソッドは novelists を完全な配列にするのに必要な処理になりますので、忘れないようにしてください。

リスト 11.10 の実行結果を以下に示します。

```
夏目 漱石（1867-1916）- 吾輩は猫である，坊っちゃん，こゝろ
川端 康成（1899-1972）- 雪国，伊豆の踊子
太宰 治（1909-1948）- 斜陽，人間失格
宮沢 賢治（1896-1933）- 銀河鉄道の夜，風の又三郎
```

11.3 XML オブジェクトの生成

11.3.1 文字列から XDocument を生成する

これまでは、XDocument.Load メソッドを使い、XML ファイルを読み込んでいましたが、**XDocument.Parse メソッド**を使うことで、XML 形式の文字列から XDocument オブジェクトを作成することもできます。以下のコードを見てください。

リスト11.11 文字列から XDocument を生成する

```
string xmlstring =
  @"<?xml version=""1.0"" encoding=""utf-8"" ?>
  <novelists>
    <novelist>
      <name kana=""だざい おさむ"">太宰 治</name>
```

11.3 XMLオブジェクトの生成

```
            <birth>1909-06-19</birth>
            <death>1948-06-13</death>
            <masterpieces>
              <title>斜陽</title>
              <title>人間失格</title>
            </masterpieces>
          </novelist>
       </novelists>";
var xdoc = XDocument.Parse(xmlstring);
```

Parse メソッドで XDocument オブジェクトを作成した後は、これまで説明してきた XML の操作は同じように行うことができます。

なお、@付きの逐語的リテラル文字列を使うと、途中に改行を入れることが可能です。 複数行にまたがるリテラル文字列を記述するときに重宝します。逐語的リテラル文字列の中でダブルクォーテーション（"）を記述したい場合には、ダブルクォーテーションを2つ連続（""）させます。

11.3.2 文字列から XElement を生成する

XElement.Parse メソッドを使えば、XDocument オブジェクトではなく、XElement オブジェクトを生成することもできます[1]。

リスト11.12 文字列から XElement を生成する

```
string elmstring =
   @"<novelist>
        <name kana=""きくち かん"">菊池 寛</name>
        <birth>1888-12-26</birth>
        <death>1948-03-06</death>
        <masterpieces>
           <title>恩讐の彼方に</title>
           <title>真珠夫人</title>
        </masterpieces>
     </novelist>";
XElement element = XElement.Parse(elmstring);
```

この XElement に対して、以下のコードを実行すれば、読み込んだ XML オブジェクトに要素を追加することもできます。

1　XDocument は XML 文書全体を表すクラス、XElement は XML の中の要素（対応する開始タグと終了タグで囲まれた部分）を表すクラスです。

```
var xdoc = XDocument.Load("novelists.xml");
xdoc.Root.Add(element);
```

11.3.3 関数型構築で XDocument オブジェクトを組み立てる

「関数型構築」といわれる方法で、XDocument を組み立てることも可能です。関数型構築は、new XElement(……) を組み合わせて、単一のステートメントで XElement オブジェクトを生成する LINQ to XML の機能です。以下のコードは、小説家 2 人分の XML 要素を組み立て、XDocument オブジェクトを作成している例です。

リスト11.13 関数型構築で XDocument オブジェクトを組み立てる

```
var novelists = new XElement("novelists",
  new XElement("novelist",
    new XElement("name", "夏目 漱石", new XAttribute("kana", "なつめ そうせき")),
    new XElement("birth", "1867-02-09"),
    new XElement("death", "1916-12-09"),
    new XElement("masterpieces",
      new XElement("title", "吾輩は猫である"),
      new XElement("title", "坊っちゃん"),
      new XElement("title", "こゝろ")
    )
  ),
  new XElement("novelist",
    new XElement("name", "川端 康成", new XAttribute("kana", "かわばた やすなり")),
    new XElement("birth", "1899-06-14"),
    new XElement("death", "1972-04-16"),
    new XElement("masterpieces",
      new XElement("title", "雪国"),
      new XElement("title", "伊豆の踊子")
    )
  )
);
var xdoc = new XDocument(novelists);
```

XElement オブジェクトの生成コードそのものが実際の XML の構造と一致している点がポイントです。上のコードでは、関数型構築で組み立てた XElement を XDocument のコンストラクタに渡し、XDocument オブジェクトを生成しています。

作成した xdoc オブジェクトを XML 形式で表すと以下のようになります。

```
<novelists>
  <novelist>
```

```xml
      <name kana="なつめ そうせき">夏目 漱石</name>
      <birth>1867-02-09</birth>
      <death>1916-12-09</death>
      <masterpieces>
        <title>吾輩は猫である</title>
        <title>坊っちゃん</title>
        <title>こゝろ</title>
      </masterpieces>
    </novelist>
    <novelist>
      <name kana="かわばた やすなり">川端 康成</name>
      <birth>1899-06-14</birth>
      <death>1972-04-16</death>
      <masterpieces>
        <title>雪国</title>
        <title>伊豆の踊子</title>
      </masterpieces>
    </novelist>
</novelists>
```

11.3.4 コレクションから XDocument を生成する

コレクションから XDocument を作成することも可能です。以下に、List<Novelist> から XDocument を生成するサンプルを示します。

リスト11.14 コレクションから XDocument を生成する

```csharp
// Novelistのリストを用意
var novelists = new List<Novelist> {
    new Novelist {
        Name = "夏目 漱石",
        KanaName = "なつめ そうせき",
        Birth = DateTime.Parse("1867-02-09"),
        Death = DateTime.Parse("1916-12-09"),
        Masterpieces = new string[] { "吾輩は猫である", "坊っちゃん", },
    },
    new Novelist {
        Name = "川端 康成",
        KanaName = "かわばた やすなり",
        Birth = DateTime.Parse("1899-06-14"),
        Death = DateTime.Parse("1972-04-16"),
        Masterpieces = new string[] { "雪国", "伊豆の踊子", },
    },
        :
```

```
    };

    // Linq to Objectsを使い、リストの内容をXElementのシーケンスに変換
    var elements = novelists.Select(x =>
        new XElement("novelist",
            new XElement("name", x.Name, new XAttribute("kana", x.KanaName)),
            new XElement("birth", x.Birth),
            new XElement("death", x.Death),
            new XElement("masterpieces", x.Masterpieces.Select(t =>
                                                    ➡new XElement("title", t)))
        )
    );

    // 最上位のnovelists要素を作成
    var root = new XElement("novelists", elements);

    // root要素を指定し、XDocumentオブジェクトを生成
    var xdoc = new XDocument(root);
```

まず、LINQ to Objectsを使い、Novelistクラス[2]のコレクションからXElementのシーケンス（novelist要素のシーケンス）を作り出しています。

次に、XElementのコンストラクタでこのシーケンスを引数に渡し、最上位のnovelists要素を作成し、root変数に入れています。このroot変数をXDocumentのコンストラクタに渡すことで、XDocumentオブジェクトを生成しています。

11.4 XMLの編集と保存

11.4.1 要素を追加する

XDocumentオブジェクトに対して要素を追加するには、**Addメソッド**を使います。

リスト11.15 要素を追加する

```
var element = new XElement("novelist",
                new XElement("name", "菊池 寛", new XAttribute("kana", "きくち かん")),
                new XElement("birth", "1888-12-26"),
                new XElement("death", "1948-03-06"),
                new XElement("masterpieces",
                    new XElement("title", "恩讐の彼方に"),
                    new XElement("title", "真珠夫人")
                )
```

[2] Novelistクラスは、p.284の「11.2.9：カスタムクラスのオブジェクトとして要素を取り出す」で定義したものです。

```
                       );
var xdoc = XDocument.Load("novelists.xml");
xdoc.Root.Add(element);
// これ以降は確認用のコード
foreach (var xnovelist in xdoc.Root.Elements()) {
    var xname = xnovelist.Element("name");
    var birth = (DateTime)xnovelist.Element("birth");
    Console.WriteLine("{0} {1}", xname.Value, birth.ToShortDateString());
}
```

XElement クラスのコンストラクタを使い、XElement オブジェクトを生成しています。このオブジェクトを以下のコードで、Root の直下（つまり novelists 要素）に追加しています。追加される位置は最後です。

```
xdoc.Root.Add(element);
```

結果は以下のとおりです。

```
夏目 漱石  1867/02/09
川端 康成  1899/06/14
太宰 治   1909/06/19
宮沢 賢治  1896/08/27
菊池 寛   1888/12/26
```

なお、先頭に追加したい場合は、以下のように **AddFirst メソッド**を使います。

```
xdoc.Root.AddFirst(element);
```

11.4.2 要素を削除する

要素を削除するには、XElement クラスの **Remove メソッド**を使います。

リスト11.16 要素を削除する

```
var xdoc = XDocument.Load("novelists.xml");
var elements = xdoc.Root.Elements()
                  .Where(x => x.Element("name").Value == "太宰 治");
elements.Remove();    ◀ elements自身をXDocumentから削除している
```

条件に一致した要素を見つけ、その要素を削除しています。この例では Where メソッドで取得される要素は1つだけですが、複数の要素が返った場合は、見つかった複数の

要素が削除されます。

List<T> の Remove メソッドと同様、次のようなコードを期待してしまいますが、そうではなく、リスト 11.16 で示したように「自分自身を削除するコード」を書く必要があります。

 `xdoc.Root.Remove(element);`

11.4.3 要素を置き換える

要素を別の要素に置き換えるには、**ReplaceWith メソッド**を使います。以下のコードは、ある条件に一致した要素を別の要素に置き換えるコードです。

リスト11.17 要素を置き換える(1)

```
var xdoc = XDocument.Load("novelists.xml");
var element = xdoc.Root.Elements()
                        .Single(x => x.Element("name").Value == "宮沢 賢治");
string elmstring =
    @"<novelist>
      <name kana=""みやざわ けんじ"">宮澤 賢治</name>
      <birth>1896-08-27</birth>
      <death>1933-09-21</death>
      <masterpieces>
        <title>銀河鉄道の夜</title>
        <title>注文の多い料理店</title>
      </masterpieces>
    </novelist>";
var newElement = XElement.Parse(elmstring);
element.ReplaceWith(newElement);        ◀elementをnewElementに置き換える
```

ここでは、Single メソッドを使い、宮沢賢治の要素を見つけ、ReplaceWith メソッドで要素の置き換えをやっています。Remove メソッド同様、自分自身を別のものに置き換えるという書き方をします。

 LINQ の Single メソッドと First メソッドの違い

> LINQ の Single メソッドと First メソッドはシーケンスの中から 1 つの要素を取得するメソッドですが、Single メソッドは、該当する要素が複数ある場合には例外が発生します。一方、First メソッドは、最初に見つかった要素を 1 つだけ返します。そのため、Single メソッドは、シーケンスの中に該当する要素が確実に 1 つだけ存在するときに利用します。

もし、masterpieces の要素を置き換えるだけでよいならば、以下のように書くこともできます。

リスト11.18 要素を置き換える(2)

```
var xdoc = XDocument.Load("novelists.xml");
var element = xdoc.Root.Elements()
                .Single(x => x.Element("name").Value == "宮沢 賢治")
                .Element("masterpieces");
var newElement = new XElement("masterpieces",
    new XElement("title", "銀河鉄道の夜"),
    new XElement("title", "注文の多い料理店")
);
element.ReplaceWith(newElement);
```

置き換える要素の値が文字列の場合は、string 型の Value プロパティを使えば、さらに簡単に置き換えることができます。

リスト11.19 要素を置き換える(3)

```
var xdoc = XDocument.Load("novelists.xml");
var element = xdoc.Root.Elements()
                .Select(x => x.Element("name"))
                .Single(x => x.Value == "宮沢 賢治");
element.Value = "宮澤 賢治";    ◀ Valueプロパティに代入することで置き換えができる
```

11.4.4 XML ファイルへの保存

XDocument の内容を XML 形式のファイルに出力するには、XDocument クラスの **Save メソッド**を利用します。

リスト11.20 XDocument オブジェクトを保存する

```
var xdoc = XDocument.Load("novelists.xml");
xdoc.Save("newNovelists.xml");
```

上記コードは、novelists.xml を読み込み、その内容をそのまま newNovelists.xml に保存しています。これまで見てきた要素の追加、削除、置き換えなどの処理の後に Save メソッドを呼び出せば、変更内容をファイルに反映させることができます。

空白、改行を取り除いて XML ファイルを作成する

XML ファイルを扱うシナリオでは、次の手順が一般的と思われます。

1. 改行およびインデントされた XML ファイルを読み取り、空白を維持せずに XDocument を作成する
2. XDocument に対して何らかの操作を実行する
3. 必要ならば、インデント付きで XML ファイルを保存する

そして、これが LINQ to XML の既定の動作です。しかし、他のプログラムとデータのやり取りをするのに、インデントや改行が不要な場合もあります。そのような場合は、Save メソッドの第 2 引数に **SaveOptions.DisableFormatting** を渡すことで、改行およびインデントを抑制することができます。

リスト11.21 空白、改行を取り除いて XML ファイルを作成する

```
xdoc.Save("newNovelists.xml", SaveOptions.DisableFormatting);
```

作成されたファイルを実際に見てみれば、空白文字（改行を含む）が取り除かれているのがわかります。

11.5 XML でペア情報を扱う

11.5.1 ペア情報一覧を XML に変換する

多くのアプリケーションでは、名前と値のペア情報を扱う場面がよくあります。LINQ to XML では、名前と値のペアのセットを簡単に保持するメソッドがありますので、以下のような XML を簡単に作成できます。

```xml
<?xml version="1.0" encoding="utf-8"?>
<settings>
  <option>
    <enabled>true</enabled>
    <min>0</min>
    <max>100</max>
    <step>10</step>
  </option>
</settings>
```

この XML には、option 要素には子要素のみで孫要素がありません。このような XML の場合は、**SetElementValue メソッド**を使います。

リスト11.22 ペア情報を XML に保存する

```
var option = new XElement("option");
option.SetElementValue("enabled", true);
option.SetElementValue("min", 0);
option.SetElementValue("max", 100);
option.SetElementValue("step", 10);
var root = new XElement("settings", option);
root.Save("sample.xml");
```

SetElementValue メソッドで、名前と値をペアで保持する XElement を要素に追加しています。引数にタグの名前と値を指定するだけです。これで作成した option オブジェクト（XElement オブジェクト）を子要素として settings 要素を作成し、Save メソッドで保存してできあがりです。

11.5.2 ペア情報を属性として保持する

ペア情報を（子要素ではなく）属性として保持することもできます。属性として保持するには **SetAttributeValue メソッド**を使います。使い方は、SetElementValue メソッドと同じです。

リスト11.23 ペア情報を属性として保持する

```
var option = new XElement("option");
option.SetAttributeValue("enabled", true);
option.SetAttributeValue("min", 0);
option.SetAttributeValue("max", 100);
option.SetAttributeValue("step", 10);
var root = new XElement("settings", option);
root.Save("sample.xml");
```

できあがった、XML ファイルを示します。

```
<?xml version="1.0" encoding="utf-8"?>
<settings>
  <option enabled="true" min="0" max="100" step="10" />
</settings>
```

属性を使ったほうが読みやすく、エディターでの編集も楽なので、こちらの形式を使

11.5.3 ペア情報を読み込む

XMLファイルに格納されたペア情報を読み込むコードを示します。通常のXMLファイルですので、これまでに説明してきた知識で読み込むコードは記述できます。

まずは、子要素として値を保持しているXMLから読み込むコードです。

リスト11.24 XMLファイルからペア情報を読み込む

```
var xdoc = XDocument.Load("sample.xml");
var option = xdoc.Root.Element("option");
Console.WriteLine((bool)option.Element("enabled"));
Console.WriteLine((int)option.Element("min"));
Console.WriteLine((int)option.Element("max"));
Console.WriteLine((int)option.Element("step"));
```

次は、属性として記述されているXMLファイルを読み込むコードです。

リスト11.25 XMLファイルからペア情報を読み込む（属性バージョン）

```
var xdoc = XDocument.Load("sample.xml");
var option = xdoc.Root.Element("option");
Console.WriteLine((bool)option.Attribute("enabled"));
Console.WriteLine((int)option.Attribute("min"));
Console.WriteLine((int)option.Attribute("max"));
Console.WriteLine((int)option.Attribute("step"));
```

11.5.4 DictionaryオブジェクトをXMLに変換する

ペア情報といえば、やはりディクショナリ（→「第7章：ディクショナリの操作」）です。今度は、ディクショナリで管理しているペア情報をXMLファイルに出力するコードを示します。

リスト11.26 DictionaryオブジェクトをXMLファイルに保存する

```
var dict = new Dictionary<string, string> {
    ["IAEA"] = "国際原子力機関",
    ["IMF"] = "国際通貨基金",
    ["ISO"] = "国際標準化機構",
};
```

```
var query = dict.Select(x => new XElement("word",
                            new XAttribute("abbr", x.Key),
                            new XAttribute("japanese", x.Value)));
var root = new XElement("abbreviations", query);
root.Save("abbreviations.xml");
```

上記コードは、LINQ to Objects の Select メソッドを使い、Dictionary を XElement のシーケンスに変換しています。この XElement は、"abbr" と "japanese" の２つの属性を持っています。

これで得られたシーケンスを XElement コンストラクタの第2引数に渡すことで、abbreviations 要素を作成しています。最後に、XElement の Save メソッドでファイルに出力しています。上記コードで出力された XML ファイルを以下に示します。

```
<?xml version="1.0" encoding="utf-8"?>
<abbreviations>
  <word abbr="IAEA" japanese="国際原子力機関" />
  <word abbr="IMF" japanese="国際通貨基金" />
  <word abbr="ISO" japanese="国際標準化機構" />
</abbreviations>
```

11.5.5 XMLファイルからDictionaryオブジェクトを生成する

今度は、XMLからディクショナリに変換してみましょう。入力ファイルはリスト11.26 で作成した XML ファイルを使います。この XML ファイルに対して、以下のようなコードを書けば、ディクショナリに変換することができます。

リスト11.27 XML ファイルから Dictionary オブジェクトを生成する(1)

```
var xdoc = XDocument.Load("abbreviations.xml");
var pairs = xdoc.Root.Elements()
                .Select(x => new {
                    Key = x.Attribute("abbr").Value,
                    Value = x.Attribute("japanese").Value
                });
var dict = pairs.ToDictionary(x => x.Key, x => x.Value);
foreach (var d in dict) {
    Console.WriteLine(d.Key + "=" + d.Value);
}
```

Select メソッドを使い、XML のデータを Key と Value のペア（匿名クラス）のシーケンスに変換しています。このシーケンス pairs に対して、ToDictionary 拡張メソッド

を使い、Dictionary<string, string> に変換しています。実行結果を示します。

```
IAEA=国際原子力機関
IMF=国際通貨基金
ISO=国際標準化機構
```

以下のような XML ファイルからの読み込みも考えてみましょう。

```xml
<?xml version="1.0" encoding="utf-8"?>
<abbreviations>
  <IAEA>国際原子力機関</IAEA>
  <IMF>国際通貨基金</IMF>
  <ISO>国際標準化機構</ISO>
</abbreviations>
```

この XML ファイルの特徴は、タグ名に何が指定されているかが事前にわからない点です。このような XML ファイルに対しても、LINQ to XML を使えばディクショナリに変換することができます。

リスト11.28 XML ファイルから Dictionary オブジェクトを生成する(2)

```csharp
var xdoc = XDocument.Load("abbreviations.xml");
var pairs = xdoc.Root.Elements()
                .Select(x => new {
                    Key = x.Name.LocalName,    // XMLのタグ名を取得
                    Value = x.Value             // 要素（文字列）を取得
                });
var dict = pairs.ToDictionary(x => x.Key, x => x.Value);
foreach (var d in dict) {
   Console.WriteLine(d.Key + "=" + d.Value);
}
```

Select メソッドを使い、XML のデータを Key と Value のペアのシーケンスに変換しています。Name.LocalName で、XML の要素名（タグ名）を取り出しています。このシーケンス pairs に対して、ToDictionary 拡張メソッドを呼び出し、Dictionary<string, string> に変換しています。実行結果を以下に示します。

```
IAEA=国際原子力機関
IMF=国際通貨基金
ISO=国際標準化機構
```

第 11 章の演習問題

問題 11.1

次の XML ファイルがあります。この XML ファイルに対して、**1.～4.**のコードを書いてください。

```xml
<?xml version="1.0" encoding="utf-8" ?>
<ballSports>
  <ballsport>
    <name kanji="籠球">バスケットボール</name>
    <teammembers>5</teammembers>
    <firstplayed>1891</firstplayed>
  </ballsport>
  <ballsport>
    <name kanji="排球">バレーボール</name>
    <teammembers>6</teammembers>
    <firstplayed>1895</firstplayed>
  </ballsport>
  <ballsport>
    <name kanji="野球">ベースボール</name>
    <teammembers>9</teammembers>
    <firstplayed>1846</firstplayed>
  </ballsport>
</ballSports>
```

1. XML ファイルを読み込み、競技名とチームメンバー数の一覧を表示してください。

2. 最初にプレーされた年の若い順に漢字の競技名を表示してください。

3. メンバー人数が最も多い競技名を表示してください。

4. サッカーの情報を追加して、新たな XML ファイルに出力してください。ファイル名は特に問いません。
　なお、サッカーの情報はご自身で調べてください。手間を惜しまずに調べることもプログラマーには必要なことです。

問題 11.2

次のような XML ファイルがあります。

```
<?xml version="1.0" encoding="utf-8" ?>
<difficultkanji>
  <word>
    <kanji>鬼灯</kanji>
    <yomi>ほおずき</yomi>
  </word>
  <word>
    <kanji>暖簾</kanji>
    <yomi>のれん</yomi>
  </word>
  <word>
    <kanji>杜撰</kanji>
    <yomi>ずさん</yomi>
  </word>
  <word>
    <kanji>坩堝</kanji>
    <yomi>るつぼ</yomi>
  </word>
</difficultkanji>
```

この XML ファイルを次の形式に変換し、別のファイルに保存してください。

```
<?xml version="1.0" encoding="utf-8" ?>
<difficultkanji>
  <word kanji="鬼灯" yomi="ほおずき" />
  <word kanji="暖簾" yomi="のれん" />
  <word kanji="杜撰" yomi="ずさん" />
  <word kanji="坩堝" yomi="るつぼ" />
</difficultkanji>
```

Chapter 12
シリアル化、逆シリアル化

シリアル化（シリアライズ）とは、オブジェクトの状態をネットワーク越しに転送できる形式や、ファイルなどに保存できる形式に変換することです。シリアル化したデータを元のオブジェクトに戻す変換のことを**逆シリアル化**（デシリアライズ）といいます。

このシリアル化と逆シリアル化を利用すれば、アプリケーション間でデータを受け渡したり、保存したオブジェクトの内容を次回起動時に復元することで処理を継続したりすることが可能になります。

シリアル化には、バイナリシリアル化、XMLシリアル化、JSONシリアル化などがありますが、本章では、一般的なXMLシリアル化、JSONシリアル化の2つを取り上げ解説します。

12.1 オブジェクトをXMLデータで保存、復元する

同一アプリケーション内で、オブジェクトの内容をXML形式で保存し、再起動時などに復元し利用するには、**DataContractSerializer クラス**を使うのが便利です。DataContractSerializer クラスを利用するにはSystem.Runtime.Serialization アセンブリ[1]をプロジェクトの参照に追加します。

12.1.1 オブジェクトの内容をXML形式で保存する

オブジェクトの内容をXMLシリアル化しファイルに保存するには、DataContractSerializer クラスの **WriteObject メソッド**を利用します。ここでは、以下のNovel クラス（小説情報クラス）のシリアル化について考えてみます。

---

[1] .NET Framework 3.5 で利用するには、System.ServiceModel.Web をプロジェクトの参照に追加します。

Chapter 12 シリアル化、逆シリアル化

リスト12.1 Novel クラス[2]

```
public class Novel {
    public string Title { get; set; }
    public string Author { get; set; }
    public int Published { get; set; }
    public override string ToString() {
        return string.Format("[Title={0}, Author={1}, Published={2}]",
                             Title, Author, Published);
    }
}
```

オブジェクトの内容を XML 形式にシリアル化するには、**DataContractSerializer** クラスの **WriteObject** メソッドを利用します。上記の Novel クラスのオブジェクトをシリアル化する典型的なコードを以下に示します。

リスト12.2 DataContractSerializer を使ったシリアル化

```
using System.Runtime.Serialization;
using System.Xml;
    ︙
    var novel = new Novel {
        Author = "ジェイムズ・P・ホーガン",
        Title = "星を継ぐもの",
        Published = 1977,
    };
    var settings = new XmlWriterSettings {
        Encoding = new System.Text.UTF8Encoding(false),
        Indent = true,
        IndentChars = "  ",
    };
    using (var writer = XmlWriter.Create("novel.xml", settings)) {
        var serializer = new DataContractSerializer(novel.GetType());
        serializer.WriteObject(writer, novel);
    }
```

> GetTypeメソッドでnovelオブジェクトの型を取得し、引数に渡す

シリアル化の対象は、既定では public な読み書き可能なプロパティとフィールドです[3]。通常は、public なフィールドは定義しないでしょうから、実質的には public な読み書き可能なプロパティがシリアル化の対象となります。

上記コードでは、**XmlWriter** オブジェクトの生成時に **XmlWriterSettings** を指定し、タ

---

[2] ToString メソッドをオーバーライドしていますが、これはオブジェクトの内容を簡単に確認できるようにするために定義しています。シリアル化とは直接関係はありません。

[3] DataContract 属性、DataMember 属性を使い、シリアル化の対象を指定することも可能です。

グごとに改行、インデントするようにしています。結果は以下のとおりです。

```
<?xml version="1.0" encoding="utf-8"?>
<Novel xmlns:i="http://www.w3.org/2001/XMLSchema-instance"
                    xmlns="http://schemas.datacontract.org/2004/07/Section01">
  <Author>ジェイムズ・P・ホーガン</Author>
  <Published>1977</Published>
  <Title>星を継ぐもの</Title>
</Novel>
```

12.1.2 シリアル化したXMLデータを復元する

DataContractSerializerクラスを使ってXMLシリアル化したデータを逆シリアル化し、元のオブジェクトの状態に戻すには、DataContractSerializerクラスの**ReadObjectメソッド**を使い、以下のようなコードを書きます。

リスト12.3 DataContractSerializerを使った逆シリアル化

```
using (var reader = XmlReader.Create("novel.xml")) {
    var serializer = new DataContractSerializer(typeof(Novel));
    var novel = serializer.ReadObject(reader) as Novel;
    Console.WriteLine(novel);
}
```

typeof演算子で復元する型を指定する

ReadObjectメソッドの引数にXmlReaderオブジェクトを渡すことで、どこから逆シリアル化するかを指定しています。結果を以下に示します。

```
[Title=星を継ぐもの, Author=ジェイムズ・P・ホーガン, Published=1977]
```

DataContractSerializerを使った逆シリアル化で注意しなければならないのは、**XMLの名前空間が一致していないと逆シリアル化ができない**ということです。同一アプリケーション内で、シリアル化と逆シリアル化を行う分には問題はありませんが、別アプリケーションでXMLファイルのやり取りをする場合は、このままでは逆シリアル化に失敗してしまいます。DataContract属性を利用することで、XML名前空間を明示することもできますが、シリアル化対象のクラスのメンバーに配列やディクショナリなどのコレクションクラスがある場合、別途カスタムクラスを定義する必要があり、コードが複雑化します。

そのため、アプリケーション間の連携でXMLファイルのシリアル化/逆シリアル化をする場合は、DataContractSerializerの利用はお勧めしません。アプリケーション間の連携では、「12.2：アプリケーション間でXMLデータの受け渡しをする」で示す

XmlSerializer クラスで、シリアル化／逆シリアル化を行うのが良いでしょう。

12.1.3 コレクションオブジェクトのシリアル化と逆シリアル化

コレクションをシリアル化する場合には、DataContractSerializer オブジェクトを生成する際に、コレクションオブジェクトの型を正しく指定することで、前述したのと同じ方法でシリアル化／逆シリアル化することができます。ここでは、Novel オブジェクトの配列を例に、保存／復元のコードを示します。

リスト12.4 コレクションのシリアル化

```
var novels = new Novel[] {
  new Novel {
    Author = "ジェイムズ・P・ホーガン",
    Title = "星を継ぐもの",
    Published = 1977,
  },
  new Novel {
    Author = "H・G・ウェルズ",
    Title = "タイム・マシン",
    Published = 1895,
  },
};
using (var writer = XmlWriter.Create("novels.xml")) {
  var serializer = new DataContractSerializer(novels.GetType());   // novelsオブジェクトの型を指定する
  serializer.WriteObject(writer, novels);
}
```

上の例では、XmlWriterSettings は指定していません。指定しない場合はデフォルトの動作になり、改行やインデントは行われません。以下に結果を示します。

```
<?xml version="1.0" encoding="utf-8"?><ArrayOfNovel xmlns:i="http://www.w3.org/
2001/XMLSchema-instance" xmlns="http://schemas.datacontract.org/2004/07/Section01">
<Novel><Author>ジェイムズ・P・ホーガン</Author><Published>1977</Published><Title>
星を継ぐもの</Title></Novel><Novel><Author>H・G・ウェルズ</Author><Published>1895
</Published><Title>タイム・マシン</Title></Novel></ArrayOfNovel>
```

逆シリアル化したオブジェクトを復元するコードは以下のようになります。DataContractSerializer のコンストラクタで配列の型を指定し、ReadObject メソッドで得たオブジェクトを Novel 型の配列にキャストしています。

リスト12.5 コレクションオブジェクトへの逆シリアル化

```
using (XmlReader reader = XmlReader.Create("novels.xml")) {
    var serializer = new DataContractSerializer(typeof(Novel[]));
    var novels = serializer.ReadObject(reader) as Novel[];
    foreach (var novel in novels) {
        Console.WriteLine(novel);
    }
}
```

typeof演算子で復元する型を指定する

以下が結果です。

```
[Title=星を継ぐもの, Author=ジェイムズ・P・ホーガン, Published=1977]
[Title=タイム・マシン, Author=H・G・ウェルズ, Published=1895]
```

12.2 アプリケーション間でXMLデータの受け渡しをする

アプリケーション間でXML形式のデータを受け渡しをするには、**XmlSerializerクラス**を利用するのが便利です。XmlSerializerクラスを利用するには、System.Xmlアセンブリを参照に追加してください。

12.2.1 XmlSerializerを使ったシリアル化

オブジェクトをXMLシリアル化する例として、前述のNovelクラスのオブジェクトをシリアル化するコードを示します。

リスト12.6 XmlSerializerを使ったシリアル化

```
using System.Xml;
using System.Xml.Serialization;
    ︙

var novel = new Novel {
    Author = "ジェイムズ・P・ホーガン",
    Title = "星を継ぐもの",
    Published = 1977,
};
using (var writer = XmlWriter.Create("novel.xml")) {
    var serializer = new XmlSerializer(novel.GetType());
    serializer.Serialize(writer, novel);
```

}

　XmlSerializerのコンストラクタの引数には、シリアル化するクラスの型情報を渡します。**Serialize メソッド**を呼び出すことで、指定した **XmlWriter** を使用してファイルに出力しています。以下のような XML ファイルが作成されます[4]。

```
<?xml version="1.0" encoding="utf-8"?>
<Novel xmlns:xsi="http://www.w3.org/2001/XMLSchema-instance"
       xmlns:xsd="http://www.w3.org/2001/XMLSchema">
  <Title>星を継ぐもの</Title>
  <Author>ジェイムズ・P・ホーガン</Author>
  <Published>1977</Published>
</Novel>
```

　シリアル化の対象となるデータは、DataContractSerializerと同様、public な読み書き可能なプロパティとフィールドの2つです。アクセスレベルが、private や protected であるプロパティやフィールドはシリアル化の対象にはなりません。

　ファイルではなく、文字列変数に XML 形式の文字列を設定したい場合には、以下のようなコードを書きます。

```
var sb = new StringBuilder();
using (var writer = XmlWriter.Create(sb)) {
    var serializer = new XmlSerializer(novel.GetType());
    serializer.Serialize(writer, novel);
}
var xmlText = sb.ToString();
```

　また、以下のように書けば、メモリストリームに出力することも可能です。MemoryStream クラスのオブジェクトを XmlWriter.Create メソッドの引数に渡すことで、メモリストリームに出力することができます[5]。

```
var stream = new MemoryStream();
using (var writer = XmlWriter.Create(stream)) {
    var serializer = new XmlSerializer(novel.GetType());
    serializer.Serialize(writer, novel);
}
```

---

[4] 読みやすいように改行、インデントを入れています。実際のファイルは、改行、インデントは含んでいません。
[5] 「第9章：ファイルの操作」では、ファイルをストリームとして扱う、FileStream クラスを使いましたが、MemoryStream クラスを使うと、メモリ上のデータをストリームとして扱うことができます。

12.2.2 XmlSerializer を使った逆シリアル化

逆シリアル化するには、XmlSerializer クラスの **Deserialize メソッド**を利用します。

リスト12.7 XmlSerializer を使った逆シリアル化

```
using (var reader = XmlReader.Create("novel.xml")) {
    var serializer = new XmlSerializer(typeof(Novel));
    var novel = serializer.Deserialize(reader) as Novel;
    Console.WriteLine(novel);
}
```

Deserialize メソッドでは、指定した XmlReader でファイルを読み込み Novel オブジェクトを復元しています。Deserialize メソッドの戻り値の型は Object であるため、本来の型 (Novel) にキャストする必要があります。結果は以下のとおりです。

```
[Title=星を継ぐもの, Author=ジェイムズ・P・ホーガン, Published=1977]
```

ファイルからではなく、XML 形式の文字列から逆シリアル化する場合には、以下のようなコードとなります。変数 xmlText に XML 形式の文字列が格納されているものと仮定しています。

```
using (var reader = XmlReader.Create(new StringReader(xmlText))) {
    var serializer = new XmlSerializer(typeof(Novel));
    var novel = serializer.Deserialize(reader) as Novel;
    Console.WriteLine(novel);
}
```

12.2.3 XmlIgnore 属性でシリアル化の対象から除外する

アプリケーション連携時には、一部のプロパティをシリアル化の対象から除外したい場合もあります。XmlSerializer を使った XML シリアル化では、**XmlIgnore 属性**を使うことで、特定のプロパティをシリアル化の対象から除外することができます。

たとえば、以下のようにクラスを定義した場合は、Published プロパティはシリアル化の対象から外れ、XML ファイルに出力されなくなります。

リスト12.8 XmlIgnore 属性を付けた Novel クラス

```
public class Novel {
```

```
    public string Title { get; set; }
    public string Author { get; set; }
    [XmlIgnore]
    public int Published { get; set; }
    public override string ToString() { …… }
}
```

12.2.4 属性で要素名(タグ名)を既定値から変更する

他のアプリケーションとのデータの受け渡しを考えた場合、XMLの要素名(タグ名)をクラスのプロパティ名とは異なる名前にしたい場合があります[6]。そのようなときに利用できるのが、**XmlRoot属性**と**XmlElement属性**です。XmlRoot属性をクラスに付加することで、ルートの要素名を変更することが可能です。要素名を変更するには、XmlElement属性のElementNameプロパティに値を設定します。

以下にクラス定義の例を示します。この例では要素名をすべて小文字の名前にしています。

リスト12.9 XmlElement属性とXmlRoot属性を付けたNovelクラス

```
[XmlRoot("novel")]
public class Novel {
    [XmlElement(ElementName="title")]
    public string Title { get; set; }

    [XmlElement(ElementName="author")]
    public string Author { get; set; }

    [XmlElement(ElementName="published")]
    public int Published { get; set; }

    public override string ToString() { …… }
}
```

このクラスに対して、リスト12.6のシリアル化のコードを実行すれば、以下のXMLが作成されます。

```
<?xml version="1.0" encoding="utf-8"?>
<novel xmlns:xsi="http://www.w3.org/2001/XMLSchema-instance"
       xmlns:xsd="http://www.w3.org/2001/XMLSchema">
  <title>星を継ぐもの</title>
```

[6] XMLでは、タグ名はPascal形式ではなく、Camel形式(→p.438「18.2.1：Pascal形式とCamel形式を適切に使う」)にするのが一般的です。

```
    <author>ジェイムズ・P・ホーガン</author>
    <published>1977</published>
</novel>
```

12.2.5 XmlSerializer を使ったコレクションのシリアル化

コレクションをシリアル化することも可能です。ここでは、配列のシリアル化のコードをお見せします。

まず、以下のようなクラスを新たに定義します。

リスト12.10 コレクションをシリアル化するための NovelCollection クラス

```
[XmlRoot("novels")]
public class NovelCollection {
    [XmlElement(Type = typeof(Novel), ElementName = "novel")]
    public Novel[] Novels { get; set; }
}
```

NovelCollection クラスは、Novels プロパティ（Novel 型の配列）を持っています。この Novels プロパティに **XmlElement 属性**を付加し、その要素の型と要素名を指定しています。

コレクションをシリアル化するには、リスト 12.6 で示したのと同様のコードでシリアル化することができます。コレクションだからといって特別なコードを書く必要はありません。クラスの定義部分が異なるだけです。この NovelCollection オブジェクトをシリアル化するコードを以下に示します。

リスト12.11 コレクションのシリアル化

```
var novels = new Novel[] {
    new Novel {
        Author = "ジェイムズ・P・ホーガン",
        Title = "星を継ぐもの",
        Published = 1977,
    },
    new Novel {
        Author = "H・G・ウェルズ",
        Title = "タイム・マシン",
        Published = 1895,
    },
};
var novelCollection = new NovelCollection {
```

```
      Novels = novels
};
using (var writer = XmlWriter.Create("novels.xml")) {
    var serializer = new XmlSerializer(novelCollection.GetType());
    serializer.Serialize(writer, novelCollection);
}
```

出力される XML は次のとおりです。

```
<?xml version="1.0" encoding="utf-8"?>
<novels xmlns:xsi="http://www.w3.org/2001/XMLSchema-instance"
        xmlns:xsd="http://www.w3.org/2001/XMLSchema">
  <novel>
    <title>星を継ぐもの</title>
    <author>ジェイムズ・P・ホーガン</author>
    <published>1977</published>
  </novel>
  <novel>
    <title>タイム・マシン</title>
    <author>H・G・ウェルズ</author>
    <published>1895</published>
  </novel>
</novels>
```

それでは、以下のようにシリアル化対象のクラスに、配列のプロパティが定義されていた場合はどうでしょうか？

```
public class Novelist {
    public string Name { get; set; }
    public string[] Masterpieces { get; set; }
}
    ⋮
    var novelist = new Novelist {
        Name = "アーサー・C・クラーク",
        Masterpieces = new string[] {
            "2001年宇宙の旅",
            "幼年期の終り",
        }
    };
    using (var writer = XmlWriter.Create("novelist.xml")) {
        var serializer = new XmlSerializer(novelist.GetType());
        serializer.Serialize(writer, novelist);
    }
```

この定義のまま、`XmlSerializer` クラスの `Serialize` メソッドでシリアル化した場合は、`string[]` の各要素に対応するタグ名が指定されていないため、以下のような XML が作成されてしまいます。

```xml
<?xml version="1.0" encoding="utf-8"?>
<Novelist xmlns:xsi="http://www.w3.org/2001/XMLSchema-instance"
          xmlns:xsd="http://www.w3.org/2001/XMLSchema">
  <Name>アーサー・C・クラーク</Name>
  <Masterpieces>
    <string>2001年宇宙の旅</string>     ← stringというタグ名は好ましくない
    <string>幼年期の終り</string>
  </Masterpieces>
</Novelist>
```

アプリケーション間の連携を考えた場合、`string` というタグ名は好ましくありません。**XmlArray 属性**と **XmlArrayItem 属性**を使えば、タグ名を変更することが可能です。

リスト12.12 XmlArray 属性と XmlArrayItem 属性の利用

```csharp
[XmlRoot("novelist")]
public class Novelist {
    [XmlElement(ElementName = "name")]
    public string Name { get; set; }

    [XmlArray("masterpieces")]
    [XmlArrayItem("title", typeof(string))]
    public string[] Masterpieces { get; set; }
}
```

上のように定義することで、以下のようにタグ名を変更することができます。リスト 12.12 では書籍名のタグ名を変更するとともに、すべてのタグ名を Camel 形式にしています。

```xml
<?xml version="1.0" encoding="utf-8"?>
<novelist xmlns:xsi="http://www.w3.org/2001/XMLSchema-instance"
          xmlns:xsd="http://www.w3.org/2001/XMLSchema">
  <name>アーサー・C・クラーク</name>
  <masterpieces>
    <title>2001年宇宙の旅</title>
    <title>幼年期の終り</title>
  </masterpieces>
</novelist>
```

12.2.6 XmlSerializerを使ったコレクションの逆シリアル化

リスト 12.11 で作成した XML ファイルを逆シリアル化するコードを示します。これまで示してきた逆シリアル化のコードと本質的な違いはありません。

リスト12.13 コレクションの逆シリアル化

```
using (var reader = XmlReader.Create("novels.xml")) {
   var serializer = new XmlSerializer(typeof(NovelCollection));
   var novels = serializer.Deserialize(reader) as NovelCollection;
   foreach (var novel in novels.Novels) {
      Console.WriteLine(novel);
   }
}
```

上記コードを実行した結果を示します。

```
[Title=星を継ぐもの, Author=ジェイムズ・P・ホーガン, Published=1977]
[Title=タイム・マシン, Author=H・G・ウェルズ, Published=1895]
```

> **Memo　どのクラスを使うべきか？**
>
> 本章では、XML ファイルの操作について、LINQ to XML、`XmlSerializer`、`DataContractSerializer` の 3 つの方法について説明しましたが、筆者の考える使い分けの指針は以下のとおりです。参考にしてください。
>
> **DataContractSerializer**
>
> シリアル化する際の XML の形式をすべてシステムに任せても問題ない場合に利用します。オブジェクトの保存、復元で利用するにはこれを使うのが便利です。すでに XML の形式が決められている場合には、思いどおりの形式にするのに煩雑なコードを書かなければいけない場合もあります。
>
> **XmlSerializer**
>
> アプリケーション間のデータの受け渡しで利用します。属性を使うことでさまざまな XML 構造に柔軟に対応できます。
>
> **LINQ to XML**
>
> 他アプリケーションが作成した比較的複雑な XML の読み込みとその変更で利用します。あるいは、必要となる項目が限定されている（特定の要素名だけを利用したい、条件で絞り込んだ要素だけを利用したい）場合に利用します。

12.3 JSON データのシリアル化と逆シリアル化

JSON（*JavaScript Object Notation*）は軽量なデータ記述言語の1つです。JavaScript言語のオブジェクト表記法をベースとしていますが、他の言語からも扱えるデータ形式です。JSONはさまざまなソフトウェア間（特にWebアプリケーション）のデータの受け渡しに使われています。

.NET Frameworkには、JSONデータのシリアル化／逆シリアル化をサポートする`DataContractJsonSerializer`クラスが用意されています。この`DataContractJsonSerializer`クラスを利用するには、`DataContractSerializer`と同様、`System.Xml`と`System.Runtime.Serialization`の2つのアセンブリをプロジェクトの参照に追加する必要があります。

12.3.1 JSON データへのシリアル化

`DataContractJsonSerializer`**クラス**を使ったJSON形式へのシリアル化は、基本的に、`DataContractSerializer`クラスを使ったXMLシリアル化と同じですが、JSONのキー名を小文字にするために、シリアル化対象のクラスには、以下に示したように`DataContract`**属性**と`DataMember`**属性**を使うことになります。

リスト12.14 属性を指定をした Novel クラス

```
[DataContract(Name = "novel")]
public class Novel {
    [DataMember(Name = "title")]
    public string Title { get; set; }

    [DataMember(Name = "author")]
    public string Author { get; set; }

    [DataMember(Name = "published")]
    public int Published { get; set; }

    public override string ToString() { …… }
}
```

オブジェクトをJSONデータにシリアル化するには、`DataContractJsonSerializer`クラスの`WriteObject`**メソッド**を使います。

リスト12.15 JSON データのシリアル化

```
var novels = new Novel[] {
```

Chapter 12 シリアル化、逆シリアル化

```
    new Novel {
        Author = "アイザック・アシモフ",
        Title = "われはロボット",
        Published = 1950,
    },
    new Novel {
        Author = "ジョージ・オーウェル",
        Title = "一九八四年",
        Published = 1949,
    },
};
using (var stream = new FileStream("novels.json", FileMode.Create,
                                    FileAccess.Write)) {
    var serializer = new DataContractJsonSerializer(novels.GetType());
    serializer.WriteObject(stream, novels);
}
```

上記コードを実行すると、以下の JSON ファイルが得られます。

```
[{"author":"アイザック・アシモフ","published":1950,"title":"われはロボット"},
 {"author":"ジョージ・オーウェル","published":1949,"title":"一九八四年"}]
```

文字列として JSON データを得たいときには、**MemoryStream** に JSON データを出力した後、**ToArray** メソッドで文字配列に変換し、それを **Encoding** クラスの **GetString** メソッドで文字列に変換します。そのコードを以下に示します。

```
using (var stream = new MemoryStream()) {
    var serializer = new DataContractJsonSerializer(novels.GetType());
    serializer.WriteObject(stream, novels);
    stream.Close();
    var jsonText = Encoding.UTF8.GetString(stream.ToArray());
    Console.WriteLine(jsonText);
}
```

12.3.2 JSON データの逆シリアル化

逆シリアル化するには、DataContractJsonSerializer クラスの **ReadObject メソッド** を使います。以下にそのコードを示します。

リスト12.16　JSON データの逆シリアル化

```
using (var stream = new FileStream("novels.json", FileMode.Open, FileAccess.Read)) {
```

```
    var serializer = new DataContractJsonSerializer(typeof(Novel[]));
    var novels = serializer.ReadObject(stream) as Novel[];
    foreach (var novel in novels)
        Console.WriteLine(novel);
}
```

結果は以下のとおりです。

```
[Title=われはロボット, Author=アイザック・アシモフ, Published=1950]
[Title=一九八四年, Author=ジョージ・オーウェル, Published=1949]
```

文字列から逆シリアル化するには、まず文字列を Byte 配列に変換し、その Byte 配列で MemoryStream クラスのオブジェクトを生成します。この MemoryStream を ReadObject メソッドの引数に渡し、JSON データを逆シリアル化します。

```
byte[] byteArray = Encoding.UTF8.GetBytes(jsonText);
using (var stream = new MemoryStream(byteArray)) {
    var serializer = new DataContractJsonSerializer(typeof(Novel[]));
    var novels = serializer.ReadObject(stream) as Novel[];
    foreach (var novel in novels)
        Console.WriteLine(novel);
}
```

12.3.3 Dictionary から JSON データへのシリアル化

Dictionary 型のオブジェクトを JSON 形式に変換する場合は、注意しなくてはならないことがあります。それは、

```
{"ODA":"政府開発援助","OECD":"経済協力開発機構"}
```

という形式にするのか、

```
[{"Key":"ODA","Value":"政府開発援助"},{"Key":"OECD","Value":"経済協力開発機構"}]
```

という形式にするのかという点です。この2つは、**DataContractJsonSerializerSettings** の **UseSimpleDictionaryFormat プロパティ**で変更することが可能です。UseSimpleDictionaryFormat プロパティを true にすると前者の形式に、false にすると後者の形式になります。ここでは、前者の形式に変換するコードを掲載します。

Chapter 12 シリアル化、逆シリアル化

リスト12.17 Dictionary から JSON データへのシリアル化

```
[DataContract]
public class AbbreviationDict {
    [DataMember(Name = "abbrs")]
    public Dictionary<string, string> Abbreviations { get; set; }
}
   ︙
    var abbreviationDict = new AbbreviationDict {
        Abbreviations = new Dictionary<string, string> {
            ["ODA"] = "政府開発援助",
            ["OECD"] = "経済協力開発機構",
            ["OPEC"] = "石油輸出国機構",
        }
    };
    var settings = new DataContractJsonSerializerSettings {
        UseSimpleDictionaryFormat = true,
    };
    using (var stream = new FileStream("abbreviations.json", FileMode.Create,
                                                      ➡FileAccess.Write)) {
        var serializer = new DataContractJsonSerializer(abbreviationDict.GetType(),
                                                      ➡settings);
        serializer.WriteObject(stream, abbreviationDict);
    }
```

この例では、Dictionary 型のプロパティを持つ AbbreviationDict クラスを定義し、このオブジェクトを JSON 形式にシリアル化しています。出力される JSON は以下のとおりです。

```
{
   "abbrs": {
      "ODA":"政府開発援助",
      "OECD":"経済協力開発機構",
      "OPEC":"石油輸出国機構"
   }
}
```

わかりやすいように途中で改行を入れていますが、実際には改行とインデントは含んでいません。この JSON データが、AbbreviationDict クラスと同じ構造になっていることを確認してください。

12.3.4 JSON データから Dictionary への逆シリアル化

　JSON データを Dictionary オブジェクトに逆シリアル化する方法は、通常のオブジェクトの逆シリアル化と同様、DataContractJsonSerializer クラスの **ReadObject メソッド**を利用します。UseSimpleDictionaryFormat プロパティを true に設定した DataContractJsonSerializerSettings オブジェクトを DataContractJsonSerializer のコンストラクタに渡せば、前述の JSON データを Dictionary オブジェクトへ逆シリアル化することができます。逆シリアル化するコードを以下に示します。

リスト12.18　JSON データから Dictionary への逆シリアル化

```
var settings = new DataContractJsonSerializerSettings {
    UseSimpleDictionaryFormat = true,
};
using (var stream = new FileStream("abbreviations.json", FileMode.Open,
                                                        ➡FileAccess.Read)) {
    var serializer = new DataContractJsonSerializer(typeof(AbbreviationDict),
                                                        ➡settings);
    var dict = serializer.ReadObject(stream) as AbbreviationDict;
    foreach (var item in dict.Abbreviations) {
        Console.WriteLine("{0} {1}", item.Key, item.Value);
    }
}
```

Column　JSON.NET の利用

　ASP.NET MVC では Newtonsoft の **JSON.NET** が標準でプロジェクトに組み込まれています。そのため、ASP.NET MVC の場合は、DataContractJsonSerializer ではなく、JSON.NET を使い、JSON 形式のシリアル化 / 逆シリアル化を行うのが一般的です。ASP.NET MVC でなくても JSON.NET を使うことができますので、可能であれば JSON.NET の利用も検討してみてください。

　JSON.NET の JsonSerializer クラスを使ったコードを紹介します。

```
using Newtonsoft.Json;
using Newtonsoft.Json.Serialization;
    ⋮

public class Novel {
    public string Title { get; set; }
    public string Author { get; set; }
    public int Published { get; set; }
    public override string ToString() {
```

```
            return string.Format("[Title={0}, Author={1}, Published={2}]",
                        Title, Author, Published);
        }
    }


    var novel = new Novel {
        Author = "ロバート・A・ハインライン",
        Title = "夏への扉",
        Published = 1956,
    };

    using (var stream = new StreamWriter(@"sample.json"))
    using (var writer = new JsonTextWriter(stream)) {
        JsonSerializer serializer = new JsonSerializer {
            NullValueHandling = NullValueHandling.Ignore,
            ContractResolver = new CamelCasePropertyNamesContractResolver(),
        };
        serializer.Serialize(writer, novel);
    }
```

　上記コードを実行すると以下のJSONファイルが作成されます。

```
{"title":"夏への扉","author":"ロバート・A・ハインライン","published":1956}
```

　"title"、"author" などが小文字で始まっていることに注意してください。これは、**JsonSerializer** の ContractResolver プロパティに CamelCasePropertyNamesContractResolver オブジェクトを設定することで実現しています。属性で1つ1つ指定しなくてもこれができるのは便利ですね。

　逆シリアル化するコードは、以下のようになります。

```
using (var stream = new StreamReader(@"sample.json"))
using (var writer = new JsonTextReader(stream)) {
    JsonSerializer serializer = new JsonSerializer {
        NullValueHandling = NullValueHandling.Ignore,
        ContractResolver = new CamelCasePropertyNamesContractResolver(),
    };
    var novel = serializer.Deserialize<Novel>(writer);
    Console.WriteLine(novel);
}
```

　JSON.NETには、**JsonConvert** というクラスもあり、これを使えば文字列型へのシリアル化、文字列からの逆シリアル化も簡単に行うことが可能です。

第 12 章の演習問題

問題 12.1

1. 以下の Employee クラスが定義されています。このオブジェクトを XML にシリアル化するコードと逆シリアル化するコードを、XmlSerializer クラスを使って書いてください。このとき、XML の要素名（タグ名）はすべて小文字にしてください。

```
public class Employee {
    public int Id { get; set; }
    public string Name { get; set; }
    public DateTime HireDate { get; set;  }
}
```

2. 複数の Employee オブジェクトが配列に格納されているとします。この配列を DataContractSerializer クラスを使って XML ファイルにシリアル化してください。

3. 2.で作成したファイルを読み込み、逆シリアル化してください。

4. 複数の Employee オブジェクトが配列に格納されているとします。この配列を DataContractJsonSerializer を使って、JSON ファイルに出力してください。このときのシリアル化対象に Id は含めないでください。

問題 12.2

1. XmlSerializer クラスを使って、以下の XML ファイルを逆シリアル化し、Novelist オブジェクト作成してください。Novelist クラスには必要ならば適切な属性を付加してください。

```xml
<?xml version="1.0" encoding="utf-8" ?>
<novelist>
  <name>アーサー・C・クラーク</name>
  <birth>1917-12-16</birth>
  <masterpieces>
    <title>2001年宇宙の旅</title>
    <title>幼年期の終り</title>
  </masterpieces>
</novelist>
```

```
public class Novelist {
    public string Name { get; set; }
    public DateTime Birth { get; set; }
    public string[] Masterpieces { get; set; }
}
```

2. 上記Novelistオブジェクトの内容を以下のようなJSONファイルに逆シリアル化するコードを書いてください。

```
{"birth":"1917-12-16T00:00:00Z",
 "masterpieces":["2001年宇宙の旅","幼年期の終り"],
 "name":"アーサー・C・クラーク"}
```

※**ヒント**：`DataContractJsonSerializerSettings`の`DateTimeFormat`プロパティに、`"yyyy-MM-dd'T'HH:mm:ssZ"`をセットします。

Chapter 13
Entity Framework によるデータアクセス

多くの業務アプリケーションでは SQL Server や Oracle DB などのデータベース管理システム（DBMS）を用いてデータを保存、管理しています。データベース管理システムとは、アプリケーションプログラムからの要求にこたえて、データの格納、取得、削除などの操作を行う専用のソフトウェアです。

この章では、データベースを処理するプログラムを作ってみましょう。

13.1　Entity Framework の Code First を利用する

たとえば、企業の売り上げデータを管理するとしたら、商品、店舗、売り上げ、売り上げ担当者などの情報を扱うことになりますが、これらのデータはそれぞれに関連性があるために通常のファイル操作でデータを管理することが困難です。かつ「高速な検索」、「複数人での同時アクセス」、「異常処理時の対応」なども考慮すると、その開発に膨大な工数がかかってしまいます。そのため、アプリケーションが本来持つべき機能の開発に集中できるよう、データの管理機能を自分たちで実装するのではなく、データベース管理システムを利用するのが一般的となっています。

C# のプログラムからデータベースにアクセスするには、**Entity Framework** と呼ばれるデータアクセス機能を利用します（●図 13.1）。

図13.1　Entity Framework のイメージ

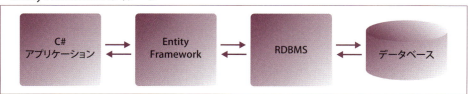

Chapter 13 Entity Framework によるデータアクセス

Entity Framework には、「Model First」、「Database First」、「Code First」という3つの開発手法が用意されていますが、本章では、現在最も注目されている **Code First**[1] に的を絞り説明します。

なお、皆さんの中には Code First での経験がない方もいらっしゃるでしょうから、習うより慣れろの立場からチュートリアルふうの形式を採り、Entity Framework 利用したデータアクセスについて説明します[2]。

13.2 プロジェクトの作成

13.2.1 プロジェクトの新規作成

1. Visual Studio[3] を起動し、［ファイル］－［新規作成］－［プロジェクト］を選択します。

2. ［新しいプロジェクト］のダイアログで、［コンソールアプリケーション］を選択し、［名前］に "SampleEntityFramework" と入力し、［OK］ボタンを押します（→図 13.2）。

図13.2　［新しいプロジェクト］で名前を入力する

13.2.2 NuGet による Entity Framework のインストール

1. ［ソリューションエクスプローラー］の［SampleEntityFramework］プロジェクトを右クリックし、［NuGet パッケージの管理］を選択します。

---

[1] Code First では、まず C# のコードでクラスを定義し、そこからデータベースを自動生成します。つねに C# のコードを中心にデータアクセスのプログラムを作成することが可能です。

[2] 説明には、Visual Studio に付属の Microsoft SQL Server Express LocalDB を利用します。

[3] スクリーンショットは、Visual Studio Professional 2015 のものです。

2. NuGet パッケージの管理画面の左上の［参照］をクリックし、その下の入力欄に **"EntityFramework"** とタイプします。

3. 一覧の中から、［EntityFramework］をクリックし、右側の［インストール］ボタンをクリックします（→ 図 13.3）。

図13.3　「EntityFramework」をインストールする

4. ［プレビュー］画面が表示されたら［OK］ボタンを押します。環境によっては表示されない場合もあります（→ 図 13.4）。

図13.4　［プレビュー］画面で［OK］ボタンを押す

5. ［ライセンスへの同意］の画面が表示されたら［同意する］ボタンを押します（→ 次ページ図 13.5）。

6. これで、Entity Framework がインストールされました。［ソリューションエクスプローラー］のプロジェクトの［参照］に、［EntityFramework］、［EntityFramework.SqlServer］が追加されていることを確認してください。

図13.5 ライセンスに同意する

13.3 エンティティクラス（モデル）の作成

　Code Firstでは、エンティティクラス（モデルクラス）の定義から開発を始めます。エンティティクラスとは、データベースに格納されるオブジェクトを表すクラスです。ここでは、書籍を表す`Book`クラスと、著者を表す`Author`クラスを定義することとします。

1. ［ソリューションエクスプローラー］で、［SampleEntityFramework］プロジェクトを右クリックし、［追加］－［新しいフォルダー］を選択します。
2. フォルダ名を `"Models"` とします（→図13.6）。

図13.6 新しいフォルダを追加し、名前を入力する

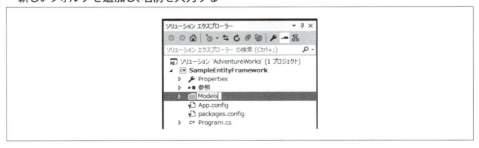

3. ［Models］フォルダを右クリックし、［追加］－［クラス］を選択し、`Book.cs`を追加します。
4. 作成した`Book.cs`を編集し、以下のリスト13.1のように`Book`クラスを定義します。

13.3 エンティティクラス（モデル）の作成

リスト13.1 エンティティクラス Book の定義

```
public class Book {
    public int Id { get; set; }
    public string Title { get; set; }
    public int PublishedYear { get; set; }
    public virtual Author Author { get; set; }
}
```

著者を表す Author 型のプロパティ[4]には **virtual** を指定しています。エンティティクラス（ここでは Book）の中で、他のエンティティクラス（ここでは Author）をプロパティに持つ場合には、**virtual** を指定する必要があります。

5. 同様に、Author.cs を追加し、以下のリスト 13.2 のように Author クラスを定義します。

リスト13.2 エンティティクラス Author の定義

```
public class Author {
    public int Id { get; set; }
    public string Name { get; set; }
    public DateTime Birthday { get; set; }
    public string Gender { get; set; }
    public virtual ICollection<Book> Books { get; set; }
}
```

Author クラスには、ICollection<Book> 型の Books プロパティがあり、著者からその著者が書いた書籍情報にアクセスできるようにしています。先ほどと同様、Books プロパティには **virtual** を指定しています。

📝memo 主キーの指定

Entity Framework では、"**Id**" という名前のプロパティ、またはクラス名と "**Id**" を組み合わせた名前（例："**BookId**"）のプロパティを主キーとして扱います。

この例では、Book クラスの Id と Author クラスの Id が主キーとなります。主キーは、データベースの中からそのオブジェクト（データベースの用語では「行」といいます）を一意に識別できる項目（データベースの用語で「列」といいます）のことです。この Id 列には、**IDENTITY** という属性が Entity Framework により付加されます。**IDENTITY** 属性が指定された列は、行が追加されるごとに列の値が自動採番されます。

---

[4] Author という名前は予約語ではないので、プロパティの型名とプロパティの名前を同じにすることが可能です。

13.4 DbContext クラスの作成

13.4.1 BooksDbContext クラスの作成

1. ［ソリューションエクスプローラー］で［Models］フォルダを右クリックし、［追加］－［新しい項目］を選びます。

2. 左側の欄から［データ］を選択し、中央の欄で［ADO.NET Entity Data Model］を選び、名前に **"BooksDbContext"** とタイプし、［追加］ボタンを押します（➡図 13.7）。

図13.7　［データ］－［ADO.NET Entity Data Model］を選び、名前を入力する

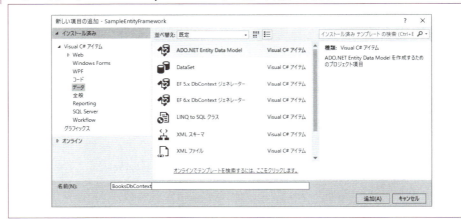

図13.8　［Entity Data Model ウィザード］で［空の Code First モデル］を選ぶ

3. ［Entity Data Model ウィザード］のダイアログで、［空の Code First モデル］を選び、［完了］ボタンを押します（→前ページ図 13.8）。
4. `BooksDbContext.cs` が `Models` フォルダの下に追加されますので、以下のリスト 13.3 のように `Books` プロパティと `Authors` プロパティを `BooksDbContext` クラスに追加します。

リスト13.3 DbContext クラスの定義

```
public class BooksDbContext : DbContext {
   public BooksDbContext()
       : base("name=BooksDbContext") {
   }
   public DbSet<Book> Books { get; set; }
   public DbSet<Author> Authors { get; set; }
}
```

　アプリケーションは `DbContext` から派生したクラス（ここでは `BooksDbContext` クラス）を利用し、データベースにアクセスすることになります。`DbSet<T>` は、エンティティのコレクションを表すクラスで、この `Books` と `Authors` の 2 つのプロパティを通して、データにアクセスすることになります。

13.4.2 データベース接続文字列の確認

1. プロジェクトの `App.config` ファイルを開き、以下のようにデータベースへ接続するための接続文字列が記述されていることを確認します。

リスト13.4 作成された App.config の connectionStrings[5]

```
<connectionStrings>
  <add name="BooksDbContext"
    connectionString="data source=(LocalDb)¥MSSQLLocalDB;
      initial catalog=SampleEntityFramework.Models.BooksDbContext;
      integrated security=True;MultipleActiveResultSets=True;
      App=EntityFramework"
    providerName="System.Data.SqlClient" />
</connectionStrings>
```

2. これで、データ操作のコードを書く準備ができました。一度ビルドして、エラーがないか確認してください。

---

[5] 紙面の都合上途中で改行しています。

13.5 データの追加

まだ、データベースにデータが存在していない状態ですから、データベースにデータを追加するコードを書いてみましょう。

13.5.1 データの追加

1. `Program.cs` の `Program` クラスに `InsertBooks` メソッドを追加します。

リスト13.5 データを追加するコード

```
using SampleEntityFramework.Models;
    ⋮

static void InsertBooks() {
    using (var db = new BooksDbContext()) {
        var book1 = new Book {
            Title = "坊ちゃん",
            PublishedYear = 2003,
            Author = new Author {
                Birthday = new DateTime(1867, 2, 9),
                Gender = "M",
                Name = "夏目漱石",
            }
        };
        db.Books.Add(book1);
        var book2 = new Book {
            Title = "人間失格",
            PublishedYear = 1990,
            Author = new Author {
                Birthday = new DateTime(1909, 6, 19),
                Gender = "M",
                Name = "太宰治",
            }
        };
        db.Books.Add(book2);
        db.SaveChanges();    ◀ データベースを更新
    }
}
```

上記コードで2冊の書籍をデータベースに登録しています。まず、`BooksDbContext` オブジェクトを生成し、データベースアクセスの準備をします。次に `Book` オブジェクト

を生成し、db.Books.Add メソッドで 1 冊目の書籍を追加しています。著者（Author）の情報は、Book クラスのプロパティで設定している点に注目してください。2 冊目の書籍も同様に追加します。最後に、**SaveChanges メソッド**でデータベースを更新しています。このメソッドを呼び出さないと、データベースが更新されないので注意してください。

using 文を使っていますので、using のブロックから抜けたときに BooksDbContext オブジェクトが破棄され、データベースとの接続が解除されます。

なお、Book クラスの Id の値は自動的に採番されますので、Book クラスの生成時に値は設定していません。採番された値を参照したい場合は、次のように SaveChanges メソッドを呼び出した後に、Id プロパティを参照すれば自動採番された値を得ることができます。

```
db.SaveChanges();
Console.WriteLine($"{book1.Id} {book2.Id}");
```

2. Main メソッドに InsertBooks メソッドを呼び出すコードを記述します（→ リスト13.6）。

リスト13.6 InsertBooks メソッドの呼び出し

```
static void Main(string[] args) {
    InsertBooks();
}
```

3. F5 キーを押して、デバッグ実行します。しばらくするとプログラムが終了し、コンソールウィンドウが閉じます。エラーがなければ、コンソールウィンドウは勝手に閉じます。

13.5.2 作成された DB を確認する

1. データベースが作成されたか確認します。エクスプローラーを起動して、次のフォルダに移動します。

"C:¥Users¥<ユーザー名>¥"

2. このフォルダに、以下の 2 つのファイル（SQL Server のデータベースファイル）が作成されていることを確認します。

SampleEntityFramework.Models.BooksDbContext.mdf
SampleEntityFramework.Models.BooksDbContext_log.ldf

3. Visual Studio のメニューで［表示］-［SQL Server オブジェクトエクスプローラー］

を選択します（→図 13.9）。

図13.9 ［SQL Server オブジェクトエクスプローラー］を選択する

4. ［SQL Server オブジェクトエクスプローラー］で、図 13.10 のようにツリーを展開し、`dbo.Authors`、`dbo.Books` という 2 つのテーブルがデータベースに作成されたか確認します。

図13.10 ［SQL Server オブジェクトエクスプローラー］でテーブルの作成を確認する

　`dbo.Authors` テーブルに `Author` オブジェクトが、`dbo.Books` テーブルに `Book` オブジェクトが複数格納されることになります。`dbo.__MigrationHistory` というテーブルは、Entity Framework が自動で作成するテーブルです。

5. `dbo.Authors` テーブルを右クリックし、［データの表示］を選択します。図 13.11 のように `Authors` テーブルにデータが格納されたことを確認します。

図13.11 Authors テーブルのデータを確認する

6. 同様に、`Books` テーブルの内容も確認します（→図 13.12）。

図13.12 Books テーブルのデータを確認する

dbo.Books [データ]

最大行数(O): 1000

Id	Title	PublishedYear	Author_Id
1	坊ちゃん	2003	1
2	人間失格	1990	2
NULL	NULL	NULL	NULL

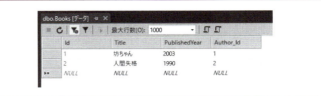

Books テーブルには、Author_Id という列が存在しています。この列は、Entity Framework が自動で追加した列です。この列が Book と Author を結び付けています。「**坊ちゃん**」の Author_Id は 1 となっていて、Authors テーブルの Id が 1 の行を指しています。つまり、これにより**坊ちゃん**の著者が**夏目漱石**であることがわかるわけです。

Chapter 13

Column データベースを再作成する場合の操作手順

Visual Studio 2015 の開発環境で、サンプルデータベースを再作成する場合は、以下の手順を踏んでください。

1. メニューから［ツール］—［NuGet パッケージマネージャー］—［パッケージマネージャーコンソール］を選択します。

2. パッケージマネージャーコンソールが表示されます。ここで以下のコマンドを入力し、SQL Server Express LocalDB のインスタンス（MSSQLLocalDB）を停止します（➔ 図 13.13）。

```
sqllocaldb.exe stop MSSQLLocalDB
```

図13.13 「sqllocaldb.exe stop MSSQLLocalDB」の結果

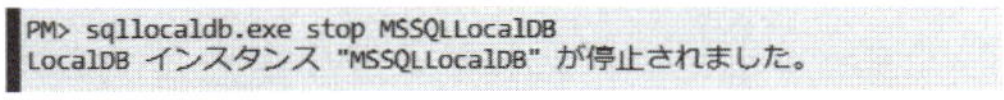

```
PM> sqllocaldb.exe stop MSSQLLocalDB
LocalDB インスタンス "MSSQLLocalDB" が停止されました。
```

3. 続けて、以下のコマンドを入力し、SQL Server Express LocalDB のインスタンス（MSSQLLocalDB）を削除します（➔ 図 13.14）。

```
sqllocaldb.exe delete MSSQLLocalDB
```

図13.14 「sqllocaldb.exe delete MSSQLLocalDB」の結果

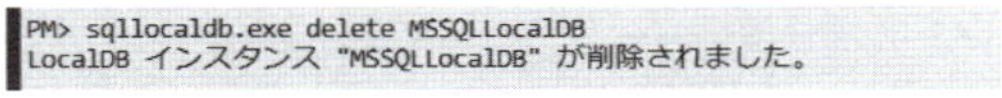

```
PM> sqllocaldb.exe delete MSSQLLocalDB
LocalDB インスタンス "MSSQLLocalDB" が削除されました。
```

4. エクスプローラーを起動し、**"C:¥Users¥<ユーザー名>¥"** フォルダを開き、以下の 2 つの

ファイルを削除します。

```
SampleEntityFramework.Models.BooksDbContext.mdf
SampleEntityFramework.Models.BooksDbContext_log.ldf
```

これで、本章のサンプルプログラムを最初から実行することができるようになります。なお、説明の都合上、パッケージマネージャーコンソールからコマンドを実行しましたが、コマンドプロンプトからこれらのコマンドを実行しても同じ結果が得られます。

13.6 データの読み取り

次に、データベースの内容を取得するコードを書いてみましょう。

1. 次のメソッドを Program クラスに追加します。

リスト13.7 データを取得する GetBooks メソッド

```
static IEnumerable<Book> GetBooks() {
  using (var db = new BooksDbContext()) {
    return db.Books
            .Where(book => book.Author.Name.StartsWith("夏目"))
            .ToList();
  }
}
```

Entity Framework でも LINQ を利用することができます。Entity Framework で利用できる LINQ を「LINQ to Entities」といい、LINQ to Objects とほぼ同じような記述が可能です。Where メソッドで条件を指定して必要なデータを取得するのが、典型的なデータ取得のコードとなります。なお、条件を指定しているラムダ式では、関連エンティティである Author プロパティを参照している点に注目してください。

この LINQ の記述が「SQL」(*Structured Query Language*) というデータベースの問い合わせ言語に翻訳され実行されます。Entity Framework を利用すれば、SQL 文を書くことなくデータベースを操作することが可能です。

2. 以下のように、DisplayAllBooks メソッドを Program クラスに追加し、Main メソッドは DisplayAllBooks メソッドを呼び出すように書き換えます。

リスト13.8 GetBooks メソッドの呼び出し

```
static void Main(string[] args) {
    DisplayAllBooks();
}
```

```
static void DisplayAllBooks() {
    var books = GetBooks();
    foreach (var book in books) {
        Console.WriteLine($"{book.Title} {book.PublishedYear}");
    }
    Console.ReadLine();
}
```

3. F5 キーで実行します。以下の結果が得られます。

```
坊ちゃん 2003
```

なお、GetBooks メソッドの中の最後の ToList() がないと、DisplayAllBooks メソッド内の Console.WriteLine のところで例外が発生してしまいます。LINQ to Entities のクエリも LINQ to Objects と同様、遅延実行されます。つまり、ToList の呼び出しがないと、foreach で要素にアクセスしたときにデータベースへのアクセスが行われるということです。しかし、BooksDbContext（DbContext の派生クラス）は、GetBooks メソッドから抜けたときには破棄されていますので、データベースへのアクセスに失敗してしまいます。

そのため、GetBooks メソッドでは、ToList メソッドを呼び出してデータベースからデータをメモリに読み込んでいます。これにより、Main メソッドで例外が発生することがなくなります。

13.7 再度、データの追加

最初に示した方法とは違ったやり方でデータベースにデータを追加してみましょう。

13.7.1 Authors のみを追加する

1. 以下のように、AddAuthors メソッドを Program クラスに追加し、AddAuthors メソッドを Main メソッドから呼び出すように書き換えます。

リスト13.9 著者データの追加(1)

```
static void Main(string[] args) {
    AddAuthors();
}
```

```
private static void AddAuthors() {
    using (var db = new BooksDbContext()) {
        var author1 = new Author {
            Birthday = new DateTime(1878, 12, 7),
            Gender = "F",
            Name = "与謝野晶子",
        };
        db.Authors.Add(author1);
        var author2 = new Author {
            Birthday = new DateTime(1896, 8, 27),
            Gender = "M",
            Name = "宮沢賢治",
        };
        db.Authors.Add(author2);
        db.SaveChanges();
    }
}
```

2. F5 キーを押しプログラムを実行します。

3. ［SQL Server オブジェクトエクスプローラー］で、p.330 第 13.5.2 項手順 **5.** の要領で Authors テーブルの内容を確認し、4 名の著者が登録されていることを確認します（→図 13.15）。4 名の著者が表示されない場合は、Shift + Alt + R で最新の状態に更新してみてください。

図13.15　Authors テーブルで追加されたデータを確認する

13.7.2 登録済みの Author を使い書籍を追加する

先ほど登録した著者（与謝野晶子と宮沢賢治）が書いた書籍を登録してみましょう。

1. 以下のように、AddBooks メソッドを Program クラスに追加し、Main メソッドは AddBooks メソッドを呼び出すように書き換えます。

リスト13.10 著書データの追加(2)

```
static void Main(string[] args) {
    AddBooks();
}

private static void AddBooks() {
    using (var db = new BooksDbContext()) {
        var author1 = db.Authors.Single(a => a.Name == "与謝野晶子");
        var book1 = new Book {
            Title = "みだれ髪",
            PublishedYear = 2000,
            Author = author1,
        };
        db.Books.Add(book1);
        var author2 = db.Authors.Single(a => a.Name == "宮沢賢治");
        var book2 = new Book {
            Title = "銀河鉄道の夜",
            PublishedYear = 1989,
            Author = author2,
        };
        db.Books.Add(book2);
        db.SaveChanges();
    }
}
```

このサンプルでは、固定的な名前で Author を検索し、検索結果を Book オブジェクトに設定していますが、実際のアプリケーションでは、著者一覧の中から選んだオブジェクトを Book の Author プロパティに設定するようなコードになるでしょう。

2. F5 キーを押しプログラムを実行します。

3. ［SQL Server オブジェクトエクスプローラー］で、Books テーブルの内容を確認し、4 冊の書籍が登録されていることを確認します（● 図 13.16）。

図13.16 Books テーブルで追加されたデータを確認する

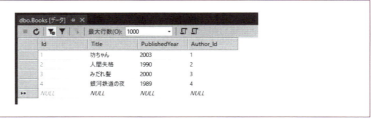

13.8 データの変更

データベースに登録されているデータを変更するコードを示します。データベースから更新したい Book オブジェクトを取得し、この Book オブジェクトの PublishedYear の値を変更しています。最後に SaveChanges メソッドを呼び出し、データベースを更新しています。

リスト13.11 データの変更（更新）

```
private static void UpdateBook() {
    using (var db = new BooksDbContext()) {
        var book = db.Books.Single(x => x.Title == "銀河鉄道の夜");
        book.PublishedYear = 2016;
        db.SaveChanges();
    }
}
```

見ておわかりのとおり、SaveChanges メソッドを呼び出す以外は、通常のコレクション内のオブジェクトの内容を変更するのとほとんど同じ感覚でコードを書くことが可能です。

13.9 データの削除

データを削除するには、**Remove メソッド**を使います。

リスト13.12 データの削除

```
private static void DeleteBook() {
    using (var db = new BooksDbContext()) {
        var book = db.Books.SingleOrDefault(x => x.Id == 10);
        if (book != null) {
            db.Books.Remove(book);
            db.SaveChanges();
        }
    }
}
```

Remove メソッドに渡すオブジェクトは、データベースから取得したオブジェクトです。データ削除のコードにおいても、SaveChanges メソッドを呼び出す以外は、コレクション内のオブジェクトを削除するのとほとんど同じ感覚でコードを書くことができます。

13.10 高度なクエリ

すでに、Where や Single メソッドを使ったデータ取得コードを見てきましたが、もう少し高度なデータの取得の例も紹介しましょう[6]。

● 書籍が 2 冊以上の著者を取得する

```
var authors = db.Authors
              .Where(a => a.Books.Count() >= 2);
foreach (var author in authors) {
   Console.WriteLine($"{author.Name} {author.Gender} {author.Birthday}");
}
```

● 出版年、著者名の順（それぞれ昇順）に書籍を並べ替えて取得する

```
var books = db.Books
            .OrderBy(b => b.PublishedYear)
            .ThenBy(b => b.Author.Name);
foreach (var book in books) {
   Console.WriteLine($"{book.Title} {book.PublishedYear} {book.Author.Name}");
}
```

● 発行年ごとの書籍数を求める

```
var groups = db.Books
             .GroupBy(b => b.PublishedYear)
             .Select(g => new {
                 Year = g.Key,
                 Count = g.Count()
             });
foreach (var g in groups) {
   Console.WriteLine($"{g.Year} {g.Count}");
}
```

---

[6] ThenBy、GroupBy メソッドについては、「第 15 章：LINQ を使いこなす」を参照してください。

- **最も冊数の多い著者を1人求める**

```
var author = db.Authors
            .Where(a => a.Books.Count() ==
                        db.Authors.Max(x => x.Books.Count()))
            .First();
Console.WriteLine($"{author.Name} {author.Gender} {author.Birthday}");
```

13.11 関連エンティティの一括読み込み

次のようなコードを書いたとしましょう。

リスト13.13 ✗ 読み込んでいないプロパティを参照している誤ったコード

```
static void Main(string[] args) {
    foreach (var book in GetBooks()) {
        Console.WriteLine($"{book.Title} {book.Author.Name}");
    }
}

static IEnumerable<Book> GetBooks() {
    using (var db = new BooksDbContext()) {
        return db.Books
                .Where(b => b.PublishedYear > 1900)
                .ToList();
    }
}
```

このコードを実行すると、Main メソッドの Author.Name の参照のところで、以下の例外が発生してしまいます。

> ハンドルされていない例外: System.ObjectDisposedException: ObjectContext インスタンスは破棄されたため、接続を必要とする操作には使用できません。

これは、ToList() でメモリ上に読み込まれるのは Book オブジェクトのみであり、関連する Author オブジェクトはメモリ上に読み込まれていないからです。Main メソッドでは、リストに格納された Book オブジェクトの Author プロパティを参照した時点で、データベースから Author オブジェクトを取得しようとします。しかしこのときには、BooksDbContext（DbContext の派生クラス）オブジェクトは破棄された後なので、データベースにアクセスができずに例外が発生してしまうのです。

これを回避するには以下のように、**Include メソッド**を使い、明示的に関連するオブジェクトを読み込んでやる必要があります。

リスト13.14 関連するエンティティも一括して読み込んでいるコード

```
using System.Data.Entity;
  ⋮
  static IEnumerable<Book> GetBooks() {
    using (var db = new BooksDbContext()) {
      return db.Books
            .Where(b => b.PublishedYear > 1900)
            .Include(nameof(Author))
            .ToList();
    }
  }
```

Include メソッドの引数には、一緒に読み込みたいエンティティ名を指定します。nameof 演算子は、C# 6.0 で追加された演算子で、コンパイル時に識別子の名前を文字列にしてくれます。`Include("Author")` と同じ意味です。上記コードを実行すると以下の結果が得られます。

```
坊ちゃん 夏目漱石
人間失格 太宰治
みだれ髪 与謝野晶子
銀河鉄道の夜 宮沢賢治
```

13.12 データ注釈と自動マイグレーション

13.12.1 データ注釈

データベースのカラムには、必須項目や最大文字数などの制約を付加することができます。Entity Framework では、`System.ComponentModel.DataAnnotations` 名前空間に定義されている属性クラスを使い、これらを指定することができます。Entity Framework では、この属性クラスを「データ注釈」と呼んでいます。

Required 属性

Required 属性は、特定のプロパティが必須項目であることを Entity Framework に指示します。たとえば、Book クラスの Title プロパティに Required 属性を追加すると、

Titleプロパティは必須項目として扱われます。

```
［Required］
public string Title { get; set; }
```

BookクラスのTitleプロパティにRequired属性が付加されていた場合、以下のコードを実行すると、Titleが設定されていないため、System.Data.Entity.Validation.DbEntityValidationException例外が発生します。

```
using (var db = new BooksDbContext()) {
   var author = db.Authors.Single(a => a.Name == "与謝野晶子");
   var book = new Book {
      PublishedYear = 2000,
      Author = author,
   };
   db.Books.Add(book);
   db.SaveChanges();
   Console.WriteLine($"{book1.Id} {book2.Id}");
}
```

MaxLength属性とMinLength属性

MaxLength属性と**MinLength属性**は、項目の最大文字数、最小文字数をEntity Frameworkに指示します。次の例では、格納できる文字数を30文字に制限するとともに、必須項目として設定しています。

```
［MaxLength(30)］
［Required］
public string Name { get; set; }
```

13.12.2 自動マイグレーション

　開発中にデータベースに新たな項目が必要になったり、項目に付加された最大文字数などの制約を変更する必要が出てくる場合があります。Entity Frameworkでは、C#のコードを変更することで、自動でデータベース構造を変更する機能があります。これを**自動マイグレーション**と呼んでいます。
　この自動マイグレーションの機能は既定では有効になっていません。実際、データベースを作成後に、前述のデータ注釈をプロパティに追加したり、新たなプロパティをエンティティクラスに追加した場合、これまで示したコードでは、以下のような例外が発生してしまいます。

13.12 データ注釈と自動マイグレーション

```
System.InvalidOperationException: データベースの作成後、'BooksDbContext'コンテキス
トの背後にあるモデルが変更されました。
```

エンティティクラスの変更を実際のデータベースに反映させるには、Entity Framework の自動マイグレーションの機能を使います。これにより、エンティティクラスの変更をデータベースに反映させることができます。以下にその手順を示します。

1. 以下のような Configuration クラスを Models フォルダに追加します。

リスト13.15 Configuration クラス

```
internal sealed class Configuration :
                    DbMigrationsConfiguration<BooksDbContext> {
  public Configuration() {
    AutomaticMigrationsEnabled = true;
    AutomaticMigrationDataLossAllowed = true;
    ContextKey = "SampleEntityFramework.Models.BooksDbContext";
  }
}
```

2. BooksDbContext クラスのコンストラクタに、Database.SetInitializer メソッドを呼び出す行を追加します。

リスト13.16 BooksDbContext クラスのコンストラクタ

```
public BooksDbContext()
    : base("name=BooksDbContext") {
  Database.SetInitializer(
    new MigrateDatabaseToLatestVersion<BooksDbContext, Configuration>());
}
```

以上で、自動マイグレーションの準備が完了です。これ以降、エンティティクラスを変更し、プログラムを実行すれば、データベースにその変更が反映されるようになります。

試しに、Book クラスを以下のように変更してみます。

リスト13.17 変更した Book クラス

```
public class Book {

  public int Id { get; set; }

  [Required]
```

341

```
        public string Title { get; set; }

        [MaxLength(16)]
        public string Publisher { get; set; }

        public int? PublishedYear { get; set; }

        public virtual Author Author { get; set; }
    }
```

変更したのは、以下の3点です。

- Title プロパティに、Required 属性を付加
- Publisher プロパティを追加
- PublishedYear の型を int から int? へ変更 [7]

その後、BooksDbContext 経由でデータベースへのアクセスがなされると、Books テーブルの定義が変更されます。たとえば、次のようなコードを実行してみます。

```
using (var db = new BooksDbContext()) {
    var count = db.Books.Count();
    Console.WriteLine(count);
}
```

［SQL Server オブジェクトエクスプローラー］で、Books テーブルの列を展開してみると、テーブルが変更されていることがわかります（→図13.17）。

図13.17 テーブルが変更される

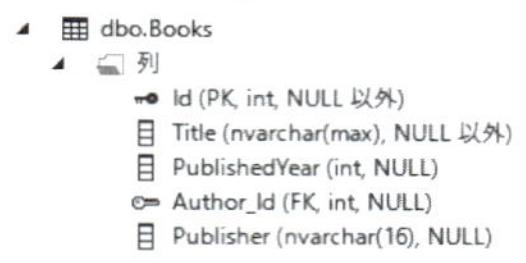

```
▲ ▦ dbo.Books
  ▲ ◩ 列
      ⚷ Id (PK, int, NULL 以外)
      ▤ Title (nvarchar(max), NULL 以外)
      ▤ PublishedYear (int, NULL)
      ⚷ Author_Id (FK, int, NULL)
      ▤ Publisher (nvarchar(16), NULL)
```

新しく追加した Publisher 項目は、string 型（参照型）で null を許容しますから、既存の書籍の Publisher の値には、NULL が設定されます（→図13.18）。

---

[7] 値型に ? を付けると null 値を許容する Nullable 型になります。詳細は p.44「Column：null キーワードと null 許容型」を参照してください。

図13.18　新しく追加した Publisher 項目の NULL を確認する

Id	Title	PublishedYear	Author_Id	Publisher
1	坊ちゃん	2003	1	NULL
2	人間失格	1990	2	NULL
3	みだれ髪	2000	3	NULL
4	銀河鉄道の夜	1989	4	NULL

Column: Entity Framework で Log を採取する

　Entity Framework を利用すれば、SQL 文を書くことなくデータベースの操作が可能ですが、どのような SQL が発行されているのか確認したい場面もあります。そのようなときには、`DbContext` の `Database.Log` プロパティを使うと、発行している SQL を確認できるようになります。

```
using (var db = new BooksDbContext()) {
    db.Database.Log = sql => { Debug.Write(sql); };
      ⋮
}
```

　`Debug` クラスを使い、SQL の内容を Visual Studio の［出力］ウィンドウに表示させています。`Debug` クラスは、debug モードでビルドしたときのみ有効に働きます。Release モードでビルドした場合には、`Debug` クラスの呼び出しは無視されます。

Let's Try! 第 13 章の演習問題

問題 13.1

　本文で利用したデータベースを利用し、以下のコードを書いてください。

1. 以下の 2 名の著者と 4 冊の書籍を追加してください。

名前	生年月日	性別
菊池寛	1888 年 12 月 26 日	男性
川端康成	1899 年 6 月 14 日	男性

タイトル	発行年	著者
こころ	1991	夏目漱石

伊豆の踊子	2003	川端康成
真珠夫人	2002	菊池寛
注文の多い料理店	2000	宮沢賢治

2. すべての書籍情報を著者名とともに表示するコードを書き、上記**1.**のデータが正しく追加されたか確認してください。

3. タイトルの最も長い書籍を求めてください。複数ある場合は、すべてを求めて表示してください。

4. 発行年の古い順に3冊だけ書籍を取得し、そのタイトルと著者名を求めてください。

5. 著者ごとに書籍のタイトルと発行年を表示してください。なお、著者は誕生日の遅い順（降順）に並べてください。

Chapter 14 その他のプログラミングの定石

この章では、前章までで紹介し切れなかった、しかし知っておいてほしい、プロセスの起動、バージョン情報の取得、構成ファイルからのデータ取得、Http通信、ZIPファイルの操作、協定世界時とタイムゾーンの操作について説明します。

14.1 プロセスの起動

System.Diagnostics 名前空間に定義されている **Process クラス**を利用することで、プロセス[1]の起動、中断、監視などを行うことができます。

14.1.1 プログラムの起動

Process クラスの **Start 静的メソッド**を使い、「メモ帳」を起動するコードを示します。

リスト14.1 プログラムを起動する

```
private void RunNotepad() {
    var path = @"%SystemRoot%\system32\notepad.exe";
    var fullpath = Environment.ExpandEnvironmentVariables(path);
    Process.Start(fullpath);
}
```

Environment.ExpandEnvironmentVariables メソッドは、環境変数の %SystemRoot%、%windir%、%Temp% の箇所をその環境変数が示す値で置換してくれます。

---
[1] プロセスとは、簡単にいうと実行中のプログラムのことです。

14.1.2 プロセスの終了を待つ

　前述のコードはプログラムを起動したら起動しっぱなしで、「メモ帳」の終了を知ることはできません。アプリケーションランチャーのようなプログラムでは、この方法で問題ありませんが、時にはプログラムが終了するまで待っていたいという場合もあります。
　プログラムが終了するまで待つには、Process クラスの **WaitForExit メソッド**を使います。

リスト14.2　プロセスの終了を待つ

```
private static int RunAndWaitNotepad() {
    var path = @"%SystemRoot%\system32\notepad.exe";
    var fullpath = Environment.ExpandEnvironmentVariables(path);
    using (var process = Process.Start(fullpath)) {
        if (process.WaitForExit(10000))
            return process.ExitCode;
        throw new TimeoutException();
    }
}
```

　Process.Start メソッドが返す Process オブジェクトに対して、**WaitForExit** メソッドを呼び出すことで、プログラムの終了を待つことができます。引数にはプロセスが終了するまで待機する時間（ミリ秒単位）を指定します。指定した時間内にプロセスが終了した場合は true が返り、時間内に終わらない場合は false が返ります。上記例では、10秒たっても終わらない場合に、TimeoutException 例外を発生させています。
　しかし、このコードの場合、「メモ帳」が終了するまで制御がこのプログラムに戻ってきません。たとえば、このコードを WindowsForms アプリケーションで実行した場合、プロセスが終了するまでユーザーの操作がブロックされてしまいます。Exited イベントを利用すれば、この問題を回避することができます。以下にそのコードを示します。

リスト14.3　Exited イベントを利用したプロセスの起動

```
private void RunNotepad() {
    label1.Text = "";
    var path = @"%SystemRoot%\system32\notepad.exe";
    var fullpath = Environment.ExpandEnvironmentVariables(path);
    var process = Process.Start(fullpath);
    process.EnableRaisingEvents = true;
    process.Exited += (sender, eventArgs) => {
        this.Invoke((Action)delegate {
            label1.Text = "終了";
        });
```

    };
}
```

プロセスを起動した直後に、**EnableRaisingEvents プロパティ**を true にし、Exited イベントを有効にしています。これでプロセスが終了したときに、Exited イベントが発生するようになります。Exited イベントハンドラ[2]内では、Invoke メソッド[3]を呼び出し、ラベルに "終了" の文字列を表示させています。

## 14.1.3 ProcessStartInfo クラスを用いて細かな制御をする

**ProcessStartInfo クラス**を利用すると、さらに細かな制御が可能になります。ProcessStartInfo クラスには、表 14.1 のようなプロパティが用意されています。

**表14.1** ProcessStartInfo クラスのプロパティ

| プロパティ | 型 | 説明 |
| --- | --- | --- |
| Arguments | string | 使用するコマンドライン引数 |
| WindowStyle | ProcessWindowStyle | ウィンドウの状態を設定 |
| WorkingDirectory | string | 起動するプロセスの作業ディレクトリを設定 |
| Verb | string | ドキュメントに対する動作 "Open"、"Print"、"Edit"、"Play" など |

これらのプロパティを使ったサンプルコードを 2 つほど示します。

1 つ目は、ウィンドウサイズを最大化してプログラムを起動する例です。startInfo.Arguments にメモ帳で開くファイル名を指定し、startInfo.WindowStyle には、起動時のウィンドウのスタイル（ここでは最大化）を指定しています。

**リスト14.4** プログラムを最大化して起動する例

```
var path = @"%SystemRoot%\system32\notepad.exe";
var fullpath = Environment.ExpandEnvironmentVariables(path);
var startInfo = new ProcessStartInfo {
    FileName = fullpath,
    Arguments = @"D:\temp\Sample.txt",
    WindowStyle = ProcessWindowStyle.Maximized
};
Process.Start(startInfo);
```

2 つ目のサンプルは、Verb プロパティを使い wav ファイルを再生する例です。これは、エクスプローラーで、wav ファイルを右クリックし、［再生］を選んだときと同様

---

[2] イベントハンドラを登録するには、+= 演算子を使います。
[3] Invoke メソッドについては、「第 16 章：非同期 / 並列プログラミング」で説明しています。
```

の動作になります。

リスト14.5　Verb プロパティを利用した例

```
var startInfo = new ProcessStartInfo {
    FileName = @"C:\Windows\Media\Alarm01.wav",
    WindowStyle = ProcessWindowStyle.Normal,
    Verb = "Play",
};
Process.Start(startInfo);
```

14.2　バージョン情報の取得

14.2.1　アセンブリバージョンを得る

　ビルドすることで作成されるアセンブリファイル（dll や exe）には、アセンブリバージョン番号が含まれています。アセンブリを識別するために利用されるこのバージョン番号は、次に示すように4つの部分から成る文字列として表されます。

<メジャーバージョン>.<マイナーバージョン>.<ビルド番号>.<リビジョン番号>

　"3.2.421.0" というバージョンの場合、3 はメジャーバージョン、2 はマイナーバージョン、421 はビルド番号、0 はリビジョン番号を表します。
　このアセンブリバージョンは、Visual Studio ではプロジェクトのプロパティのページから設定することができ、ここで設定されたバージョン番号は、`AssemblyInfo.cs` に内の `AssemblyVersion` 属性に反映されます。

```
[assembly: AssemblyVersion("3.2.421.0")]
```

　リスト 14.6 に現在実行中のコードを格納しているアセンブリのアセンブリバージョンを得るコードを示します。
　`Assembly.GetExecutingAssembly` メソッドで、現在実行中のコードを格納しているアセンブリを取得し、`Version` プロパティでアセンブリバージョンを得ています。

リスト14.6　アセンブリバージョンを得る

```
using System;
using System.Reflection;
using System.Diagnostics;
    ⋮
```

```
var asm = Assembly.GetExecutingAssembly();
var ver = asm.GetName().Version;
Console.WriteLine("{0}.{1}.{2}.{3}",
    ver.Major, ver.Minor, ver.Build, ver.Revision);
```

14.2.2 ファイルバージョンを得る

Visual Studioのプロジェクトのプロパティページでは、アセンブリバージョンのほかにファイルバージョンも設定することができます。このファイルバージョンは、`AssemblyInfo.cs`内の`AssemblyFileVersion`属性と対応しています。

```
[assembly: AssemblyFileVersion("2.0.4.1")]
```

ファイルバージョンを取得するコードを以下に示します。

リスト14.7 ファイルバージョンを得る

```
var location = Assembly.GetExecutingAssembly().Location;
var ver = FileVersionInfo.GetVersionInfo(location);
Console.WriteLine("{0} {1} {2} {3}",
                  ver.FileMajorPart, ver.FileMinorPart,
                  ver.FileBuildPart, ver.FilePrivatePart);
```

上記コードの`Assembly.GetExecutingAssembly().Location`は、現在実行中のアセンブリ（つまり自分自身）のパスを取得するコードです。このパスを**`FileVersionInfo.GetVersionInfo`メソッド**の引数に渡すことで、`FileVersionInfo`オブジェクトを取得しています。`FileVersionInfo`クラスの各バージョンを示すプロパティ名が`Version`クラスとは異なっています。

14.2.3 UWPでのパッケージバージョン（製品バージョン）を得る

UWP（*Universal Windows Platform*）[4]アプリケーションでバージョン番号を扱うには、パッケージバージョンを利用します。そのためには、`Package.appxmanifest`ファイル（UWPアプリケーションのプロジェクトに含まれている）をダブルクリックして表示されるマニフェストデザイナーの［パッケージ化］ページでパッケージバージョンを設定します。

---

[4] UWPは、すべてのWindows 10デバイス（PC、タブレット、Phoneなど）に対応したアプリケーションを動かすための仕組みです。

ここで設定したパッケージバージョンを得るコードを以下に示します。

リスト14.8 UWP アプリケーションでパッケージバージョンを得る

```
var version = Windows.ApplicationModel.Package.Current.Id.Version;
textBlock.Text = string.Format("{0}.{1}.{2}.{3}",
                   version.Major, version.Minor, version.Build, version.Revision);
```

14.3 アプリケーション構成ファイルの取得

アプリケーション構成ファイルとは、アプリケーション固有のさまざまな設定情報を記述した XML 形式のファイルです。この構成ファイルを使えば、アプリケーションを再ビルドすることなくアプリケーションの動作設定を変更することができます。

アプリケーション構成ファイルのファイル名は、実行ファイル形式の場合は、アプリケーション名に拡張子 ".config" を付けた名前になります。たとえば、myApp.exe という名前のアプリケーションの場合は、myApp.exe.config になります[5]。ASP.NET の場合は、Web.config が構成フィルの名前になります。Web.config の名前は変更できません。

アプリケーション構成ファイルには、.NET Framework が読み取る設定情報のほかに、アプリケーションが利用する設定情報も含めることができます。ここでは、アプリケーションが利用する設定情報の取得方法について説明します。

14.3.1 appSettings 情報の取得

アプリケーション独自の情報を構成ファイルに記述する最も簡単な方法は、appSettings セクションを使った設定です。以下に示すように、key と value という 2 つの属性を使い設定情報を記述します。key で指定する値は、必ず一意に決まる値でなければなりません。

```
<?xml version="1.0" encoding="utf-8"?>
<configuration>
  <appSettings>
    <add key="EnableTrace" value="true" />
    <add key="Timeout" value="30000" />
  </appSettings>
</configuration>
```

構成ファイルの読み込みには、System.Configuration アセンブリ[6]内にある **Configuration**

---

[5] Visual Studio のプロジェクト上では app.config です。ビルドすることで、名前が変更されて出力されます。

[6] System.Configuration アセンブリはデフォルトではプロジェクトの参照に追加されていませんので、手動で参照に追加する必要があります。

Manager クラスを利用します。上記構成ファイルの appSettings の内容を取得するコードを以下に示します。

リスト14.9　appSettings 情報を取得する

```
var enableTraceStr = ConfigurationManager.AppSettings["EnableTrace"];
var enableTrace = bool.Parse(enableTraceStr);
var timeoutStr = ConfigurationManager.AppSettings["Timeout"];
int timeout = int.Parse(timeoutStr);
```

ConfigurationManager.AppSettings["Key名"] と書くことで、対応する value の値を取得することができます。指定したキーが存在しない場合は null が返ります。取得する型は string 型ですので、値を数値として扱いたい場合には、int.Parse メソッドなどで数値に変換する必要があります。

14.3.2 アプリケーション設定情報の列挙

ConfigurationManager.AppSettings の **AllKeys プロパティ**を使うと、foreach 文を使ってすべてのキーを列挙できますので、appSettings セクション内のすべての情報を取得することもできます。

リスト14.10　appSettings 情報をすべて取得する

```
using System.Collections.Specialized;
    :
NameValueCollection appSettings = ConfigurationManager.AppSettings;
foreach (var key in appSettings.AllKeys) {
    string value = appSettings[key];
    Console.WriteLine(value);
}
```

14.3.3 独自形式のアプリケーション設定情報の取得

appSettings は、少量の設定情報を扱うには良いのですが、データを構造化できないため、大量の情報を扱うには少々使いにくいものとなっています。以下に示すように独自形式の情報を構成ファイルに記述し、これをプログラムで読み取ることができればとても便利です。

```
<myAppSettings>
  <traceOption enabled="true"
```

```
                        filePath="C:¥MyApp¥Trace.log"
                        bufferSize="10240" />
</myAppSettings>
```

これを実現するには、以下の3つのことを行う必要があります。

1. 独自の構成セクションクラスを定義する

ConfigurationElement クラスを継承し、独自の構成セクションクラスを定義します。このクラスに定義するプロパティが、構成セクションのXML属性に対応します。XML属性に対応したプロパティであることを示すために、プロパティにはConfigurationProperty属性を付加します。定義したTraceOptionクラスを以下に示します。

リスト14.11 構成セクションクラス（ConfigurationElement）

```csharp
using System;
using System.Collections.Generic;
using System.Configuration;

namespace CSharpPhrase.CustomSection {
    public class TraceOption : ConfigurationElement {
        [ConfigurationProperty("enabled")]
        public bool Enabled {
            get { return (bool)this["enabled"]; }
        }

        [ConfigurationProperty("filePath")]
        public string FilePath {
            get { return (string)this["filePath"]; }
        }

        [ConfigurationProperty("bufferSize")]
        public int BufferSize {
            get { return (int)this["bufferSize"]; }
        }
    }
}
```

ここでは、3つのプロパティを定義しています。ConfigurationProperty属性の引数に指定しているのが、構成セクション（traceOption）の属性名です。プロパティのgetアクセサーでは、プロパティの型にキャストした値を返しています。

次に、myAppSettings要素に対応するクラスを定義します。このクラスは、Configuration

Section クラスから派生させます。

先ほどと同様に、プロパティには **ConfigurationProperty** 属性を付加します。ここで指定した文字列が、**config** ファイルのタグ名（要素名）になります。

リスト14.12 構成セクションクラス（ConfigurationSection）

```
public class MyAppSettings : ConfigurationSection {
    [ConfigurationProperty("traceOption")]
    public TraceOption TraceOption {
        get { return (TraceOption)this["traceOption"]; }
        set { this["traceOption"] = value; }
    }
}
```

この例では、**MyAppSettings** クラスに **TraceOption** という1つのプロパティが定義してあるだけですが、**ConfigurationElement** から派生したクラスのプロパティを複数定義することが可能です。

2. config ファイルに設定情報を記述する

config ファイルの **configSections** 要素で、前述の **ConfigurationSection** から派生したクラス（今回の例では **MyAppSettings**）を指定することで、独自要素の記述が可能になります。この **configSections** 要素は、必ず **configuration** セクションの最初に書いてください。その例を示します。

リスト14.13 config ファイルの例

```xml
<?xml version="1.0" encoding="utf-8" ?>
<configuration>
  <configSections>
    <section name="myAppSettings"
             type="CSharpPhrase.CustomSection.MyAppSettings, SectionSampleApp"/>
  </configSections>
  <myAppSettings>
    <traceOption enabled="true"
                 filePath="C:¥MyApp¥Trace.log"
                 bufferSize="10240" />
  </myAppSettings>
</configuration>
```

section 要素の **name** 属性で指定した名前が、タグの名前（要素名）になります。ここでは、"**myAppSettings**" です。**type** 属性で指定しているのは、名前空間も含めた型名とその型が含まれているアセンブリ名です。

3. 設定情報の取得コードを書く

リスト 14.13 で示した構成ファイルを読み込むコードは以下のようになります。

リスト14.14 構成ファイルの読み込み例

```
using System.Configuration;
  ：
  var cs = ConfigurationManager.GetSection("myAppSettings") as MyAppSettings;
  var option = cs.TraceOption;
  Console.WriteLine(option.BufferSize);
  Console.WriteLine(option.Enabled);
  Console.WriteLine(option.FilePath);
```

`ConfigurationManager.GetSection` メソッドで、セクション情報を取得します。戻り値の型は `object` なので、実際の型である `MyAppSettings` 型にキャストしています。これで config ファイルに記述した値を参照することが可能になります。BufferSize、Enabled などのプロパティには、型変換後の値が入っていますので、文字列からの変換処理は不要です。

14.4 Http 通信

C# のプログラムで Web サーバーと Http 通信を行う方法はいくつか存在しますが、最も手軽なのが、**WebClient クラス**[7] を利用した通信です。WebClient クラスを使えば、Web サーバー上の Web ページを取得したり、Web サーバーが公開している API を呼び出すことが可能になります。

14.4.1 DownloadString メソッドで Web ページを取得する

Web ページ（HTML）を取得するには、WebClient クラスの `DownloadString` メソッドを使います。

リスト14.15 DownloadString メソッドの利用例

```
var wc = new WebClient();
wc.Encoding = Encoding.UTF8;
var html = wc.DownloadString("https://www.visualstudio.com/");
Console.WriteLine(html);
```

---

[7] UWP アプリや WPF アプリで利用する `HttpClient` クラスについては、「第 16 章：非同期 / 並列プログラミング」で扱っています。

DownloadString メソッドは、ページ全体を取得しその結果を string 型として返してくれます。WebClient の Encoding プロパティには、取得するページのエンコーディングを指定します。これが正しくないと文字化けが発生しますので注意してください。

14.4.2 DownloadFile メソッドでファイルをダウンロードする

DownloadFile メソッドを使えば、URL で指定されたリソースをファイルにダウンロードすることができます。WebClient のインスタンスを生成し、DownloadFile メソッドを呼び出すだけです。第 1 引数にはダウンロードするファイルの URL、第 2 引数には保存するファイルパスを渡します。

リスト14.16 DownloadFile メソッドの利用例

```
var wc = new WebClient();
var url = "http://localhost/example.zip";
var filename = @"D:\temp\example.zip";
wc.DownloadFile(url, filename);
```

この例では、ZIP ファイルをダウンロードする例を示しましたが、同等のコードで、HTML ファイルや画像ファイルもダウンロードすることができます。

14.4.3 DownloadFileAsync メソッドによる非同期処理

小さなファイルをダウンロードする場合は、前述したコードでなんら問題はありません。しかし、GUI アプリケーションで大きなファイルをダウンロードする場合は、ダウンロードが完了するまでの間、当該アプリケーションはユーザーからのアクションに応答できません。これを回避するには、非同期[8]にファイルをダウンロードする必要があります。WebClient クラスでこれを実現するには、DownloadFileAsync メソッドを使います。そのコードを示します。

リスト14.17 DownloadFileAsync メソッドの利用例

```
static void Main(string[] args) {
    var wc = new WebClient();
    var url = new Uri("http://localhost/example.zip");
    var filename = @"D:\temp\example.zip";
    wc.DownloadProgressChanged += wc_DownloadProgressChanged;
    wc.DownloadFileCompleted += wc_DownloadFileCompleted;
    wc.DownloadFileAsync(url, filename);
    Console.ReadLine();
```

[8] 非同期処理については、「第 16 章：非同期 / 並列プログラミング」でさらに詳しく解説します。

```
      }

      static void wc_DownloadProgressChanged(object sender,
                             DownloadProgressChangedEventArgs e) {
         Console.WriteLine("{0}% {0}/{1}", e.ProgressPercentage,
                        e.BytesReceived, e.TotalBytesToReceive);
      }

      static void wc_DownloadFileCompleted(object sender,
                      System.ComponentModel.AsyncCompletedEventArgs e) {
         Console.WriteLine("ダウンロード完了");
      }
```

　DownloadProgressChanged イベントは、ダウンロードの進捗状況が変化したときに発生するイベントです。DownloadFileCompleted イベントは、ダウンロードが完了したときに発生します。

　ちなみに、この例ではダウンロードのキャンセル処理は記述していませんが、CancelAsync メソッドを呼び出すことで、ダウンロードのキャンセルが行えます。キャンセルされた場合は、DownloadFileCompleted イベントハンドラの引数の AsyncCompletedEventArgs.Cancelled プロパティを参照することで、キャンセルされたかどうかがわかるようになっています。

14.4.4 OpenRead メソッドで Web ページを取得する

　WebClient クラスの OpenRead メソッドを使うと、URL で指定したリソースをストリームとして扱うことができます。

リスト14.18 OpenRead メソッドの利用例

```
var wc = new WebClient();
using (var stream = wc.OpenRead(@"http://gihyo.jp/book/list"))
using (var sr = new StreamReader(stream, Encoding.UTF8)) {
   string html = sr.ReadToEnd();
   Console.WriteLine(html);
}
```

　取得したいページの URL 文字列を引数に指定し、OpenRead メソッドを呼び出します。呼び出しに成功すると、そのページをストリームとして読み取るための Stream オブジェクトが返ります。Stream オブジェクトを取得できれば、あとは通常のストリームに対する読み込みをするだけです。

　この例では、ReadToEnd メソッドで一気にページを読み込み、それをコンソールに出

力していますが、何らかの加工をしながら読み込んだり、データの中身を調べたりしながら読み込むようなケースでの利用が考えられます。

14.4.5 RSS ファイルの取得

WebClient クラスを使った Http 通信の応用例として、RSS ファイルを取得するサンプルを示しましょう。ここでは、ヤフー株式会社が提供している天気予報の RSS を取得したいと思います。以下のページにアクセスして地名をクリックすると、天気予報の RSS 情報が見られます。

http://weather.yahoo.co.jp/weather/rss/

試しに、神奈川県の横浜をクリックしてみます。すると、以下の URL に移動しブラウザ上に RSS の情報が表示されます。

http://rss.weather.yahoo.co.jp/rss/days/4610.xml

この RSS ファイル（XML 形式）を C# のプログラムで取得してみます。以下に示したコードでは、取得した XML から title 要素だけを取得しています。

リスト14.19 RSS ファイルの取得例

```csharp
static void Main(string[] args) {
    var results = GetWeatherReportFromYahoo(4610);
    foreach (var s in results)
        Console.WriteLine(s);
    Console.ReadLine();
}

private static IEnumerable<string> GetWeatherReportFromYahoo(int cityCode) {
    using (var wc = new WebClient()) {
        wc.Headers.Add("Content-type", "charset=UTF-8");
        var uriString = string.Format(
            @"http://rss.weather.yahoo.co.jp/rss/days/{0}.xml", cityCode);
        var url = new Uri(uriString);
        var stream = wc.OpenRead(url);

        XDocument xdoc = XDocument.Load(stream);
        var nodes = xdoc.Root.Descendants("title");
        foreach (var node in nodes) {
            string s = Regex.Replace(node.Value, "【!】", "");
            yield return node.Value;
        }
    }
}
```

以下は実行結果の例です。

```
Yahoo!天気・災害 − 東部（横浜）の天気
    13日（水）東部（横浜）   曇時々雨 − 27℃ /24℃ − Yahoo!天気・災害
    14日（木）東部（横浜）   曇時々晴 − 32℃ /24℃ − Yahoo!天気・災害
    15日（金）東部（横浜）   曇り − 28℃ /22℃ − Yahoo!天気・災害
    16日（土）東部（横浜）   曇り − 28℃ /22℃ − Yahoo!天気・災害
    17日（日）東部（横浜）   曇時々雨 − 28℃ /22℃ − Yahoo!天気・災害
    18日（月）東部（横浜）   曇時々雨 − 28℃ /22℃ − Yahoo!天気・災害
    19日（火）東部（横浜）   曇時々雨 − 28℃ /23℃ − Yahoo!天気・災害
    20日（水）東部（横浜）   曇り − 29℃ /23℃ − Yahoo!天気・災害
    横浜・川崎 注意報があります − Yahoo!天気・災害
    湘南 注意報があります − Yahoo!天気・災害
    三浦半島 注意報があります − Yahoo!天気・災害
```

14.4.6 パラメータを渡して情報を取得する

URL にパラメータを渡す例として、Wikipedia の情報を取得してみます。MediaWiki API[9] を使うと、キーワードを指定して Wikipedia の情報を取得することができます。MediaWiki API では、ユーザー登録することなく情報取得の API を呼び出せるので、とても手軽に利用することができます。

たとえば、Windows について検索したい場合は、以下のようにアクセス（`GET`）すれば、JSON 形式で情報を取得できます。

```
http://ja.wikipedia.org/w/api.php/w/api?action=query&prop=revisions&format=
                                      ↪json&rvprop=content&titles=Windows
```

以下は、XML 形式で情報を取得するコード例です。

リスト14.20　Wikipedia API の利用例

```
static void Main(string[] args) {
    var keyword = "算用記";
    var content = GetFromWikipedia(keyword);
    Console.WriteLine(content ?? "見つかりませんでした");
    Console.ReadLine();
}
```

---

[9] 詳しくは、`http://www.mediawiki.org/wiki/API:Main_page` を参照してください。

```csharp
private static string GetFromWikipedia(string keyword) {
    var wc = new WebClient();
    wc.QueryString = new NameValueCollection() {
        ["action"] = "query",
        ["prop"]   = "revisions",
        ["rvprop"] = "content",
        ["format"] = "xml",
        ["titles"] = HttpUtility.UrlEncode(keyword, Encoding.UTF8),
    };
    wc.Headers.Add("Content-type", "charset=UTF-8");
    var result = wc.DownloadString("http://ja.wikipedia.org/w/api.php");
    var xmldoc = XDocument.Parse(result);
    var rev = xmldoc.Root.Descendants("rev").FirstOrDefault();
    return HttpUtility.HtmlDecode(rev?.Value);
}
```

パラメータを渡すには、`WebClient`オブジェクトの`QueryString`プロパティに、パラメータ名とその値のペアのコレクション（`NameValueCollection`オブジェクト）を設定します。なお、取得したデータはHTMLエンコードされていますので、`HttpUtility.HtmlDecode`でデコードしています。

14.5 ZIPアーカイブファイルの操作

.NET Framework 4.5からZIPアーカイブファイルを操作するためのクラスが追加されています。中心となるクラスが、**ZipArchiveクラス**と**ZipFileクラス**の2つです。これらのクラスを使えば、ZIP形式で圧縮されたファイルを簡単に扱うことができます。

`ZipArchive`クラスを使うには、`System.IO.Compression`アセンブリを参照設定に追加します。`ZipFile`クラスを使うには、`System.IO.Compression`アセンブリに加え`System.IO.Compression.FileSystem`アセンブリを参照設定に追加します。

14.5.1 アーカイブからすべてのファイルを抽出する

アーカイブからすべてのファイルを抽出するには、`ZipFile.ExtractToDirectory`メソッドを使います。

リスト14.21 アーカイブからすべてのファイルを抽出する

```csharp
var archiveFile = @"D:\Archives\example.zip";
var destinationFolder = @"D:\Temp\zip";
if (!File.Exists(destinationFolder)) {
```

```
        ZipFile.ExtractToDirectory(archiveFile, destinationFolder);
}
```

第2引数で指定した抽出先のディレクトリがすでに存在しているときは、`System.IO.IOException` 例外が発生しますので、上のコードでは、抽出先のディレクトリが存在していないことを確認してから、`ExtractToDirectory` を呼び出しています。

14.5.2 アーカイブに格納されているファイルの一覧を得る

アーカイブに格納されているファイルの一覧を得るコードを示します。

リスト14.22 アーカイブからファイル一覧を取得する

```
var archiveFile = @"D:¥Archives¥example.zip";
using (ZipArchive zip = ZipFile.OpenRead(archiveFile)) {
   var entries = zip.Entries;
   foreach (var entry in entries) {
      Console.WriteLine(entry.FullName);
   }
}
```

`ZipFile` クラスの **OpenRead メソッド**を使うと、`ZipArchive` のインスタンスを生成することができます。このインスタンスの **Entries プロパティ**を参照することで、アーカイブに格納されているファイルの一覧を得ることができます。`Entries` プロパティの型は、以下のとおりです。以降、アーカイブに格納されているファイルをエントリと記します。

```
System.Collections.ObjectModel.ReadOnlyCollection<ZipArchiveEntry>
```

14.5.3 アーカイブから任意のファイルを抽出する

アーカイブから任意のファイルを抽出するコードを示します。

リスト14.23 アーカイブから任意のファイルを抽出する

```
using (var zip = ZipFile.OpenRead(archiveFile)) {
   var entry = zip.Entries.FirstOrDefault(x => x.Name == name);
   if (entry != null) {
      var destPath = Path.Combine(@"d:¥Temp¥", entry.FullName);
      Directory.CreateDirectory(Path.GetDirectoryName(destPath));
      entry.ExtractToFile(destPath, overwrite: true);
   }
```

```
       }
```

変数nameに一致したファイル名を探し出し、ZipArchiveEntryの拡張メソッドの**ExtractToFile**メソッドでファイルに書き出しています。

ZipFile.OpenRead で得られるオブジェクトの Entries プロパティの型は、ReadOnlyCollection<ZipArchiveEntry> です。ReadOnlyCollection<T> は、IEnumerable<T> インターフェイスを実装していますので、LINQ が利用可能です。

14.5.4 指定ディレクトリ内のファイルをアーカイブする

ZipFile.CreateFromDirectory メソッドを使うと、指定ディレクトリにあるファイルをアーカイブすることができます。

リスト14.24 ディレクトリ内のファイルをアーカイブする

```
var sourceFolder = @"d:\temp\myFolder";
var archiveFile = @"d:\archives\newArchive.zip";
ZipFile.CreateFromDirectory(sourceFolder, archiveFile, CompressionLevel.Fastest,
                            ➡includeBaseDirectory:false);
```

CreateFromDirectory メソッドの第3引数には、圧縮レベルを指定します。圧縮レベルは、Fastest（速度優先圧縮）、Optimal（最適圧縮）、NoCompression（無圧縮）のいずれかです。

第4引数はディレクトリ名を含めるかどうかを示す bool 型の引数です。ディレクトリ名を含める場合は true、ディレクトリの内容のみを含める場合は false を指定します。上記コードでは true を指定していますので、myFolder というフォルダが ZIP アーカイブの中に作成され、その下にファイルが格納されます。

14.6 協定世界時とタイムゾーン

アプリケーションの種類によっては、日本、アメリカ、中国など複数の地域の時刻を扱いたいケースがあります。第8章で説明した DateTime 構造体だけでは複数の地域の時刻をうまく扱うことができません。.NET Framework 3.5 以降には **DateTimeOffset 構造体**と **TimeZoneInfo クラス**が用意されており、複数の地域の時刻に対応することが可能です。

DateTimeOffset 構造体は、DateTime 構造体の機能に加え、協定世界時（UTC）[10] との時

---

[10] Coordinated Universal Time の略。「協定世界時」が一般的ですが、MSDN では「世界協定時刻」と翻訳されています。以前は「グリニッジ標準時」（GMT）が標準時でした。

差を示す **Offset プロパティを保持しています**。たとえば、DateTimeOffset オブジェクトが日本時間を表していた場合は、Offset プロパティには、09:00:00 が設定されます。一方、ロンドンの時間を表していた場合は、Offset プロパティは、00:00:00 です。

TimeZoneInfo 構造体はその名のとおりタイムゾーン（同じ標準時を用いる地帯）を扱うクラスです。

14.6.1 現地時刻とそれに対応する UTC を得る

現地時刻とそれに対応する UTC を得るコードを示します。

リスト14.25 現地時刻と対応する UTC を得る

```
// 現地時刻を得る
var now = DateTimeOffset.Now;
Console.WriteLine("Now = {0}", now);
// UTC（協定世界時）に変換する
var utc = now.ToUniversalTime();
Console.WriteLine("UTC = {0}", utc);
// UTC（協定世界時）から現地時刻に変換する
var localTime = utc.ToLocalTime();
Console.WriteLine("LocalTime = {0}", localTime);
```

DateTimeOffset 構造体の **Now プロパティ**で、現地時刻を得ることができます[11]。現地時刻を協定世界時に変更するには、**ToUniversalTime メソッド**を使います。再び現地時刻に戻すには、**ToLocalTime メソッド**を使います。結果は以下のとおりです。

```
Now = 2016/09/25 10:07:21 +09:00    ◀9時間の時差があることがわかる
UTC = 2016/09/25 1:07:21 +00:00     ◀UTCが基準であるため、時差はゼロ
LocalTime = 2016/09/25 10:07:21 +09:00
```

実行結果を見ると、現地時刻は UTC と 9 時間の差があることがわかります。また、ToUniversalTime メソッドで求めた時刻は、時差がゼロであることがわかります。

変数 now と utc が表す時刻は、同じ時刻を意味していることを理解してください。試しに以下のコードで確かめてみます。

リスト14.26 現地時刻と対応する UTC を得られることを確認する

```
// 現在時刻を得る
var now = DateTimeOffset.Now;
```

---

[11] ［コントロールパネル］－［日付と時刻］－［タイムゾーンの設定］で、"(UTC+09:00) 大阪、札幌、東京" が設定されていた場合、日本の現在の時刻が得られます。

```
// UTC（協定世界時）に変換する
var utc = now.ToUniversalTime();
// 現在の時刻と、そこから変換したUTCを比較する
if (now == utc)
    Console.WriteLine("'{0}' == '{1}'", now, utc);
else
    Console.WriteLine("'{0}' != '{1}'", now, utc);
```

結果は以下のようになり、同じ時刻と認識されていることがわかります。

```
'2016/09/25 10:07:21 +09:00' == '2016/09/25 1:07:21 +00:00'
```

14.6.2 文字列から DateTimeOffset に変換する

文字列から DateTimeOffset に変換するには、**DateTimeOffset.TryParse メソッド**を使います。

リスト14.27 文字列から DateTimeOffset に変換する

```
DateTimeOffset time;
if (DateTimeOffset.TryParse("2016/03/26 1:07:21 +09:00", out time)) {
    Console.WriteLine("{0} | {1}", time, time.ToUniversalTime());
}
```

使い方は、DateTime.TryParse メソッド（→ p.206）と同じですので、難しいことはありませんね。結果は以下のとおりです。

```
2016/03/26 1:07:21 +09:00 | 2016/03/25 16:07:21 +00:00
```

14.6.3 指定した地域のタイムゾーンを得る

指定した地域のタイムゾーン情報（TimeZoneInfo オブジェクト）を得るには、TimeZoneInfo クラスの **FindSystemTimeZoneById 静的メソッド**を使います。次のコードは、太平洋標準時（*Pacific Standard Time*）の TimeZoneInfo オブジェクトを求め、そのプロパティの値を表示しています。

リスト14.28 指定した地域のタイムゾーンを得る

```
TimeZoneInfo tz = TimeZoneInfo.FindSystemTimeZoneById("Pacific Standard Time");
Console.WriteLine("Utc との差    {0}", tz.BaseUtcOffset);
Console.WriteLine("タイムゾーンID    {0}", tz.Id);
```

```
Console.WriteLine("表示名          {0}", tz.DisplayName);
Console.WriteLine("標準時の表示名   {0}", tz.StandardName);
Console.WriteLine("夏時間の表示名   {0}", tz.DaylightName);
Console.WriteLine("夏時間の有無     {0}", tz.SupportsDaylightSavingTime);
```

上記コードを実行すると、以下の出力が得られます。

```
Utc との差        -08:00:00
タイムゾーンID    Pacific Standard Time
表示名           (UTC-08:00) 太平洋標準時 (米国およびカナダ)
標準時の表示名    太平洋標準時
夏時間の表示名    太平洋夏時間
夏時間の有無     True
```

14.6.4 タイムゾーンの一覧を得る

`FindSystemTimeZoneById` メソッドを呼び出す際に指定する**タイムゾーンID**はどうやって知るのでしょうか？ `TimeZoneInfo` クラスの **`GetSystemTimeZones` 静的メソッド**を使うことで、利用できるタイムゾーンIDの一覧を得ることができます。

リスト14.29 タイムゾーンの一覧を得る

```
// タイムゾーンのId一覧を得る
var timeZones = TimeZoneInfo.GetSystemTimeZones();
foreach (var timezone in timeZones)
    Console.WriteLine("'{0}' - '{1}'", timezone.Id, timezone.DisplayName);
```

以下に、結果の一部を掲載します。

```
'Dateline Standard Time' - '(UTC-12:00) 国際日付変更線 西側'
'UTC-11' - '(UTC-11:00) 協定世界時-11'
'Hawaiian Standard Time' - '(UTC-10:00) ハワイ'
'Alaskan Standard Time' - '(UTC-09:00) アラスカ'
'Pacific Standard Time (Mexico)' - '(UTC-08:00) バハカリフォルニア'
'Pacific Standard Time' - '(UTC-08:00) 太平洋標準時 (米国およびカナダ)'
```

14.6.5 指定した地域の現在時刻を得る

指定した地域の現在時刻を得る方法は、`TimeZoneInfo` をすでに取得している場合と取得していない場合とで、書き方が若干異なります。そのときの状況により使い分けてください。ここでは、インドの現在時刻を求める例を示します。インドのタイムゾーンID

は、"India Standard Time" です。

リスト14.30 指定した地域の現在時刻を得る（TimeZoneInfo 取得済みの場合）

```
// インドのTimeZoneInfoを取得する
DateTimeOffset utc = DateTimeOffset.UtcNow;
var timezone = TimeZoneInfo.FindSystemTimeZoneById("India Standard Time");
    ：
// TimeZoneInfoを使い、インドの現在時刻を得る
DateTimeOffset time = TimeZoneInfo.ConvertTime(utc, timezone);
Console.WriteLine("India Standard Time {0} {1}", time, time.Offset);
```

上記コード例のように、TimeZoneInfo をすでに取得している場合は、**TimeZoneInfo.ConvertTime メソッド**を使い、その地域の現地時刻を得ます。

一方、TimeZoneInfo をまだ取得していない場合は、以下のリスト 14.31 のように **TimeZoneInfo.ConvertTimeBySystemTimeZoneId メソッド**を使えば、その地域の現地時刻を得ることができます。

リスト14.31 指定した地域の現在時刻を得る（TimeZoneInfo を未取得の場合）

```
DateTimeOffset utc = DateTimeOffset.UtcNow;
var ist = TimeZoneInfo.ConvertTimeBySystemTimeZoneId(utc, "India Standard Time");
Console.WriteLine("India Standard Time {0} {1}", ist, ist.Offset);
```

14.6.6 日本時間を指定した現地時間に変換する

DateTime オブジェクトに日本の日時が格納されているときに、指定したタイムゾーンの時刻を得るには、次のような手順を踏みます。

まず、DateTime オブジェクトを引数にとる DateTimeOffset のコンストラクタを利用し、DateTime オブジェクトを DateTimeOffset オブジェクトに変換します。次に、**ConvertTimeBySystemTimeZoneId メソッド**を呼び出します。このとき、先ほど求めた DateTimeOffset オブジェクトを引数に渡します。これで日本時間から指定した現地時間に変換できます。以下にそのコードを示します。

リスト14.32 日本時間を指定した現地時間に変換する

```
// ローカル時刻（日本の時刻）を得る
var local = new DateTime(2016, 8, 11, 11, 20, 0);
// DateTimeOffsetに変換する
var date = new DateTimeOffset(local);
// "Pacific Standard Time"の時刻に変換する
DateTimeOffset pst = TimeZoneInfo.ConvertTimeBySystemTimeZoneId(date,
```

```
                                                           ➥"Pacific Standard Time");
Console.WriteLine(pst);
```

上のコードは、日本時間が"2016年8月11日 11時20分"のときの太平洋標準時の`DateTimeOffset`を得ています。実行結果は以下のとおりです。

```
2016/08/10 19:20:00 -07:00
```

14.6.7 A 地域の時刻を B 地域の時刻に変換する

A 地域の時刻を B 地域の時刻に変換する例として、北京の時刻（*China Standard Time*）をハワイの時刻（*Hawaiian Standard Time*）に変換するコードを示しましょう。

リスト14.33 A 地域の時刻を B 地域の時刻に変換する

```
var chinatz = TimeZoneInfo.FindSystemTimeZoneById("China Standard Time");
var chinaTime = new DateTimeOffset(2016, 4, 6, 9, 0, 0, chinatz.BaseUtcOffset);
// 変数chinaTimeに北京の時刻（DateTimeOffset）が入っている
// この時刻を"Hawaiian Standard Time"の時刻に変換する
var hawaiiTime = TimeZoneInfo.ConvertTimeBySystemTimeZoneId(chinaTime,
                                                ➥"Hawaiian Standard Time");
Console.WriteLine(chinaTime);
Console.WriteLine(hawaiiTime);
```

結果は以下のとおりです。

```
2016/04/06 9:00:00 +08:00
2016/04/05 15:00:00 -10:00
```

まず、`DateTimeOffset`のコンストラクタの最後の引数に UTC との差（`BaseUtcOffset`）を渡すことで、北京の時刻（2016 年 4 月 6 日 9 時）を示す`DateTimeOffset`オブジェクトを得ています。UTC との差を得るには、`TimeZoneInfo`オブジェクトが必要なため、コンストラクタを呼び出す前に、`TimeZoneInfo.FindSystemTimeZoneById`メソッドを使い、"China Standard Time"の`TimeZoneInfo`オブジェクトを得ています。

`TimeZoneInfo`オブジェクトが求まれば、あとは`ConvertTimeBySystemTimeZoneId`を使えばいいだけです。

Let's Try! 第 14 章の演習問題

問題 14.1

　ファイルにプログラムのパスとパラメータが複数行書かれています。このファイルを読み込み、プログラムを順に起動するプログラムを書いてください。1 つのプログラムが終わるのを待って次のプログラムを起動してください。入力するファイルの形式は、通常のテキストファイルでも XML ファイルでも、好みの形式でかまいません。

問題 14.2

　自分自身のファイルバージョンとアセンブリバージョンを表示するコンソールアプリケーションを作成してください。

問題 14.3

　本文で示した `myAppSettings` 要素に以下のセクションを追加し、プログラムから参照できるようにしてください。

```
<CalendarOption StringFormat="yyyy年MM月dd日(ddd)"
                Minimum="1900/1/1"
                Maximum="2100/12/31"
                MondayIsFirstDay="True" />
```

問題 14.4

　あなたがよく訪れる Web ページの HTML を取得し、ファイルに保存するプログラムを書いてください。

問題 14.5

　指定された ZIP ファイルから、拡張子が `.txt` のファイルだけを抽出するコンソールアプリケーションを作成してください。ZIP ファイルと出力先フォルダは以下に示すようにパラメータで指定します。第 1 パラメータが ZIP ファイルのパス、第 2 パラメータが出力先フォルダです。出力先フォルダが存在しない場合は新たに作成してください。

```
unziptxt.exe d:¥temp¥sample.zip d:¥work
```

問題 14.6

日本（東京）の現地時間（2020/8/10 16:32:20）から、対応する協定世界時とシンガポールの現地時間を表示するコードを書いてください。

Column　Visual Studio のデバッグ（アクションの利用）

　Visual Studio のデバッグで［ローカル］ウィンドウもしくは［自動変数］ウィンドウを使えば、変数の値がどう変化していったのかを調べることができますが、Visual Studio 2015 に追加された「アクション」機能を使えば、さらに効率的に変数の値の変化を調べることができます。アクション機能を利用する手順を以下に示します。

1. 調べたい行にカーソルを移動し、F9 キーでブレークポイントを設定します。
2. 赤い●印を右クリックし、表示されるメニューから［操作］を選択します。
3. ［ブレークポイント設定］ウィンドウが表示されるので、ここで、［アクション］にチェックマークを入れます。

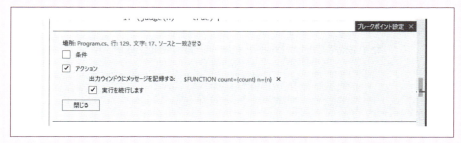

4. ［出力ウィンドウにメッセージを記録する］の欄に以下のような指定をします。

```
$Function count={count} n={n}
```

　$Function は、現在実行しているメソッド名を出力する指定です。{} の中に記録したい変数名を指定します。
5. ［閉じる］ボタンをクリックし、設定ウィンドウを閉じます。
6. F5 キーでデバッグを開始します。

　これで出力ウィンドウに変数 count と変数 n の値がどのように変化したのかが記録されます。出力ウィンドウが表示されていない場合は、［メニュー］-［出力］で表示してください。

Part 4
C#プログラミングの
イディオム/定石
&パターン
［ステップアップ編］

Chapter 15
LINQ を使いこなす

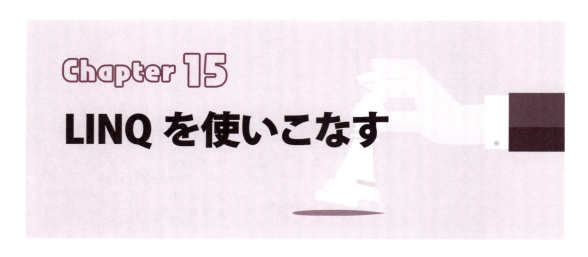

　これまでも LINQ を使ったさまざまなコードを見てきましたが、この章では LINQ のさらに進んだ使い方を学習します。ここまで読み進んできた皆さんは、LINQ を使ったコードを読むのにもずいぶんと慣れてきたと思いますので、ポイントを絞った説明とし、できるだけたくさんのコードを載せることとします。すでに紹介した LINQ のメソッドも一部出てきますが、それらを組み合わせることでより高度なことができることも示しています。

15.1　本章で利用する書籍データなどについて

　本章で利用するデータのカテゴリの区分、データ[1]、クラスは表 15.1、表 15.2 およびリスト 15.1 のとおりです。

表15.1　本章で利用する書籍のカテゴリ

カテゴリ ID	カテゴリ名
1	Development
2	Server
3	Web Design
4	Windows
5	Application

表15.2　本章で利用する書籍データ

書籍名	カテゴリ ID	価格	発行年
Writing C# Solid Code	1	2500	2016

[1]　書籍データはすべて架空のものです。

C# 開発指南	1	3800	2014
Visual C# 再入門	1	2780	2016
フレーズで学ぶ C# Book	1	2400	2016
TypeScript 初級講座	1	2500	2015
PowerShell 実践レシピ	2	4200	2013
SQL Server 完全入門	2	3800	2014
IIS Web サーバー運用ガイド	2	3180	2015
Microsoft Azure サーバー構築	2	4800	2016
Web デザイン講座 HTML5 & CSS	3	2800	2013
HTML5 Web 大百科	3	3800	2015
CSS デザイン 逆引き辞典	3	3550	2015
Windows10 で楽しくお仕事	4	2280	2016
Windows10 使いこなし術	4	1890	2015
続 Windows10 使いこなし術	4	2080	2016
Windows10 やさしい操作入門	4	2300	2015
まるわかり Microsoft Office 入門	5	1890	2015
Word・Excel 実践テンプレート集	5	2600	2016
たのしく学ぶ Excel 初級編	5	2800	2015

リスト15.1 本章で利用するクラス

```
public class Category {
    public int Id { get; set; }
    public string Name { get; set; }
    public override string ToString() {
        return $"Id:{Id}, カテゴリ名:{Name}";
    }
}

public class Book {
    public string Title { get; set; }
    public int Price { get; set; }
    public int CategoryId { get; set; }
    public int PublishedYear { get; set; }
    public override string ToString() {
        return $"発行年:{PublishedYear}, カテゴリ:{CategoryId}, 価格:{Price},
                                                       ➡タイトル:{Title}";
    }
}

public static class Library {
    // Categoriesプロパティで上記のカテゴリの一覧を得ることができる
    public static IEnumerable<Category> Categories { get; private set; }
```

```
// Booksプロパティで上記の書籍情報の一覧を得ることができる
public static IEnumerable<Book> Books { get; private set; }

static Library() {
    // CategoriesとBooksにデータを設定。実装詳細は省略
       ⋮
}
```

15.2 入力ソースが1つの場合のLINQ

15.2.1 ある条件の中の最大値を求める

指定したカテゴリの中で最も高い価格を求めるコードを示します。

リスト15.2 ある条件の中の最大値を求める

```
var price = Library.Books
                .Where(b => b.CategoryId == 1)
                .Max(b => b.Price);
Console.WriteLine(price);
```

Where メソッドで CategoryId が1の書籍に絞り込んでから、Max メソッドで一番高い価格を求めています。実行すると "3800" が出力されます。

15.2.2 最小値の要素を1つだけ取り出す

最小値そのものを取り出すのではなく、ある値が最小値である要素そのものを取り出す例です。ここでは、タイトルが一番短い書籍を1つだけ取り出しています。

リスト15.3 最小値の要素を1つだけ取り出す

```
var min = Library.Books
                .Min(x => x.Title.Length);
var book = Library.Books
                .First(b => b.Title.Length == min);
Console.WriteLine(book);
```

まず、タイトルの長さの最小値を求め、その値を使い First メソッドで条件に一致す

る書籍を取り出しています。結果は以下のとおりです。

```
発行年:2014, カテゴリ:1, 価格:3800, タイトル:C#開発指南
```

以下のように1つの文で書くこともできますが、LINQ to Objects では、**Min** メソッドが何回も呼び出されることになりますので、パフォーマンス的に不利になります[2]。

```
var book = Library.Books
                .First(b => b.Title.Length ==
                        Library.Books.Min(x => x.Title.Length));
Console.WriteLine(book);
```

なお、Entity Framework（→ 第13章）では、上記クエリは特別なことをしなくても1つの SQL 文に変換され、1回のクエリで結果を得ることができます。

15.2.3 平均値以上の要素をすべて取り出す

平均より価格が高い書籍を求めるコードを示します。リスト15.3で示したコードと同じ要領で、最初に **Average** メソッドで平均値を求めてから、**Where** メソッドで平均値よりも高い書籍を抜き出しています。

リスト15.4 平均値以上の要素をすべて取り出す

```
var average = Library.Books
                    .Average(x => x.Price);
var aboves = Library.Books
                    .Where(b => b.Price > average);
foreach (var book in aboves) {
    Console.WriteLine(book);
}
```

結果を以下に示します。

```
発行年:2014, カテゴリ:1, 価格:3800, タイトル:C#開発指南
発行年:2013, カテゴリ:2, 価格:4200, タイトル:PowerShell 実践レシピ
発行年:2014, カテゴリ:2, 価格:3800, タイトル:SQL Server 完全入門
発行年:2015, カテゴリ:2, 価格:3180, タイトル:IIS Webサーバー運用ガイド
発行年:2016, カテゴリ:2, 価格:4800, タイトル:Microsoft Azureサーバー構築
発行年:2015, カテゴリ:3, 価格:3800, タイトル:HTML5 Web大百科
```

---

2 First メソッドは条件に一致するまで各要素に対してラムダ式を呼び出しますが、そのつど Library.Books.Min が実行されることになります。

発行年:2015，カテゴリ:3，価格:3550，タイトル:CSSデザイン 逆引き辞典

15.2.4 重複を取り除く

`Distinct` メソッドを使うと重複を排除することができます。例として、発行年の一覧を若い順に得るコードを示します。最初に `Select` メソッドで発行年だけを取り出し、`Distinct` メソッドで重複を排除し、最後に `OrderBy` メソッドで並べ替えています。

リスト15.5 重複を取り除く

```
var query = Library.Books
                   .Select(b => b.PublishedYear)
                   .Distinct()
                   .OrderBy(y => y);     ◀ yにはPublishedYearが渡ってくる
foreach (var n in query)
   Console.WriteLine(n);
```

発行年の一覧は以下のようになります。

```
2013
2014
2015
2016
```

15.2.5 複数のキーで並べ替える

複数のキーで並べ替えるには、`OrderBy` あるいは `OrderByDescending` メソッドの後に、`ThenBy` メソッド、`ThenByDescending` メソッドを続けて呼び出します。

リスト15.6 複数のキーで並べ替える

```
var books = Library.Books
                   .OrderBy(b => b.CategoryId)
                   .ThenByDescending(b => b.PublishedYear);
foreach (var book in books) {
   Console.WriteLine(book);
}
```

上記コードでは、`CategoryId`、`PublishedYear` の順に並べ替えています。`PublishedYear` は `ThenByDescending` メソッドで並べ替えをしていますから、最新の発行年ものから表示

されることになります。以下は、結果の抜粋です。

```
発行年:2016，カテゴリ:1，価格:2500，タイトル:Writing C# Solid Code
発行年:2016，カテゴリ:1，価格:2780，タイトル:Visual C#再入門
発行年:2016，カテゴリ:1，価格:2400，タイトル:フレーズで学ぶC# Book
発行年:2015，カテゴリ:1，価格:2500，タイトル:TypeScript初級講座
発行年:2014，カテゴリ:1，価格:3800，タイトル:C#開発指南
発行年:2016，カテゴリ:2，価格:4800，タイトル:Microsoft Azureサーバー構築
発行年:2015，カテゴリ:2，価格:3180，タイトル:IIS Webサーバー運用ガイド
発行年:2014，カテゴリ:2，価格:3800，タイトル:SQL Server 完全入門
  ：（以下略）
```

15.2.6 複数の要素のいずれかに該当するオブジェクトを取り出す

たとえば、2013年か2016年に発行された書籍を取り出したいとしましょう。このとき、次のように書けば目的を達成できますが、この2013や2016という値が、プログラム実行時にユーザーが入力欄で入力した値だとすると、以下のようなリテラル値を直接埋め込んだクエリを書くことはできません。

```
var books = Library.Books
                .Where(b => b.PublishedYear == 2013 ||
                            b.PublishedYear == 2016);
```

このような場合、配列やList<T>のContainsメソッドをWhereの条件に記述することで、指定した複数の要素のいずれかに該当するオブジェクトを取り出すことが可能になります。

リスト15.7　WhereメソッドでContainsを利用する

```
var years = new int[] { 2013, 2016 };
var books = Library.Books
                .Where(b => years.Contains(b.PublishedYear));
```

このテクニックは、LINQ to Entitiesでも利用することができます。

15.2.7 GroupByメソッドでグルーピングする

GroupByメソッドを使うと、指定したキーごとに要素をグルーピングすることができます。発行年ごとに書籍をグルーピングする例を示します。

リスト15.8　発行年でグルーピングする

```
var groups = Library.Books
                .GroupBy(b => b.PublishedYear)
                .OrderBy(g => g.Key);
foreach (var g in groups) {
   Console.WriteLine($"{g.Key}年");
   foreach (var book in g) {
      Console.WriteLine($"  {book}");
   }
}
```

GroupBy メソッドで得られる型は、IEnumerable<IGrouping<TKey, TElement>> で、上のコードでは具体的には、**IEnumerable<IGrouping<int, Book>>** となります。図で表すと図 15.1 のようなイメージになります。

図15.1　GroupBy メソッドで得られるオブジェクト

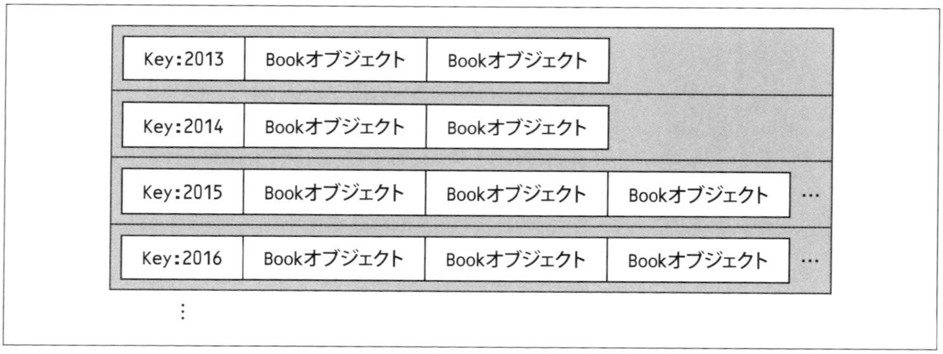

Key:2013	Bookオブジェクト	Bookオブジェクト		
Key:2014	Bookオブジェクト	Bookオブジェクト		
Key:2015	Bookオブジェクト	Bookオブジェクト	Bookオブジェクト	…
Key:2016	Bookオブジェクト	Bookオブジェクト	Bookオブジェクト	…

IGrouping の Key プロパティには GroupBy メソッドで指定した PublishedYear の値が入っていますから、この値を使い OrderBy メソッドで発行年順に並べ替えています。得られた結果を二重の foreach で回して結果を出力しています。外側の foreach で発行年ごとの書籍グループを取り出し、内側の foreach で書籍グループから 1 冊ずつ書籍を取り出しています。

結果を以下に示します。

```
2013年
   発行年:2013，カテゴリ:2，価格:4200，タイトル:PowerShell 実践レシピ
   発行年:2013，カテゴリ:3，価格:2800，タイトル:Webデザイン講座 HTML5＆CSS
2014年
   発行年:2014，カテゴリ:1，価格:3800，タイトル:C#開発指南
   発行年:2014，カテゴリ:2，価格:3800，タイトル:SQL Server 完全入門
2015年
```

```
発行年:2015，カテゴリ:1，価格:2500，タイトル:TypeScript初級講座
発行年:2015，カテゴリ:2，価格:3180，タイトル:IIS Webサーバー運用ガイド
発行年:2015，カテゴリ:3，価格:3800，タイトル:HTML5 Web大百科
  ：（以下略）
```

グループごとに最大値を持つオブジェクトを求める

GroupBy メソッドの応用例として「発行年ごとに最も価格の高い書籍を求めるコード」を書いてみましょう。

リスト15.9 発行年ごとに最も価格の高い書籍を求める

```
var selected = Library.Books
                    .GroupBy(b => b.PublishedYear)
                    .Select(group => group.OrderByDescending(b => b.Price)
                                          .First())
                    .OrderBy(o => o.PublishedYear);
foreach (var book in selected) {
    Console.WriteLine($"{book.PublishedYear}年 {book.Title} ({book.Price})");
}
```

このコードでは、GroupBy メソッドを呼び出した後に、Select メソッドで、新たなオブジェクトのシーケンスを作り出しています。Select メソッドに与えたラムダ式の引数 group は IEnumerable<Book> ですから、これを価格順に並べ替えて、その最初の Book オブジェクトを First メソッドで取り出せば、最も価格の高い書籍を取り出すことができます。最後に、OrderBy で発行年順に並べ替えています。

結果は以下のようになります。

```
2013年 PowerShell 実践レシピ（4200）
2014年 C#開発指南（3800）
2015年 HTML5 Web大百科（3800）
2016年 Microsoft Azureサーバー構築（4800）
```

OrderBy / OrderByDescending では、並べ替えのキーの値が同じだった場合、オリジナルのシーケンスの順序が維持されます。2014 年に発行された『SQL Server 完全入門』も価格が 3800 円ですが、前に位置する『C# 開発指南』が表示されています。

15.2.8 ToLookup メソッドでグルーピングする

LINQ には、GroupBy メソッドのほかにもう 1 つグルーピングするメソッドがありま

す。それが **ToLookup** メソッドです。

リスト15.10 ToLookupで発行年ごとにグルーピングする
```
var lookup = Library.Books
                    .ToLookup(b => b.PublishedYear);
var books = lookup[2014];   ◀ キーを指定して取り出したオブジェクトは、複数要素を保持するコレクション
foreach (var book in books) {
    Console.WriteLine(book);
}
```

上記コードの `ToLookup` メソッドは、`PublishedYear` をキーにして、`ILookup` 型[3]を生成しています。`ILookup` 型は、`Dictionary` 型に似ており、キーを指定してアクセスすることが可能です（→「第7章：ディクショナリの操作」）。`Dictionary` 型と違う点は、`Dictionary` 型がキーを単一の値に割り当てるのに対して、`ILookup` 型はキーに対応する値がコレクションに割り当てられる点です。

`ToLookup` メソッドはキーでランダムにアクセスする必要がある場合にとても重宝するメソッドです。キーに該当する要素は複数存在する可能性がありますから、上記コードの `lookup[2014]` で取得できる型は、`IEnumerable<Book>` となります。`ToLookup` メソッドは、`ToList` メソッドと同様、ドットで連結するメソッドの最後で利用するメソッドと考えてください。

上記コードの結果は以下のとおりです。

```
発行年:2014，カテゴリ:1，価格:3800，タイトル:C#開発指南
発行年:2014，カテゴリ:2，価格:3800，タイトル:SQL Server 完全入門
```

15.3　入力ソースが複数の場合の LINQ

第13章で示した Entity Framework の例では、クラス間の関連がクラスのプロパティとして表現されていました。そのため、プロパティを経由した他のクラス（テーブル）のデータを参照するクエリを書くことができました。

しかし、この章の `Book` クラスと `Category` クラスは、論理的にはカテゴリ ID で関連付けされていますが、クラスのプロパティとしては関連は定義されていません。このような場合にも、LINQ を使うと2つのクラスを関連付けてクエリを書くことが可能です。

---

[3]　詳しくは https://msdn.microsoft.com/ja-jp/library/bb534291.aspx を参照してください。

15.3.1 2つのシーケンスを結合する

Joinメソッドを使うと、2つのシーケンスを指定したキーで結び付け、1つのシーケンスにすることができます。以下に示すのは、書籍一覧（**Books**）とカテゴリ一覧（**Categories**）をカテゴリIDで結合し、書籍名、カテゴリ名、発行年の3つを1つのオブジェクトとして取り出すコードです。

リスト15.11 BooksとCategoriesをカテゴリIDで結合する

```
var books = Library.Books
                .OrderBy(b => b.CategoryId)
                .ThenBy(b => b.PublishedYear)
                .Join(Library.Categories,
                    book => book.CategoryId,
                    category => category.Id,
                    (book, category) => new {
                      Title = book.Title,
                      Category = category.Name,
                      PublishedYear = book.PublishedYear
                    }
                );
foreach (var book in books) {
   Console.WriteLine($"{book.Title}, {book.Category}, {book.PublishedYear}");
}
```

まず、`OrderBy`と`ThenBy`とで並べ替えをし、その後`Join`メソッドで結合しています。`Join`メソッドの4つの引数は以下のとおりです。

- 第1引数：結合する2番目のシーケンス
- 第2引数：対象シーケンスの結合キー
- 第3引数：2番目のシーケンスの結合キー
- 第4引数：結合した結果として得られるオブジェクトの生成関数

以下に実行結果の一部を掲載します。

```
C#開発指南, Development, 2014
TypeScript初級講座, Development, 2015
Writing C# Solid Code, Development, 2016
Visual C#再入門, Development, 2016
フレーズで学ぶC# Book, Development, 2016
PowerShell 実践レシピ, Server, 2013
SQL Server 完全入門, Server, 2014
   ：（以下略）
```

Join メソッドで得られるオブジェクトを単純化する

Join メソッドの応用として、「2016年に発行されたカテゴリ名一覧」を作成する例を示しましょう。

リスト15.12 2016年に発行されたカテゴリ名一覧を得る

```
var names = Library.Books
                .Where(b => b.PublishedYear == 2016)
                .Join(Library.Categories,
                    book => book.CategoryId,
                    category => category.Id,
                    (book, category) => category.Name)
                .Distinct();
foreach (var name in names) {
   Console.WriteLine(name);
}
```

まずは、**Where** メソッドで、2016年の書籍だけに絞り込んでいます。絞り込んだ書籍一覧とカテゴリ一覧を Join メソッドで結合しています。求めるものはカテゴリ名だけですので、Join メソッドの最後の引数には、category の Name プロパティだけを返すラムダ式を書いています。最後に、**Distinct** メソッドで重複を排除すれば、2016年に発行されたカテゴリ名の一覧を得ることができます。結果を以下に示します。

```
Development
Server
Windows
Application
```

15.3.2 2つのシーケンスをグルーピングして結合する

カテゴリ ID で2つのシーケンスを結合する際に、カテゴリ ID でグルーピングしたい場合もあります。**GroupJoin メソッド**を使うとこれが可能になります。Join と GroupBy を一緒にやってしまう処理ですね。

リスト15.13 GroupJoinでグルーピングする

```
var groups = Library.Categories
                .GroupJoin(Library.Books,
                    c => c.Id,
                    b => b.CategoryId,
```

```
                        (c, books) => new { Category = c.Name, Books = books });
foreach (var group in groups) {
  Console.WriteLine(group.Category);
  foreach (var book in group.Books) {
    Console.WriteLine($"  {book.Title} ({book.PublishedYear}年)");
  }
}
```

結果から上記のコードの意味を理解したほうが早いと思いますので、まずは、結果（抜粋）を示します。

```
Development
  Writing C# Solid Code (2016年)
  C#開発指南 (2014年)
  Visual C#再入門 (2016年)
  フレーズで学ぶC# Book (2016年)
  TypeScript初級講座 (2015年)
Server
  PowerShell 実践レシピ (2013年)
  SQL Server 完全入門 (2014年)
  IIS Webサーバー運用ガイド (2015年)
  Microsoft Azureサーバー構築 (2016年)
Web Design
  Webデザイン講座 HTML5＆CSS (2013年)
  HTML5 Web大百科 (2015年)
     ：（以下略）
```

Joinメソッドと同様、カテゴリIDで2つのシーケンスを結合するのですが、Joinメソッドとの違いは「結合した結果が、2次元の表形式になるのではなく、カテゴリに複数の書籍がぶら下がる階層形式で結合される」という点です。

GroupJoinメソッドで得られるオブジェクトを任意の型にする

GroupJoinメソッドの第4引数では、2つの引数から任意のオブジェクトを生成することができますから、次のようなコードを書くこともできます。

リスト15.14 GroupJoinメソッドで得られるオブジェクトを任意の型にする

```
var groups = Library.Categories
                .GroupJoin(Library.Books,
                    c => c.Id,
                    b => b.CategoryId,
```

```
                            (c, books) => new {
                                Category = c.Name,
                                Count = books.Count(),
                                Average = books.Average(b => b.Price)
                            });
foreach (var obj in groups) {
    Console.WriteLine($"{obj.Category} 冊数:{obj.Count} 平均価格:{obj.Average:0.0}円");
}
```

上のコードは、カテゴリごとの冊数と平均価格を求めています。

```
Development 冊数:5 平均価格:2796.0円
Server 冊数:4 平均価格:3995.0円
Web Design 冊数:3 平均価格:3383.3円
Windows 冊数:4 平均価格:2137.5円
Application 冊数:3 平均価格:2430.0円
```

Column　Zip メソッドの使い方

2つの配列があり、それぞれの要素は同じインデックスによって何らかの結び付きがあるものとします。LINQ の **Zip メソッド** を使うと、この2つの配列から、別の配列を作り出すことができます。

ここでは、日本語の曜日と、英語の曜日表記の2つの配列があり、それを1つにして、"月(MON)"、"火(TUE)"……という配列を作り出す例を示します。

リスト15.15　Zip メソッドを使ったサンプル

```
var jWeeks = new List<string> {
    "月", "火", "水", "木", "金", "土", "日"
};
var eWeeks = new List<string> {
    "MON", "TUE", "WED", "THU", "FRI", "SAT", "SUN"
};
var weeks = jWeeks.Zip(eWeeks,
                       (s1, s2) => string.Format("{0}({1})", s1, s2));
weeks.ToList().ForEach(Console.WriteLine);
```

LINQ の **Zip** メソッドは、それほど使う機会はありませんが、ツボにはまるととても強力です。頭の片隅に記憶しておいてください。

Column LINQ の集合演算子

LINQ には、和集合、積集合、差集合を行う集合演算子があります。それぞれ簡単なコード例と結果を示します。

和集合：Union メソッド

Union メソッドは、2 つのシーケンスの少なくともどちらかに含まれている要素を集めることで得られるシーケンスを作り出します。このとき、要素の重複はありません。

リスト15.16 和集合のサンプルコード

```
var animals1 = new [] { "キリン","ライオン","ゾウ","シロクマ","パンダ", };
var animals2 = new[] { "ライオン","コアラ","キリン","ゴリラ", };
var union = animals1.Union(animals2);
foreach (var name in union)
    Console.Write($"{name} ");
```

リスト 15.16 の結果は、以下のようになります。

```
キリン ライオン ゾウ シロクマ パンダ コアラ ゴリラ
```

結果からもわかるように、**Union** メソッドは、まず **animals1** の先頭から順に列挙し、続いて、**animals2** のうち **animals1** に含まれていない要素を順に列挙します。

積集合：Intersect メソッド

Intersect メソッドは、2 つのシーケンスの両方に含まれている要素を集めることで得られるシーケンスを作り出します。

リスト15.17 積集合のサンプルコード

```
var intersect = animals1.Intersect(animals2);
foreach (var name in intersect)
    Console.Write($"{name} ");
```

リスト 15.17 の結果は、以下のようになります。

```
キリン ライオン
```

Intersect メソッドは、**animals1** の順序を維持して要素を列挙します。

差集合：Except メソッド

Except メソッドは、対象となるシーケンスの中から、もう一方のシーケンスに属する要素を取り去って得られるシーケンスを作り出します。

リスト15.18 差集合のサンプルコード

```
var expect = animals1.Except(animals2);
foreach (var name in expect)
  Console.Write($"{name} ");
```

リスト 15.18 の結果は、以下のようになります。

```
ゾウ シロクマ パンダ
```

Except メソッドも Intersect メソッド同様、animals1 の順序を維持して要素を列挙します。

Let's Try! 第 15 章の演習問題

問題 15.1

本文で利用した Book、Category、Library クラスを利用し、以下のコードを書いてください。

1. Library クラスにコンストラクタを追加し、本章の最初に示した書籍のカテゴリデータと書籍データの値を、Categories プロパティと Books プロパティにセットするコードを書いてください。

2. 最も価格の高い書籍を抽出し、その書籍の情報をコンソールの出力してください。

3. 発行年ごとに書籍の数をカウントして、その結果をコンソールに出力してください。

4. 発行年、価格の順（それぞれ値の大きい順）に並べ替え、その結果をコンソールに出力してください。出力例を以下に示します。

```
2013年 2800円 Webデザイン講座 HTML5＆CSS（Web Design）
2013年 4200円 PowerShell 実践レシピ（Server）
```

```
2014年  3800円  C#開発指南（Development）
    ⋮
```

5. 2016年に発行された書籍のカテゴリ一覧を取得し、コンソールに出力してください。

6. GroupBy メソッドを使い、カテゴリごとに書籍を分類しカテゴリ名をアルファベット順に並べ替え、その結果をコンソールに出力してください。出力例を以下に示します。

```
#Application
  まるわかりMicrosoft Office入門
  Word・Excel実践テンプレート集
  たのしく学ぶExcel初級編
#Development
  Writing C# Solid Code
  C#開発指南
    ⋮
```

7. カテゴリ "Development" の書籍に対して、発行年ごとに分類し、その結果をコンソールに出力してください。出力例を以下に示します。

```
#2014年
  C#開発指南
#2015年
  TypeScript初級講座
#2016年
  Writing C# Solid Code
  Microsoft Visual C#再入門
  フレーズで学ぶC# Book
```

8. GroupJoin メソッドを使って4冊以上発行されているカテゴリ名を求め、そのカテゴリ名をコンソールに出力してください。

Chapter 16 非同期 / 並列プログラミング

アプリケーションの応答性を確保するうえで**非同期処理**は避けて通れないものとなっています。また、マルチコアCPUの性能を引き出すうえでも非同期処理、そして**並列処理**も欠かせません。

本章では、非同期処理、並列処理の基本について学んでいきます。

16.1 非同期処理、並列処理の必要性

たとえば、WindowsFormsアプリケーションでボタンがクリックされたときに、時間のかかる処理を呼び出したいとしましょう。大量のファイルを読み込んだり、ネット

図16.1　UI非同期処理

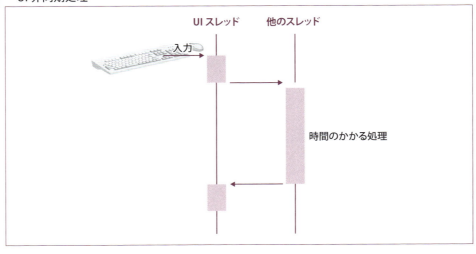

ワークからデータをダウンロードしたりする場合、これまで解説してきた方法では、その処理が終わるまでアプリケーションはユーザーのアクションに応答することができません。その結果、ユーザーに「使い勝手の悪いアプリケーションだな」という印象を持たれてしまいます。非同期プログラミングを行えば、アプリケーションが時間のかかる処理を実行しているときでも、ユーザーからの操作に応答することが可能になります（→前ページ図 16.1）。

また、より短い時間で処理を終わらせるために、複数の処理を並列で動かしたい場合もあります。そのようなときには並列プログラミングが役に立ちます（→図 16.2）。

図16.2 並列処理

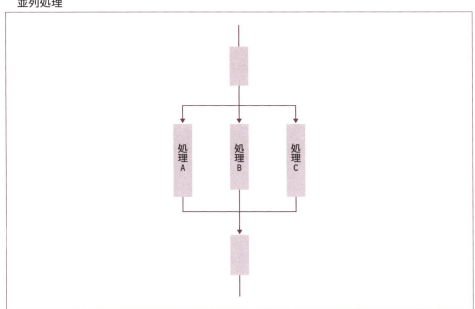

以降では、まずは UI を止めないための非同期処理プログラミングをその歴史も含めて解説します。後半では、複数の処理を同時に動かす並列処理についても触れます。

16.2 async/await 以前の非同期プログラミング

C# 5.0 で async / await キーワードが導入され、非同期プログラミングがより簡単に書けるようになりましたが、まずは、C# で非同期プログラミングがどのように進化してきたのか見ていくことにしましょう。

16.2.1 Thread を使った非同期処理

以下のような WindowsForms のプログラムコードを例に、非同期処理について考えてみましょう。

```
using System.Threading;
  ⋮

private void button1_Click(object sender, EventArgs e) {
    label1.Text = "";
    Cursor = Cursors.WaitCursor;
    DoLongTimeWork();    // 時間のかかる処理
    label1.Text = "終了";
    Cursor = Cursors.Arrow;
}
```

このコードの問題点は、`DoLongTimeWork` の処理が走っている間は、プログラムが「応答無し」の状態になってしまうことです。この間は、ウインドウを移動することも最小化することもできません。

これを解決してくれるのが **Thread クラス**です。Thread クラスを使うと、同一プロセスの中で複数の処理を並行して動作させることができます。並行して動作する1つの処理単位を**スレッド**といいます。上記のコードを Thread クラスを使い書き換えてみます。

リスト16.1 Thread クラスを使った非同期処理

```
private void button1_Click(object sender, EventArgs e) {
    label1.Text = "";
    var th = new Thread(DoSomething);
    th.Start();        ◁ DoSomethingが非同期で実行される
}

private void DoSomething() {
    DoLongTimeWork();    // 時間のかかる処理
    label1.Invoke((Action) delegate () {
        label1.Text = "終了";
    });
}
```

Thread クラスのコンストラクタの引数で、非同期に実行するメソッドを指定しています。その後、`Start` メソッドでスレッドを起動しています。こうすることで、UI スレッドとは別のスレッドで `DoSomething` メソッドを動かせます。これで、`DoSomething` メソッドを実行中でも、アプリケーションがフリーズすることがなくなります。

`DoSomething` メソッドで本来の処理が終わったら、最後に Label に "終了" と表示さ

せたいのですが、フォーム上のコントロールへは、UI スレッドからでないとのアクセスができないという制約があります。そのため、Invoke メソッド[1]を使い UI スレッド側で Label に "終了" と表示するようにしています。なお、delegate キーワードの前に、(Action) の記述がありますが、これは、Invoke メソッドの引数に delegate を書く際の決まり文句だと思ってください。(Action) は、(MethodInvoker) と書いても同じ結果が得られます。

Thread を使ったコードは、このようにとても回りくどい書き方をしなくてはならないのが大きな欠点でした。また、DoSomething の中で本来の処理ロジックと UI 処理とが結合してしまう、という問題もありました。

16.2.2 BackgroundWorker クラスを使った非同期処理

Thread を使った非同期コードの欠点を補うために、.NET Framework 2.0 で導入されたのが、**BackgroundWorker クラス**です。この BackgroundWorker クラスを使うと、イベント[2]を使って非同期処理を書くことが可能になります。

Visual Studio のコード補完機能[3]を使えば、イベントハンドラの登録[4]も簡単ですので、コードの見た目よりも簡単に非同期処理を書くことができます。

リスト16.2 BackgroundWorker クラスを使った非同期処理

```
private BackgroundWorker _worker = new BackgroundWorker();

public Form1() {
    InitializeComponent();
    _worker.DoWork += _worker_DoWork;
    _worker.RunWorkerCompleted += _worker_RunWorkerCompleted;
}

private void _worker_DoWork(object sender, DoWorkEventArgs e) {
    DoLongTimeWork();    // 時間のかかる処理
}

private void _worker_RunWorkerCompleted(object sender,
                                       RunWorkerCompletedEventArgs e) {
    label1.Text = "終了";
}
```

---

[1] Invoke メソッドを使うと、指定したデリゲートを UI スレッド上で実行することができます。
[2] 「ボタンがクリックされた」、「マウスが移動した」といったプログラム実行中に発生する何らかの出来事（事象）のことを「イベント」といい、そのイベントに対応して動作するメソッドを「イベントハンドラ」といいます。イベントには、ユーザーの操作にかかわるものと、「ある処理を開始した」、「ある処理が終了した」、「指定時間経過した」などユーザーの操作には関係ないものも含まれます。
[3] ＋、＝とタイプした後に、Tab キー、Enter キーと続けて押すと、イベントハンドラが自動で挿入されます。
[4] イベントハンドラを登録するには、+= 演算子を使います。

```csharp
private void button1_Click(object sender, EventArgs e) {
    label1.Text = "";
    _worker.RunWorkerAsync();
}
```

button1_Click メソッドで、RunWorkerAsync を呼び出しています。RunWorkerAsync メソッドが呼び出されると、DoWork イベントに登録したメソッド _worker_DoWork（イベントハンドラ）が非同期で起動されます。_worker_DoWork メソッドの処理が終了すると、RunWorkerCompleted イベントに登録された _worker_RunWorkerCompleted メソッドが呼び出され、"終了" がフォームに表示されます。

なお、BackgroundWorker クラスには、ProgressChanged イベントもあり、進行状況を表示するイベントハンドラを記述することも可能です。以下に示すコードは、ProgressChanged イベントを利用し、StatusStrip コントロールに配置した ToolStripProgressBar に進行状況を表示させている例です。

リスト16.3 BackgroundWorkerで進行状況を表示させる例

```csharp
public partial class Form1 : Form {

    private BackgroundWorker _worker = new BackgroundWorker();

    public Form2() {
        InitializeComponent();
        _worker.DoWork += _worker_DoWork;
        _worker.RunWorkerCompleted += _worker_RunWorkerCompleted;
        _worker.ProgressChanged += _worker_ProgressChanged;
        _worker.WorkerReportsProgress = true;
    }

    // 本来の処理を行う
    private void _worker_DoWork(object sender, DoWorkEventArgs e) {
        var collection = Enumerable.Range(1, 200).ToArray();
        int count = 0;
        foreach (var n in collection) {
            // nに対する処理をする
            DoWork(n);
            // 何パーセントまで処理をしたか求める
            var per = count * 100 / collection.Length;
            // プログレスバーを更新するために、処理状況を通知する
            _worker.ReportProgress(Math.Min(per, toolStripProgressBar1.Maximum), null);

            count++;
        }
```

```csharp
    }

    // プログレスバーの更新
    private void _worker_ProgressChanged(object sender, ProgressChangedEventArgs e) {
        toolStripProgressBar1.Value = e.ProgressPercentage;
    }

    // 処理が完了したときに呼び出される
    private void _worker_RunWorkerCompleted(object sender,
                                            ➡RunWorkerCompletedEventArgs e) {
        toolStripProgressBar1.Value = toolStripProgressBar1.Maximum;
        toolStripStatusLabel1.Text = "完了";
    }

    private void button1_Click(object sender, EventArgs e) {
        toolStripStatusLabel1.Text = "";
        // 処理を開始する
        _worker.RunWorkerAsync();
    }
}
```

16.2.3 Task クラスを使った非同期処理

.NET Framework 4.0 では、非同期処理のための **Task クラス**が新たに導入されました。Thread クラスを置き換えるものだといってよいでしょう。Thread クラスの場合、スレッドの生成/削除にコストがかかるという問題がありましたが、Task クラスはその問題点を解消するとともに、より高機能なものとなっています。

Task クラスを使った簡単な例を以下に示します。

リスト16.4 Task クラスを使った非同期処理

```csharp
using System.Threading.Tasks;
    :
    private void button1_Click(object sender, EventArgs e) {
        toolStripStatusLabel1.Text = "";
        Task.Run(() => DoSomething());
    }

    private void DoSomething() {
        DoLongTimeWork();    // 時間のかかる処理
        statusStrip1.Invoke((Action)(() => {
            toolStripStatusLabel1.Text = "終了";
        }));
```

}
```

Task.Run メソッドで、DoSomething メソッドを非同期で呼び出しています。DoSomething メソッド内は、Invoke メソッドの引数でラムダ式を利用していますが、前述の Thread のサンプルコードと本質的には大きく変わるところはありません。

リスト 16.4 の例だけだと、Task クラスにするメリットはそれほど感じられませんが、Task クラスの **ContinueWith メソッド**を使うと、Invoke メソッドを不要にすることが可能です。以下に、ContinueWith メソッドを使って書き換えたコードを示します。

**リスト16.5** Task.ContinueWith メソッドを使った例

```csharp
private void button2_Click(object sender, EventArgs e) {
    toolStripStatusLabel1.Text = "";
    var currentContext = TaskScheduler.FromCurrentSynchronizationContext();
    Task.Run(() => {
        DoSomething();
    })
    .ContinueWith(task => {
        toolStripStatusLabel1.Text = "終了";
    }, currentContext);
}

private void DoSomething() {
    :  // 時間のかかる処理
}
```

Run メソッドの引数で記述したブロックの処理が非同期で処理された後、ContinueWith のブロックが、UI スレッド上で処理されます。**TaskScheduler.FromCurrentSynchronizationContext** で得られるオブジェクトを ContinueWith メソッドの第 2 引数に指定することで、ContinueWith のブロック内の処理が、UI スレッドで実行されるようになります。第 2 引数を省略した場合は、UI スレッドとは別のスレッドで動作します。

コード量は増えてしまいましたが、これで DoSomething メソッドは UI から完全に独立したメソッドとなりました。またこれにより、本来の処理だけを記述すればよく、単体テストもやりやすくなりました。

16.3　async/await を使った非同期プログラミング

C# 5.0 で導入された **async** キーワードと **await** キーワードは、非同期プログラミングを強力にサポートします。この 2 つのキーワードを使用すると、前述の Task クラスを利用した非同期処理を、より簡単に書くことができます。
```

16.3.1 イベントハンドラを非同期にする

前節で示した Task クラスを使ったコードを、async / await キーワードを使って書き換えてみましょう。ここでは、WindowsForms アプリケーションとしていますが、WPF アプリケーションなどでも基本は同じです。

リスト16.6 イベントハンドラを非同期にする(1)

```
private async void button1_Click(object sender, EventArgs e) {
    toolStripStatusLabel1.Text = "";
    await Task.Run(() => DoSomething());
    toolStripStatusLabel1.Text = "終了";
}

// 戻り値のない同期メソッド
private void DoSomething() {
     :  // 時間のかかる処理
}
```

button1_Click メソッドに **async キーワード**が付加されている点に注目してください。async で修飾されたメソッドは非同期メソッドとなります。この非同期メソッド内で、**await キーワード**を使うことができます。**async キーワードで修飾されていないメソッドでは、await キーワードを利用することはできません。**

await キーワードは、指定した Task が完了するまでそれ以降の処理を中断し、指定した Task が完了したらそれ以降の処理を継続します。await キーワードに続けて Task オブジェクトを指定します[5]。まるで同期処理のようなコードですが、Task.Run で起動した処理が動作している間も、UI がフリーズすることはありません。つまり、リスト 16.6 は、実質的にリスト 16.5 と同じことをやっていることになります。

なお、上記コードの button1_Click 内の Task.Run の行を分解して書くと、以下のようになります。await キーワードは、Task オブジェクトに対して記述できることを押さえておいてください。

```
Task task = Task.Run(() => DoSomething());
await task;
```

また、DoSomething メソッド内の処理が単純なものならば、以下のように記述することができます。

---

[5] Task.Run メソッドの戻り値は Task オブジェクトです。

```
private async void button1_Click(object sender, EventArgs e) {
    toolStripStatusLabel1.Text = "";
    await Task.Run(() => {
        DoLongTimeWork();     // 時間のかかる処理
    });
    toolStripStatusLabel1.Text = "終了";
}
```

これまでの DoSomething メソッドは void 型でしたが、戻り値を返すメソッドにも利用可能です。それを示したのが、以下のコードです。

リスト16.7 イベントハンドラを非同期にする(2)

```
private async void button1_Click(object sender, EventArgs e) {
    toolStripStatusLabel1.Text = "";
    var elapsed = await Task.Run(() => DoSomething());
    toolStripStatusLabel1.Text = $"{elapsed}ミリ秒";
}

// 戻り値のある同期メソッド
private long DoSomething() {
    var sw = Stopwatch.StartNew();
    DoLongTimeWork();     // 時間のかかる処理
    sw.Stop();
    return sw.ElapsedMilliseconds;
}
```

Task.Runで非同期で呼び出した処理が終了すると、結果が変数elapsedに代入されます。

16.3.2 非同期メソッドを定義する

これまで見てきた DoSomething そのものを非同期メソッドにしたい場合もあります。非同期メソッドにするには、メソッドを async キーワードで修飾するとともに、戻り値の型を **Task 型**にする必要があります。メソッドとしての戻り値がない場合は Task 型を、戻り値のある場合は、**Task<TResult> 型**にします。

まずは、戻り値のない非同期メソッドの例をリスト 16.8 に示します。

リスト16.8 非同期メソッドの定義（戻り値のない場合）

```
private async void button1_Click(object sender, EventArgs e) {
    toolStripStatusLabel1.Text = "";
    await DoSomethingAsync();
    toolStripStatusLabel1.Text = "終了";
```

```
    }

    // 非同期メソッド - DoSomethingAsyncは何も戻さない
    private async Task DoSomethingAsync() {
        await Task.Run(() => {
            DoLongTimeWork();    // 時間のかかる処理
        });
    }
```

DoSomethingAsync が Task オブジェクトを返す非同期メソッドとなったため、button1_Click の中では、もう Task.Run が不要になっています。

なお、async で修飾しただけで await キーワードを使用していないメソッドは、非同期メソッドとはなりません。そのため、以下のようなメソッド書くと、非同期処理されずに UI 操作がブロックされてしまいますので注意してください。

✗
```
private async Task DoSomethingAsync(int milliseconds) {
    DoLongTimeWork();    // 時間のかかる処理
}
```

戻り値のある場合は、非同期メソッドの戻り値の型を Task<TResult> 型にします。そのコード例をリスト 16.9 に示します。

リスト16.9 非同期メソッドの定義（戻り値のある場合）

```
private async void button1_Click(object sender, EventArgs e) {
    toolStripStatusLabel1.Text = "";
    var elapsed = await DoSomethingAsync(4000);
    toolStripStatusLabel1.Text = $"{elapsed}ミリ秒";
}

// 非同期メソッド - DoSomethingAsyncは、long型の値を戻す
private async Task<long> DoSomethingAsync(int milliseconds) {
    var sw = Stopwatch.StartNew();
    await Task.Run(() => {
        DoLongTimeWork();    // 時間のかかる処理
    });
    sw.Stop();
    return sw.ElapsedMilliseconds;
}
```

16.4　HttpClientを使った非同期処理（async/awaitの応用例）

async / awaitによる非同期処理の応用例として、.NET Framework 4.5に追加されたHttpClientによる非同期処理について説明します。

16.4.1　HttpClientの簡単な例

以下に、HttpClientクラスを使った非同期処理の例を挙げます。

リスト16.10　HttpClientクラスを使った非同期処理

```
private async void button_Click(object sender, RoutedEventArgs e) {
    var text = await GetPageAsync(@"http://www.bing.com/");
    textBlock.Text = text;
}

private HttpClient _httpClient = new HttpClient();

private async Task<string> GetPageAsync(string urlstr) {
    var str = await _httpClient.GetStringAsync(urlstr);
    return str;
}
```

このHttpClientクラスが公開するGet系メソッドは、すべてが非同期メソッドとなっています。非同期メソッドであることがわかるように、メソッド名にはGetStringAsyncと最後にAsyncが付いています。

awaitキーワードを使うメソッドは、必ずasyncキーワードでメソッドを修飾する必要がありますから、GetPageAsyncメソッドも、button_Clickメソッドもasyncを付け非同期メソッドとしています。

なお、HttpClientオブジェクトのインスタンス化は、一度だけ行うことをお勧めします[6]。リクエストごとにHttpClientクラスをインスタンス化すると、高負荷の環境ではインスタンスをDisposeしたとしても利用可能なソケットの数を使い果たしてしまい、例外が発生する場合があります。

16.4.2　HttpClientの応用

第14章で紹介したWikipediaのデータにアクセスするコードをHttpClientを使って書き直してみます。WPFアプリケーションで書き換えていますが、GetFromWikipedia

---

[6] 参考URL：https://www.infoq.com/jp/news/2016/09/HttpClient

Asyncメソッドは、WindowsFormsなど他のタイプのアプリケーションでもそのまま利用できます。

リスト16.11　HttpClientクラスを使った非同期処理（Wikipedia APIの利用）

```csharp
private async void button1_Click(object sender, RoutedEventArgs e) {
    textBlock.Text = "";
    var text = await GetFromWikipediaAsync("クリーンルーム設計");
    textBlock.Text = text;
}

private HttpClient _httpClient = new HttpClient();

private async Task<string> GetFromWikipediaAsync(string keyword) {
    // UriBuilderとFormUrlEncodedContentを使い、パラメータ付きのURLを組み立てる
    var builder = new UriBuilder("https://ja.wikipedia.org/w/api.php");
    var content = new FormUrlEncodedContent(new Dictionary<string, string>() {
        ["action"] = "query",
        ["prop"] = "revisions",
        ["rvprop"] = "content",
        ["format"] = "xml",
        ["titles"] = keyword,
    });
    builder.Query = await content.ReadAsStringAsync();

    // HttpClientを使い、Wikipediaのデータを取得する
    var str = await _httpClient.GetStringAsync(builder.Uri);

    // 取得したXML文字列から、LINQ to XMLを使い必要な情報を取り出す
    var xmldoc = XDocument.Parse(str);
    var rev = xmldoc.Root.Descendants("rev").FirstOrDefault();
    return WebUtility.HtmlDecode(rev?.Value);
}
```

HttpClientクラスでは、NameValueCollectionを直接パラメータに与えることができないため、System.Net.Http名前空間にあるFormUrlEncodedContentクラスを使い、パラメータを組み立てています。ReadAsStringAsyncメソッドがURIエンコードを行ってくれますので、明示的にエンコードする必要はありません。

16.5 UWPにおける非同期IO処理

UWPアプリ[7]用の.NETのライブラリは、UIの応答性を確保するために多くの機能が非同期メソッドとして提供されています。ファイルIO処理もその1つです。UWPアプリで利用できるファイルIOクラスは、すべての機能が非同期メソッドとなっています。そのため、UWPアプリでは「第9章：ファイルの操作」で紹介したクラスを利用することができません。ここでは、UWPアプリでのテキストファイルの入出力（非同期）について説明します。

16.5.1 ファイルピッカーを使ってファイルにアクセスする

UWPアプリでは、ファイルピッカー[8]を使ってユーザーが指定したファイルにアクセスすることになります。以下のコードは、ファイルピッカーで指定されたテキストファイルからすべての行を読み込む例です。

リスト16.12 ファイルピッカーを使ってファイルにアクセスする

```csharp
using System.IO;
using Windows.Storage;
using Windows.Storage.Pickers;
    :

    private async void button_Click(object sender, RoutedEventArgs e) {
        var texts = await GetLinesAsync();
        textBlock.Text = texts[0];
    }

    private async Task<string[]> GetLinesAsync() {
        var picker = new FileOpenPicker {
            ViewMode = PickerViewMode.Thumbnail,
            SuggestedStartLocation = PickerLocationId.DocumentsLibrary,
        };
        picker.FileTypeFilter.Add(".txt");
        StorageFile file = await picker.PickSingleFileAsync();
        var texts = await FileIO.ReadLinesAsync(file);
        return texts.ToArray();
    }
```

---

[7] UWP（*Universal Windows Platform*）アプリは、すべてのWindows 10デバイス（PC、タブレット、Phoneなど）で動作するアプリケーションです。

[8] ファイルを選択するときに表示されるダイアログを「ファイルピッカー」と呼んでいます。

GetLinesAsync メソッドでの処理の概要を以下に示します。

1. `FileOpenPicker` オブジェクトを生成する
2. `FileOpenPicker` クラスの `PickSingleFileAsync` 非同期メソッドを呼び出し、ファイルピッカーを表示させ、ユーザーにファイルを選択してもらう
3. 選択が完了すると、ユーザーが選択したファイル情報（`StorageFile` オブジェクト）が `file` 変数に設定される
4. `Windows.Storage.FileIO` クラスの `ReadLinesAsync` 静的メソッドを呼び出し、すべての行を読み取る。**`ReadLinesAsync` 静的メソッド**の引数には、`FileOpenPicker` で得られた、`StorageFile` オブジェクトを渡している

16.5.2 ローカルフォルダにテキストファイルを出力する

UWP アプリが利用できるローカルフォルダにテキストファイルを出力する例です。

リスト16.13 ローカルフォルダにテキストファイルを出力する

```
private void button1_Click(object sender, RoutedEventArgs e) {
    WriteTexts("sample.txt");
}

private async void WriteTexts(string filename) {
    var lines = new string[] {
        "色はにほへど　散りぬるを",
        "我が世たれぞ　常ならむ",
        "有為の奥山　今日越えて",
        "浅き夢見じ　酔ひもせず",
    };

    StorageFolder storageFolder = ApplicationData.Current.LocalFolder;
    StorageFile file = await storageFolder.CreateFileAsync(filename,
        CreationCollisionOption.ReplaceExisting);
    await FileIO.WriteLinesAsync(file, lines);
}
```

`ApplicationData.Current.LocalFolder` で、ローカルフォルダの `StorageFolder` オブジェクトを取り出し、次に、`StorageFolder` オブジェクトの `CreateFileAsync` メソッドで、`StorageFile` オブジェクトを取得しています。

最後に、`FileIO.WriteLinesAsync` **メソッド**でテキストファイルに一気に書き出しています。引数には、`StorageFolder` オブジェクトと出力するテキストの配列を渡します。

ちなみに、UWP アプリでは、WindowsForms アプリケーションなどとは異なり、プ

ログラムで指定した任意の場所のファイルにアクセスすることはできません。

16.5.3 ローカルフォルダにあるテキストファイルを読み込む

ローカルフォルダにあるテキストファイルを読み込む例です。前ページ「16.5.2：ローカルフォルダにテキストファイルを出力する」との違いは、WriteLinesAsync メソッドの代わりに、**ReadLinesAsync メソッド**を呼び出している点です。

リスト16.14 ローカルフォルダにあるテキストファイルを読み込む

```
private async void button2_Click(object sender, RoutedEventArgs e) {
    var lines = await ReadLines("sample.txt");
    textBlock.Text = String.Join("\n", lines);
}

private async Task<IEnumerable<string>> ReadLines(string filename) {
    StorageFolder storageFolder = ApplicationData.Current.LocalFolder;
    StorageFile file = await storageFolder.GetFileAsync(filename);
    var lines = await FileIO.ReadLinesAsync(file);
    return lines;
}
```

16.5.4 アプリをインストールしたフォルダからファイルを読み込む

UWP アプリをインストールしたフォルダから、ファイルを読み込むコードを示します。この例では、インストールフォルダの下の AppData フォルダにある sample.txt ファイルを読み込んでいます。

リスト16.15 アプリをインストールしたフォルダからファイルを読み込む

```
private async void button3_Click(object sender, RoutedEventArgs e) {
    var lines = await ReadLinesFromInstallFile();
    textBlock.Text = String.Join("\n", lines);
}

private async Task<IEnumerable<string>> ReadLinesFromInstallFile() {
    StorageFolder installedFolder = Package.Current.InstalledLocation;
    StorageFolder dataFolder = await installedFolder.GetFolderAsync("AppData");
    StorageFile sampleFile = await dataFolder.GetFileAsync("sample.txt");
    var lines = await FileIO.ReadLinesAsync(sampleFile);
    return lines;
}
```

16.6 並列処理プログラミング

最近の CPU は演算処理を行うコアを複数搭載しており、複数の処理を並列で処理することができます。複数のコアを有効活用できれば、処理を高速化することが可能です。

これまで説明してきた非同期処理は、UI 処理をブロックしないためのものでしたが、この節で説明する並列処理は、複数の処理を同時並行で動かし高速化を図るためのものです。

16.6.1 PLINQ による並列処理

まず、**Parallel LINQ**（**PLINQ**）を使った並列処理プログラミングについて説明します。PLINQ を使うと LINQ to Objects のクエリ処理を簡単に並列化することができます。

AsParallel と AsOrdered メソッド

以下のような LINQ to Objects のコードがあったとします。

```
var selected = books.Where(b => b.Price > 500 && b.Pages > 400)
                    .Select(b => new { b.Title });
```

データソースである books 変数に **AsParallel メソッド**を付けるだけで、並列化を行うことができます。

リスト16.16　PLINQ による並列処理

```
var selected = books.AsParallel()
                    .Where(b => b.Price > 500 && b.Pages > 400)
                    .Select(b => new { b.Title });
```

注意しなくてはいけないのは、データソースの順番が保証されないということです。処理が並列で行われるのですから、これは当然といえば当然の結果です。順序を保証させたい場合には、**AsParallel** メソッドに続けて **AsOrdered メソッド**を呼び出します。これにより順番を保証することができますので、LINQ to Objects と同じ結果を得ることができます。ただし、順序を保証するための余計な処理が走りますので、その分パフォーマンスは落ちてしまいます。

リスト16.17 PLINQ による並列処理（順序を保証する）

```
var selected = books.AsParallel()
                    .AsOrdered()
                    .Where(b => b.Price > 500 && b.Pages > 400)
                    .Select(b => new { b.Title });
```

このように PLINQ はとても簡単なコードで並列化を行えますが、残念なことにこれまで本書で示してきたようなサンプルコードでは、並列化のためのコストが高すぎて、速度向上に結び付きません。PLINQ が有効となるのは、以下の 2 つのケースになります。

1. 並列化する 1 つ 1 つの処理にかかる時間が長い場合
2. データソースが大量の場合

特に **1.** のケースは、少量のデータでも大幅な処理速度向上に結び付く場合があります。たとえば、1 つの処理に 20 ミリ秒かかったと仮定しましょう。データソースの数が 1000 個だと、並列処理をしない場合は処理が完了するまで 20 秒かかることになります。これを 8 つのコアのあるコンピュータで並列化した場合、単純計算で 2.5 秒で終わることになり処理速度向上が期待できます。ただし、実際には並列化のコストがこれに上乗せされますし、通常は、他のプログラムも CPU を利用していますので、ここまで高速にはなることはありません。

2. のケースでは、サーバーなどコア数が多いコンピュータで、大量のデータを一括して処理をしたいときに有効に働きます。コア数が少ないコンピュータでは、期待したような速度向上には結び付きません。

同時実行されるタスクの最大数を指定する

PLINQ は並列化が必要だと判断すると、特別なコードを書かなくても、自動で各コアに処理を割り当ててくれます。既定では、同時実行されるタスクの最大数は 512 となっています。**WithDegreeOfParallelism メソッド**を使用すると、この値を変更することができます。

たとえば、PLINQ を使い大量のデータを処理するプログラムを 24 個のコアを持つサーバーコンピュータで実行したいとします。しかし、既定ではすべてのコアを使用してしまいますので、他のプログラムの動作に支障を来してしまいます。このような場合に、WithDegreeOfParallelism メソッドを使い、同時実行されるタスクの最大数を小さくすれば、他のアプリケーションが一定の CPU 時間を確保できるようになります。次のコードは、タスクの最大数を 16 に制限している例です。

リスト16.18 PLINQで同時実行されるタスクの最大数を制限する

```
var selected = books.AsParallel()
                    .WithDegreeOfParallelism(16)
                    .Where(b => b.Price > 500 && b.Pages > 400)
                    .Select(b => new { b.Title });
```

ForAll メソッドによる並列処理

PLINQには、LINQ to Objectsにはない、**ForAll**メソッドが用意されています。コレクションの要素に対してforeachを使って処理するケースはよくありますが、ForAllメソッドを使うと、このループ処理も並列化することが可能です。

リスト16.19 ForAll メソッドによる並列化

```
var selected = books.AsParallel()
                    .Where(b => b.Price > 500);
selected.AsParallel().ForAll(book => {
   Console.WriteLine(book.Title);
});
```

上のコードでは、ForAllで指定したラムダ式が並列で実行されます。前述したとおり、速度向上が見込めるのは、「ForAll内で処理する1つ1つの処理コストが高いとき」または「処理するデータが大量にあるとき」だけです。また、並列で動作するため実行順序も保証されませんので、この点にも注意する必要があります。

16.6.2 Task クラスを使った並列処理

非同期処理で説明した**Task**クラスは、並列処理をする際にも利用することができます。このTaskクラスとasync / awaitを使えば、「複数の処理を並列処理し、すべての処理が終わるまで待つ」といったコードも簡単に書くことができます[9]。

以下に、GetPrimeAt5000、GetPrimeAt6000の2つのメソッドが定義してあります。この2つのメソッドを並列処理させたいとしましょう。

リスト16.20 Task クラスを使った並列処理（並列処理するメソッドの定義）

```
// 5000番目の素数を求める
private static int GetPrimeAt5000() {
   return GetPrimes().Skip(4999).First();
}
```

---

[9] Parallel.Invokeを使い並列処理をさせることもできますが、戻り値を扱えないため本書では扱っていません。

```csharp
// 6000番目の素数を求める
private static int GetPrimeAt6000() {
    return GetPrimes().Skip(5999).First();
}

// 上記2つのメソッドから呼び出される下位メソッド
// あえて効率の悪いアルゴリズムで記述している
static IEnumerable<int> GetPrimes() {
    for (int i = 2; i < int.MaxValue; i++) {
        bool isPrime = true;
        for (int j = 2; j < i; j++) {
            if (i % j == 0) {
                isPrime = false;
                break;
            }
        }
        if (isPrime)
            yield return i;
    }
}
```

この2つのメソッドを並列で呼び出し、すべてが終わるまで待ち、結果を出力するコードが以下のコードとなります。

リスト16.21 Taskクラスを使った並列処理（メソッドの呼び出しと待機）

```csharp
var sw = Stopwatch.StartNew();
var task1 = Task.Run(() => GetPrimeAt5000());
var task2 = Task.Run(() => GetPrimeAt6000());
var prime1 = await task1;
var prime2 = await task2;
sw.Stop();
Console.WriteLine(prime1);
Console.WriteLine(prime2);
Console.WriteLine($"実行時間: {sw.ElapsedMilliseconds}ミリ秒");
```

以下が筆者のPCでの実行例です。

```
48611
59359
実行時間: 475ミリ秒
```

2つの `Task.Run` の後に、`await` で待っていることが重要です。これを以下のように書いてしまっては、並列処理が行えません。

✗
```
var prime1 = await Task.Run(() => GetPrimeAt5000());
var prime2 = await Task.Run(() => GetPrimeAt6000());
```

実際に並列処理をすることでどれくらい速くなったのか、以下の並列処理しないコードと比べてみます。

```
var sw = Stopwatch.StartNew();
var prime1 = GetPrimeAt5000();
var prime2 = GetPrimeAt6000();
sw.Stop();
Console.WriteLine(prime1);
Console.WriteLine(prime2);
Console.WriteLine($"実行時間: {sw.ElapsedMilliseconds}ミリ秒");
```

並列処理をしないコードでの実行例です。

```
48611
59359
実行時間: 768ミリ秒
```

筆者のコンピュータでは、並列処理をしたほうが、1.6倍ほど速くなっていることがわかります。

並列処理するタスクの数が少なかったり、数が固定されている場合は、リスト16.21で示した方法で問題ありませんが、タスクの数が多い場合は、並列する数だけ `await` を記述するのは面倒です。このような場合は、`await` と **`Task.WhenAll` メソッド**を使い、すべてのタスクの終了を待つことができます。

リスト16.22 WhenAll メソッドですべてのタスクの終了を待機する

```
var tasks = new Task<int>[] {
    Task.Run(() => GetPrimeAt5000()),
    Task.Run(() => GetPrimeAt6000()),
};
var results = await Task.WhenAll(tasks);
foreach (var prime in results)
    Console.WriteLine(prime);
```

WhenAll メソッドを使うと、各 Task の戻り値を配列として受け取ることができます。

この例では、int[] となります。

16.6.3 HttpClient での並列処理

並列処理の例をもう1つお見せします。HttpClient クラスを使い、2つの Web ページを同時に取得するコードです。

リスト16.23 HttpClient での並列処理

```csharp
private async void button1_Click(object sender, EventArgs e) {
    var tasks = new Task<string>[] {
        GetPageAsync(@"https://msdn.microsoft.com/magazine/"),
        GetPageAsync(@"https://msdn.microsoft.com/ja-jp/"),
    };
    var results = await Task.WhenAll(tasks);

    // それぞれ先頭300文字を表示する
    textBox1.Text =
        results[0].Substring(0, 300) +
        Environment.NewLine + Environment.NewLine +
        results[1].Substring(0, 300);
}

private readonly HttpClient _httpClient = new HttpClient();

private async Task<string> GetPageAsync(string urlstr) {
    var str = await _httpClient.GetStringAsync(urlstr);
    return str;
}
```

これで、2つのページ取得処理が並行で動作するようになりました。並列処理は頻繁に利用するものではありませんが、順序に依存しない（IO 処理やネットワーク処理が絡む）処理を連続して行う場合には、処理を並列化して実行時間を短縮することを検討してください。

Column デッドロックを回避する

以下のような非同期メソッドが定義されていたとします。

```csharp
private async Task<int> DoSomethingAsync() {
    var result = await Task.Run(() => {
```

```
        long sum = 0;
        for (int i = 1; i <= 10000000; i++) {
            sum += i;
        }
        return sum;        ← returnした値がresultに代入される
    });
    return result;
}
```

この `DoSomethingAsync` メソッドを呼び出すコードを以下のように書きました。`DoSomethingAsync` メソッドは非同期メソッドですが、それほど時間もかからないので、同期処理させてしまおうという意図で書いたコードです。`Result` プロパティは、非同期メソッドが終わるのを待機し、その結果を取得するプロパティです。

```
private void button1_Click(object sender, EventArgs e) {
    var result = DoSomethingAsync().Result;
    label1.Text = result.ToString();
}
```

このコードを実行するとプログラムがハングアップしてしまいます。詳細は割愛しますが、非同期処理特有のデッドロック[10] が発生してしまうのが原因です。このデッドロックは、WindowsForms 以外にも、WPF や ASP.NET でも発生する問題です。これを回避するには、同期処理で統一するか、非同期処理で統一するかのいずれかとなります。

同期処理で統一する

以下のように、同期メソッド `DoSomething` を定義し、`button1_Click` からは `DoSomething` メソッドを呼び出し、完全な同期処理にしてしまうのが1つの方法です。

```
private int DoSomething() {
    long sum = 0;
    for (int i = 1; i <= 10000000; i++) {
        sum += i;
    }
    return sum;
}
```

なお、`DoSomethingAsync` メソッドも引き続き利用する場合は、以下のように、`DoSomethingAsync` メソッドで `DoSomething` メソッドを呼ぶようにすればコードの重複を排除できます。

---

[10] 複数のスレッド（あるいはプロセス）が互いに相手が使用している資源の解放を待ってしまい、いつまでも処理が先に進めなくなってしまうことをいいます。

```
private async Task<int> DoSomethingAsync() {
    var result = await Task.Run(() => DoSomething());
    return result;
}
```

非同期処理で統一する

　同期処理で統一する方法は、`DoSomething` メソッドを自分で定義できる場合にのみ可能な方法です。`DoSomethingAsync` メソッドが .NET Framework が提供するメソッドだった場合、この方法は採れません。その場合は、`async / await` を使って非同期処理するしかありません。

```
private async void button1_Click(object sender, EventArgs e) {
    var result = await DoSomethingAsync();
    label1.Text = result.ToString();
}
```

　なお、以下のようにも書けますが、コードが複雑になってしまいます。やっていることは実質的に上のコードと同じですので、良い方法とはいえません。

```
✗ private void button1_Click(object sender, EventArgs e) {
    var currentContext = TaskScheduler.FromCurrentSynchronizationContext();
    Task.Run(() => {
        return DoSomethingAsync().Result;
    })
    .ContinueWith(task => {
        label1.Text = task.Result.ToString();
    }, currentContext);
}
```

第 16 章の演習問題

問題 16.1

　.NET Framework 4.5 以降の `StreamReader` クラスには、非同期処理を実現する `ReadLineAsync` メソッドが追加されています。このメソッドを使い、テキストファイルを非同期で読み込むコードを書いてください。アプリケーションの形態は、WindowsForms でも WPF でも好きなものを選択してください。

問題 16.2

指定したディレクトリにある C# のソースファイル（サブディレクトリを含む）の中をすべて検索し、キーワード async と await の両方を利用しているファイルを列挙してください。列挙する際は、ファイルのフルパスを表示してください。表示する順番は問いません。

並列処理をした場合と、列処理をしない場合の 2 つのバージョンを作成し、どれくらい速度に差があるかも調べてください。

Column　lock 構文で排他制御

並行処理プログラミングでは、複数のスレッド / Task から 1 つのデータ / リソースにアクセスする場合があります。このような場合には、そのデータに不整合[11]が発生しないように、必ず lock 構文を使い排他制御する必要があります。

lock 構文によってロックされたコードを別のスレッドが実行しようとすると、オブジェクトが解放されるまで待機します（処理が lock 構文から抜けると、オブジェクトが解放されます）。

lock 構文を使った典型的なコードを以下に示します。

```
private static object _lockObject = new Object();   ◀ どんな場合でもObject固定でよい

private int _data;   ◀ 複数のスレッドから参照される変数

// 並列処理するメソッド
public Task DoSomething() {
    :
  lock(_lockObject) {   ◀ _lockObjectを排他ロック
      :   // ここで、_dataにアクセス
  }                     ◀ _lockObjectを解放
    :
}
```

---

[11] http://www.atmarkit.co.jp/ait/articles/0505/25/news113.html の高木 健一氏の記事をご参照ください。

Chapter 17 実践オブジェクト指向プログラミング

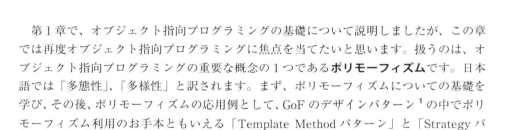

　第1章で、オブジェクト指向プログラミングの基礎について説明しましたが、この章では再度オブジェクト指向プログラミングに焦点を当てたいと思います。扱うのは、オブジェクト指向プログラミングの重要な概念の1つである**ポリモーフィズム**です。日本語では「多態性」、「多様性」と訳されます。まず、ポリモーフィズムについての基礎を学び、その後、ポリモーフィズムの応用例として、GoFのデザインパターン[1]の中でポリモーフィズム利用のお手本ともいえる「Template Methodパターン」と「Strategyパターン」の2つのパターンについて解説します。

　プログラミングを始めたばかりの方は、本章を1回読んだだけでは、この2つのパターンを理解することは難しいかもしれません。あせらずじっくりと読み進んでください。そして、実際にコードを打ち込み動かして、コードの意味を理解してください。

17.1　ポリモーフィズムの基礎

　以下の3つのクラスがあったとしましょう。

```
class GreetingMorning {
   public string GetMessage() {
      return "おはよう";
   }
}

class GreetingAfternoon {
```

---

[1] デザインパターンとは、ソフトウェア開発における先人たちが考え出した再利用性の高い設計パターンのことです。書籍『Design Patterns: Elements of Reusable Object-Oriented Software』(邦訳:『オブジェクト指向における再利用のためのデザインパターン』) が出版されたことでデザインパターンが広く使われるようになりました。この書籍の共著者4名をGoF (*Gang of Four*) と称することから、この書籍で紹介されている23種類のパターンを「GoFのデザインパターン」と呼んでいます。

```
   public string GetMessage() {
      return "こんにちは";
   }
}

class GreetingEvening {
   public string GetMessage() {
      return "こんばんは";
   }
}
```

List<Object> 型の変数 list に、この3つのクラスのオブジェクトが入っているとした場合、以下のコードが動くでしょうか？

```
foreach (object obj in list) {
   string msg = obj.GetMessage();
   Console.WriteLine(msg);
}
```

残念ながら動きません。というか、コンパイルも通りません。これを動くようにするにはどうすれば良いでしょうか？ 継承を使う方法と、インターフェイスを使う方法があります。この2つの方法について示すことで、オブジェクト指向プログラミングで重要な概念であるポリモーフィズムについて説明したいと思います。

17.1.1 継承を使ったポリモーフィズム

継承を使ったコードを示します。最初に、GreetingBase という基底クラスを定義します。abstract が付加されたクラスは「抽象クラス」といい、new によるインスタンスの生成ができないクラスです。これを継承し、new できるクラスを定義することが前提となっています。

リスト17.1　GreetingBase クラス

```
abstract class GreetingBase {
   public virtual string GetMessage() {
      return "";
   }
}
```

次に、このクラスから先ほどの3つのクラスを継承させます。

リスト17.2 GreetingBase の具象クラス

```
class GreetingMorning : GreetingBase {
    public override string GetMessage() {
        return "おはよう";
    }
}

class GreetingAfternoon : GreetingBase {
    public override string GetMessage() {
        return "こんにちは";
    }
}

class GreetingEvening : GreetingBase {
    public override string GetMessage() {
        return "こんばんは";
    }
}
```

それぞれの派生クラスでは、override キーワードを使い、GetMessage メソッドを再定義しています。これで、GetMessage メソッドを持っている3つのクラスを統一的に扱うことができるようになります。これらの3つのクラスを利用するコードは以下のようになります。

リスト17.3 ポリモーフィズムを使ったコード例

```
var greetings = new List<GreetingBase>() {
    new GreetingMorning(),
    new GreetingAfternoon(),
    new GreetingEvening(),
};
foreach (var obj in greetings) {
    string msg = obj.GetMessage();
    Console.WriteLine(msg);
}
```

List<T> の要素の型が、3つのクラスの継承元クラスである GreetingBase であることに注目してください。foreach の中では GreetingMorning も GreetingAfternoon も GreetingEvening も、同じ GreetingBase と見なして処理をしています。このとき、呼び出される GetMessage メソッドは GreetingBase の GetMessage メソッドではなく、実際のインスタンスの GetMessage メソッドとなります。

この例では、obj の実際の型が GreetingMorning ならば GreetingMorning の、Greeting

EveningならばGreetingEveningのGetMessageメソッドが呼び出されます。このように**異なる型のオブジェクトを同一視し、そのオブジェクトの型によって動作を切り替える**、つまり、メソッドに多様な振る舞いをさせること（多くの態（≒姿）を持つこと）を**ポリモーフィズム**といいます。

なお、最初に示したGreetingBaseは、以下のように書くこともできます。

リスト17.4　GetMessageを抽象メソッドにした例

```
abstract class GreetingBase {
    public abstract string GetMessage();
}
```

メソッドがvirtualの場合は、派生クラスでGetMessageをオーバーライドしないという選択肢がありますが、メソッドをabstractとした場合は、実際の処理が定義されていない状態なので、派生クラスでは必ずGetMessageメソッドをオーバーライドし、処理を記述する必要があります。派生クラスでGetMessageメソッドオーバーライドしなかった場合はビルドエラーとなります。

17.1.2 インターフェイスを使ったポリモーフィズム

インターフェイス（→p.71）を使っても同様のことが可能です。まずは、IGreetingインターフェイスを定義します。インターフェイスでは、publicなどのアクセス修飾子をメソッドに付けることはできません。

リスト17.5　IGreetingインターフェイス

```
interface IGreeting {
    string GetMessage();
}
```

このIGreetingを使い、以下のように3つのGreetingクラスを定義します。

リスト17.6　IGreetingインターフェイスを実装した具象クラス

```
class GreetingMorning : IGreeting {
    public string GetMessage() {
        return "おはよう";
    }
}

class GreetingAfternoon : IGreeting {
```

```csharp
    public string GetMessage() {
        return "こんにちは";
    }
}

class GreetingEvening : IGreeting {
    public string GetMessage() {
        return "こんばんは";
    }
}
```

これらのクラスを利用するコードを示します。

リスト17.7 ポリモーフィズムを使ったコード例

```csharp
var greetings = new List<IGreeting>() {
    new GreetingMorning(),
    new GreetingAfternoon(),
    new GreetingEvening(),
};
foreach (var obj in greetings) {
    string msg = obj.GetMessage();
    Console.WriteLine(msg);
}
```

利用する側のコードは、List の要素の型が IGreeting になっただけで、継承のときと同じですね。foreach 文では具体的な型ではなく、IGreeting インターフェイスに対してプログラミングしています。

これで、ポリモーフィズムの動きについては理解できたと思いますが、読者の中にはいったい何の役に立つんだろうと疑問に感じた人もいるかもしれません。そこで、ポリモーフィズムはどのように役立つのか、次の節からより具体的な例で解説を行っていきます。

17.2 Template Method パターン

17.2.1 ライブラリとフレームワーク

いわゆるライブラリとは、アプリケーションから呼び出される部品群であり、ライブラリは呼び出される側となります。ライブラリは直接プログラムの構造に関与しないため、アプリケーションの構造は、プログラマーの裁量で自由に決めることができます。

アプリケーション開発者からすれば、開発の自由度が高いというメリットがありますが、複数人数で開発する場合は、プログラマーごとにコードがバラバラになりやすいという欠点があります。そのため、コードの重複も頻繁に発生してしまいます。

一方、フレームワークはライブラリとは立場が逆転しています。フレームワーク側がアプリケーションプログラマーが書いたコードを呼び出します。そのため、アプリケーションはフレームワークが決めた約束事に従う必要があります。自由度は低いですが、コード量が減る、コードの構造が統一できる、生産性が向上する、一定の品質を確保できるというメリットがあります。また、フレームワークの作り方次第で、業務処理そのもののプログラミングに集中できるというメリットも生まれてきます。

このフレームワークの開発でよく利用されているのが、**Template Method** といわれるデザインパターンです。Template Method を利用した小さなフレームワークとそれを利用するアプリケーションの作成を通じて、Template Method パターンについての理解を深めていきたいと思います。

17.2.2 テキストファイルを処理するフレームワーク

テキストファイルを扱うコンソールアプリケーションについて考えてみましょう。
まずは、以下のコードを読んでみてください。

```
static void Main(string[] args) {
    using (var sr = new StreamReader(args[0], Encoding.UTF8)) {
        int Count = 0;
        while (!sr.EndOfStream) {
            string line = sr.ReadLine();
            Count++;
        }
        Console.WriteLine(Count);
    }
}
```

これは、テキストファイルの行数をカウントするプログラムですが、テキストファイルを読み込んで何らかの処理をするプログラムというのは、ほかにもいろいろなものが考えられます。

- テキストファイルを読み込み、読んだ内容をそのままコンソールに出力する
- テキストファイルを読み込み、文字数をカウントし、結果をコンソールに出力する
- テキストファイルを読み込み、"LINQ" という文字列が含まれるか確認する
- テキストファイルを読み込み、メールアドレスと思われるものだけを抜き出し、別ファイルに出力する
- テキストファイルを読み込み、全角英数字を半角英数字に置き換え、別ファイルに

Chapter 17 実践オブジェクト指向プログラミング

  ・出力する

どれも、テキストファイルを読み込んで何らかの処理をするプログラムです。これらのアプリケーションはすべて以下のようなコード（擬似コード）になるはずです。

```
    :    ◀初期処理
Open File
while (ファイルが終わりでない) {
    1行読み込む
        :    ◀1行の処理をする
}
Close File
    :    ◀後処理
```

「：」で省略した行だけが異なり、それ以外は共通のはずです。では、これを C# で書いてみましょう。

```csharp
Initialize(filename);
using (var sr = new StreamReader(filename)) {
    while (!sr.EndOfStream) {
        string line = sr.ReadLine();
        Execute(line);
    }
}
Terminate();
```

このコードを共通化したいのですが、アプリケーションが部品を呼び出すという通常のライブラリの考え方ではこれを共通化することはできません。サンプルコードを用意しそれを参考に、それぞれのプログラムを書いていこう、という発想になりがちです。しかし、これまで皆さんが学んだポリモーフィズムを活用すれば、これを共通に利用する形にできるのです。

17.2.3 テキストファイル処理のフレームワークの実装

それでは、さっそくテンプレートとなるクラス（処理の流れを共通化したクラス）をお見せしましょう。先を急がずにじっくりとこのコードを読んでください。

リスト17.8 TextProcessor クラス

```csharp
using System;
```

17.2 Template Method パターン

```csharp
using System.Collections.Generic;
using System.Linq;
using System.Text;
using System.IO;

namespace TextFileProcessor {
    public abstract class TextProcessor {

        public static void Run<T>(string fileName) where T: TextProcessor, new() {
            var self = new T();
            self.Process(fileName);
        }

        private void Process(string fileName) {
            Initialize(fileName);
            using (var sr = new StreamReader(fileName)) {
                while (!sr.EndOfStream) {
                    string line = sr.ReadLine();
                    Execute(line);
                }
            }
            Terminate();
        }

        protected virtual void Initialize(string fname) { }
        protected virtual void Execute(string line) { }
        protected virtual void Terminate() { }
    }
}
```

`TextProcessor` クラスは、`abstract` を付加していますから、`TextProcessor` クラスから継承させることを前提としたクラスです。

`Run` 静的メソッドは、型引数を受け取るジェネリックメソッドです。`where T: TextProcessor` は型 T が `TextProcessor` かその派生クラスであることを示しています。その後ろの `new()` は、型 T が引数無しのコンストラクタでインスタンスを生成できることを示しています。この `Run` 静的メソッド内では、型引数 T のインスタンスを生成し、`Process` メソッドを呼び出しています。

`Process` メソッドでは、`Initialize`、`Execute`、`Terminate` の 3 つのメソッドを呼び出しています。ここがポリモーフィズムを使っている箇所です。ソースコード上は自分自身（`TextProcessor` クラス）のメソッドを呼び出していますが、実際に動作する際には、生成されたインスタンスのメソッドが呼び出されます。ポリモーフィズムの本質である**異なる型の同一視**がここで行われています。

`Initialize`、`Execute`、`Terminate` の 3 つのメソッドは、`protected virtual` が指定し

てありますから、派生クラスでオーバーライドして具体的な処理を記述することになります。何もさせる必要がない場合は、オーバーライドする必要はありません。

この TextProcessor クラスは、クラスライブラリ形式のアセンブリに格納することにしましょう。Visual Studio で新規プロジェクトを作成する際に、[クラスライブラリ]("クラスライブラリ" の後ろに括弧付きの表記がないもの) を選択してください。名前は "TextFileProcessor" としましょう。プロジェクトが作成できたら、新規クラスを追加し、リスト 17.8 の TextProcessor クラスを定義してください。自動生成された Class1.cs は不要なので削除してください。

次いで、[ソリューションのビルド] を行います。これで TextFileProcessor クラスライブラリ (TextFileProcessor.dll) ができます。

17.2.4 フレームワークの利用(アプリケーションの作成)

前項で作成した TextFileProcessor クラスライブラリ (TextFileProcessor.dll) を利用して、テキストファイルの行数をカウントするコンソールアプリケーションを作成してみます。

新たに、LineCounter というコンソールアプリケーションのプロジェクトを作成し、先ほどの TextFileProcessor ライブラリをプロジェクトの参照に追加しておきます。参照に追加するには、[ソリューションエクスプローラー] のプロジェクトの [参照] フォルダを右クリックし、[参照の追加] を選択します。続いて [参照マネージャー] ダイアログの右下にある [参照] ボタンをクリックします。[参照するファイルの選択] ダイアログが開きますので、ここで追加したい DLL ファイルを選択し [追加] ボタンをクリックすれば、参照の追加が行えます。

LineCounter プログラムのコードを以下に示します。

リスト17.9 TextFileProcessor.dll を利用したアプリケーション

```
using System;
using System.Collections.Generic;
using System.Linq;
using System.Text;
using TextFileProcessor;    ◀ TextProcessorクラスを利用するのに必要

namespace LineCounter {
  class Program {
    static void Main(string[] args) {
      TextProcessor.Run<LineCounterProcessor>(args[0]);
    }
  }
```

```
    class LineCounterProcessor : TextProcessor {
        private int _count;

        protected override void Initialize(string fname) {
            _count = 0;
        }

        protected override void Execute(string line) {
            _count++;
        }

        protected override void Terminate() {
            Console.WriteLine("{0} 行", _count);
        }
    }
}
```

　このコンソールアプリケーションのプロジェクトのソースでは、**LineCounterProcessor** クラスに **Initialize**、**Execute**、**Terminate** という3つのメソッドを定義しましたが、これらのメソッドを呼び出しているコードは存在しません。このメソッドを呼び出しているのは、クラスライブラリ側の **TextFileProcessor** クラスです。

　ここで示したコードは、継承元クラス（**TextProcessor**）でコードの枠組み（テンプレート）を用意し、派生クラス（**LineCounterProcessor**）で、継承元クラスの抽象メソッドをオーバーライドすることで、派生クラス固有の機能を実現しています。このようなパターンを **Template Method パターン** と呼んでいます。Template Method パターンを利用すれば、サブクラスを定義するだけで、全体の処理の流れを記述する必要がなくなり、「似ているけれど、ちょっと違うコード」を量産してしまうことがなくなります。.NET Framework の中でも、この Template Method パターンは多く利用されています。

　ここで作成したクラスのうち、Template Method パターンにかかわるクラスを抜き出し、図式化したのが次ページ図 17.1 のクラス図です。

　クラス図はクラス間の静的な構造を表す図です。クラス間の関連を視覚的に捉えることができます。長方形で表されるのがクラスです。長方形の中は3つに分割され、上から順に、クラス名、属性（プロパティ、フィールド）、操作（メソッド）が書かれます。*abstract* のメンバーはそれがわかるように斜体にします。白抜き△の矢印は、継承を表します。矢印の方向に「○は□を知っている」と覚えると理解しやすいと思います。ソースコードを見れば、**TextProcessor** は **LineCounterProcessor** を知らないが、**LineCounterProcessor** は、**TextProcessor** を知っていることがわかります。

Chapter 17 実践オブジェクト指向プログラミング

図17.1 Template Method パターン

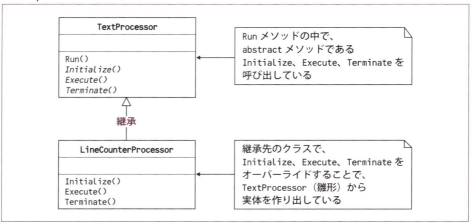

　繰り返しになりますが、フレームワーク側（`TextProcessor`）がアプリケーションプログラマーが書いたクラス（`LineCounterProcessor`）のメソッドを呼び出しています。汎用的なコードである`TextProcessor`を作る人、その汎用的なコードを利用する人（`LineCounterProcessor`を作る人）とで、一般的なライブラリとは立場が逆転している点に注目してください。

17.2.5 プログラムを実行する

　まず、`LineCounter`プロジェクトをビルドします。debugモードでビルドした場合は、プロジェクトのあるフォルダの下の`bin¥debug`フォルダに`LineCounter.exe`ファイルが作成されます。この`LineCounter.exe`を実行するには、コマンドプロンプトで`LineCounter.exe`があるディレクトリに移動し、以下のようにタイプします。これでカレントディレクトリにある`Sample.cs`ファイルを読み込み行数を表示してくれます。

```
LineCounter Sample.cs
```

　Visual Studioからデバッグしたい場合は、`LineCounter`プロジェクトのプロパティ設定ページを開き、［デバッグ］タブのコマンドライン引数入力欄に、「`D:¥temp¥hello.cs`」のように読み込みたいファイルを指定すればデバッグが可能です。
　ここまでの説明を理解できれば、`TextProcessor`を使って「全角英数字を半角英数字に置き換え、別ファイルに出力するプログラム」や「空白行をすべて削除し、結果をコンソールに出力するプログラム」などが作成できるはずです。この章の最後の演習問題に`TextProcessor`クラスを使って独自のテキスト処理をするプログラムを作成する問題を載せていますので、ぜひチャレンジしてみてください。

17.3 Strategy パターン

17.3.1 距離換算プログラムを再考する

　第 2 章で距離換算プログラム作成しましたが、もう少し実用的な距離換算プログラムを作成してみましょう。距離換算プログラムでは、「メートルからヤードへ」、「ヤードからフィートへ」、「インチからメートルへ」などいろいろな換算（変換）が考えられます。それぞれの変換を if 文で場合分けして書いていたら大変なことになるということは想像できると思います。では、どのようなコードを書けば良いのでしょうか？　後からマイルも扱いたくなった場合はどうでしょうか？

　たとえば、ヤードからフィートへの変換について考えてみましょう。ヤードからいきなりフィートに変換することも可能ですが、いったん、ヤードからメートルに変換し、それからメートルからフィートに変換しても同じ結果が得られます。インチからフィートに変換する場合も、インチからメートルに変換し、それからフィートに変換しても結果を求めることができます。つまり、どんな変換であっても、いったんメートルに変換し、それから目的の単位に変換することが可能です。

　この考えに基づけば、16 ヤードが何フィートか求めるコードは、次のようなコードになるでしょう。

```
var fromConverter = new YardConverter();
var toConverter = new FeetConverter();
double meter = fromConverter.ToMeter(16);
double feet = toConverter.FromMeter(meter);
```

132 インチからヤードに変換するコードは次のようなコードになるでしょう。

```
var fromConverter = new InchConverter();
var toConverter = new YardConverter();
double meter = fromConverter.ToMeter(132);
double yard = toConverter.FromMeter(meter);
```

　ほとんど同じコードです。異なるのは利用しているクラスだけです。つまり、利用しているクラスを差し替えれば、どんな変換でも同じコードで済ませることができるわけです。そうすれば、すべての組み合わせのコードを書く必要がなくなります。

　YardConverter や InchConverter の継承元クラスがあり、それが ConverterBase クラスだとすると、次のように一般化できます。

```
ConverterBase fromConverter = new XxxConverter();
ConverterBase toConverter = new YyyConverter();
double meter = fromConverter.ToMeter(16);
double result = toConverter.FromMeter(meter);
```

XxxConverter、YyyConverter のところを、具体的なクラス名を書かずにどうやって記述したら良いのか、それは後で考えるとして、まずは InchConverter などの変換クラスを定義してみましょう。

17.3.2 Converter に共通するメソッド、プロパティを定義する

YardConverter や InchConverter が共通に持つメソッド、プロパティを抜き出し、ConverterBase クラスとして定義します。このクラスから、YardConverter などのクラスを派生させることにします。

リスト17.10 ConverterBase クラス

```
public abstract class ConverterBase {
    // メートルとの比率（この比率を掛けるとメートルに変換できる）
    protected abstract double Ratio { get; }

    // 距離の単位名（たとえば、"メートル"、"フィート"など）
    public abstract string UnitName { get; }

    // メートルからの変換
    public double FromMeter(double meter) {
        return meter / Ratio;
    }

    // メートルへの変換
    public double ToMeter(double feet) {
        return feet * Ratio;
    }
}
```

FromMeter、ToMeter の 2 つのメソッドはすべての派生クラスで共通に利用するメソッドとなります。このような具体的な処理コードがあるため、IConverter というインターフェイスではなくクラスとしています。

なお、ConverterBase クラスのインスタンスを直接生成することはありませんので、abstract を付けて抽象クラスとしています。ConverterBase クラスには、Ratio というプロパティがあり、メートルとの比率を表していますが、このクラスで具体的な値は書

けないので、abstract を指定し、派生クラスで必ず実装することにします。UnitName プロパティも同様に、派生クラスで中身を定義することになりますので、abstract を指定しています。

　FromMeter メソッドと、ToMeter メソッドは、Ratio の値が決まれば、どの派生クラスでも同じロジックで計算できますので、継承元の ConverterBase クラスで中身を定義しています。

17.3.3 Converter の具象クラスを定義する

　継承元のクラスが定義できましたので、YardConverter などの具象クラスを派生させます。ここでは、メートル、フィート、インチ、ヤードの4つの変換クラスを定義します。

リスト17.11 ConverterBase クラスの具象クラス

```csharp
public class MeterConverter : ConverterBase {
    protected override double Ratio { get { return 1; } }
    public override string UnitName { get { return "メートル"; } }
}

public class FeetConverter : ConverterBase {
    protected override double Ratio { get { return 0.3048; } }
    public override string UnitName { get { return "フィート"; } }
}

public class InchConverter : ConverterBase {
    protected override double Ratio { get { return 0.0254; } }
    public override string UnitName { get { return "インチ"; } }
}

public class YardConverter : ConverterBase {
    protected override double Ratio { get { return 0.9144; } }
    public override string UnitName { get { return "ヤード"; } }
}
```

　4つの派生クラスでは、継承元クラスの abstract メンバーをオーバーライドしています。それぞれのクラスの違いが一目瞭然ですね。MeterConverter クラスも定義してあります。このクラスを定義しておけば、フィートからメートルへ、メートルからインチへといった変換も可能になります。

17.3.4 距離の単位変換を担当するクラスを定義する

　個々の Converter クラスが定義できましたので、今度は、このアプリケーションが本

来持つべき機能である「距離の単位変換」を担当するクラスを定義しましょう。ここでは、`DistanceConverter` と名付けました。

リスト17.12 DistanceConverter クラス

```
public class DistanceConverter {
    public ConverterBase From { get; private set; }
    public ConverterBase To { get; private set; }

    public DistanceConverter(ConverterBase from, ConverterBase to) {
        From = from;
        To = to;
    }

    public double Convert(double value) {
        var meter = From.ToMeter(value);
        return To.FromMeter(meter);
    }
}
```

コンストラクタには、`YardConverter` や `FeetConverter` などの具体的なインスタンスが引数として渡ってきて、その値が `From` と `To` プロパティに設定されます。`Convert` メソッドでは、この2つのプロパティを使い距離の単位変換処理を行っています。

どこにも具体的なクラス名は表れていません。`From` と `To` というプロパティの型が `ConverterBase` となっていて、この抽象クラスに対してプログラミングしています。ここがポリモーフィズムを使っている箇所になります。

そして、具体的な変換ロジック（ヤードをメートルに変換するなど）は、このクラスのどこにも表れません。それはコンストラクタの引数で指定する2つの `Converter` クラスの中で実装されています。つまり、コンストラクタの引数に何を渡すかで、変換ロジックが切り替わることになります。アルゴリズムを実行時に切り変えることのできるこのようなパターンを **Strategy パターン**と呼んでいます。アルゴリズム部分を別のクラスとして独立させることで、柔軟で拡張性に富んだ設計にすることができます。

Strategy パターンに関連するクラスを抜き出してクラス図にしたのが図 17.2 です。

図 17.2 の `DistanceConverter` から `ConverterBase` への矢印は `From` と `To` の2つのプロパティが `ConverterBase` オブジェクト（実際はその派生クラスのオブジェクト）を保持していることを示しています。

一般的な Strategy パターンは、切り替えるアルゴリズムは1つですが、この例では、メートルへの変換、メートルからの変換の2つのアルゴリズムを切り替えることで、さまざまな距離変換に対応しています。

図17.2 Strategyパターン

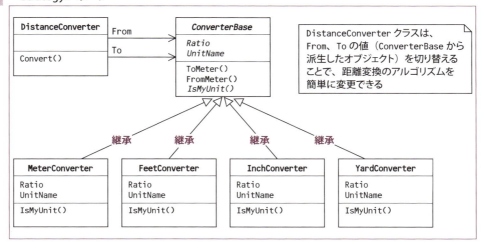

このDistanceConverterの使用例を以下に示します。

```
// 100ヤードをフィートに変換する
var from = new YardConverter();
var to = new FeetConverter();
var converter = new DistanceConverter(from, to);
var result = converter.Convert(100);
```

本書で示した例では、Ratioの値だけが異なり、計算式はどのクラスでも同じでした。そのため、ToMeterメソッド、FromMeterメソッドは継承元のクラスに実装しましたが、アルゴリズムが大きく異なる場合は、ToMeter、FromMeterをabstractメソッドにして、それぞれの派生クラスで、ToMeter、FromMeterを実装することになるでしょう。通常のStrategyパターンは、それぞれの派生クラスでアルゴリズムを実装するので、ここで示したConverterBaseはちょっと特殊かもしれません。

17.3.5 オブジェクト生成を一元管理する

次に、fromやtoのインスタンスの生成について考えてみましょう。Strategyパターンとは直接関係はしませんが、実際のアプリケーションでは、アルゴリズムを実装しているStrategyクラス（ConverterBaseの派生クラス）のインスタンスをどうやって生成し、DistanceConverterにどう渡すのかも重要になってきますので、コンソールアプリケーションを例にそれを考えてみましょう[2]。

まずは、プログラムの実行例を示します（➡次ページ図17.3）。

---

[2] GUIアプリケーションの場合は、ドロップダウンリストなどから選択してもらう形式になるでしょう。

Chapter 17 実践オブジェクト指向プログラミング

図17.3 距離換算プログラムの実行例(1)

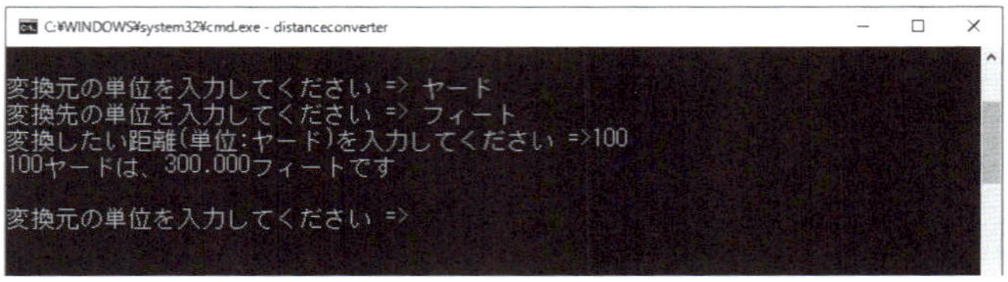

```
C:\WINDOWS\system32\cmd.exe - distanceconverter

変換元の単位を入力してください =>ヤード
変換先の単位を入力してください =>フィート
変換したい距離(単位:ヤード)を入力してください =>100
100ヤードは、300.000フィートです

変換元の単位を入力してください =>
```

この実行例からわかるように、ユーザーに入力してもらった"**ヤード**"や"**フィート**"などの単位から、該当するインスタンスを生成することが必要です。ここでは、以下のようなコードで各Converterクラスのインスタンスを取得するようにしましょう。

```
var converter = ConverterFactory.GetInstance("ヤード");
```

`GetInstance`メソッドでは、引数の文字列に対応する`Converter`クラスを見つけ、そのインスタンスを返すものとします。このメソッドの中で、以下のように書いてもよいですが、変換する単位が増えると、そのつど`if`文を増やさないといけませんから、スマートな方法とはいえません。

```
ConverterBase = from;
if (unit == "ヤード")
    from = new YardConverter();
else if (unit == "フィート")
    from = new FeetConverter();
```

いくつかの解決策がありますが、`ConverterBase`に、`IsMyUnit`というメソッドを追加し、"**ヤード**"などの単位名が自分のものか判断させることとし、`if`文を排除したいと思います。書き換えた`ConverterBase`とその派生クラスの抜粋を示します。"**feet**"や"**inch**"などの英単語にも対応させました。

リスト17.13 ConverterBaseとその派生クラス

```
public abstract class ConverterBase {
    public abstract bool IsMyUnit(string name);
    protected abstract double Ratio { get; }
    public abstract string UnitName { get; }
    public virtual double FromMeter(double meter) {
        return meter / Ratio;
    }
    public virtual double ToMeter(double feet) {
        return feet * Ratio;
```

```
        }
    }

    public class MeterConverter : ConverterBase {
        public override bool IsMyUnit(string name) {
            return name.ToLower() == "meter" || name.ToLower() == "meter" || name ==
                                                                      ➡UnitName;
        }
        protected override double Ratio { get { return 1; } }
        public override string UnitName { get { return "メートル"; } }
    }

    public class FeetConverter : ConverterBase {
        public override bool IsMyUnit(string name) {
            return name.ToLower() == "feet" || name == UnitName;
        }
            ⋮
    }

    public class InchConverter : ConverterBase {
        public override bool IsMyUnit(string name) {
            return name.ToLower() == "inch" || name == UnitName;
        }
            ⋮
    }

    public class YardConverter : ConverterBase {
        public override bool IsMyUnit(string name) {
            return name.ToLower() == "yard" || name == UnitName;
        }
            ⋮
    }
```

"ヤード" や "インチ" などの単位名に対応する `Converter` クラスのインスタンスを生成する `ConverterFactory` を以下のように定義します。

リスト17.14 `ConverterFactory` クラス

```
static class ConverterFactory {
    // あらかじめインスタンスを生成し、配列に入れておく
    private static ConverterBase[] _converters = new ConverterBase[] {
        new MeterConverter(),
        new FeetConverter(),
        new YardConverter(),
```

Chapter 17 実践オブジェクト指向プログラミング

```
            new InchConverter(),
        };

        public static ConverterBase GetInstance(string name) {
            return _converters.FirstOrDefault(x => x.IsMyUnit(name));
        }
    }
```

　GetInstance メソッドは、"フィート" や "インチ" などの単位名を引数として受け取り、その名前をもとに、_converters 配列から該当する Converter オブジェクトを見つけ、呼び出し元に返しています。

　GetInstance メソッド内で呼び出される IsMyUnit メソッドは、コード上は ConverterBase 型のメソッドですが[3]、実際に呼び出されるメソッドは具体的なクラス（MeterConverter など）の IsMyUnit です。ここでもポリモーフィズムが使われています。

　もし、新しい MileConverter クラスを追加したならば、この ConverterFactory クラスの _converters 変数の初期化部分に 1 行追加するだけで、それ以外を変更することなく新しい単位に対応できるようになります。

17.3.6 プログラムを完成させる

　これで準備が整いましたので、Main メソッドを書いてプログラムを完成させましょう。

リスト17.15 DistanceConverter の Program クラス

```
class Program {
    static void Main(string[] args) {
        while (true) {
            var from = GetConverter("変換元の単位を入力してください");
            var to = GetConverter("変換先の単位を入力してください");
            var distance = GetDistance(from);

            var converter = new DistanceConverter(from, to);
            var result = converter.Convert(distance);
            Console.WriteLine($"{distance}{from.UnitName}は、
                                        ➡{result:0.000}{to.UnitName}です¥n");
        }
    }

    static double GetDistance(ConverterBase from) {
        double? value = null;
        do {
```

---

[3] _converters 変数は、ConverterBase[] 型なので、ラムダ式の引数 x は、ConverterBase 型です。

```
            Console.Write($"変換したい距離(単位:{from.UnitName})を
                                              ➡入力してください => ");
            var line = Console.ReadLine();
            double temp;
            value = double.TryParse(line, out temp) ? (double?)temp : null;
        } while (value == null);
        return value.Value;
    }

    static ConverterBase GetConverter(string msg) {
        ConverterBase converter = null;
        do {
            Console.Write(msg + " => ");
            var unit = Console.ReadLine();
            converter = ConverterFactory.GetInstance(unit);
        } while (converter == null);
        return converter;
    }
}
```

プログラムを実行した様子を図 17.4 に示します。

図17.4　距離換算プログラムの実行例(2)

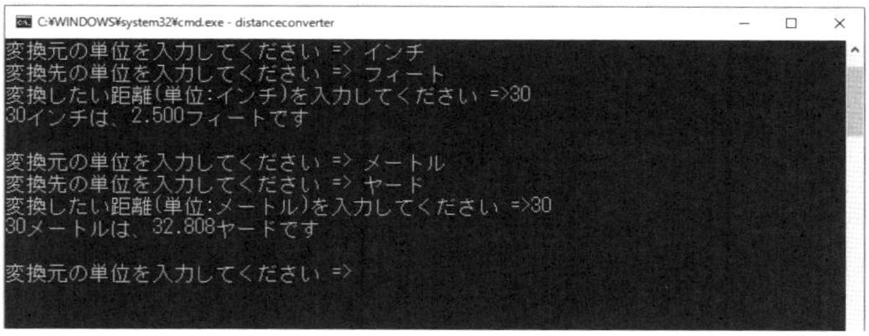

リスト 17.15 のコードにも、YardConverter などの具体的なクラス名が表れていません。このようにポリモーフィズムをうまく使うと、具体的なクラス名がコード上に現れることがほとんどなくなります。つまり、新しい距離単位に対応する場合でも、リスト 17.15 のコードにはいっさい手を加える必要がないということです。実際、既存クラスで手を加える必要があるのは、ConverterFactory だけです。このため機能追加時にコードを壊す危険がほとんどありません。

第 17 章の演習問題

問題 17.1

「17.2：Template Method パターン」で示した TextProcessor クラスを使い、テキストファイルの中の全角数字をすべて半角数字に置き換えて、置き換えた結果をコンソールに出力するプログラムを作ってください。

問題 17.2

「17.3：Strategy パターン」で示した距離換算プログラムに機能を追加し、マイルとキロメートルも扱えるようにしてください。

問題 17.3

「17.2：Template Method パターン」で示したプログラムは、視点を変えると下図のような構造にすることもできます。

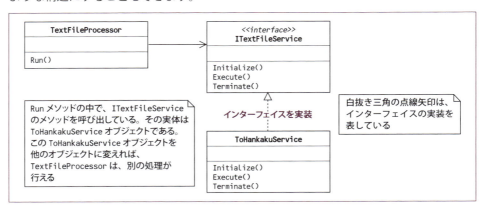

問題 17.1 で作成したプログラムを、この構造に合うように書き換えてください。なお、ITextFileService と TextFileProcessor は以下のとおりとします。

```
public interface ITextFileService {
    void Initialize(string fname);
    void Execute(string line);
    void Terminate();
}

public class TextFileProcessor {
```

第 17 章の演習問題

```csharp
    private ITextFileService _service;

    public TextFileProcessor(ITextFileService service) {
        _service = service;
    }

    public void Run(string fileName) {
        _service.Initialize(fileName);
        using (var sr = new StreamReader(fileName)) {
            while (!sr.EndOfStream) {
                string line = sr.ReadLine();
                _service.Execute(line);
            }
        }
        _service.Terminate();
    }
}
```

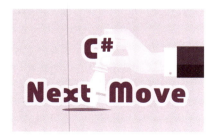

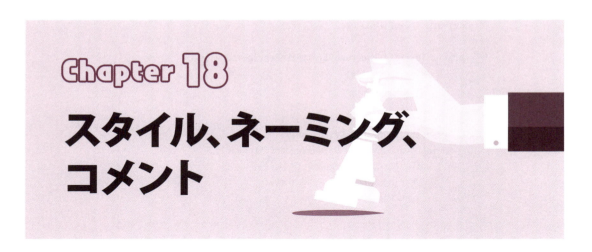

Chapter 18
スタイル、ネーミング、コメント

　プログラムのソースコードは、コンパイラプログラムが理解するものであると同時に、プログラマーが読み理解するものです。プログラムというものは一度書いたらそれで終わりではなく、その後何年もメンテナンスをされていくのが普通です。2年、3年はあたりまえ、5年、10年と長くメンテナンスされ続けるプログラムもたくさんあります。そう考えると、「正しく動作する」、「処理速度が速い」ということはもちろん、「読みやすくメンテナンスしやすい」コードを書くこともとても大切になってきます。

　これまでの章では、.NET Framework の機能をいかに上手に使いこなすかという点を中心に解説してきましたが、この第18章および第19章では、**良いコードとは読みやすいコード、メンテナンスしやすいコード**であるとの視点から、良いコードを書くにはどうしたら良いかという点について解説します。

　ただ、読者の皆さんが所属するプロジェクトあるいは会社では、すでに命名規約やコーディング規約などが定められていることと思います。もしかしたら、ここに書かれている指針とは異なる規約もあるかもしれません。そうした場合はコードの統一を優先し、組織の規約に従ってください。

　まず本章では、見た目の読みやすさに焦点を当て、スタイル、ネーミング、コメントについての指針を示します[1]。

18.1　スタイルに関する指針

　良いコードを書く第一歩はコードのスタイルを整えることです。この際、重要なのは**スタイルに一貫性を持たせる**ということです。そのときの気分でスタイルを変えるよう

---

[1] 本章では、以下のサイト、書籍を参考にしました。
「Framework デザインガイドライン」https://msdn.microsoft.com/ja-jp/library/ms229042
『プログラミング作法』ブライアン・カーニハン、ロブ・パイク（著）アスキー（2000/11）
『CODE COMPLETE 第2版』スティーブ・マコネル（著）日経BP社（2005/3）

18.1 スタイルに関する指針

なことをしてはいけません。コードが一貫したスタイルで統一されていれば、読み手はストレスなくコードを読むことができます。まずはスタイルを統一するための指針について見ていきましょう。

18.1.1 構造をインデントに反映させる

プログラミングを始めたばかりの人の中には、インデント（字下げ）の大切さが理解できていない人もいるかもしれません。実際、筆者もその一人でした。そのときの言語はFORTRANでしたが、文法的に正しくてコンピュータが理解できれば、インデントする必要はないんじゃないの？と思ったものです。「プログラムコードは人（他の人）が読むものだ」という理解がなかったのですね。C#のインデントは、人が読むためのものであり、プログラムの構造を反映させたものだということを理解できれば、何も難しいことはありません。

以下は改行とインデントをひどい状態にしたものです。

リスト18.1　❌ ひどいスタイルのコード

```
if (string.IsNullOrEmpty(filePath)) filePath = GetDefaultFilePath();
    if (File.Exists(filePath)) {
    using (var reader = new StreamReader(filePath, Encoding.UTF8)) {
    while (!reader.EndOfStream) { var line = reader.ReadLine();
     Console.WriteLine(line);
    }}
}
```

これを次のように書けば、コードをより早く理解できるようになります。

リスト18.2　改行とインデントが適切なコード

```
if (string.IsNullOrEmpty(filePath))
    filePath = GetDefaultFilePath();
if (File.Exists(filePath)) {
    using (var reader = new StreamReader(filePath, Encoding.UTF8)) {
        while (!reader.EndOfStream) {
            var line = reader.ReadLine();
            Console.WriteLine(line);
        }
    }
}
```

最初に挙げた例は、あまりにも極端でひどい例でしたが、次のように構造とインデントが一致していないコードをまれに目にすることがあります。

Chapter 18 スタイル、ネーミング、コメント

リスト18.3 ❌ 構造とインデントが一致していないコード

```
if (string.IsNullOrEmpty(filePath))
   filePath = GetDefaultFilePath();
   if (File.Exists(filePath)) {
      using (var reader = new StreamReader(filePath, Encoding.UTF8)) {
         while (!reader.EndOfStream) {
            var line = reader.ReadLine();
            Console.WriteLine(line);
         }
      }
   }
}
```

ソースコードをいろいろといじっているうちに、インデントが崩れてしまったのだと思われます。このインデントだと、最初のif文の条件が成り立ったときに2つ目のif文が実行されると勘違いしてしまいます。

このような構造とインデントが一致しないコードに出会ったら、Visual Studioのコード整形機能を使って、コードのスタイルを整えてください。[Ctrl] + [K] の後に続けて [Ctrl] + [D] とタイプすれば、コードを全体を整形してくれます。ただ残念ながら、オブジェクト初期化子とコレクション初期化子については整形の対象外となっています。この部分は手動でスタイルを整える必要があります。

なお、Visual Studioでメニューの［ツール］-［オプション］でダイアログを開き、［テキストエディター］-［C#］-［書式設定］で改行やインデントの設定をしておけば、Visual Studioで自動整形したときのスタイルをカスタマイズすることができます[2]（→図18.1）。

図18.1 C# の書式設定

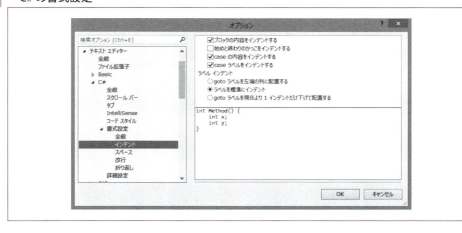

---

[2] 本書で採用しているスタイルについては p.6、p.436 で説明しています。このスタイルもここで説明しているオプションで設定可能です。なお、行末に { を配置するには、「改行」の設定を変更します。

18.1.2 括弧を使ってわかりやすくする

文法上、本来丸括弧が必要ないところであっても、括弧を使うことでコードをわかりやすくすることができます。

リスト18.4　❌ 括弧が少なすぎるコード
```
if (year % 4 == 0 && year % 100 != 0 || year % 400 == 0)
```

上のコードは括弧がないため優先順位がわかりにくくなっています。次のように括弧を使えば、意味を理解しやすくなります。

リスト18.5　適切に括弧を使ったコード
```
if ((year % 4 == 0 && year % 100 != 0) || (year % 400 == 0))
```

18.1.3 空白の一貫性を保つ

どの場所に空白を使うかは、人によって好みが異なりますが、空白の使い方にも一貫性を持たせることが大切です。適度な空白が視認性を上げてくれます。

次の2つのコードを見比べてください。

リスト18.6　❌ 空白が少なすぎるコード
```
var query=xdoc.Root.Elements()
            .Select(x=>new{
                Key=x.Attribute("abbr").Value,
                Value=x.Attribute("japanese").Value
            });
var dict=query.ToDictionary(x=>x.Key,x=>x.Value);
foreach(var d in dict){
    Console.WriteLine(d.Key+"="+d.Value);
}
```

リスト18.7　適度に空白があるコード
```
var query = xdoc.Root.Elements()
              .Select(x => new {
                  Key = x.Attribute("abbr").Value,
                  Value = x.Attribute("japanese").Value
              });
```

```
var dict = query.ToDictionary(x => x.Key, x => x.Value);
foreach (var d in dict) {
   Console.WriteLine(d.Key + "=" + d.Value);
}
```

　最初のコードだと、ちょっとごちゃごちゃした感じがあり、視認性が悪くなります。この例はとても単純なコードなのでまだ良いほうですが、1行が長いコードが続く場合は、さらに視認性が悪くなります。
　一方、空白を多用すると間延びした感じになり、やはり視認性を落とすことになります。

リスト18.8　❌ 過度な空白があるコード

```
var query = xdoc.Root.Elements ( )
              .Select ( x => new {
                  Key = x. Attribute ( "abbr" ).Value,
                  Value = x. Attribute ( "japanese" ).Value
              });
var dict = query.ToDictionary ( x => x.Key, x => x.Value );
foreach ( var d  in  dict ) {
    Console.WriteLine ( d.Key  +  "="  +  d.Value );
}
```

　ちなみに本書では、次のようなルールを採用しています。

1. if、for などの制御フローキーワードの後には1つの空白を置く
2. クラス定義時のコロン（:）の前後には1つの空白を置く
3. カンマ（,）の後ろには1つの空白を置く
4. for 文のセミコロン（;）の後ろには1つの空白を置く
5. + や * などの演算子の前後には1つの空白を置く
6. {} の前後にコードを書く場合には、{} の前後に1つの空白を置く

　ただ、これらのルールをいちいち覚える必要はありませんし、このとおりにする必要もありません。開発チーム内で一貫したルールを採用してください。この空白のルールも Visual Studio で設定することができます。メニューの［ツール］-［オプション］でダイアログを開き、［テキストエディター］-［C#］-［書式設定］-［スペース］で設定しておけば、空白の一貫性を保てます（→図 18.2）。

図18.2 C#のスタイル（空白）の設定

18.1.4 1行に詰め込みすぎない

次のようなコードは、何か難しそうなことをやっているな、という感想を読み手に持たせてしまい、読み手の心的ハードルを上げてしまいます。

リスト18.9 ✘ 1行に詰め込み過ぎのコード

```
return (new System.Uri(Assembly.GetExecutingAssembly().CodeBase)).LocalPath;
```

上のコードを次のように複数の文に分割すれば、より短い時間でコードを理解できるようになります。

リスト18.10 1行に1文のコード

```
var assembly = Assembly.GetExecutingAssembly();
var codeBaseUri = new System.Uri(assembly.CodeBase);
return codeBaseUri.LocalPath;
```

LINQの拡張メソッドをつなげる場合も、1行に書いてしまうと読みにくくなってしまいます。

リスト18.11 ❌ LINQの拡張メソッドを1行に記述しているコード

```
var firstDay = Enumerable.Range(1, 7).Select(d => new DateTime(year, month, d)).
                                     ➡First(d => d.DayOfWeek == dayOfWeek);
```

以下のコードのように、メソッドごとに改行しドットの位置を合わせることで、読みやすいコードになります。

リスト18.12 LINQの拡張メソッドをドットで改行したコード

```
var firstDay = Enumerable.Range(1, 7)
                        .Select(d => new DateTime(year, month, d))
                        .First(d => d.DayOfWeek == dayOfWeek);
```

18.2 ネーミングに関する指針

　良い名前を付けるというのはとても重要なことです。名前付けがうまくいけば、プログラムが読みやすく理解しやすくなり、保守性が向上します。ネーミングをおろそかにする人は良いプログラマーにはなれません。本節では、良い変数名、良いプロパティ名、良いメソッド名を付ける指針について詳しく説明します。それだけネーミングは重要だからです。

　なお、既存の名前を変更する際は、p.447の「Column：Visual Studioの［名前の変更］機能を使う」を参照してください。

18.2.1 Pascal形式とCamel形式を適切に使う

　C#では、変数名やメソッド名などの識別子の形式として、Pascal形式とCamel形式の2つ形式を採用しています。

- **Pascal形式**

　識別子の最初の文字と、それに続いて連結される各単語の最初の文字を大文字にします。

　Pascal形式は、3文字以上から構成される識別子に対して使用します。

```
Year  Menu  Item  BackColor  BlockSize  FamilyName
```

- **Camel形式**

　識別子の最初の文字を小文字にし、それに続いて連結されている各単語の最初の文字

を大文字にします。次に例を示します。

```
year  menu  item  backColor  blockSize  familyName
```

C# ではこの 2 つの形式が基本となります。この 2 つの形式をどう使い分けるのか示したのが次の表 18.1 です。

表18.1 Pascal 形式と Camel 形式

識別子	形式	例
名前空間	Pascal	System.Text
クラス	Pascal	StringBuilder
インターフェイス	Pascal	IEnumerable
構造体	Pascal	DateTime
列挙型	Pascal	DayOfWeek
列挙値	Pascal	Monday
イベント	Pascal	MouseHover
メソッド	Pascal	GetHashCode
プロパティ	Pascal	ViewBag
定数	Pascal	MaxValue
フィールド	Camel	currentPosition
引数（パラメータ）	Camel	options
ローカル変数	Camel	itemName

この表を見てわかるとおり、ほとんどの識別子が Pascal 形式です。Camel 形式を使うのは、フィールド、引数、ローカル変数の 3 つだけです。

2 文字の場合はちょっと特殊です。以下の表 18.2 にいくつかの例を示します。

表18.2 Pascal 形式と Camel 形式（2 文字の英単語）

英単語	Pascal	Camel
DB（*Database*）	DB	db
IO（*Input/Output*）	IO	io
IP（*Internet Protocol*）	IP	ip
ID（*Identity*）	Id	id
OK	Ok	ok
go	Go	go
on	On	on

2 文字の頭字語の場合は、Pascal 形式の識別子は 2 文字とも大文字にしてください。たとえば、DB（*Database*）、IO（*Input/Output*）、IP（*Internet Protocol*）などがそれに当たります。go、on といった通常の 2 文字の単語の場合は、ルールどおり Pascal 形式、

439

Camel 形式を使ってください。`ID`、`OK` は省略語ですが、通常の単語と見なし、`go` などの単語と同じルールにします。

なお、`Xml` などの 3 文字以上の頭字語は、すべてを大文字にはしません。前ページ「表 18.1：Pascal 形式と Camel 形式」に準じてください。次ページ「18.2.3：正しいつづりを使う」も参照してください。

フィールドのネーミングルール

クラスの `private` なフィールドのネーミングにはさまざまな流儀があります。主な流儀は以下の 4 つです。

ローカル変数と同じ Camel 形式

```
private ControllerContext controllerContext;
```

アンダースコアで始める

```
private ControllerContext _controllerContext;
```

アンダースコアで終わる

```
private ControllerContext controllerContext_;
```

m_ で始める

```
private ControllerContext m_controllerContext;
```

通常のローカル変数と同じで、プリフィックスを付けない最初の例が一般的なようですが、筆者は、フィールド名はアンダースコアで始めるようにしています。そのほうがローカル変数との区別が明確に付くというのがその理由です（➲ p.64）。インテリセンスで _ をタイプすれば、フィールドだけを表示させることができるのも便利です。GitHub で公開されている Entity Framework や ASP.NET MVC のソース[3] を見てみると、フィールド名はアンダースコアで始めていますので、Microsoft 社においても市民権を得ているようです。

なお、`public` な `static` フィールドは、Microsoft では先頭を大文字にした Pascal 形式にすることを推奨しています。

---

[3] https://github.com/aspnet

18.2.2 それが何を表すものか説明する名前を付ける

それが何を表すものか説明する名前を付ける――これが、ネーミングの大原則です。

たとえば、現在の日付を表すとしたら、`today`、`currentDate` などが良い名前です。一方、`cd`、`day`、`date`、`d`、`td` などの変数名は、良い名前ではありません。会員数を表す変数に、`num`、`nm`、`cnt` といった変数名が付いていたとしたら、それは良い名前とはいえません。`numberOfMembers` や `MembersCount` ならば、それが何かがすぐにわかります。

新規ユーザーを登録するメソッドならば、`UsrIns` や `NewUser` よりも、`RegisterUser` が適切です。また、`RegistUser` のように存在しない単語[4]を使うのも良くありません。1行を読み込むメソッドならば、単なる `Read` や `Input` よりも、`ReadLine` が良いでしょう。`ReadLn` と省略したり、`InputText` のような曖昧な名前は良い名前とはいえません。

18.2.3 正しいつづりを使う

クラス名、構造体名、メソッド名、プロパティ名などの識別子には、原則として省略した単語は使わないようにします。次に示す名前は悪い例です。

✘ `Btn  Cnt  Ttl  Clr  Wk  Reg  Exec  Disp`

以下のように省略していない単語を使ってください。

`Button  Count  Total  Clear  Work  Register  Execute  Display`

もちろん、スペリングミスもないように注意します。ときどき、英単語をローマ字つづりにした変数名や、日本語を省略した変数名を目にします[5]が、これも避けるようにします。

✘ `Degital  feeld  Horidei  UriBng  Kmkmei  KshnKbn`

なお、表18.3 のような英単語の頭文字を取った用語（頭字語）は、その頭字語が広く知られ、十分理解されている場合に限ります。

表18.3　一般的に使われている頭字語の例

頭字語	正式名称
`Html`	HyperText Markup Language
`Xml`	Extensible Markup Language
`Ocr`	Optical Character Reader
`Bcc`	Blind Carbon Copy/Copies
`Io`	Input/Output
`Ip`	Internet Protocol

---

[4]　`regist` という英単語は存在しません。
[5]　`Digital`、`field`、`Holiday`、売り上げ番号、科目名、更新区分のつもりで付けたものです。

18.2.4 ローカル変数の省略形は誤解のない範囲で利用する

メソッド内で利用するローカル変数も、省略形を使わないことが原則ですが、ローカル変数は、公開されるものではありませんので、メソッド、プロパティ、引数ほど厳しく制限する必要はないでしょう。

ただし、できるだけ誤解のない名前にすることが大切です。たとえば、秒を表す変数に `min` と命名したとすると、その文脈によっては、`minute` なのか `minimum` なのかの区別がすぐにはつかない場合もあります。`cont` という省略形も、`content` か `contract` か区別がすぐにはつきません。もしかしたら `count` の略かもしれません。`rec` も `record` なのか `receive` なのか `receipt` なのかの区別がつきません。`title` を `ttl` と省略した場合も、`total` と勘違いする人もいるでしょう。結局、こういったところで横着すると、後々困るのは自分自身あるいはメンテナンスする人です。

そのため、ローカル変数においても省略形を使いすぎるのは良くありません。特に重要なのは、1つの省略形を2つ以上の意味で使わないことです。たとえば、同じソースファイルの中で `comp` を `complete`、`compare`、`compress` など複数の単語の省略形として使っていたら、後でそのコードを読む人はかなり苦労することになります。

また、省略形を使う場合は誤解のない広く使われているものを利用し、自己流省略形を使うのは避けてください。なお、コンピュータ領域のクラス（たとえば.NET Frameworkのクラス）のローカル変数名では、`StringBuilder` を `sb`、`TextWriter` を `tw` などと頭文字を使い省略する場合もあります。このような変数は、スコープ[6]を短くすることが大切です。

18.2.5 ローカル変数の1文字変数は用途を絞る

ローカル変数は、さらに短い1文字の変数を使う場合もあります。1文字の変数名は、ある特定の用途に限定して利用します。表 18.4 にその例を示します。

表 18.4　1文字の変数名の例

変数名	用途
c	char 型の一時変数
i	for 文のループ変数
n	int 型の一時変数
o	任意の型のオブジェクトの一時変数
s	string 型の一時変数
x	2（3）次元の X 座標、ラムダ式のオブジェクトを表す引数
y	2（3）次元の Y 座標
z	3次元の Z 座標

---

[6] 変数のスコープとは、その変数が参照可能な範囲のことです。

これらの 1 文字変数は、行数の短いメソッド内で一時的な変数として使う分にはそれほど問題はありませんが、メソッドが長くなると、そのコードが何をしているのかが理解不能になります。とにかく、1 文字変数の使いすぎは厳禁です。名前を考えるのが面倒なので a、b、c という変数名を付けるということは絶対にやってはいけません。

18.2.6 変数名 / プロパティ名は名詞が良い

変数名 / プロパティ名には名詞を付けるのが一般的です。変数名 / プロパティ名をより説明的にするために、名詞の前にそれを修飾する単語を加える場合もあります。

```
TaxRate   UnitName   firstNumber   targetYear   selectedColor   currentWord
```

ただし、どんなときでも名詞かというと、そんなこともありません。副詞や形容詞などを使う場合もあります。たとえば、current、first、printed などの名前を付けることもあります。要は、**何を表すものか説明する名前**であることが重要です。

また、複数の要素を保持するコレクション変数、コレクションプロパティは複数形にするのが一般的です。

```
items   colors   Employees   Products   Sales
```

18.2.7 bool 型であることがわかる名前にする

bool 型の変数 / プロパティには、true か false がそれぞれ何を意味するのか明確にわかる名前を付けます。次に示すのは悪い例です。それが bool 型の変数なのかがわからないのはもちろん、true、false が何を指すのかも曖昧です。

✘ emptyFlag   jobStatus   saveSwitch   execution   checkChildren

これらの変数を次のように書き換えれば、bool 型であることが明らかになると同時に、true と false が何を意味するのかが明確になります。

```
isEmpty   isBackground   canSave   canExecute   hasChildren
```

このように、bool 型の識別子には、is、can、has で始めるのが一般的ですが、以下のように、is、can、has などを付けない場合もあります。このような名前ならば、true、false が何を意味するのかが自明です。

```
done   found   success   enabled   created   exists
```

もう 1 つ、bool 型の変数名で注意すべき点が、否定的な名前を付けてはいけないということです。isNotEmpty、notDone、notFound、notExists のような名前は、それが否定されたときにわかりにくくなってしまいます。以下の if 文は読み手を混乱させます。

Chapter 18 スタイル、ネーミング、コメント

✗
```
// 終了していないのでないなら？？？
if (!notDone) {
}
```

18.2.8 メソッド名には動詞を割り当てる

メソッド名には、動詞または動詞句を割り当ててください。通常は、何をするのかを表す動詞で始めます。そうすることでメソッドの機能がより理解しやすくなります。たとえば、以下のような名前です。

`FindEmployee  AddCustomer  SendMessage  GetCurrentStatus  RemoveAt  MoveTo ReadFrom`

なお、`Document` クラスに対して、`OpenDocument`、`CloseDocument` は冗長です。この場合は、`Open`、`Close` だけで十分です。

`bool` 値を返すメソッドでは、`Is`、`Has`、`Can` で始めるのが一般的です。

`IsLeapYear  IsEndOfMonth  IsLocalUrl  HasAttribute  CanRemove`

動詞を省略する場合もあります。.NET Framework のクラスには、以下のようなメソッドが存在します。これらは動詞がなくても意味が通じます。

`ToString  FromFileTime  IndexOf`

18.2.9 好ましくない名前

ネーミングの説明の最後として、いままで挙げた以外の好ましくない名前について説明します。ここで説明する好ましくないネーミングを避け、より良い名前になるようにしてください。

✗ 識別子に数字を付ける

複数の変数を区別する目的で、名前に数字を付けないでください。たとえば、`name1`、`name2`、`name3` といった名前は可能な限り使わないようにします。

たいていは、もっと良い名前があるはずです。どういった名前が適切か、考える努力をしてください。これを繰り返すことで、ネーミングのセンスも磨かれていくはずです。もし、どうしても思い浮かばなかったら、そのスコープを極力狭くすることが重要です。

✘ bool 型に flag という名前を付ける

ある 2 値の状態を表す変数に、`flag` という名前が使われることがあります。しかし、これは可能な限り別の名前にしたほうが良いでしょう。以下の名前はあまりにも漠然としていて何を示しているのかがわかりません。

✘ `printFlag saveFlag numFlag readFlag updateFlag`

たとえば、これらを以下のような名前にすれば、何を意味しているのか、`true` のときはどのよう状態なのか、`false` のときはどんな状態なのかが変数名から類推することができます。

`printed canSave isNumeric isReading shouldUpdate`

`flag` と同様、`switch`、`kubun` といった名前も使わないようにしてください。

✘ 複数形と単数形を区別しない

配列や `List<T>` などのコレクションの変数に単数形の名前を付けてはいけません。たとえば、以下のように、`List<Product>` のオブジェクトに `product` という名前を付けたとします。

✘ `var product = new List<Product>();`

これでは読み手に誤解を与えますし、同じメソッドの中で単体の `Product` オブジェクトの変数が必要になったときには、適切な名前を付けることができませんから、さらに理解しにくいコードになってしまいます。複数のオブジェクトを保持するコレクションオブジェクトには複数形の名前を付けてください。

`var products = new List<Product>();`

この複数形にするという命名に抵抗がある場合は、後ろに、`List` や `Collection` などを付加して、それが複数のオブジェクトを保持するものであることがわかるような名前にしてください。

✘ 名前に Info や Data、Manager を付ける

クラスの名前の後ろに `Info` や `Data` を付ける場合は、本当にそれが必要なのか検討する必要があります。`Info` や `Data` は具体性に欠ける名前のため、それが何を表すのかがわかりにくくなってしまいます。

たとえば、`BookInfo`、`ProductInfo`、`MemberData`は、たいていの場合、`Book`、`Product`、`Member`で済むはずです。もし、違うものを表現したいのならば、`BookMetadata`、`ProductDetail`、`MemberCollection`など別の名前のほうが適切かもしれません。`Info`や`Data`がすべてダメとはいえませんが、他の名前が付けられないか検討してください。`Detail`、`Summary`、`Metadata`、`Catalog`、`Category`、`Attributes`、`List`、`Collection`などが候補になるかもしれません。

同様に、`BookManager`のようにクラス名の後ろに`Manager`を付けるのも、本当にそれが適切な名前なのか検討してください。`Manager`より適切な名前（たとえば、`Factory`、`Builder`、`Writer`、`Reader`、`Converter`、`Proxy`、`Dispatcher`、`Launcher`、`Cache`、`Container`など）があるかもしれません。

✘ メソッド名とやることが異なっている

既存のプログラムをメンテナンスしていると、名前と実際にやっていることが食い違っているメソッドに出会うことがあります。`Search`という名前なのに、追加処理も内部でやっていたり、`Check`という名前なのに、データ更新もやっていたり、ファイルからデータを読み込んでいるのに、`OpenFile`というメソッドが付いていたり、データを読み込んでいるのに、`SetLine`という名前が付いていたり、それはもういろいろなパターンがあります。

読者の皆さんは、`SetLine`ってまったく反対の意味じゃないかと思われるでしょうが、こういった名前を付ける人もいるのです。そのメソッドが「読み込んだ行を、バッファーにセットしている」メソッドだとすると、What（何をやるか）ではなくHow（どうやるか）にとらわれているプログラマーは、こういった名前を付けてしまいがちです。さらにひどい場合は、`LineSet`と動詞（`Set`を動詞の意味で使っている）で終わる名前だったりします。しかし、これだと動詞ではなく名詞になってしまい、「行ひと揃い」という全然違う意味になってしまいます。メソッド名とやることが食い違っていると、読み手を混乱させることになります。つねに適切な名前を付けることが大切です。

また、指針どおりにメソッドに動詞を使っていたとしても、以下のメソッド名はあまり良いメソッド名とはいえません。

✘ `PerformWork` `OutputData` `CheckName` `ProcessBook` `ManageEmployee`

あまりにも漠然とした名前で、メソッドが具体的に何をするのか示していません。もっと具体的な名前を付けるようにしてください。適切な名前が付けられないということは、メソッドが単機能ではないということですから、コードを改善しメソッド名とやることを一致させるようにしてください。

Column　Visual Studio の[名前の変更]機能を使う

　Visual Studio の[名前の変更]機能を使うと、安全かつ簡単に識別子（クラス名、メソッド名、プロパティ名、引数名など）の名前を変更することができます。[名前の変更]機能を使う手順を以下に示します。

1. 変更したい識別子にカーソルを移動し、[Ctrl]＋[R]を2回押すか、または、右クリックして[名前の変更]を選択する
2. [名前の変更]ダイアログが表示される。この状態で、カーソル上の名前を変更したい名前に書き換える
3. ダイアログの[コメントを含める]にチェックを入れる
4. ダイアログの[適用]ボタンを押す

　これで、そのソリューションで利用している該当する名前がすべて新しい名前に変わってくれます。Visual Studio の文字列置換機能を使った名前の変更は、間違って関係ない箇所を変更してしまったり、変更漏れが生じる危険がありますが、[名前の変更]機能を利用すればそのような心配はありません。

　リファクタリング[7]などでコードを改善する場合は、変更を恐れずより良い名前に変更するようにしましょう。

18.3　コメントに関する指針

　適切に書かれたコメントは、プログラムを読むときの助けになります。一方、コードの内容とコメントの内容が違っていると理解の妨げになり、機能修正や機能追加の際にバグを埋め込む危険があります。コメントの良し悪しが、コードの品質を左右する場合がありますので、コメントといってもいい加減に扱うことはできません。

　コメントを書いた時点では、コードとコメントが一致していたとしても、プログラムの修正や機能追加が繰り返されると、コメントだけがその進化に付いて行けず、ほったらかしにされてしまうことがよくあります。コードとコメントが一致していない状態は、コメントがない状態よりも悪い状態だといえます。

　そのため、コードを直したら必ずコメントを見直し、必要ならば適切にコメントを書き換えることがとても大切です。しかし、これを守るのは想像以上に大変です。忙しいと、ついついコードだけを直して済ましてしまうことがあります。

　本節では、コードとコメントの食い違いをなくし、有効なコメントとするための指針について説明します。

---

[7] ソフトウェアの動作はそのままで、コードのほうを理解／修正しやすいものに改善することをいいます。

18.3.1 コメントにはわかりきったことは書かない

たとえば、以下のようなコメントを書くことは、無意味であり単なる時間の浪費にすぎません。

✗
```
// ゼロクリア
count = 0;

// 無限ループ
while (true) {

// コロンなら
if (c == ':') {

// nullを返す
return null;

// Boardインスタンスを生成
var board = new Board(8, 8);

// 公開プロパティNameの定義
public string Name { get; set; }
```

これらのコメントは、コードの同語反復にすぎず、コードから簡単に読み取ることができるわかりきった情報です。書く意味がまったくないといってよいでしょう。

18.3.2 クラスやメソッドのコメントには概要を書く

コメントの目的は、コードを読み解く手助けにすることです。クラスやメソッドにコードを要約するコメントを書いておけば、コードをメンテナンスする人がコードを理解する手助けになります。メソッドに、次のようなコメントがあれば、何をやっているのかすぐに把握することができます。

```
// 指定したIDの社員情報を取得する
public Syain FindSyain(string id) {
    ⋮
}
```

なお、この概要コメントでは実装の詳細説明は記述しません。たとえば以下のようなコメントは、実装詳細を説明したコメントです。

❌
```
// 指定したIDのSyainオブジェクトをSyainの配列から見つけ、
                              ➡ そのSyainオブジェクトの参照を返す
public Syain FindSyain(string id) {
    ⋮
}
```

とても良いコメントのように思えますが、実はそうではありません。`Syain` や `List<Syain>` はコードから読み取ることができる情報ですし、`Syain` クラスの名前を `Employee` に変更したらコメントも変更しなくてはなりません。配列を `List<T>` に変更した場合も同様にコメントを直さなくてはなりません。しかし、コメントが直される保証はどこにもなく、将来コードとコメントの不一致という歓迎されない状態になってしまう可能性があります。

18.3.3 コードから読み取れない情報をコメントに書く

コードから読み取ることのできない情報というものもあります。なぜそう書いたのかはコードから読み取ることはできません。プログラマーの意図を説明するコメントは、そのコードを理解する大きな手助けとなります。

たとえば、そのアルゴリズムの出典の URL や書籍の参照ページなどをコメントに残しておけば、後から読む人の助けになります。

```
// XXアルゴリズムを採用
// 参考URL:http//example.com/xx-algorithm.html
```

「なぜそうするのか」ということもコメントとしては有効です。利用しているコンポーネントのバグを回避するために記述したコードならば、そのことをコメントに残しておくことが重要です。コードからは読み取れない情報ですから。

```
// ○○社製のExampleLogger(ver1.0.5)のLogOptionを引数にとるコンストラクタには
// バグがあるため、インスタンス生成後に、SetOptionメソッドで設定している
var logger = new ExampleLogger(path);
logger.SetOption(new LogOption {
    AutoFlush = true,
    Buffering = true,
    FireAndForget = true,
    Duration = new TimeSpan(0, 0, 10)
});
```

また、コードからは何をしているのかがすぐにはわからない場合もあります。たとえば、以下のようなコードは、何を求めているのかがすぐにはわかりません。

```
Point left = points.Where(p => p.X == points.Min(p2 => p2.X))
                   .First();
```

そのため、次のようにコメントを付加しておけば、後で読んだときにコードを読む助けとなります。

```
// 最も左側にある点の位置を1つだけ求める
Point left = points.Where(p => p.X == points.Min(p2 => p2.X))
                   .First();
```

ここで重要なのは、「何をするのか」をコメントに残すということです。「どうやるか」が細かく書かれているコメントは、実装詳細が変更されたときには、まったく役に立たなくなってしまいます。

18.3.4 ダメなコードにコメントを書くよりコードを書き換える

コメントを書くことは大切なことですが、わかりにくいコードに一生懸命コメントを書くのなら、その労力をわかりやすいコードを書くほうに振り向けるべきです。特に、変数名、メソッド名に適切な名前を付ければ、多くのコメントが不要になります。たとえば、以下のコードを見てください。

✗
```
// 最初のリクエストかどうかを判断するための変数。trueならば最初の処理
bool requestFlag = true;
```

最初の処理を特別扱いしたい場合に、変数 requestFlag を用意しているのですが、コメントがないとどんな用途で使われるのかがわかりません。そのため requestFlag 変数の用途が何か説明しているのですが、次のような変数名にすれば、コメントそのものが不要になります。

```
bool isFirstRequest = true;
```

また、次のようなコメントも、名前を適切に付ければ不要になります。

✗
```
// コレクションにイメージが含まれていれば（trueならば含まれている）
if (collection.CheckImg()) {
```

次のようなメソッド名ならば、コメントは不要です。

```
if (collection.ContainsImage()) {
```

18.3.5 コメントは必要最低限にする

これまで説明してきた指針を守っても、コードとコメントの不一致は起こってしまうものです。この望ましくない状態にしないためには、**コメントは必要最低限にとどめる**べきだ、というのが筆者の見解です。

コメントを書くのに多大な労力をかけるのならば、その労力をわかりやすいコードを書くことに振り向けたほうがずっと建設的です。コードに何をやっているのか語らせることができれば、必要最低限のコメントで十分にその役割を果たすことができます。

コメントが多すぎるコードは、裏を返せばわかりにくいコードであるということです。コメントとコードが一致しているという保証はありませんから、コメントが多すぎるコードはかえって可読性を落としてしまいます。

コメントを書くにもコストがかかっています、コードを変更したらコメントも見直す必要がありますから、コメントが多すぎれば、その分のコストも増えることになります。限られた時間の中で、どこに時間をかけるかという優先順位を考えた場合、コメントを書くよりも、わかりやすいコードを書くことに時間をかけるほうが賢明です。コメントは、必要最小限にとどめておくようにしてください。

18.3.6 コードをコメントアウトしたままにしない

ときどき、以下のように、コードをそのままコメントアウトして残しているコードを目にすることがあります。

✗
```
// this._image.Dispatcher.BeginInvoke(() => {
//     _image.Pixels[(int)pt.Y * this._width + (int)pt.X] = intcolor;
//     _image.Invalidate();
// });
```

こういったコメントは読み手の理解をミスリードする危険があります。
「このコードはなぜコメントになっているのだろうか？」
「消すのを忘れたのだろうか？」
「いや、一時的にコメントにしておいて、元に戻すのを忘れていたのかもしれないぞ」
「それとも、将来追加しようとしていたコードなのかな？」
などと余計なことを考えてしまいます。

以下のように書いてあれば、完全に不要なコードというのはわかりますが、不要なコードなのですから残しておくことに意味はありません。

✗ // 以下のコードは削除　2015.05.27

　ソースコード管理ツールを使えばプログラムの変更履歴を管理できますので、不要になったコードは削除し、コードをすっきりと読みやすいものにしましょう。

18.3.7 見た目を重視した形式のコメントは書かない

保守が難しい典型的なコメントを2つほど紹介します。

✗
```
/*-----------------------------------------------------------*
 * メソッド名 : GetWeekDays                                    *
 * 引数       : DateTime date                                  *
 * 戻り値     : IEnumerable<DateTime>                          *
 * 概要       : 与えられた日が存在する週の月曜日から金曜日までを列挙する  *
 *              月や年をまたいでも正しく列挙される                    *
 *-----------------------------------------------------------*/
```

　このコメントは、見た目はとても良いですが、変更するのはとても大変です。右側の*をきれいに揃える必要があります。これはとても手間のかかる作業です。しかし手間のわりには何も生み出さない作業であることは明白です。保守しにくいこのようなコメントは書いてはいけません。
　次のように行末にコメントを書き、開始位置を揃えるのも良いスタイルとはいえません。

✗
```
static IEnumerable<DateTime> GetWeekDays(DateTime date) {
    int dow = (int)date.DayOfWeek;
    date = date.AddDays(-dow);            // 日曜日の日を求める
    for (int i = 1; i < 6; i++)           // 1:月～5:金
        yield return date.AddDays(i);     // 月から金までを返す
}
```

　コードを変更するたびに、開始位置の調整という無駄な作業が発生してしまいます。自分は開始位置がずれていても気にしないからといって、行末コメントを多用すると、後からメンテナンスする人が、コメントの開始位置を揃えるという非生産的な作業に夢中になり、多くの時間をかけてしまうかもしれません。
　本書では説明の都合上、行末コメントを採用している箇所がありますが、実際の業務では、桁を揃える必要のある行末スタイルのコメントは、できるだけ書かないようにしましょう。

Column　XML コメント（ドキュメントコメント）と Visual Studio

C# では、`///`（3 連のスラッシュ）で始まる特別な形式のコメントがあります。このコメントには以下の例のように XML 要素を配置します。

```
/// <summary>
/// メートルからフィートを求める
/// </summary>
/// <param name="meter">変換したい距離をメートルで指定</param>
/// <returns>求めた距離（単位:フィート）</returns>
public static double FromMeter(double meter) {
```

XML コメントを書くと、インテリセンスのヒントにそのメソッドやプロパティの説明を表示できるようになります（● 図 18.3）。メソッドがオーバーロードされている場合は、↑ キーと↓ キーを使用して、別のオーバーロードメソッドの情報も表示できます。

図 18.3　メソッドのヒント

パラメータの説明も記述した場合は、パラメータヒントを表示することも可能です。パラメータ入力時に自動でヒントが表示されます（● 図 18.4）。

図 18.4　パラメータのヒント

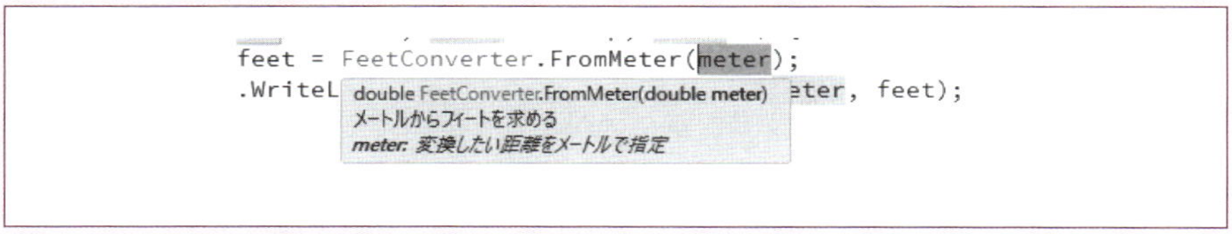

手動でパラメータヒントを表示したい場合は、Ctrl + Shift + Space キーで表示させることができます。

Chapter 19 良いコードを書くための指針

　第 18 章では、スタイルやネーミングなどコードの見た目に焦点を当て、良いコードを書くための指針を示しましたが、本章ではコードそのものに焦点を当て、どのようなコードを書くべきなのか、どのようなコードを書いてはいけないのか（コーディング上のアンチパターン[1]）について解説します。

　特に、どのようなコードを書いてはいけないのかについてたくさんの例を挙げています。ダメなコードを学ぶことは多くの先人たちの失敗を学ぶことでもあり、プログラミング上達の近道です。ここで説明している指針を学びそれを実践することで、あなたの書くコードはおのずと良いコードに近づいていくはずです[2]。

19.1　変数に関する指針

19.1.1　変数のスコープは狭くする

　変数のスコープはできるだけ狭くします。そのため、変数は最初に利用される場所の近くで宣言、初期化することが鉄則です。たとえば、for ループの中だけで利用する変数は、for ループの外ではなく for ループの中で宣言します。

リスト19.1　✘ ループの外側で変数を宣言しスコープが広くなった悪い例

```
static void PrintFeetToMeterList(int start, int stop) {
    double meter;
```

---

[1] アンチパターンとは、「このようにやると失敗する」という間違った解決策をまとめたもので、反面教師として利用されます。

[2] 本章では、以下のサイト、書籍を参考にしました。
「Framework デザインガイドライン」 https://msdn.microsoft.com/ja-jp/library/ms229042
『プログラミング作法』ブライアン・カーニハン、ロブ・パイク（著）アスキー（2000/11）
『CODE COMPLETE 第 2 版』スティーブ・マコネル（著）日経 BP 社（2005/3）
『アジャイルソフトウェア開発の奥義 第 2 版』ロバート・C・マーチン（著）SB クリエイティブ（2008/7）

```
    int feet;
    for (feet = start; feet <= stop; feet++) {
        meter = FeetToMeter(feet);
        Console.WriteLine("{0} ft = {1:0.0000} m", feet, meter);
    }
}
```

スコープが狭くなれば、一度に注意しておくべき事項が減り、コードが理解しやすくなりますし、プログラムの変更時に間違いを犯す危険性も減少します。変数のスコープが狭ければ、後からコードの一部をメソッドとして抽出することも容易に行うことが可能です。

19.1.2 マジックナンバーは使わない

マジックナンバーとは、プログラムコードの中に書き込まれた 125 や 16 といった作成したプログラマーにしかわからない数値リテラルのことです。以下のコードの 5 というのが何を意味するのかは、コードからはなかなか読み取れません。

✗ `if (count >= 5)`
   ︙

特に、5 という数値があちこちに出てきたら、あるいは、別の目的でも 5 という数値が使われていたとしたら、プログラムの修正は非常に面倒なことになります。

以下のように書けば、何をやっているのかコードから読み取ることが可能ですし、5 を 3 に変更する場合も簡単に修正が行えます。

`if (count >= MaxRetryCount)`

マジックナンバーを避ける手段としては、以下の 2 つが考えられます。

1. const を利用する（ p.55）

`const int MaxRetryCount = 5;`

2. static readonly を利用する（ p.56）

`static readonly int MaxRetryCount = 5;`

システム要件に左右されない（つまり、将来変更される可能性がない）数値リテラル

ならば、`const` を使います。`Math.PI` や `int.MaxValue` がその代表例ですね。

しかし、アプリケーション開発において、変更される可能性がない数値リテラルというのは、ほとんど存在しないのが現実かと思われます。変更される可能性がある値の場合は、`static readonly` を使います。`const` が持つバージョン管理問題（→ p.58「Column： `const` のバージョン管理問題」）を回避することもできますので、マジックナンバーを避ける手段としては、ほとんどのケースで、`static readonly` を使うことになると思われます。また、`readonly` の場合は、`config` ファイルなどに値を定義しておき、その値を実行時に設定することも可能です。

ちなみに、その数字が何を意味しているのかが明確で、かつ変更の可能性がない場合は、数値リテラルを直接使っても問題はありません。以下にその例を挙げます。このような数字に対して定数を定義するのは意味がなく、定数を導入するとコードは余計に読みにくくなってしまいます。

```
var average = (a + b) / 2;

var seconds = minutes * 60;

if (month == 12) { …… }

if (index == 0) { …… }
```

19.1.3 変数を使い回してはいけない

1つの変数を使い回してはいけません。以下に示すコードはいつの間にか `strings` 変数の意味が変わってしまっています。こういった変数を使い回すコードは、読み手が勘違いする危険性が高く、メンテナンスを困難にします。

リスト19.2 ✘ 変数を使い回す悪い例

```
var strings = ReadLines();
var authorsLine = GetAuthorsLine(strings);
strings = authorsLine.Split(',', ';');
book.Authors = new Authors(strings);
```

19.1.4 １つの変数に複数の値を詰め込まない

以下のコードは１つの変数に複数の値を詰め込んでいるコードです。

19.1 変数に関する指針

リスト19.3 ❌ 変数に複数の値を詰め込む悪い例

```
int year = GetYear();
int month = GetMonth();
// 年と月の2つの情報を返したいのでint型に詰め込む
// エラーのときには、-1を返す
int yearmonth = isError ? -1 : year * 100 + month;
return yearmonth;
```

このメソッドを呼び出した側では、戻り値の yearmonth から目的の値を取り出すために、逆の演算をしなくてはなりません。この逆演算で間違いを犯す危険もあります。変数の領域を節約しても、そこから生まれるメリットはほとんどありません。このような場合には、YearMonth クラスを定義するか、タプル（複数の値をひとまとめにして扱う機能[3]）を使うなどして対応してください。

19.1.5 変数の宣言はできるだけ遅らせる

変数の宣言をメソッドの先頭にまとめて書く人がいますが、それは良い書き方とはいえません。プログラムの理解を妨げることになりますし、バグを混入させる危険を高めることになります。

リスト19.4 ❌ 変数宣言をメソッドの先頭に書く悪い例

```
static List<Sale> ReadSales(string filePath) {
    List<Sale> sales;    ◀ 初期化をしていないので、var sales; とは書けない
    string[] lines;
    string[] items;
    Sale sale;

    sales = new List<Sale>();
    lines = File.ReadAllLines(filePath);
    foreach (string line in lines) {
        items = line.Split(',');
        sale = new Sale {
            ShopName = items[0],
            ProductCategory = items[1],
            Amount = int.Parse(items[2]),
```

---

[3] C# 7.0 ではタプルが言語レベルで利用できるようになっています。たとえば、次のような記述が可能です。
```
public (int, int) GetYearMonth() {
    int year = GetYear();
    int month = GetMonth();
    return (year, month);
}
```
呼び出し側は、次のように書くことができます。
```
(var year, var month) = GetYearMonth();
```

```
        };
        sales.Add(sale);
    }
    return sales;
}
```

　メソッドの先頭で変数が宣言されていると、メソッドの一部分でしか利用しない変数であっても、メソッド全体で利用される変数だという認識でコードを読まなくてはなりません。また、修正が繰り返されることで、想定していた初期値とは別の値を設定するコードを挿入されてしまう可能性もあります。

　宣言を利用する場所に近づければ、リファクタリング[4]時にメソッドとして抽出することも楽に行えます。

リスト19.5　変数宣言を適切に書いた例

```
static List<Sale> ReadSales(string filePath) {
    var sales = new List<Sale>();
    var lines = File.ReadAllLines(filePath);
    foreach (var line in lines) {
        var items = line.Split(',');
        var sale = new Sale {
            ShopName = items[0],
            ProductCategory = items[1],
            Amount = int.Parse(items[2])
        };
        sales.Add(sale);
    }
    return sales;
}
```

19.1.6　変数の数は少なくする

　同時に扱っている変数の数が多いと、コードを理解するのに時間がかかります。メソッドの中でさまざまな変数を宣言し、処理を制御しているコードは、理解しにくいのはもちろんのこと、保守性も悪く、ちょっとしたコードの変更でバグが入り込んでしまいます。

　特に状態を管理する変数が多いと、コードは複雑になり理解するのが難しくなります。そうなった場合はアルゴリズムを見直す、メソッドを切り出すなどして、一度に扱う変数をできるだけ少なくするようにしてください。

---

[4] ソフトウェアの外部的動作を変更することなく、理解しやすく修正しやすいコードに改善することをいいます。

Column 浮動小数点型の比較

浮動小数点型（`double`、`float`）は、科学技術計算でよく利用される型です。この浮動小数点型は、非常に小さい値から非常に大きい値まで扱えるという特徴がありますが、値の比較をする際は注意が必要です。以下のコードを見てください。

```
double sum = 0.0;
for (int i = 0; i < 10; i++)
   sum += 0.1;
if (sum == 1.0)
   Console.WriteLine("sum == 1.0");
else
   Console.WriteLine("sum != 1.0");
```

上のコードを実行すると、以下の結果が出力されます。

```
sum != 1.0
```

ここでは詳しい説明は省略しますが、浮動小数点型では2進数で数を表すために、通常の10進数では切りのいい0.1や0.2といった値を正確に表すことができません。そのため、0.1を10回足しても、その結果は1.0にはならないのです。ですから、浮動小数点型の比較で `==` 演算子を使うのは危険です。

これに対応するには、ある許容範囲を決めて、その範囲にあるかどうかを調べることです。

```
if (Math.Abs(sum - 1.0) < 0.000001)
   Console.WriteLine("1.0だと見なす");
```

この許容範囲をどれくらいにするかは一概にはいえません。十分な検証が必要になってきます。

もう1つの対応策は、`double` 型や `float` 型の代わりに `decimal` 型を使うことです。`decimal` 型は10進数で内部データを表現していますので上記のような誤差は生じません。金額の計算をする場合は、`decimal` 型を使うのが良いでしょう。

ただし、`decimal` 型にも有効桁数がありますから、以下のように割り切れない数を扱った場合には、やはり誤差が生じてしまいます。

```
static decimal GetDecimal() {
   return 1m / 3m;
}
    :
```

```
decimal sum = 0m;
for (int i = 0; i < 3; i++) {
    sum += GetDecimal();
}
Console.WriteLine(sum == 1m);
```

上記コードを実行すると "False" が出力されます。それぞれの型の特徴をよく理解し使い分けることが必要です。

19.2 メソッドに関する指針

19.2.1 ネストは浅くする

`if`、`while`、`for` などを入れ子にし、深いネスト構造にすると、プログラムを理解するのが困難になるとともに、間違いを犯しやすくなります。特に、いくつも `if` が連続する多段 if は、理解不能なコードとなる危険性が高くなります。ほとんどのプログラマーは、ネストをたどっているうちに、最初の `if` 文の条件が何だったか忘れてしまいます。ネストが深いコードは以下のような欠点があります。

- コードはコードを読み解くのに時間がかかる
- コードに問題があった場合、デバッグに時間がかかる
- メンテナンスに時間がかかる
- 機能追加時にバグが混入しやすい
- 機能追加時に、さらにコードが複雑になりやすい

メソッドの長さ同様、ネストの深さがいくつまで OK なのか言い切るのは難しいのですが、ネストは深くても 3 つくらいまでに抑えるようにしましょう。それ以上深くなる場合は、アルゴリズムやデータ構造を見直したり、メソッドに切り出したりすることで、深いネストにならないようにします。

ネストが深すぎる典型的な悪いコードをお見せします。

リスト19.6 ❌ ネストが深すぎるコード

```
private string[] GetUpperWords(string path) {
    var list = new List<string>();
    if (String.Compare(Path.GetExtension(path), ".txt", ignoreCase: true) == 0) {
        if (File.Exists(path)) {
            using (var reader = new StreamReader(path, Encoding.UTF8)) {
```

```csharp
            while (!reader.EndOfStream) {
                var line = reader.ReadLine();
                if (!string.IsNullOrWhiteSpace(line)) {
                    var matches = Regex.Matches(line, @"\b\w{2,}\b");
                    foreach (Match match in matches) {
                        var word = match.Value;
                        if (word.All(c => char.IsUpper(c)))
                            list.Add(word);
                    }
                }
            }
        }
        return list.ToArray();
    }
```

上のコードをネストを浅く書き換えたコードを示します。

リスト19.7 ネストが浅くなるように書き換えたコード

```csharp
private string[] GetUpperWords2(string path) {
    var list = new List<string>();
    if (String.Compare(Path.GetExtension(path), ".txt", ignoreCase: true) != 0)
        return list.ToArray();
    if (!File.Exists(path))
        return list.ToArray();
    using (var reader = new StreamReader(path, Encoding.UTF8)) {
        while (!reader.EndOfStream) {
            var line = reader.ReadLine();
            if (string.IsNullOrWhiteSpace(line))
                continue;
            var words = ExtractWords(line);
            list.AddRange(words);
        }
    }
    return list.ToArray();
}

private IEnumerable<string> ExtractWords(string line) {   ◀ メソッドとして独立させる
    var matches = Regex.Matches(line, @"\b\w{2,}\b");
    foreach (Match match in matches) {
        var word = match.Value;
        if (word.All(c => char.IsUpper(c)))
            yield return word;
```

19.2.2 return 文を 1 つにしようと頑張ってはいけない

メソッドの return 文を 1 つに限定すべきだと考えている人がいるようですが、そうすることのメリットはほとんどありません。むしろデメリットのほうが多いといえるでしょう。return 文を 1 つにするためにフラグ変数を用意したり、深いネスト構造にしたりと、コードをより複雑化させてしまいます。

以下のメソッドは、引数の model の検証を行っているメソッドです。間違いが見つかった時点で return 文でメソッドから抜け出しています。

リスト19.8　適切に return しているコード(1)

```
public bool IsValid(MyModel model) {
    if (model == null)
        return false;
    if (string.IsNullOrEmpty(model.Name))
        return false;
    if (string.IsNullOrEmpty(model.PhoneNo))
        return false;
    if (model.Birthday == null)
        return false;
    return true;
}
```

これを 1 つの return 文を使うようにしたのがリスト 19.9 のコードです。

リスト19.9　✘ return を 1 つにして複雑になった例(1)

```
public bool IsValid(MyModel model) {
    var result = false;
    if (model != null) {
        if (!string.IsNullOrEmpty(model.Name)) {
            if (!string.IsNullOrEmpty(model.PhoneNo)) {
                if (model.Birthday != null)
                    result = true;
            }
        }
    }
    return result;
}
```

return文を1つにしたことで、ネストが深くなり、かえって理解しにくいコードになってしまいました。4つの条件を&&演算子でつなげればネストは浅くなりますが、コードの読みにくさは解消されません。

もう1つ例を載せましょう。これは素数を判定するコードです。1と2を特別扱いし、それ以外をループで判定しています。ループの途中で素数と判定できたらその場でreturnしています。

リスト19.10 適切にreturnしているコード(2)

```
private static bool IsPrime(long number) {
    if (number == 1)
        return false;
    if (number == 2)
        return true;
    var boundary = (long)Math.Floor(Math.Sqrt(number));
    for (long i = 2; i <= boundary; ++i) {
        if (number % i == 0)
            return false;
    }
    return true;
}
```

これを1つのreturn文になるように変更したのが以下のコードです。

リスト19.11 ✖ returnを1つにして複雑になった例(2)

```
private static bool IsPrime(long number) {
    bool isPrime = false;
    if (number == 1)
        isPrime = false;
    else if (number == 2)
        isPrime = true;
    else {
        var boundary = (long)Math.Floor(Math.Sqrt(number));
        for (long i = 2; i <= boundary; ++i) {
            if (number % i == 0) {
                isPrime = false;
                break;
            }
        }
    }
    return isPrime;
}
```

やはり、コードが複雑になり、理解しにくいコードになってしまいました。

19.2.3 実行結果の状態を int 型で返してはいけない

次のように、メソッドを実行した結果の状態を int で返してはいけません。

リスト19.12 ✗ 実行結果を int で返す悪いメソッド

```csharp
public int RenameFile(string path) {
   if (!File.Exists(path))
      return -1;
   var lastWriteTime = File.GetLastWriteTime(path);
   var folder = Path.GetDirectoryName(path);
   var name = Path.GetFileNameWithoutExtension(path);
   var ext = Path.GetExtension(path);
   var newname = string.Format("{0}_{1:yyyyMMdd}{2}", name, lastWriteTime, ext);
   var newPath = Path.Combine(folder, newname);
   File.Move(path, newPath);
   return 0;
}
```

使う側は、0 が正常なのか、1 が正常なのか、あるいは他の値が正常なのかの判断に迷うことになります。この戻り値の意味が、メソッドによって異なっていたら、さらに混乱のもとになります。次のように bool 値を返すようにしてください。

リスト19.13 リスト 19.12 を改善し、実行結果を bool で返すようにしたメソッド

```csharp
public bool RenameFile(string path) {
   if (!File.Exists(path))
      return false;
      ⋮
   return true;
}
```

19.2.4 メソッドは単機能にする

メソッドは単機能にする——これはとても重要です。単機能のメソッドにすることでさまざまなメリットが生まれます。

- 理解しやすい
- メンテナンスがしやすい
- 再利用しやすい

- 良い名前を付けやすい
- テストがしやすい

　メソッドが単機能ではないと、再利用する際にも足かせになります。再利用ができないために、同じようなメソッドをいくつも作ることになり、ますますプログラムが複雑化することになります。

　「良い名前を付けやすい」という点は見落とされがちですが、とても大切なメリットです。メソッドが単機能ならば、良い名前を付けやすくなります。良い名前が付けられれば、そのメソッドを利用する側のコードも理解しやすくなります。逆に多くのことをするメソッドは良い名前を付けることができず、コードを理解するのを難しくしてしまいます。

　メソッドが単機能だと、テストもしやすくなります。パラメータの指定により、さまざまなことができる万能メソッドというものをときどき見かけますが、こういった万能メソッドは、パラメータの組み合わせにより動きがどのように変わるのかが理解しにくく、メソッドを利用する側の立場からも好ましくありませんし、内部でたくさんの分岐があるため、テストも難しくなってしまいます。

19.2.5 メソッドは短くする

　「メソッドは単機能にする」という大原則を守っていれば、メソッドはおのずと短くなります。短いメソッドは、理解しやすくバグが入り込む危険が少なくなります。逆に、複雑で長いメソッドは、1つのメソッドで多くのことをやりすぎている場合がほとんどで、理解しにくく変更も困難なものになりがちです。

　業務アプリケーションでは、一度に多くの種類のデータを扱わなくてはいけない場面が多いため、1つのメソッドが長くなりがちです。しかしだからといって、長いメソッドを肯定してはいけません。

　長すぎるメソッドは、何をしているのか理解するのが大変ですから、短いメソッドに比べてコードを変更するのに多くの時間がかかります。こういったメソッドはバグの温床となりやすく、問題が発生したときも、その問題箇所の特定に時間がかかってしまいます。

　また、長すぎるメソッドは「メソッドは単機能にする」という原則に反している場合がほとんどですから、適切なメソッド名を付けることが難しいという問題もあります。メソッドが長くなったなと感じたら、メソッドを抽出し、短くわかりやすいメソッドになるよう心掛けてください。

　メソッドの長さの明確な基準を示すことは難しいですが、筆者は、20行以内に抑えるように努めています。とはいってもすべてのメソッドを20行以内にするのは困難です。そのため、メソッドの行数が50行近くになったら、何かがおかしいぞと思うようにしています。50行を大きく超えたら、完全に危険な状態と判断し、リファクタリング

(→ p.447）を検討します。

19.2.6 何でもできる万能メソッドは作らない

　何でもできる万能メソッドは定義してはいけません。この万能メソッドの特徴は、引数の値によって内部で処理が分岐している点です。このようなメソッドは時間の経過とともにさらに複雑さを増していく可能性があります。

　また、このメソッドを利用するほうも、引数の組み合わせでどんな動きになるのかがわからず、思いどおりの動きにさせるために試行錯誤を繰り返すことになります。後述する「プロパティを引数代わりにする」というアンチパターンと組み合わさると、さらに利用者は苦労することになります。

　万能メソッドは良いことが1つもありません。たいていは、「共通化」という名目で万能メソッドが作られるわけですが、これは間違った共通化です。「メソッドは単機能にする」という原則中の原則が忘れられています。万能メソッドを作らずに、単機能のメソッドを複数定義するようにしてください。

19.2.7 メソッドの引数はできるだけ少なくする

　引数が多すぎるメソッドは、理解しにくく使い勝手も悪いものです。多くのことをやりすぎている前述の「万能メソッド」である危険もあります。引数は、3つ以内に収めるのが理想ですが、多くのパラメータが必要な場合もあります。そのような場合は、複数のパラメータをまとめたオプションパラメータ用のクラスを定義するなどして引数の数が少なくなるようにしてください。

リスト19.14 ✕ たくさんの引数を持つメソッドの例

```
public static bool LaunchApp(string filePath, string[] arguments,
    ➡string workingDirectory, ProcessWindowStyle windowStyle, bool waitForExit,
                                                    ➡TimeSpan waitTime) {
    ⋮
}
```

　上記のようにたくさんの引数が必要な場合は、以下のようなクラスを定義し、引数の数を少なくします。

リスト19.15 オプションパラメータ用のクラスを定義した例

```
public class LaunchOption {
    public string[] arguments { get; set; }
    public string workingDirectory { get; set; }
```

```
    public ProcessWindowStyle windowStyle { get; set; }
    public bool waitForExit { get; set; }
    public TimeSpan waitTime { get; set; }
    public LaunchOption() {
        ：   // ここで、各プロパティの既定値を設定する
    }
}

public static bool LaunchApp(string FilePath, LaunchOption option) {
    ：
}
```

19.2.8 引数に ref キーワードを付けたメソッドは定義しない

ref キーワード[5]を使用したメソッドは、ほぼ間違いなくダメなメソッドです。以前、以下のようなメソッドを見たことがありました。

リスト19.16 ✗ ref キーワードを使ったひどいメソッド

```
public void CreateStream(ref Stream stream, string path) {
    if (stream == null) {
        if (!File.Exists(path))
            return;
        stream = new FileStream(path, FileMode.Open, FileAccess.ReadWrite);
    }
    return;
}
```

事前に Stream が作成されている場合にも対応できるように、このようなメソッドにしたのだと推測されますが、このメソッドを使う立場に立てば、とても使いにくいメソッドであることに気がつくはずです。

✗
```
Stream stream = null;       ← 初期化が必要
CreateStream(ref stream, path);   ← streamには、refを付ける必要がある
if (stream != null) {        ← CreateStreamの呼び出しでstreamの値が設定されることがわかりにくい
    ：
}
```

また、メンテナンスする人にとっても、読みにくいコードとなっています。リスト19.16のメソッドの中で生成された FileStream オブジェクトが呼び出し元に返されてい

5　ref キーワードを付けた引数は参照渡しになり、メソッド内で変更した引数の値が、呼び出し元のメソッドにも反映されるようになります。詳細は文法書などを参照してください。

ることを、すぐには理解できません。もう少し複雑なコードになれば、さらに理解するのが大変になります。ref を引数に使ったメソッドは、絶対に定義してはいけません。

改善したコードを次に示します。

リスト19.17 リスト 19.16 を改善し、ref キーワードを取り除いたメソッド

```
public Stream CreateStream(string path) {
   if (!File.Exists(path))
      return null;
   return new FileStream(path, FileMode.Open, FileAccess.ReadWrite);
}
```

19.2.9 引数にoutキーワードを付けたメソッドは可能な限り定義しない

out キーワード[6] を使っているメソッドも良いメソッドといえない場合がほとんどです。特に引数が 1 つで、それに out キーワードが付いているメソッドは、明らかに設計ミスです。呼び出し元に結果を返したいのならば、メソッドの戻り値として返すべきです。引数を経由して値を返すべきではありません。

唯一 out キーワードが許されるのは、TryParse 系のメソッドです。それ以外のメソッド定義で引数に out キーワードを使うのは避けてください。

19.3 クラスに関する指針

19.3.1 フィールドは非公開にする

フィールドを公開してはいけません。フィールドは必ず private にしてください。C# を覚えたての場合、以下の 2 つのコードは、いったい何が違うのか明確にわからない方も大勢いると思います。

```
public DateTime Birthday;

public DateTime Birthday { get; set; }
```

極端な話、最初はフィールドで公開しておいて、後で何らかの処理を実装したくなれば、そのときにプロパティに変更すればいいのではないかという疑問を持つと思います。しかし、フィールドとプロパティではその背景にある思想というものはまったく異な

---

[6] out キーワードを引数に付けると、ref キーワードと同様、引数が参照渡しになります。ref との違いは、引数が出力専用引数となり、呼び出し側からメソッドに値を渡す必要がなくなる点です。詳細は文法書などをご覧ください。

ります。簡単にいえば、フィールドは内部のデータであり、プロパティは外部とのインターフェイスです。そのため、C#の作法として、フィールドは公開しない、公開する場合はプロパティとすることが推奨されています。

そうはいっても、公開フィールドとプロパティは実質的には何も変わらないのではとお思いになるかもしれませんが、以下に示すような違いがあります。

1.バイナリ互換性がない

たとえば、Person クラスが、Sub.dll というファイルで定義されているとします。この Person クラスを Sample.exe が参照していたとしましょう。Person クラスの Birthday を public なフィールドからプロパティに変更すると、Sample.exe は、Person クラスを参照することができなくなってしまいます。巨大なシステムの場合、1つのクラスのちょっとした修正が、大きな影響を与えてしまいかねません。公開する場合は、外部とのインターフェイスであるプロパティで統一しておくことでこういった問題を回避することができます。

2..NET Framework には、プロパティでないと使えない機能がある

.NET Framework の Windows フォームや WPF、ASP.NET Web フォームでは、「データバインディング」という機能が用意されています。このバインディング機能を使うと、簡単にオブジェクトの内容を画面のコントロールに表示することができます。バインディング対象となる項目は、プロパティであることが前提となっていますので、フィールドとして定義した場合は、この機能が使えません。

3.データの互換性がなくなる場合がある

データをシリアライズしてファイルとして保存するケースでは、途中でフィールドからプロパティに変更してしまうと、データを復元できない可能性があります、

作成して数回動かしたら、あとは使わないような使い捨てのプログラムなら別ですが、プログラムというものは、プログラム作成者が考える以上にメンテナンスを繰り返し、長く使われ続けることがよくあります。以下のように公開したフィールドを、後になってプロパティにしておけば良かったということもありうる話です。

```
public DateTime Birthday;
```

また、C# では、プロパティ名は大文字で始める Pascal 形式、フィールド名は小文字で始める Camel 形式を使うのがお約束です（→ p.439）。チームでの開発を考えた場合、大文字で始まるフィールドが存在していると、メンバー間での意思疎通がうまく取れなくなってしまいます。

一見、何の違いもないような公開フィールドと自動実装プロパティですが、フィール

ドは公開しないというオブジェクト指向の大原則は、ぜひ守るようにしてください。

19.3.2 書き込み専用プロパティは定義しない

`get` キーワードのない `set` キーワードだけのプロパティは定義してはいけません。

リスト19.18 ❌ 書き込み専用プロパティを定義している例

```
public class LogWriter {
  public string Text {
    set {
         :   // Textを設定するとその内容がファイルに出力される
    }
  }
    :
}
```

書き込み専用ということは、その値を取得する手段がないということです。オブジェクトにおける属性を表すものがプロパティですから、属性の値を知ることのできないプロパティは、プロパティとしての意味がありません。

もし、`get` アクセサーを定義する必要のない `set` だけのプロパティがあったとしたら、それはプロパティにすべきではありません。プロパティではなく、メソッドとして定義してください。

19.3.3 連続して参照すると異なる値が返るプロパティを定義してはいけない

連続して呼び出すと異なる値が返るプロパティは、原則として定義してはいけません。

❌
```
public int Value {
  get {
    _index++;
    return _numbers[_index];
  }
}
```

プロパティではなく次のようなメソッドにすれば、連続して呼び出したときに違う値が返ることを利用者が理解できます。

```
public int GetNextValue() {
  _index++;
  return _numbers[_index];
```

19.3.4 コストのかかる処理はプロパティではなくメソッドにする

コストのかかる処理はプロパティにしません。たとえば、プロパティを参照するたびにファイルにアクセスするようなコードを書いてはいけません。

```
public string ItemName {
    get { …(時間のかかる処理)… }
    set { …(時間のかかる処理)… }
}
```

このような場合はプロパティではなく、次のようにメソッドにしてください。

```
public string GetItemName() {
}

public void SetItemName(string name) {
}
```

19.3.5 オブジェクトが保持している別のオブジェクトを外にさらしてはいけない

クラスの内部データをそのまま公開することは、参照している他のクラスとの結合度が高くなり、保守性を低下させます。たとえば、以下のクラスは、クラスの内部データをプロパティとしてそのまま公開している典型的な例です。

リスト19.19 ✖ 内部データをそのまま外にさらしているクラス

```
public class Order {
    public List<OrderDetail> OrderDetails { get; set; }
    public Order() {
        OrderDetails = new List<OrderDetail>();
    }
    ⋮
}
```

Order クラスの利用者は、OrderDetails プロパティを通じて、OrderDetail の追加、削除、書き換えなど、何でもできてしまいます。そのため、Order クラスの作成者が想定していない使われ方をされてバグが発生する危険があります。また、Order クラスを

修正すると、どこにどのような影響が出るのか把握するのが難しいため、修正が困難になってしまいます。

OrderDetails を公開したいならば、リスト 19.20 のように、公開するプロパティの型をインターフェイスにしてください。

リスト19.20 リスト 19.19 を改善し、インターフェイスを導入したクラス

```
public class Order {
    public IEnumerable<OrderDetail> OrderDetails { get; private set; }
    public Order() {
        OrderDetails = new List<OrderDetail>();
    }
        :
}
```

このようにしておけば、実際のオブジェクトの型を List<OrderDetail> から他のデータ構造に変えても、ほかに影響を与えることはありませんし、クラスの外から、OrderDetails を変更されることもなくなります。

なお、フィールドを private にしたからといって、以下のようなクラス内部で保持しているコレクションをその型のままプロパティとして公開しているクラスも良いコードとはいえません。

✗
```
public class Order {
    private List<OrderDetail> _orderDetails = new List<OrderDetail>();
    public List<OrderDetail> OrderDetails {
        get { return _orderDetails; }
    }
        :
}
```

List<T> から他のデータ構造に変更することが困難になりますし、OrderDetails プロパティを経由して、_orderDetails コレクションの内容が変更されてしまう危険があります。公開するなら、上に示したようにインターフェイスを利用するようにしましょう。

19.3.6 基底クラスをユーティリティメソッドの入れ物にしてはいけない

派生クラスから便利に使えるという理由で、共通に使われるメソッドを何でも基底クラス（継承元クラス）に定義してはいけません。それは誤った継承の使い方です。

たとえば、WindowsForms のアプリケーションにおいて、独自の BaseForm クラスを定義し、この BaseForm クラスを継承し各 Form クラスを定義していたとします。このとき、BaseForm クラスに定義するメソッドは、あくまでもフォームにかかわる処理だけで

す。ここにビジネスロジックや、文字列処理、ファイル IO 処理などのメソッドを記述してはいけません。

メソッドを定義する際は、本来どのクラスにあるべきメソッドなのかよく考える必要があります。ユーティリティメソッドの入れ物のようになってしまった基底クラスは巨大化しやすく、メンテナンスが困難になってしまいます。また、派生クラスとの結合度が高いため、継承元クラスのちょっとした変更が、多くの派生クラスに影響を及ぼし、思わぬバグを生み出してしまう危険があります。

19.3.7 プロパティを引数代わりにしてはいけない

クラスのプロパティを引数代わりに使ってはいけません。

リスト 19.21 ✘ プロパティを引数代わりに使った悪い例

```
class Bookshelf {
   private List<Book> _books = new List<Book>();

   public Book Book { get; set; }

   public int Add() {
      _books.Add(Book);
      return _books.Count;
   }
}
```

Add メソッドを使う場合のコードを示します。

✘
```
var bookshelf = new Bookshelf();
bookshelf.Book = new Book("銀河鉄道の夜", "宮沢賢治");
bookshelf.Add();
```

明らかに不自然なコードですよね。以下のように Add メソッドの引数として Book を受け取るようにするのが正しいやり方です。

リスト 19.22 リスト 19.21 を改善したコード

```
class Bookshelf {
   private List<Book> _books = new List<Book>();

   public int Add(Book book) {
      _books.Add(book);
```

```
        return _books.Count;
    }
}
```

このコードの場合は、Bookshelf クラスのプロパティとして、Book プロパティが存在すること自体がおかしいことに気付くことが大切です。本棚にはたくさんの本がありますが、これから登録される予定の1冊の「本」が「本棚」の中にあるのはおかしいですよね。

どうやるか（How）ばかりに気を取られていると、そのクラスが本来は何を表すクラスなのか、どんなプロパティを持つべきなのかという視点が抜け落ちてしまい、このような良くないクラスができあがってしまいます。

19.3.8 巨大なクラスは作成しない

たくさんのプロパティやたくさんのメソッドを持った巨大なクラスは作成してはいけません。

巨大なクラスは大きく以下の3つに分けられます。

公開するメソッドが多い

クラスが担う役割が多すぎる可能性があります。万能メソッドならぬ万能クラスですね。この巨大クラスを利用する立場から見た場合、大量にあるメソッドの中から自分の必要になるメソッドを探すのは大変ですし、もし、似たような名前で動作が異なるメソッドがあった場合、誤って違うメソッドを利用してしまうかもしれません。

公開するメソッドが多いということは、このクラスを利用しているクラスも多いということです。機能の追加、修正の影響がどこまで及ぶのか見極めるのに時間がかかりますから、保守性の低いプログラムになってしまいます。

公開するメソッドは少ないが private メソッドが多い

private メソッドが多いということは、クラスが正しく分解されていないことを示しています。抽象化が中途半端であるともいえます。つまり、本来ならば、以下のようなクラス構造であるところを、クラス分けをせずに、すべて1つのクラスで実装してしまっているということです。

```
// class Aは、PartX、PartY、PartZの3つのクラスを使って実装している
class A {
    private PartX _x;
```

```
        private PartY _y;
        private PartZ _z;
            ⋮
}

class PartX { …… }

class PartY { …… }

class PartZ { …… }
```

　これは現実世界の電気製品や機械製品と同じですね。通常、現実世界の製品は複数の部品から成り立っています。電気製品に部品がないということはありえません。しかし、ソフトウェアの世界では部品を持たない大きなクラスが作れてしまいます。だからといってそれを肯定してはいけません。

いくつかのメソッドが大きすぎる

　これは、「公開するメソッドは少ないが `private` メソッドが多い」と本質的には同じです。この場合も、メソッドを単機能の複数のメソッドに分解すれば、`private` メソッドが多い巨大クラスになります。

　いずれにせよ、1つのクラスが1000行にも及ぶことがあったら、それは何かが間違っているということです。メソッドと同様、クラスが担う役割は1つにするのが原則です。

19.3.9 new修飾子を使って継承元のメソッドを置き換えてはいけない

　以下のように基底クラスのメソッドを `new` 修飾子（インスタンスを生成する `new` 演算子とは別のもの）で置き換えることは避けてください。

リスト19.23　❌ `new` 修飾子を使った悪いメソッドの例

```
class MyBookList : List<Book> {
    private List<Book> _deleted = new List<Book>();
        ⋮
    public new bool Remove(Book item) {
        _deleted.Add(item);
        return base.Remove(item);
    }
}
```

MyBookList は、List<Book> を継承し、独自の書籍リストクラスを定義しているコードの一部です。ここで、基底クラスの Remove メソッドを new 修飾子で置き換えています。この MyBookList クラスを使ったコードを以下に示します。

```
ICollection<Book> books = new MyBookList();
var book = new Book("銀河鉄道の夜", "宮沢賢治");
books.Add(book);
books.Remove(book);
```

MyBookList のインスタンスを ICollection<Book> インターフェイスの変数 books に代入し、books.Remove(book) を呼び出しています。しかし、このとき呼び出されるのは、MyBookList の Remove メソッドではなく List<Book> のメソッドです。new 修飾子で置き換えたメソッドは、第 17 章で説明したポリモーフィズムが使えません。

new 修飾子でメソッドを置き換えることはたいていは間違った設計です。virtual 指定されたメソッドは、派生クラスで置き換えることを想定して定義されたメソッドですが、virtual 指定のないメソッドは、置き換えることを想定していないメソッドです。この置き換えを想定していないメソッドを無理やり置き換えるのが new 修飾子です。

new 指定されたメソッドは、オーバーライドとは異なり、ポリモーフィズムが使えません。そのため、new 修飾子を使って継承元のメソッドを置き換えてしまうと、バグを埋め込む危険が高くなり、かつその原因の特定に時間がかかります。なぜ、この new 修飾子が C# に組み込まれているのか不明ですが、こうした new 修飾子は使わないことです。

ちなみに、MyBookList の Remove メソッドに new 修飾子を付けないと、ビルド時に以下の警告が出ます。

> CS0108 'MyBookList.Remove(Book)' は継承されたメンバー 'List<Book>.Remove(Book)' を非表示にします。非表示にする場合は、キーワード new を使用してください。

この警告メッセージのとおりに new キーワードを付けると、警告は消えますが、警告が出なくなっただけで危険な状態であることに変わりありません。

基底クラスの非 virtual メソッドを上書きしたいときには、継承すること自体が間違っている可能性があります。継承を使うのではなく、**委譲**というテクニック[7]を使えばこのような問題はなくなります。

委譲はオブジェクトのメソッドの操作を他のオブジェクトに肩代わりさせる手法です。この委譲を使うと、継承と同じ効果を得ることができます。百聞は一見にしかずですから、以下のコードでその例を示しましょう。

---

[7] 第 3 章で紹介した delegate キーワードは、言葉の意味としては「委譲する/委託する」ですが、ここでの「委譲」は delegate キーワードとは別ものです。

リスト19.24　委譲を使った例

```csharp
class MyBookList : ICollection<Book> {
   private List<Book> _books = new List<Book>();
   private List<Book> _deleted = new List<Book>();

   public int Count {
      get {
         return ((ICollection<Book>)_books).Count;
      }
   }

   public void Add(Book item) {
      ((ICollection<Book>)_books).Add(item);
   }

   public bool Remove(Book item) {
      _deleted.Add(item);
      return ((ICollection<Book>)_books).Remove(item);
   }
      ⋮
}
```

　このコードを見ていただければわかるとおり、`Count` プロパティや `Add` メソッドは、`private` フィールドの `_books` に処理を委譲しているだけです。`Remove` メソッドは独自の処理をした後に、`_books` に処理を委譲しています。

　先ほど挙げた以下のコードを実行すれば、ポリモーフィズムが正しく働き、`MyBookList` で定義した `Remove` メソッドが呼び出されます。

```csharp
ICollection<Book> books = new MyBookList();
var book = new Book("銀河鉄道の夜", "宮沢賢治");
books.Add(book);
books.Remove(book);
```

　Visual Studio の力を借りれば、この委譲のコードは簡単に実装できます[8]。まずは、以下のようなクラスを定義します。

```csharp
class MyBookList : ICollection<Book> {
   private List<Book> _books = new List<Book>();
}
```

---

[8]　この委譲を簡単に実装できる機能は、Visual Studio 2015 から利用可能です。

Chapter 19 良いコードを書くための指針

ここで、`ICollection<Book>` にカーソルを移動し、Ctrl + . とタイプします。ヒントメニューが表示されますので、ここで、['_books' を通じてインターフェイスを実装します] を選択します（→図 19.1）。

図19.1 フィールドを通してインターフェイスを実装する

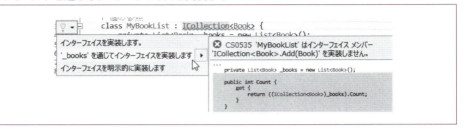

すると、`ICollection<Book>` が実装すべきメソッドとプロパティのコードが自動生成されますので、必要に応じコードを変更します。

Column コンパイラの警告は無視してはいけない

図19.2 ビルド時の警告レベルの設定

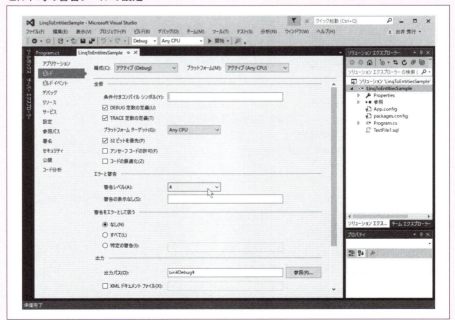

C# のコンパイラは、文法エラーではないけれど、実行時に問題が発生する可能性のあるコードや好ましくないコードに対し、警告メッセージを出してくれます。この警告を無視してはいけません。この警告を無視し大量の警告が出るようになると、本当に直すべき警告が出ても、その重要な警告が大量の他の警告に埋もれてしまい、それが無視される可能性が高くなります。この警告を無視したためにバグが発生してしまう可能性もあります。

コンパイラが出す警告は、可能な限り消す努力をしてください。どう直してよいかわからないからほうっておくという態度ではいつまでたってもプログラムは上達しませんし、C# に対する正しい理解も得られません。

Visual Studio では、この警告レベルを 5 段階（0 〜 4）で指定することができます。この警告レベルは必ず最高の 4（既定値）から変更しないでください。警告レベルは、プロジェクトのプロパティの［ビルド］のタブで設定することができます（→ 前ページ図 19.2）。

たとえば、以下のコードは、`results` 変数が宣言されただけで、どこにも使われていないため、「`CS0168 変数 'results' は宣言されていますが、使用されていません。`」という警告が出ます。

```
static IEnumerable<int> TakeEven(int[] numbers) {
    List<int> results;
    foreach (var n in numbers) {
        if (n % 2 == 0) {
            yield return n;
        }
    }
}
```

この `results` 変数が本当に不要な変数ならば、コードを汚すだけですので削除してしまいます。しかしもしかしたら、本来は必要なのだけれど、実装がまだ中途半端な状態なのかもしれません。警告が出たら、なぜその警告が出たのかしっかりと理解し、プログラムを見直すきっかけにしてください。コードをいつもきれいな状態に保つよう心掛けましょう。

19.4 例外処理に関する指針

19.4.1 例外をひねりつぶしてはいけない

以下のような例外をひねりつぶすコードは、バグを覆い隠してしまう危険があります。予期していない例外や原因不明の例外をキャッチして、何事もなかったかのようにそのまま処理を継続してしまうコードはとても危険です。

リスト19.25 ✗ 例外をひねり潰している悪い例（1）

```
try {
    ⋮
} catch {
    ;   ◀ 何もしない
}
```

リスト19.26 ✗ 例外をひねり潰している悪い例（2）

```
try {
    ⋮
} catch (Exception ex) {
    ;   ◀ 何もしない
}
```

原則として例外をキャッチするのは、何らかの対処をして異常な状態を回復させ、処理を継続する場合だけです。たとえば、「ユーザーに再度入力してもらう」、「再度、処理をする」、「別に用意しておいた第2の方法で処理を試す」などの処理をcatchブロックに記述し、処理を回復させます。

なお、以下の2つのケースでも例外をキャッチすることがありますが、それほど頻度は多くないでしょう。

別の例外をスローする

ある例外が発生したときに、その状況をより具体的に説明する別の独自の例外に変更して、再度、例外をスローしたいケースがあります。そのような場合は、以下のようなコードを書いてください。

```
try {
    ⋮
} catch (FileNotFoundException ex) {
    throw new MyAppException("ファイルが見つかりませんでした。", ex);
}
```

ただし、アプリケーション開発においては、このようなコードを書くメリットはそれほどない、というのが筆者の見解です。例外の情報はユーザーに見せるものではなく、どのような異常が発生したかを開発者が確認するためのものです。そのため、どこでどういった例外が発生したかがわかれば、独自の例外に置き換える必要性はほとんどないと考えています。

例外が発生したことを把握したい場合

イベントログなどに例外を記録し、発生した例外を再スローします。ただし通常は、例外発生を集約して処理するメソッドにログ出力コードを記述することになります。そのため、アプリケーション開発において、それぞれのメソッド内で以下のような例外処理を書くことはめったにないはずです。

```
try {
    :
} catch (FileNotFoundException ex) {
   Log.Write(ex.ToString());
   throw;
}
```

ちなみに、ごく稀ですが、特定の例外が発生したときに、それを無視して処理を継続したいケースもあります。その場合は、何の目的でその例外をキャッチするのか、なぜその例外を無視するのかをコメントとして残すようにしてください。

19.4.2 例外をthrowする際、InnerExceptionを破棄してはいけない

以下のコードは、キャッチした例外を上位メソッドに再度スローしているコードですが、throw キーワードの後ろにキャッチした例外を指定しています。これだと、例外のスタックトレース情報が消えてしまい、デバッグに支障をきたすことになります。

リスト19.27　✖ 誤った例外の再スローの例

```
try {
    :
} catch (FileNotFoundException ex) {
   // ここでログ出力
   throw ex;
}
```

例外を再スローする場合には、以下のように throw キーワードだけで例外をスローさせてください。

リスト19.28　正しい例外の再スローの例

```
try {
    :
} catch (FileNotFoundException ex) {
```

```
    // ここでログ出力
    throw;
}
```

Column　Visual Studio のコードメトリックスの使い方

　コードメトリックスとは、ソースコードの保守性やコードの複雑さなどを数値化した品質の基準です。このコードメトリックスを使うことで、開発者がより客観的にコードの複雑性を捉えることができるようになります。コードメトリックスは、どのコードを改善すべきかの判断材料となりますので、ぜひこの機能を有効に使い、コードの品質向上につなげてください。

　Visual Studio のコードメトリックスは以下の 5 つの指標があり、クラス、メソッド単位でソースコードを解析し、それぞれのメトリックスごとに数値化してくれます。保守容易性インデックスは数値が高いほど良い結果であることを示しています。それ以外のメトリックスは、数値が低いほど成績が良いことを示しています。

保守容易性インデックス

　コードの相対的な保守容易性を表す、0 〜 100 の値です。値が大きいほど保守性に優れていることを示します。保守性が良好であると判定されると緑色になります。この保守容易性インデックスの採点基準はかなり甘めですので、緑以外になったら明らかに何かがおかしいと思って間違いありません。

サイクロマティック複雑度

　コードの構造上の複雑さを測定します。複雑な制御フローがあると値が大きくなり、複雑であることを示します。この値が大きいと経路数が多いことを示し、保守が困難であると同時に、多くのテストケースが必要であることを示しています。この値が大きいメソッドを重点的にテストをする、あるいはリファクタリングの対象にするなどの指針に使えます。

継承の深さ

　クラス階層構造のルートまでのクラス定義の数を示します。継承が深い（数値が大きい）と継承元の変更が多くのクラスに影響を与えることになり、保守を難しくします。継承をする場合は、「ここで継承は必要なのか？」ということをつねに問いかけるようにしてください。

クラス結合

　クラスの結合度を示します。この値が高いと他のクラスとの結合度が高いことを意味し、再利用や保守が困難であることを示しています。

コード行

コード内の行の概数を示します。この数はコンパイル後の IL コード（中間言語のコード）に基づいているため、ソースファイルの行数ではありません。この値が大きいときはクラスの分割が必要であることを示しています。

コードメトリックスを計算するには、Visual Studio のメニューで［分析］－［ソリューションのコードメトリックスを計算］を選択します。図 19.3 がコードメトリックスを計算した結果の例です。

図19.3 コードメトリックス

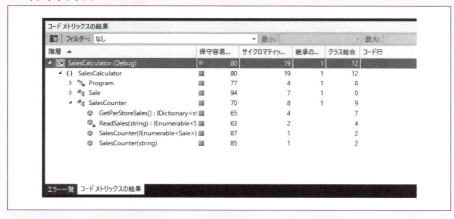

19.5 その他の好ましくないプログラミング

19.5.1 const の誤用

以下に const を誤用した例を挙げます。

リスト19.29 ✗ const を誤用した例

```
class FontStyle {
    public const int Normal = 0;
    public const int Bold = 1;
    public const int Italic = 2;
}
```

const を使ったコードでは、3 や 5 など、不適切な値が変数に入ってしまいます。

```
// これは意図どおりのコード
int style = FontStyle.Bold;

// このように想定以外の値を入れられても、エラーにならない
int style = 5;
```

以下のように列挙型を定義すれば、想定外の値を入れられることがなくなります。

リスト19.30 リスト 19.29 を改善し、enum を使うようにした例

```
enum FontStyle {
    Normal = 0,
    Bold = 1,
    Italic = 2,
}
```

`Normal`、`Bold`、`Italic` 以外の値を入れることができなくなりますので、安全性を高めることが可能です。

```
FontStyle style1 = FontStyle.Bold;

FontStyle style2 = 3;    ◀ これはビルドエラーになる
```

19.5.2 重複したコード

　同じようなコードが複数箇所にあると、メンテナンス性が大きく低下します。仕様が変更になると、同じ修正を何カ所にも適用しなくてはなりません。これは明らかに無駄な作業ですし、修正漏れが発生する危険があります。同じコードがあったら、それをメソッドとして抽出するなどして、重複を取り除いてください。

　ただし、注意しなくてはいけないのは、似ているけれど本質的には違うことをやっているコードを無理やり共通化してはいけないという点です。そのようにして作成されたメソッドは、「メソッドは単機能にする」という基本原則が守られていない可能性があります。重複したコードを削除するために抽出したメソッドは、必ず単機能になるようにしてください。

　ちなみに、Visual Studio の上位エディションには、「コードクローン分析」の機能がありますので、これを活用すると、重複したコードを簡単に見つけることができます（➡ 図 19.4、図 19.5）。

図19.4 コードクローン分析の起動

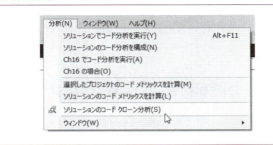

図19.5 コードクローン分析結果

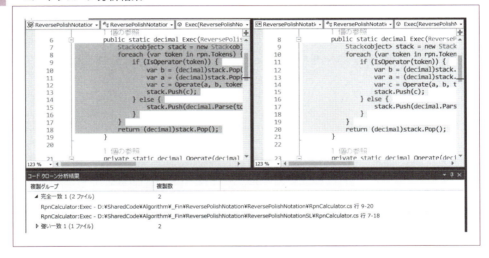

19.5.3 コピー & ペーストプログラミング

　似たような機能だからといって、同じアプリケーション中の別のソースコードをコピー & ペーストして、機能を実装することは可能な限り控えるべきです。気軽にできるからといってこれをやみくもにやり出すと、似たようなソースが量産されることになります。特に汚いコードをもとにした場合は、負の資産を雪だるま式に増やすことになります。もととなったコードに間違いがあればすべてのコードにバグが入り込むことになりますし、変更が必要になったときにはすべてのコードを見直さなくてはいけません。

　ちなみに、コピー & ペーストそのものが悪いわけではありません。筆者も、既存のコードやネットで見つけたコードをコピーして利用することがあります。重要なのはそのときにコードの重複を発生させないようにすることです。どこを共通化するのか、個別にコードを書くのはどこなのかといった点をしっかりと見極めて、方針を立ててから臨むべきです。

また、コピーしてきたコードが何をやっているのか正しく理解することも大切です。これを怠ると、不要なコードも一緒にコピーしてしまう可能性がありますし、正しく動かなかったときの対処方法もわかりません。なによりプログラミングスキルの向上につながりません。

19.5.4 Obsolete 属性の付いたクラス、メソッドを使い続ける

.NET Framework には、**Obsolete 属性**が付いたクラスやメソッドが存在します。Obsolete 属性は、将来のバージョンで廃止される予定のクラスやメソッド、非推奨となったクラスやメソッドなどに適用される属性です。これらのクラスやメソッドを使ったコードをビルドすると、ビルド時に警告が出ます。たとえば、

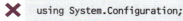

```
using System.Configuration;
    ⋮
var defaultPath = ConfigurationSettings.AppSettings["DefaultPath"];
```

上のコードをビルドすると、以下の警告が出力されます。

```
'ConfigurationSettings.AppSettings' は旧形式です ('This method is obsolete, it has
been replaced by System.Configuration!System.Configuration.ConfigurationManager.
AppSettings')
```

代わりに何を使えば良いかが警告メッセージに示されていますので、その警告メッセージに従って、コードを書き換えてください。上のコードの場合は、System.Configuration アセンブリを参照に追加し、コードを以下のように書き換えることで警告が出なくなります。

```
var defaultPath = ConfigurationManager.AppSettings["DefaultPath"];
```

19.5.5 不要なコードをそのまま残し続ける

すでに使われなくなったコードをそのまま残してはいけません。何が起こるかわからないからとか、なんとなく不安だからという理由で、使われなくなった既存のコードを（コメントアウトさえしないで）そのままにしておく人がいますが、それは、巨大で複雑で誰もメンテナンスしたいとは思わないコードを自ら作り出していることと同じです。コードをメンテナンスする際には、使われなくなったコードも読み解かなければなりませんから、それだけメンテナンスにコストがかかることになります。

Column　プログラミングの一般原則

プログラミングの一般原則として有名な KISS、DRY、YAGNI の 3 つの原則について紹介しましょう。

KISS 原則（シンプルであれ）

「Keep It Simple, Stupid」もしくは、「Keep It Short and Simple」の略語で、とても有名な原則です。プログラミングはつねに複雑さとの戦いです。プログラムはメンテナンスが繰り返されるたびに複雑度を増していく傾向にあります。そのため、不必要な複雑性を避けてシンプルにすることを目指す必要があります。トリッキーなコードや複雑なコードは避け、コードをシンプルにすることをつねに心掛けてください。

DRY 原則（重複をなくせ）

DRY 原則は、「Don't Repeat Yourself」の略で、「同じことを繰り返すな」という原則です。コードに重複があれば、メンテナンス時に複数の箇所を直さなければなりません。直し漏れが発生する可能性もありますし、クラスごとに修正担当者を決めていた場合は、2 人で同じ修正をしなければなりません。片方が間違った修正をしてしまう可能性もあります。コードの重複は良いことがありません。重複を減らす努力をつねにしてください。ただし、本質的に違うものを無理やり共通化してはいけません。

YAGNI（必要となるまで作るな）

「You Ain't Gonna Need It」の略で、将来使うかもしれないからと書いたコードは使われない可能性がある。だったら、必要になるまで作るのを待とう、という原則です。バグを出さない最良の方法はコードを書かないことです。実際にコードをまったく書かないということはありえませんが、記述するコードの量が少なければ、バグの発生を抑え、素早くプログラムを完成させることができます。使わないかもしれないコードを書くよりは、本当に必要になってからコードを書きましょう / コードを改善しましょう、ということです。

Index

記号
++ 演算子	125, 132
+= 演算子	389
-- 演算子	133
=> 演算子	85
?	342
?.	117
?:	115
??	116
?[]	117
@	125

A
abstract キーワード	411, 413, 422
Action<T> デリゲート	90
Add メソッド	
DbSet<T> クラス	334
Dictionary<TKey, TValue> クラス	188
HashSet<T> クラス	194
List<T> クラス	175
XElement クラス	290
AddDays メソッド（DateTime）	212
AddFirst メソッド（XElement）	291
AddMonths メソッド（DateTime）	212
AddRange メソッド（Array）	182
AddYears メソッド（DateTime）	212
All メソッド（LINQ）	142, 169
AllKeys プロパティ（NameValueCollection）	351
Any メソッド（LINQ）	141, 168
app.config	350
AppendAllLines メソッド（File）	230
AppSettings インデクサ（ConfigurationManager）	351
appSettings セクション	350
ArgumentException 例外	188, 199
as 演算子	127
AsOrdered メソッド（Parallel LINQ）	401
AsParallel メソッド（Parallel LINQ）	401
Assembly クラス	348
AssemblyInfo.cs	348
AssemblyVersion 属性	348
async キーワード	392, 396
Attribute メソッド（XElement）	280
Average メソッド（LINQ）	164, 373
await キーワード	392, 396, 405

B
BackgroundWorker クラス	389
BaseUtcOffset プロパティ（TimeZoneInfo）	366
bool 型	108
break 文	113

C
CacheSize プロパティ（Regex）	257
Camel 形式	438
Cast<T> メソッド（LINQ）	262
catch キーワード	480
class キーワード	22
Code First（Entity Framework）	322
Combine メソッド（Path）	249
Compare メソッド（String）	136
CompareOptions 列挙型	137
Comparison<T> デリゲート	181
Concat メソッド（LINQ）	181
config ファイル	350
configuration セクション	353
ConfigurationElement クラス	352
ConfigurationManager クラス	350
ConfigurationProperty 属性	352
ConfigurationSection クラス	352
const キーワード	55, 455
const のバージョン管理問題	58
const の誤用	483
Contains メソッド	
LINQ to Objects	140
List<T> クラス	375
String クラス	140
ContainsKey メソッド（Dictionary<TKey, TValue>）	188
ContinueWith メソッド（Task）	392
ConvertAll メソッド（List<T>）	90
ConvertTime メソッド（TimeZoneInfo）	365
ConvertTimeBySystemTimeZoneId メソッド（TimeZoneInfo）	365
Copy メソッド（File）	234
CopyTo メソッド（FileInfo）	234
Count メソッド	
LINQ to Entities	342
LINQ to Objects	97, 166
Create メソッド（DirectoryInfo）	239
CreateDirectory メソッド（Directory）	239
CreateFileAsync メソッド（StorageFolder）	399
CreateFromDirectory メソッド（ZipFile）	361

488

Index

C (続き)
CreateSubdirectory メソッド（DirectoryInfo） 239
CreationTime プロパティ（FileInfo） 237
CultureInfo クラス 137, 208

D
DataAnnotations 名前空間 339
Database.Log プロパティ（DbContext） 343
DataContract 属性 313
DataContractJsonSerializer クラス 313
DataContractJsonSerializerSettings クラス 317
DataContractSerializer クラス 301, 312
DataMember 属性 313
Date プロパティ（DateTime） 210
DateTime 構造体 204
DateTimeFormatInfo クラス 209
DateTimeOffset 構造体 361
DayOfWeek プロパティ（DateTime） 205
DayOfWeek 列挙型 206
DayOfYear プロパティ（DateTime） 214
DaysInMonth メソッド（DateTime） 214
DbContext クラス 327
DbEntityValidationException 例外 340
DbMigrationsConfiguration クラス 341
DbSet<T> クラス 327
Debug クラス 343
decimal 型 459
delegate キーワード 82
Delete メソッド
    Directory クラス 240
    DirectoryInfo クラス 240
    File クラス 233
    FileInfo クラス 233
Descendants メソッド（XElement） 283
Deserialize メソッド
    JsonSerializer クラス 318
    XmlSerializer クラス 307
Dictionary<TKey, TValue> クラス 64, 186, 296, 316
Directory クラス 238
DirectoryInfo クラス 238
DirectoryNotFoundException 例外 234
Dispose メソッド（IDisposable） 129
Distinct メソッド（LINQ） 179, 374
do-while 文 113
DownloadFile メソッド（WebClient） 355
DownloadFileAsync メソッド（WebClient） 355
DownloadFileCompleted イベント（WebClient） 356
DownloadProgressChanged イベント（WebClient） 356
DownloadString メソッド（WebClient） 354
DRY 原則（重複をなくせ） 487

E
Element メソッド（XElement） 279, 283
Elements メソッド（XDocument） 279
Elements メソッド（XElement） 283
else-if 107
EndOfStream プロパティ（StreamReader） 223
EndsWith メソッド（String） 139
Entity Framework 321
EnumerateDirectories メソッド（DirectoryInfo） 244
EnumerateFiles メソッド（DirectoryInfo） 245
EnumerateFileSystemInfos メソッド（DirectoryInfo） 246
Equals メソッド（Object） 192
Except メソッド（LINQ） 384
Exists プロパティ（FileInfo） 233
Exists メソッド
    Directory クラス 238
    File クラス 232
    List<T> クラス 88
ExpandEnvironmentVariables メソッド（Environment） 345
ExtractToDirectory メソッド（ZipFile） 359
ExtractToFile メソッド（ZipArchiveEntry） 361

F
File クラス 61, 232, 237
FileInfo クラス 233, 237
FileOpenPicker クラス 398
FileStream クラス 230
FileVersionInfo クラス 349
Find メソッド（List<T>） 88
FindAll メソッド（List<T>） 89
FindIndex メソッド（List<T>） 89, 174
FindLastIndex メソッド（List<T>） 174
FindSystemTimeZoneById（TimeZoneInfo） 363
First メソッド
    LINQ to Entities 338
    LINQ to Objects 172, 372
    LINQ to XML 292
FirstOrDefault メソッド（LINQ） 171
for 文 110
ForAll メソッド（Parallel LINQ） 403
foreach 文 111
ForEach メソッド（List<T>） 90, 112
Format メソッド（String） 155, 156
FormatException 例外 207
FormUrlEncodedContent クラス 397
FromCurrentSynchronizationContext メソッド（TaskScheduler）
    392

G
GetCreationTime メソッド（File） 236

489

GetCurrentDirectory メソッド（Directory） 242
GetDayName メソッド（DateTimeFormatInfo） 209
GetDirectories メソッド（DirectoryInfo） 243
GetDirectoryName メソッド（Path） 248
GetEncoding メソッド（Encoding） 223
GetEraName メソッド（DateTimeFormatInfo） 209
GetExecutingAssembly メソッド（Assembly） 348
GetExtension メソッド（Path） 248
GetFileAsync メソッド（StorageFolder） 400
GetFileName メソッド（Path） 248
GetFileNameWithoutExtension メソッド（Path） 248
GetFiles メソッド（DirectoryInfo） 244
GetFileSystemInfos メソッド（DirectoryInfo） 245
GetFolderAsync メソッド（StorageFolder） 400
GetFolderPath メソッド（Environment） 250
GetFullPath メソッド（Path） 248
GetHashCode メソッド（Object） 192
GetLastWriteTime メソッド（File） 236
GetPathRoot メソッド（Path） 248
GetSection メソッド（ConfigurationManager） 354
GetShortestDayName メソッド（DateTime） 210
GetStringAsync メソッド（HttpClient） 396
GetSystemTimeZones メソッド（TimeZoneInfo） 364
GetTempFileName メソッド（Path） 250
GetTempPath メソッド（Path） 250
GetType メソッド（Object） 185, 304
GetVersionInfo メソッド（FileVersionInfo） 349
GroupBy メソッド
　　LINQ to Entities 337
　　LINQ to Objects 375, 377
GroupJoin メソッド（LINQ） 380
Groups プロパティ（Match） 264

H

HashSet<T> クラス 193
HtmlDecode メソッド（HttpUtility） 359
Http 通信 354
HttpClient クラス 396, 406

I

IDisposable インターフェイス 129
IEnumerable<T> インターフェイス 72, 91, 95
IGrouping<TKey, TElement> インターフェイス 376
ILookup<TKey, TElement> インターフェイス 378
Include メソッド（LINQ to Entities） 339
IndexOf メソッド（String） 142
Insert メソッド（String） 146
Intersect メソッド（LINQ） 383
InvalidOperationException 例外 172, 182, 341
Invoke メソッド（Control） 389

IOException 例外 234, 240, 241
IReadOnlyList<int> インターフェイス 122
is 演算子 127
is a 関係 39
IsLeapYear メソッド（DateTime） 206
IsLower メソッド（Char） 141
IsMatch メソッド（Regex） 255, 258
IsNullOrEmpty メソッド（String） 138
IsNullOrWhiteSpace メソッド（String） 139

J

JapaneseCalendar クラス 208
Join メソッド
　　LINQ to Objects 379
　　String クラス 148
JSON 313
JSON.NET 317
JsonSerializer クラス 317
JsonTextReader クラス 318
JsonTextWriter クラス 318

K

KeyNotFoundException 例外 188, 192
KeyValuePair<TKey, TValue> 型 189
KISS 原則（シンプルであれ） 487

L

Last メソッド（LINQ） 172
LastOrDefault メソッド（LINQ） 172
LastWriteTime プロパティ
　　FileInfo クラス 236
　　FileSystemInfo クラス 247
Length プロパティ
　　FileInfo クラス 237
　　String クラス 153
LINQ 90, 160, 370
　　LINQ to Objects 91
LINQ to Entities 375
LINQ to XML 277, 312
List<T> クラス 60, 88, 160
Load メソッド（XDocument） 279
lock キーワード 409

M

Main メソッド 48
Match クラス 260
Match メソッド（Regex） 260
MatchCollection クラス 261
Matches メソッド（Regex） 261
Max メソッド（LINQ） 165, 372

Index

MaxLength 属性 340
MemoryStream クラス 306, 314
Min メソッド（LINQ） 165, 373
MinLength 属性 340
Move メソッド
 Directory クラス 241
 File クラス 235
MoveTo メソッド
 DirectoryInfo クラス 241, 242
 FileInfo クラス 235

N

nameof 演算子 339
namespace キーワード 36
new 演算子 24, 27
new 修飾子 475
new 制約（ジェネリッククラス） 417
NextMatch メソッド（Regex） 261
Now プロパティ
 DateTime 構造体 205
 DateTimeOffset 構造体 362
null 合体演算子 116, 118
null 許容型 44
null 条件演算子 117, 118
Nullable 型 109, 342

O

Object クラス 40
ObjectDisposedException 例外 338
Obsolete 属性 486
OpenRead メソッド
 WebClient クラス 356
 ZipFile クラス 360
OrderBy メソッド
 LINQ to Entities 337
 LINQ to Objects 180, 377
 LINQ to XML 281
OrderByDescending メソッド（LINQ） 180, 377
out キーワード 206, 468
override キーワード 192, 412, 423

P

Parallel LINQ（PLINQ） 401
params キーワード 122
Parse メソッド
 XDocument クラス 286
 XElement クラス 287
Pascal 形式 438
Path クラス 247
PickSingleFileAsync メソッド（FileOpenPicker） 398

Position プロパティ（FileStream） 231
Predicate<int> デリゲート 84
private キーワード 24
Process クラス 345
ProcessStartInfo クラス 347
public キーワード 23

Q

QueryString プロパティ（WebClient） 359

R

Range メソッド（Enumerable） 163
ReadAllLines メソッド（File） 61, 224
ReadLine メソッド（StreamReader） 223
ReadLines メソッド（File） 224
ReadLinesAsync メソッド（FileIO） 399
ReadObject メソッド
 DataContractJsonSerializer クラス 314, 317
 DataContractSerializer クラス 303
readonly キーワード 56, 121
ReadOnlyCollection<T> クラス 361
ReadToEnd メソッド（StreamReader） 230
ref キーワード 467
Reference Type 29
Regex クラス 253
RegexOptions 列挙型 265
Remove メソッド
 DbSet<T> クラス 336
 Dictionary<TKey, TValue> クラス 189
 List<T> クラス 182
 String クラス 145
 XElement クラス 291
RemoveAll メソッド（List<T>） 89, 183
Repeat メソッド（Enumerable） 161
Replace メソッド
 Regex クラス 266
 String クラス 146
ReplaceWith メソッド（XElement） 292
Required 属性 339
return 文 109, 114, 462
RSS ファイル 357
Run メソッド（Task） 392

S

Save メソッド（XDocument） 293
SaveChanges メソッド（DbContext） 329, 336
Select メソッド
 LINQ to Entities 337
 LINQ to Objects 92, 173, 178, 227
 LINQ to XML 284

491

SequenceEqual メソッド（LINQ） 170
Serialize メソッド
　　JsonSerializer クラス 318
　　XmlSerializer クラス 306
SetAttributeValue メソッド（XElement） 295
SetCreationTime メソッド（File） 236
SetCurrentDirectory メソッド（Directory） 242
SetElementValue メソッド（XElement） 295
SetLastWriteTime メソッド（File） 236
Shift_JIS 223
Single メソッド（LINQ） 292
Skip メソッド（LINQ） 154
SkipWhile メソッド（LINQ） 154, 176
Split メソッド
　　Regex クラス 269
　　String クラス 62, 148
sqllocaldb.exe 331
Start メソッド
　　Process クラス 345
　　Thread クラス 388
StartsWith メソッド（String） 139
static キーワード 34, 35, 53
static readonly 56, 455
StorageFile クラス 399
Strategy パターン 424
StreamReader クラス 222
String クラス 135
String.Empty 139
StringBuilder クラス 150
StringReader クラス 307
SubString メソッド（String） 143
Sum メソッド（LINQ） 164
System.Object 40

T

Take メソッド（LINQ） 175
TakeWhile メソッド（LINQ） 175
Task クラス 391, 403
Task<TResult> クラス 394
Template Method パターン 415, 419
ThenBy メソッド（LINQ） 337, 374
ThenByDescending メソッド（LINQ） 374
this キーワード 98, 130, 132, 199
Thread クラス 388
throw キーワード 128, 481
TimeoutException 例外 346
TimeSpan 構造体 211
TimeZoneInfo クラス 361, 363
ToArray メソッド
　　LINQ to Objects 96, 162
　　LINQ to XML 286
　　MemoryStream クラス 314
Today プロパティ（DateTime） 204
ToDictionary メソッド
　　LINQ to Objects 190
　　LINQ to XML 297
ToList メソッド 97
　　LINQ to Entities 332
　　LINQ to Objects 96, 162
ToLocalTime メソッド（DateTimeOffset） 362
ToLookup メソッド（LINQ） 378
ToLower メソッド（String） 147
ToString メソッド 133
　　DateTime 構造体 207
　　decimal 154
　　int 154
　　StringBuilder クラス 150
ToUniversalTime メソッド（DateTimeOffset） 362
ToUpper メソッド（String） 146
Trim メソッド（String） 144
TrimEnd メソッド（String） 145
TrimStart メソッド（String） 145
try-finally 構文 223
TryParse メソッド
　　DateTime 構造体 206
　　DateTimeOffset 構造体 363
　　int 126
typeof キーワード 185, 305

U

Union メソッド（LINQ） 383
URL パラメータ 358
using ディレクティブ 36, 37
using 文 129, 223, 329
UTF-8 223
UTF8 プロパティ（Encoding） 223
UWP 349
UWP アプリ 398

V

Value Type 29
var キーワード 75, 78
virtual キーワード 325
Visual Studio
　　NuGet パッケージの管理 322
　　SQL Server オブジェクトエクスプローラー 330
　　using ディレクティブの自動挿入 37
　　Visual Studio のバージョンと C# のバージョン 42, 44
　　XML コメント 453
　　アセンブリバージョンの設定 348

イベントハンドラのコード補完	389	**Y**	
インターフェイスの実装	478	YAGNI（必要となるまで作るな）	487
クラス定義の確認	72	yield return 文	200
クラスの追加	57	**Z**	
警告レベル	479		
コードクローン分析	485	ZIP アーカイブファイル	359
コードスニペット	27	圧縮レベル	361
コード整形機能	434	Zip メソッド（LINQ）	382
コードメトリックス	482	ZipArchive クラス	359
参照の追加	41	ZipFile クラス	359
書式設定	436	**あ行**	
デバッグ	220, 368, 420		
名前の変更	447	アセンブリ	40
W		アセンブリバージョン	348
		値型	29, 33
WaitForExit メソッド（Process）	346	アプリケーション構成ファイル	350
Web.config	350	アンチパターン	454
WebClient クラス	354	暗黙の型指定	75
WhenAll メソッド（Task）	405	委譲	476
where キーワード	417	一時ファイル	249
Where メソッド		イディオム	102
LINQ to Entities	332	イベント	389
LINQ to Objects	91, 372	インスタンス	24, 26
LINQ to XML	281	インターフェイス	71, 413
while 文	111	インデクサ	199
WithDegreeOfParallelism メソッド（Parallel LINQ）	402	インデント（字下げ）	433
WriteAllLines メソッド（File）	229	エスケープシーケンス	256
WriteLine メソッド（StreamWriter）	228	エスケープ文字	256
WriteLinesAsync メソッド（FileIO）	399	演算子のオーバーロード	158
WriteObject メソッド		エンティティクラス	324
DataContractJsonSerializer クラス	313	オーバーライド	133
DataContractSerializer クラス	302	オーバーロード	124
X		オブジェクト	26
		オブジェクト指向プログラミング	22, 410
XAttribute クラス	281	オブジェクトどうしの比較	157
XDocument クラス	279	オプション引数	124, 131
XElement クラス	297	**か行**	
XML コメント（ドキュメントコメント）	453		
XML 名前空間	303	拡張メソッド	98
XML ファイル	277	型引数	84
XML ファイルの入力	278	可変長引数	122
XmlArray 属性	311	カレントディレクトリ	242
XmlArrayItem 属性	311	関数型構築	288
XmlElement 属性	308	基底クラス	38
XmlIgnore 属性	307	逆シリアル化	301
XmlReader クラス	303	JSON 形式	314, 317
XmlRoot 属性	308	XML 形式	303, 307
XmlSerializer クラス	305, 312	キャスト	127
XmlWriter クラス	302, 306	キャスト演算子	128
XmlWriterSettings クラス	302	協定世界時（UTC）	361

493

Index

クエリ演算子	93
クエリ構文	97
クラス	22
カスタムクラス	25
継承	38
静的クラス	35, 54
抽象クラス	411
クラス図	419
クラスに関する指針	468
クラスの結合度	482
継承	38, 411, 423
誤った継承	472, 475
基底クラス（スーパークラス）	38
抽象クラス	411, 422
抽象メソッド	413
派生クラス（サブクラス）	38
メソッドのオーバーライド	192
継承の深さ	482
元号	209
構造体	27
コードファースト	322
コメント	481
コメントに関する指針	447
コレクション	103, 111, 161
コンストラクタ	23

さ行

サイクロマティック複雑度	482
差集合	384
サブクラス	38
三項演算子	115
参照型	29, 33
シーケンス	95
シグネチャ	47
自動実装プロパティ	27
自動マイグレーション	340
射影	92
主キー	325
条件演算子	115, 118
初期化	
Dictionary<TKey, TValue> クラス	104, 186
オブジェクト	105
配列	103
プロパティ	119
変数	102
リスト	103
シリアル化	301
JSON 形式	313, 315
XML 形式	301, 305
スーパークラス	38
スタックトレース情報	128
ストリーム	230
スレッド	388
正規表現	253
キャッシュ	257
グループ化	268
最短一致の量指定子	273
最長一致と最短一致	271
前方参照構成体	274
特殊記号	254
複数行モード	265
量指定子	270
静的メンバー	34
積集合	383
絶対パス	248
相対パス	248
即時実行	97

た行

タイムゾーン	362
タイムゾーン ID	364
多態性	410
テーブル	457
遅延実行	95
逐語的リテラル文字列	125, 256, 287
抽象クラス	422
ディレクトリ	
移動	241
削除	240
作成	239
存在有無	238
ディレクトリ一覧取得	243
ファイル一覧取得	244
リネーム	241
データ注釈	339
データベース	321
テキストファイル	222
エンコーディング	232
出力	227
追加	228
入力	222
デザインパターン	410
デッドロック	407
デリゲート	82
独自形式のアプリケーション構成情報	351
匿名型 / 匿名クラス	173, 284
匿名メソッド	84

な行

名前空間	35

は行

名前付き引数	136, 229
ネーミングに関する指針	438
ネスト	460

は行

バージョン情報	348
排他制御	409
配列	160
パス名	247
派生クラス	38
パッケージバージョン	349
ハッシュコード	193
非同期処理	386
非同期メソッド	394
ファイル	
移動	234
更新 / 作成日時	236
コピー	234
サイズ	237
削除	233
存在有無	232
リネーム	235
ファイル操作	222
ファイルバージョン	349
浮動小数点型の比較	459
不変オブジェクト	151
フレームワーク	415
プロセス	345
プロパティ	23, 118, 470
インスタンスプロパティ	35
静的プロパティ	33
良いプロパティ名	443
読み取り専用プロパティ	120
並列処理	386, 401
変数に関する指針	454
変数のスコープ	442, 454
変数名の指針	443
保守容易性インデックス	482
ポリモーフィズム	411, 413, 424

ま行

マジックナンバー	144, 455
メソッド	23
インスタンスメソッド	35
ジェネリックメソッド	417
静的メソッド	33, 53
単機能化	464
抽象メソッド	413
メソッドのオーバーロード	124
良いメソッド名	444
メソッドチェーン	92
メソッドに関する指針	460
メソッド名の指針	444
文字列	135
数値を文字列に変換	154
文字列から1文字ずつ取り出す	152
文字列の検索	142, 260
文字列の整形	155
文字列の挿入	146
文字列の置換	146, 266
文字列の抽出	143
文字列の判定	138, 255
文字列の比較	135
文字列の部分削除	144, 145
文字列の分割	148, 269
文字列の連結	147, 149
文字列の操作	135, 253
文字列補間構文	155

や行

読み取り専用プロパティ	120

ら行

ライブラリ	415
ラムダ式	84
リスト	88
例外	128
例外処理に関する指針	479
列挙型	484

わ

和集合	383
和暦	208

■著者略歴

出井 秀行（いでい ひでゆき）

栃木県出身、東京理科大学理工学部情報科学科卒。FORTRAN、Pascal、BASIC、COBOL、C、C++、Delphiなど多くの言語を使用してきたが、2002年にC#に触れてそのすばらしさに感動し、それ以降現在に至るまでC#をメイン言語としている。
2004年からはgushwellというハンドル名でオンライン活動を開始。メールマガジンやブログなどでC#の技術情報発信に努める。2005年から12年連続でMicrosoft MVPアワードを受賞。趣味は、読書、写真、バスケットボール。

カバーデザイン ❖ 花本浩一（麒麟三隻館）
編集 ❖ 高橋 陽
担当 ❖ 跡部和之

本書使用素材
©Yahor Zakharau/123RF.COM（中扉等イラスト）

実戦で役立つ
C#プログラミングの
イディオム／定石＆パターン

2017年3月3日　初版　第1刷発行

著　者　　出井秀行
発行者　　片岡　巌
発行所　　株式会社技術評論社
　　　　　東京都新宿区市谷左内町 21-13
　　　　　電話　03-3513-6150　販売促進部
　　　　　　　　03-3513-6166　書籍編集部
印刷／製本　株式会社加藤文明社

定価はカバーに表示してあります

本書の一部または全部を著作権法の定める範囲を越え、無断で複写、複製、転載、あるいはファイルに落とすことを禁じます。

© 2017　出井 秀行

造本には細心の注意を払っておりますが、万一、乱丁（ページの乱れ）や落丁（ページの抜け）がございましたら、小社販売促進部までお送りください。送料小社負担にてお取り替えいたします。

ISBN978-4-7741-8758-7　C3055

Printed in Japan